VOYAGE
AUTOUR DU MONDE

SUR LA CORVETTE

LA FAVORITE

PENDANT LES ANNÉES 1830, 1831 ET 1832.

VOYAGE
AUTOUR DU MONDE

PAR LES MERS DE L'INDE ET DE CHINE

EXÉCUTÉ SUR LA CORVETTE DE L'ÉTAT

LA FAVORITE

PENDANT LES ANNÉES 1830, 1831 ET 1832

SOUS LE COMMANDEMENT

DE M. LAPLACE

CAPITAINE DE FRÉGATE;

PUBLIÉ
PAR ORDRE DE M. LE VICE-AMIRAL COMTE DE RIGNY
MINISTRE DE LA MARINE ET DES COLONIES.

TOME III.

PARIS.
IMPRIMERIE ROYALE.
M DCCC XXXV.

VOYAGE
AUTOUR DU MONDE

PAR LES MERS DE L'INDE ET DE CHINE

SUR LA CORVETTE

LA FAVORITE

PENDANT LES ANNÉES 1830, 1831 ET 1832.

CHAPITRE XVI.

JAVA. — MŒURS ET COUTUMES DES HABITANTS. — CONSIDÉRATIONS GÉNÉRALES SUR LA PUISSANCE DES HOLLANDAIS ET SUR LEUR COMMERCE DANS CES MERS. — VOYAGE A BANCALANG DANS L'ILE DE MADURÉ.

Depuis près de dix-huit mois *la Favorite* avait quitté la France; elle poursuivait sa route vers les extrémités du monde, et les relâches où nous espérions trouver des nouvelles de nos familles et de notre patrie s'étaient succédé sans apporter aucun adoucissement à l'inquiétude qu'un silence aussi prolongé nous faisait éprouver.

Le premier bruit de l'expédition d'Alger nous était parvenu à Macao, la veille de notre appareillage pour des pays au milieu desquels la corvette ne devait rencontrer le pavillon d'aucune nation policée : nos pensées se tournaient vers Java, que mes instructions désignaient comme un des points du globe où cette longue campagne devait nous laisser prendre quelques moments de repos, et dont les relations suivies avec l'Europe offraient des chances favorables à notre impatiente anxiété.

Je comptais être plus heureux dans cette relâche qu'à celle de Manille, où le vif désir que j'éprouvais de recevoir des dépêches du ministre de la marine avait été péniblement trompé. Comment exprimer l'étonnement dont nous fûmes frappés en apprenant la révolution qui dix mois auparavant avait renversé en peu de jours un gouvernement qui se croyait si solidement établi ! Cette nouvelle me fut annoncée officiellement par le lieutenant d'une corvette hollandaise, commandant la station, et mouillée auprès de *la Favorite*, sur la rade de Sourabaya.

Notre position n'avait rien de rassurant : les détails contradictoires que je recevais sur des événements si extraordinaires, les bruits que la malveillance ou la peur exagéraient, me donnèrent d'abord bien du souci : *la Favorite* se trouvait avec quelques jours de vivres seulement à bord, au sein des possessions d'une nation mécontente, qui se regardait comme à la veille de déclarer la guerre à la France, et témoignait déjà pour nous autant d'éloignement que de jalousie. Cependant il fallait conserver la corvette à la France, qui peut changer ses institutions et ses souverains, mais doit toujours être la patrie pour ses véritables enfants. J'attendis des nouvelles de Batavia, chef-lieu de la colonie ; et quand j'eus acquis la certitude que le gouvernement français, en ne m'envoyant aucun ordre, aucunes instructions, me confiait entièrement le sort de *la Favorite,* je fis arborer le pavillon aux trois couleurs à tous ses mâts : il fut hissé au bruit de l'artillerie et des acclamations de l'équipage, qui dès ce moment dut le défendre contre tout ennemi jusqu'à la dernière extrémité.

Je reçus, dans ces circonstances difficiles, la noble récompense de mes soins pour le bien-être, le bonheur des officiers et des marins dont un autre souverain m'avait nommé le commandant. Tous sans exception, oubliant les différences d'opinions et les mécontentements particuliers, suites ordinaires des commotions politiques, se serrèrent de cœur et d'âme autour de moi, et jurèrent de défendre notre nouveau pavillon avec le même courage, le même dévouement que nous aurions montrés en combattant pour l'ancien.

Cependant il fallait, avant que je pusse prendre un parti sur les opérations ultérieures de notre campagne, que la corvette eût des vivres pour au moins quelques mois; car toutes les nouvelles, tous les bruits annonçaient la guerre entre la France et l'Europe entière; et s'ils se fussent malheureusement confirmés, pas un seul point de relâche ne nous restait dans ces mers, et partout je devais rencontrer l'ennemi. Les marchands hollandais, affectant une grande défiance, refusaient mes offres, ou voulaient m'imposer des conditions que je rejetai à mon tour comme trop onéreuses et pouvant faire douter de la force du nouveau pouvoir, au nom duquel j'allais prendre des engagements.

Mais au milieu de ces difficultés embarrassantes je trouvai dans les négociants anglais de Sourabaya la même confiance que le commerce de cette grande nation s'était empressé de me montrer toutes les fois que j'avais eu recours à lui : ils vinrent loyalement à mon secours, acceptèrent sans balancer mes traites sur l'état, et j'eus la rassurante certitude de voir avant peu de jours la *Favorite* pourvue de tout ce qui pouvait lui être nécessaire pour reprendre la mer.

Lorsqu'à la fin du siècle dernier, Java était le centre du commerce des îles de la Sonde, et que les Hollandais, encore facteurs de l'Europe, exploitaient l'industrie des autres nations, je n'aurais pas trouvé dans cette île, parmi les commerçants étrangers, un aussi heureux appui. A cette époque, la défiance des maîtres de Batavia excluait les Européens de la majeure partie du grand archipel d'Asie, et considérait même comme ennemi tout bâtiment que les circonstances de la navigation avaient entraîné dans ces parages défendus. Alors Amsterdam recevait annuellement de précieuses cargaisons et voyait ses marchands enrichis après un court séjour sur les côtes de Java; ses flottes, marchandes et armées en même temps, commerçaient exclusivement avec le Japon, et tenaient sous un joug détesté la plupart des sultans de Bornéo, de Macassar, et des autres grandes îles qui séparent Java d'Amboine, qui était alors le chef-lieu de la puissance hollandaise dans les Moluques. Malaca dominait tous les détroits environnants et faisait trembler les princes malais de Sumatra, de Banca et de Bantam, dont les sujets affluaient dans les ports de

Java. Batavia était renommée en Europe pour ses richesses, sa splendeur, et excitait l'envie de toutes les puissances commerçantes. Aussi ce fut dans cette opulente cité que la Hollande puisa les trésors qui la mirent en état de lutter contre les Anglais, et dont la guerre même ne put tarir la source.

Mais déjà s'élevait aux dépens de nos comptoirs d'Asie cette compagnie de marchands qui devait avant la fin du siècle commander en souveraine à la vaste presqu'île de l'Indostan, et chasser tous ses rivaux de la côte de Coromandel. Le voisinage de cette nation redoutée força les possesseurs de Java de mettre un terme aux mesures arbitraires qui éloignaient les Européens du commerce des îles de la Sonde; et les côtes occidentales de Sumatra fournirent bientôt autant de poivre que les Moluques, auxquelles Ceylan vint encore arracher le monopole du girofle et de la cannelle.

Ces deux épices, objet des précautions des Hollandais, devinrent de plus en plus communes dans nos contrées, à mesure que le commerce avec la Chine et les pays malais prit en Europe une plus grande extension, et que plusieurs colonies, entre autres Bourbon et Cayenne, plantèrent des girofliers.

Dès cette époque, le pouvoir hollandais en Asie commença à déchoir rapidement. Le voile dont il enveloppait depuis longtemps ses opérations commerciales dans cette partie du globe était déchiré : alors Anglais, Français, Américains accoururent à l'envi pour se partager ses dépouilles, et faire éprouver aux marchands d'Amsterdam le sort que ceux-ci avaient fait subir autrefois aux Portugais dégénérés. Mais cette dernière lutte du commerce contre le commerce, de l'industrie contre l'industrie, durerait peut-être encore si la révolution française, en changeant la face de l'Europe et même du monde entier, n'était pas venue livrer pour ainsi dire à l'Angleterre les possessions d'une rivale dont l'économie et la persévérance lui avaient toujours été redoutables. La formidable expédition qui enleva, en 1810, l'île de France à sa mère patrie, conquit également Java sur les nouveaux maîtres que les Pays-Bas reconnaissaient. Rien ne lui résista : les Moluques reçurent les couleurs britanniques, et l'on put croire le pavillon hollandais disparu pour toujours du grand archipel d'Asie.

Mais à la paix de 1814, qui semblait devoir appeler tant de peuples à la liberté et qui trompa tant d'espérances, les négociateurs hollandais, éclairés sur les véritables intérêts de leur pays, arrachèrent aux Anglais une proie que ceux-ci n'abandonnèrent qu'à regret, et Java retourna à ses anciens dominateurs.

A cette époque la Hollande, réduite en Europe à un rôle très-secondaire, tourna son attention et dirigea l'industrieuse activité de ses habitants vers cette colonie. Elle voulut devenir maîtresse absolue de la seule possession importante qui lui fût restée de ses anciennes colonies. Le roi, dont le pouvoir remplaçait celui de l'ancienne compagnie de Batavia, résolut de chercher dans le sol même de l'île, négligé jusque-là, et dans sa nombreuse population encore indépendante, un dédommagement aux sacrifices que lui avaient imposés des alliés trop puissants.

Cette entreprise était belle sans doute, mais pleine de difficultés, qu'il n'a été possible de surmonter qu'au prix de beaucoup de sang et par des dépenses considérables.

Java est, après Sumatra, la plus grande île de l'archipel de la Sonde : elle peut avoir cent quatre-vingts lieues de longueur dans une direction à peu près E. et O. entre les 6e et 7e degrés de latitude méridionale, et trente lieues dans sa plus grande largeur.

L'histoire de ce pays, comme celle de Bornéo et des Philippines, semble couverte d'une profonde obscurité. Cependant la vue d'une population beaucoup moins féroce que celle des îles malaises et même assez avancée en civilisation, fait naître dans l'esprit du voyageur des conjectures auxquelles les antiquités dont Java offre encore beaucoup de vestiges curieux, et les traditions conservées parmi les indigènes, pourraient donner quelque fondement.

S'il faut en croire ces derniers, plusieurs de leurs souverains ont joué un grand rôle comme conquérants; et Sumatra en vain défendue par le détroit de la Sonde, a plusieurs fois été subjuguée par eux. Les Javanais étaient alors comme aujourd'hui les plus braves, les plus belliqueux et en même temps les moins méchants des insulaires de cet archipel. Ils présentent encore d'autres différences : leur religion est celle de Bouddha, que suivent les peuples de la presqu'île malaise; tandis que ceux de Sumatra et des îles voisines de Java du côté de l'E. sont presque tous idolâtres et livrés aux plus abominables superstitions.

Cependant, à moins de rejeter dans un passé bien

éloigné l'époque où les Javanais se signalèrent par tant de hauts faits, il est difficile de concilier cette grandeur dont ils se vantent avec l'état d'infériorité où les trouvèrent les Espagnols, et ensuite les Hollandais, lorsqu'ils tentèrent successivement de s'établir à Java. Les anciens habitants, retirés dans l'intérieur de l'île, avaient mis les montagnes et les forêts entre eux et les Malais, qui s'étaient emparés des côtes méridionales. Il paraît cependant que du côté N. ils avaient conservé l'avantage, qu'ils devaient peut-être à la puissance dont jouissaient encore plusieurs sultans voisins de cette partie, et parmi lesquels celui de Solo tenait le premier rang.

Les Hollandais n'eurent donc à réduire d'abord que les habitants des rivages, soumis à une foule de petits chefs ennemis les uns des autres, et qui furent séduits ou dont les bâtiments de guerre européens, maîtres de la mer, triomphèrent facilement. La côte S., battue constamment par les fortes brises de S. E. et par le grand Océan austral, ne leur offrant aucun bon ancrage, ils dédaignèrent de s'y établir; de manière qu'elle resta déserte comme auparavant, et qu'elle sert encore aujourd'hui de repaire à des forbans très-dangereux. Mais ils trouvèrent sur le littoral opposé et aux deux extrémités de Java les abris naturels nécessaires à leur marine, et se hâtant d'en profiter, ils fondèrent d'abord Batavia sur les bords d'une baie à la pointe N. O. de l'île, et dans le voisinage du détroit de la Sonde, passage le plus fréquenté par les navires de toutes les nations. Puis en s'établissant de proche en proche sur la côte septentrionale, que la nature a dotée d'une admirable fertilité, ils arrivèrent dans une autre baie très-ouverte, située vers le milieu de la longueur de l'île, et y bâtirent Samarang, à l'embouchure de la Kloyaran. Cette petite rivière dont le courant rapide forme une barre impraticable quelquefois pour les embarcations, jette sur les rivages voisins des vases qui forcent les grands navires à prendre loin de terre un mouillage que les mauvais temps de la mousson d'O. rendent peu tenable pendant six mois de l'année ; mais ces inconvénients sont largement rachetés par les avantages que la ville doit à sa position, qui en fait le centre du commerce de la plus belle partie de Java.

Des plaines, qui montent par un plan doucement incliné jusqu'au pied de la chaîne de montagnes dont est couronné le centre de l'île, bordent la côte dans presque toute son étendue. Ces campagnes sont parfaitement cultivées, et embellies de villages javanais, dont les maisons, construites en bambous et en rotins, entourées d'une haie et ombragées de bouquets d'arbres fruitiers, offrent à chaque pas des points de vue enchanteurs. Les habitations se groupent généralement sur le bord des cours d'eau, auxquels les terres doivent leur étonnante fécondité, qui va jusqu'à produire par an trois récoltes de riz, denrée dont l'exportation forme la principale richesse de Java.

Tel est le coup d'œil que présentent, sans presque aucune interruption, les rivages de Java depuis le chef-lieu jusqu'à Sourabaya, sur le détroit de Maduré, qui borne l'île à son extrémité orientale, comme le détroit de la Sonde la termine vers l'O.

Non-seulement l'établissement de Sourabaya devint une position militaire pour les Hollandais, mais encore il leur offrit un excellent port où leur marine put réparer ses navires en sûreté. Ce dernier avantage, qui méritait d'attirer l'attention d'une colonie privée de rades assez bonnes pour servir d'abri contre les mauvais temps et les tentatives de l'ennemi, fut pourtant négligé par la compagnie des marchands d'Amsterdam, alors en possession du privilége d'exploiter Java; car, lorsque dans les premières années du siècle, le général Daendels vint gouverner l'île au nom de la France, Sourabaya n'était pas encore un point important.

Par les soins de ce grand homme, dont le souvenir est en vénération parmi les Javanais, la colonie eut un arsenal maritime, peu considérable sans doute, mais parfaitement disposé et garni de tous les ateliers nécessaires, où de nombreux indigènes vinrent se former sous la direction d'ouvriers européens. De solides bâtiments remplacèrent les mauvais hangars élevés autrefois dans le même but, et que chaque année les hautes eaux menaçaient d'emporter. La rivière sur le rivage de laquelle ils étaient placés, et qui traverse Sourabaya, fut encaissée entre des quais spacieux, pour que le courant plus rapide chassât la vase apportée par les pluies. Deux longues jetées conduisirent la rivière en dehors des bancs qui obstruaient auparavant son embouchure, et lui donnèrent assez de profondeur pour recevoir des bâtiments de guerre du troisième rang. Le superbe fort que les Hollandais appellent *fort d'Orange*, et près duquel nous avions passé la veille de notre arrivée sur la rade, sortit de la mer comme par enchantement, et assura de ce côté du détroit, contre tout ennemi, la défense des nouvelles constructions. La ville elle-même fut embellie de monuments publics qui ne manquent ni de noblesse ni de goût, et parmi lesquels le palais du gouverneur se fait remarquer par sa belle ordonnance; l'architecture en est légère et convenable au climat; elle orne très-bien la place d'armes, dont une caserne vaste et bien aérée forme le côté opposé au palais.

Ces édifices situés en dehors de la ville, communiquent avec elle par des rues longues et larges, bordées de belles maisons de pierre, auxquelles de jolies galeries couvertes et des toits en terrasse donnent un air d'élégance et de propreté qui plaît à l'œil. Malheureusement la plupart des quartiers sont bâtis auprès de la rivière, sur des terrains bas et inondés pendant six mois de l'année. (Pl. 57.) Les eaux séjournent dans les plaines, d'où elles s'écoulent difficilement : aussi, dans la saison des pluies, les villages et les maisons de campagne répandues dans les environs, semblent des îles au milieu d'une immense nappe d'eau, à laquelle des touffes d'arbres, et les haies des petits chemins qui s'élèvent encore au-dessus de sa surface, donnent de loin l'apparence de champs cultivés. Mais au retour de la belle saison, ces terrains, asséchés au moyen de canaux distribués avec autant de soin que d'intelligence, se parent d'une belle pelouse verte, dont les teintes changent à mesure que le riz avance vers sa maturité.

Le général Daendels voulut que les trois principaux

points de la colonie, qui jusque-là n'avaient correspondu entre eux que par mer, pussent avoir par terre des relations faciles et assurées. En peu de temps, à la voix de ce gouverneur pour lequel rien n'était impossible, et qui savait trouver les hommes et créer les moyens pour l'exécution de ses projets, une route magnifique, qui franchit les montagnes et les marais, remplaça les petits chemins, que les troupes de tigres ou les inondations rendaient alternativement impraticables, et unit ainsi, en longeant la mer et traversant la plus riche partie de l'île, Sourabaya à Samarang, et cette dernière ville au chef-lieu de la colonie. Des relais de chevaux y furent établis pour le service du gouvernement et des particuliers ; et dès lors les courriers, comme les voyageurs, purent en quelques jours parcourir Java dans toute sa longueur.

Un semblable bienfait devait faire jouir Batavia d'une prospérité intérieure, bien nécessaire à cette époque où ses relations commerciales avec l'Europe étaient entièrement interceptées par les croisières de l'ennemi. En effet la ville éprouva de notables améliorations. Les Hollandais, que leur goût pour les inondations périodiques et pour les canaux semble avoir guidés dans la manière de disposer la plupart de leurs établissements, avaient fondé la capitale de Java au milieu des marécages, et élevé une multitude de palais sur les bords de canaux infects, dont les miasmes mortels moissonnaient chaque année une foule d'Européens. Par les ordres du tout-puissant Daendels, ces cloaques disparurent presque entièrement : les terrains bas furent exhaussés, et les eaux s'écoulèrent dans la mer. Mais comme ces importants travaux n'assainirent qu'imparfaitement une ville aussi mal située, le gouverneur transporta sa résidence à quelques milles du bord de la mer, sur le sommet de terres élevées, où il fit bâtir une somptueuse habitation : bientôt cet exemple fut suivi par les hauts employés de l'état, ainsi que par les principaux négociants, et aujourd'hui l'ancienne ville ne renferme plus guère que des indigènes et des marchands chinois.

Malheureusement la rade, bien qu'elle soit bordée de quais construits à grands frais pour encaisser les petites rivières qui encombraient auparavant leurs rives de vase et de boue, n'a que peu ou point gagné à ces changements. Il y règne toujours des maladies affreuses qui déciment les équipages des bâtiments européens, et Java est maintenant comme autrefois le pays le plus malsain du monde pour les marins.

Le général Daendels ne borna pas ses soins à l'embellissement de la colonie ; il agrandit les possessions hollandaises et en affermit la tranquillité : il employa avec succès la force des armes et l'ascendant de son nom pour étendre l'influence de sa patrie sur les nations de l'intérieur de Java. Tantôt il les subjuguait avec des troupes javanaises exercées à l'européenne, et dont la fidélité lui était assurée ; tantôt, à la tête d'une centaine de cavaliers, il paraissait tout à coup aux portes de la demeure fortifiée du sultan de Solo, et dictait à ce souverain un traité qui donnait de nouvelles provinces aux maîtres de Batavia ; et pourtant ces princes qui n'osaient alors résister au gouverneur d'une colonie à laquelle ils ont inspiré plus tard de si vives inquiétudes, commandaient à une population nombreuse, aguerrie et dévouée à ses chefs.

Le Javanais est d'une belle stature; ses traits sont plus réguliers que ceux du Malais; sa physionomie a quelque chose de bon et de fier en même temps. Son costume, à peu près semblable à celui de l'insulaire des détroits, se compose d'une longue chemise à manches courtes, qui tombe sur un large pantalon, et d'un pagne qu'il porte sur les épaules ou autour du cou. Ce pagne, qui est de toile de coton blanche ou bleue, suivant les rangs, et bordé d'une raie rouge pour les chefs, sert assez souvent à former une espèce de turban autour de la tête, quand cette partie n'est pas couverte soit d'un petit bonnet, soit d'un mouchoir peint de plusieurs couleurs.

Les hommes des classes élevées substituent quelquefois au pantalon un pagne qui fait le tour de la ceinture et descend jusqu'au bas des jambes : ils y joignent alors des pantoufles; mais ils les quittent toujours pour paraître devant un supérieur, car les grands personnages sont les seuls qui portent cette chaussure en tout temps.

Ces insulaires ont un caractère assez doux, obéissant, susceptible de reconnaissance et d'attachement; mais ils sont superstitieux, fanatiques, vindicatifs, et attachés fortement à leurs usages. Le duel est extrêmement commun parmi eux : pour la moindre insulte ils se déchirent à coups de *crit* comme des tigres. Les enfants mêmes se battent quelquefois jusqu'à la mort. La jalousie est la principale cause de ces combats, auxquels les Hollandais cherchent en vain à mettre un terme. Un regard, un mot indiscret suffit pour occasionner des meurtres et engendrer des haines irréconciliables qui se transmettent de père en fils.

Les femmes qui inspirent des passions aussi violentes sont belles et bien faites : malgré leur teint très-brun elles ont une physionomie fort agréable, à laquelle de grands yeux noirs, au regard doux et pensif, et de longs cheveux relevés avec grâce derrière la tête, donnent quelque chose d'intéressant. Leur tournure paraît aisée, voluptueuse; et leur habillement qui, tout simple qu'il est, ne manque pas de coquetterie, lui prête un nouveau charme. Une chemise blanche et ample, qui ne laisse voir que la forme d'une gorge conservée soigneusement, et dont les plis sont serrés autour de la ceinture par un pagne qui descend jusqu'aux talons; une pièce d'étoffe de grand prix, qu'elles drapent de mille manières sur des épaules couvertes de colliers; enfin, des bras arrondis et ornés de bracelets, des mains petites, des pieds bien proportionnés, achèveraient de faire des Javanaises des femmes séduisantes, si leurs dents noires et leur bouche, inondée d'une salive rouge, ne portaient, comme celle des hommes, les traces repoussantes du bétel et même du tabac mâché ou fumé.

J'ajouterai ici que, des relations, souvent légitimes, du sexe javanais avec les blancs, est sortie une classe de femmes qui joignent aux grâces de leurs mères les avantages de l'éducation européenne, qu'elles reçoivent généralement. Ces jeunes filles ne sont sous le poids d'aucun des préjugés qui accablent les mulâtresses dans les colonies : elles épousent les blancs, et leur apportent quelquefois de très-riches dots.

Les peuples de l'intérieur de l'île se mêlent beaucoup plus rarement avec les Hollandais, et ont mieux conservé jusqu'à présent les traits primitifs de la race javanaise. Ils habitent des villages situés pour la plupart dans les gorges des montagnes et au sommet des défilés, et qui ne communiquent entre eux que par des sentiers étroits et difficiles, dont les torrents effacent souvent les traces au milieu des forêts. Ces Javanais, soumis encore à leurs anciens chefs, montrent le courage, la ténacité de caractère, et surtout la constance dans les fatigues, que l'on retrouve chez presque tous les montagnards. Habitués aux privations, aux petites guerres intestines de canton à canton, de province à province, ils sont belliqueux et hardis. Ils connaissent l'usage des armes à feu; mais la longue lance au fer large et acéré, le *crit* à la lame plate et inégale, deviennent dans leurs mains des instruments de destruction bien plus redoutables. Monté sur un cheval de petite taille, mais rempli de feu, et capable de braver la fatigue comme son maître, le soldat javanais franchit les précipices, gravit les montagnes escarpées, et tenant son fidèle compagnon par la bride, traverse les torrents les plus impétueux. Également exercé à l'attaque et à la retraite, quand cette dernière devient impossible, il met pied à terre, abandonne son cheval, puis, armé de sa lance et du terrible *crit*, il se précipite sur son ennemi, et combat jusqu'à la mort.

Tel est le peuple sur lequel le général Daendels était

parvenu à exercer un grand ascendant par sa prudence, sa fermeté, et surtout par une grande connaissance des hommes et des lieux. Si une défiance, peut-être injuste, n'eût pas fait rappeler en France ce gouverneur au moment même où les Anglais se disposaient à s'emparer de Java, jamais la colonie n'aurait subi le joug britannique. A la voix de l'homme qu'ils révéraient, les Javanais se seraient levés de toutes parts pour repousser l'invasion. Mais Daendels partit, et vit en s'éloignant les Anglais porter les premiers coups au pouvoir qu'il ne pouvait défendre. Quelques années plus tard, ce général, qui avait donné des exemples d'un rare désintéressement et de la plus grande fidélité, victime de l'ingratitude de sa patrie et de son souverain, mourut dans un petit comptoir hollandais sur la côte d'Afrique.

La domination britannique fut courte; cependant elle dura assez longtemps pour jeter des racines dans le pays, et répandre des idées nouvelles dans l'esprit des indigènes, dont l'attachement fut capté par toutes sortes de moyens, aussi impolitiques que dangereux, mais sur lesquels les Anglais comptaient sans doute alors, comme ils y comptent encore à présent, pour amener des événements qui tôt ou tard feront tomber Java entre leurs mains.

Ce levain de troubles, que les successeurs des Hollandais laissèrent derrière eux en quittant Java, ne tarda pas à fermenter. Les anciens maîtres rentrèrent bien en possession de l'île, mais ils ne trouvèrent plus chez les indigènes de l'intérieur le même respect pour leur autorité. Les sultans, traités par les Anglais pendant trois ans avec une grandeur et une générosité trop excessives pour n'avoir pas été calculées, ne voulurent plus se soumettre aux mesures étroites du gouvernement des Pays-Bas, auquel sans doute rien ne semblait changé : les froissements devinrent continuels, et enfin produisirent une animosité d'autant moins dissimulée, que le projet formé par la Hollande de soumettre toute l'île n'était plus un secret pour les mécontents ; aussi prirent-ils les devants, pour ne pas laisser à des ennemis déjà trop redoutables le temps d'achever leurs préparatifs, et la guerre commença.

Un événement tragique, qui, à ce qu'on raconte, eut lieu à la cour du sultan de Solo, servit de prétexte aux premières hostilités. Le résident hollandais auprès de ce souverain s'éprit d'amour pour la fille du prince Icono-Gorro, homme d'un grand caractère et abhorrant les oppresseurs de son pays : un pareil adversaire était d'autant plus à craindre, qu'au pouvoir qu'il exerçait comme régent au nom du jeune sultan son neveu, il joignait une grande influence religieuse sur tous ses compatriotes. Le refus formel d'Icono-Gorro de donner sa fille en mariage au résident causa entre eux une mésintelligence qui exaspéra l'esprit du fier Javanais, pour lequel il faut croire que l'on n'eut pas assez de ménagement. Un jour il mande le Hollandais dans son palais, lui montre sa fille. « Voilà celle que tu désires, dit-il « d'un air féroce ; tu ne peux la posséder ; jamais mon « sang ne sera mêlé à celui d'un Européen. » En finissant ces mots, il plonge son *crit* dans le cœur de la jeune fille, et laisse son antagoniste, frappé d'horreur, s'échapper du palais, et bientôt après de la province.

La guerre était déclarée : le soulèvement des indigènes fut presque universel ; le régent de Solo employa le fanatisme pour augmenter le nombre de ses partisans et leur inspirer sa haine contre les maîtres de Batavia : ceux-ci, pris au dépourvu, éprouvèrent d'abord quelques échecs, et virent même les insurgés s'approcher de Samarang et menacer le chef-lieu ; mais de nombreux corps de troupes, commandées par un général distingué, débarquèrent successivement dans l'île, où les sultans alliés de la Hollande avaient déjà pris les armes, et Java offrit le spectacle d'un vaste champ de bataille. La guerre devint horrible : les Javanais tuaient les prisonniers en leur enfonçant un *crit* dans le côté, de manière à laisser à ces malheureux de longues heures de souffrances. De leur côté les troupes blanches ne se montrèrent pas moins cruelles ; les femmes, les enfants, les vieillards, furent égorgés sans pitié, et la population d'une multitude de villages disparut presque entièrement.

Icono-Gorro, repoussé du plat pays, se retira dans les montagnes et s'y défendit avec un courage, une opiniâtreté dignes d'un meilleur succès. Aidé des secours d'armes et de munitions que lui vendirent, à ce qu'on prétend, des marchands anglais de Sincapour, il combattit pendant cinq années, jusqu'en 1829 : mais alors les autres chefs, gagnés par les Hollandais, ou fatigués d'une lutte dont l'issue ne pouvait plus être que fatale à leurs intérêts, ayant abandonné le malheureux régent, celui-ci, pressé de tous côtés par les troupes ennemies, fut obligé de se rendre à leur général, qui le fit conduire sur-le-champ en exil à Amboine, où sans doute il finira une vie dont le souvenir restera longtemps parmi les Javanais.

Cet homme, qui a joué un si beau rôle dans sa patrie, est maigre, d'une taille moyenne, et ne porte rien de spirituel ni de déterminé dans la physionomie : aussi les vainqueurs, ne trouvant pas que son extérieur répondît à la terreur qu'il leur avait inspirée, prétendirent que le ministre du sultan de Solo était le véritable moteur du soulèvement, et le meilleur général des insurgés; sur cette réputation vraie ou fausse, ils condamnèrent le malheureux ministre à une reclusion perpétuelle dans les prisons de Batavia.

Cette guerre, qui avait coûté tant de sang aux deux partis, eut pour résultat la soumission de l'île tout entière. Le sultan de Solo fut envoyé en exil à Amboine, auprès de son oncle. Cependant, soit pour quelques raisons d'intérêt local, soit que la politique commandât de ménager des peuples dangereux encore, quoique vaincus, il a été remplacé par une créature des Hollandais, espèce d'esclave couronné qui n'a aucun pouvoir, et reçoit du vainqueur une pension de dix-neuf mille francs par mois, à la place des immenses revenus dont jouissait son prédécesseur.

Les changements opérés dans la situation militaire de la colonie ne se bornèrent pas à une augmentation de territoire : le système d'administration suivi jusqu'alors subit d'importantes modifications, et les anciens abus furent, sinon détruits, au moins sensiblement diminués.

Les dépenses excessives que l'expédition dont je viens de parler coûta au gouvernement des Pays-Bas, lui firent sentir la nécessité de prendre une connaissance approfondie des finances de la colonie; il les trouva dans l'état le plus déplorable et livrées aux plus indignes dilapidations. Une dette énorme, suite de la mauvaise gestion de la plupart des autorités, fut constatée pour la première fois. Les intérêts particuliers avaient pris la place du bien public avec une audace qui semblait justifiée par une longue impunité : tout était à prix d'argent ; la justice elle-même se taisait devant les grands coupables accusés de concussion. Un mal porté aussi loin exigeait des remèdes violents : le roi envoya comme gouverneur, avec des pouvoirs très-étendus, un des conseillers de la couronne, administrateur intègre et éclairé. Il venait de quitter la colonie lorsque nous y arrivâmes, après avoir rempli sa mission avec autant de fermeté que de talent, malgré une opposition sourde mais puissante, accompagnée de dénonciations et de réclamations sans nombre, auxquelles le souverain répondit en comblant son mandataire de nouvelles faveurs.

L'ordre ayant été à peu près rétabli dans les différents détails de l'administration, la plupart des emplois inutiles supprimés, et les émoluments des autres ramenés à de justes proportions, les revenus de la colonie augmentèrent rapidement, et compensèrent en partie les frais dans lesquels la guerre avait entraîné la métropole.

L'île, alors entièrement soumise, fut divisée en dix-sept résidences (espèces de préfectures), administrées par des résidents, et contenant un certain nombre de districts (sous-préfectures), régis par des assistants-résidents. Chaque résident partage le pouvoir avec un magistrat javanais appelé *régent*, qu'il est obligé de consulter dans toutes les mesures concernant les indigènes. Les lois disent que « le régent doit être considéré comme le « *jeune frère* du résident. » Aussi jouit-il d'appointements considérables ; il dirige les *tougoun*, qui ont chacun sous leur juridiction les chefs de plusieurs villages. Ces derniers chefs sont chargés de veiller au bon ordre et de percevoir les droits, imposés sur les terres par le gouvernement, qui remplace les anciens souverains, dépossédés tout à fait, ou réduits à une pension.

Le fisc de la colonie puise encore à une autre source, qui prend chaque année un plus grand accroissement : je veux parler des plantations de cannes à sucre, de café et de coton, cultivées par la population indigène, qui fait ce service par corvées. Les récoltes sont portées dans les magasins de la résidence, et livrées au commerce par des ventes publiques, dont le produit passe aux mains d'un trésorier sous les ordres du résident, qui lui-même reçoit ses instructions de Batavia.

A ces différentes branches de revenus il faut joindre la capitation que paye chaque habitant, les impôts sur les propriétés, les droits de douane sur l'entrée et la sortie des marchandises. En somme, on estime que l'île rapporte maintenant vingt-cinq millions par an, dont les quatre cinquièmes sont absorbés par les dépenses de la colonie, et le reste versé dans les caisses de l'état.

D'après ce qui précède, il est facile de voir que les Hollandais ont pris plus de soin de leurs intérêts que du bien-être des indigènes, dont la condition peut être comparée à celle des serfs d'Europe au XIIIe siècle. En effet, les classes inférieures cultivent, sans recevoir de salaire, les propriétés publiques, et on exige encore d'elles d'autres corvées, aussi arbitraires que pénibles, telles que les travaux des grandes routes, les réparations des canaux creusés pour l'irrigation des terres, enfin le transport des fardeaux : aussi sont-elles généralement pauvres et misérables. D'un autre côté, les fermiers qui exploitent pour le compte du gouvernement les terres enlevées aux chefs javanais, n'en sont pas moins obligés, comme le reste de la population, de payer à leurs anciens maîtres une foule de droits, tels que ceux de naissance, de succession, etc., compris autrefois dans les fermages, et payés à part maintenant.

Ces charges, qui pèsent de temps immémorial sur les naturels, tenaient et tiennent encore à leurs usages nationaux : aussi le gouvernement de Batavia, soit qu'il n'ait pu les alléger, soit qu'il y trouve, entre autres avantages, celui de n'avoir pas à entretenir à ses dépens une foule de chefs, laisse les choses subsister dans cet état, et pressure de son côté les malheureux habitants par toutes sortes de moyens.

Cependant les Hollandais témoignent, sous plusieurs rapports, en faveur des Javanais, quelques sentiments de philanthropie, intéressés peut-être ; car cette nation froide, marchande et plus qu'économe a bien rarement montré de la pitié pour les peuples soumis à son joug.

Ils ont commencé par s'occuper de la santé publique, et pour arrêter les ravages que la petite vérole exerce fréquemment parmi les naturels, ils ont introduit la vaccine dans la colonie. Les médecins du pays ont reçu les renseignements nécessaires sur ses propriétés, ainsi que sur la manière de la pratiquer pour en obtenir d'heureux effets ; et, chose bien extraordinaire, toute la population, même celle de l'intérieur de l'île, s'est soumise sans répugnance à cette innovation.

Pour adoucir les mœurs des insulaires et mettre un frein au pouvoir arbitraire de leurs princes, ou bien, comme on pourrait le croire, pour achever de détruire l'influence de ceux-ci, les maîtres de Batavia ont institué des tribunaux criminels dans chaque résidence, et même auprès de chaque sultan, pour juger et punir les meurtres, auxquels donnent lieu trop souvent les duels et les vengeances particulières. Ces cours de justice, qui seules, sauf toutefois l'approbation du grand conseil de Batavia, peuvent condamner les coupables à la peine de mort, à l'exil ou aux travaux publics, sont composées, dans les provinces conquises, des premières autorités européennes et javanaises réunies; mais dans les provinces alliées, comme celles de Solo et de Maduré, le résident auprès du souverain et le commandant de la garnison hollandaise prennent place au conseil, dont ils ont le droit de déférer tous les actes au gouverneur de la colonie.

Cette espèce de tutelle, exercée avec d'autant plus de modération que la générosité des sultans rend ces places de surveillants fort lucratives, n'en est pas moins supportée impatiemment par des princes autrefois absolus, craints et respectés de leurs sujets. La population elle-même, blessée dans son orgueil national, et à peine sortie d'une guerre sanglante, qui a laissé bien des semences de haine et de vengeance, est toujours disposée à briser ses fers, trop bien rivés malheureusement par des maîtres chez lesquels un prudent égoïsme et une persévérance infatigable remplacent la grandeur et la vivacité. Mais si les troupes anglaises reparaissaient encore une fois sur les rivages de Java, la plupart des indigènes voleraient au-devant d'elles, et le reste attendrait tranquillement l'issue de la lutte, qui se terminerait encore sans doute, comme en 1810, par l'expulsion des Hollandais.

En attendant cet événement, peut-être éloigné, mais qu'un instant peut voir s'accomplir, la Hollande possède une colonie riche et bien peuplée, dont les revenus, qui augmentent graduellement avec les cultures, suffisent non-seulement à ses dépenses, mais en outre (ce qui est encore sans exemple) diminuent les charges de la métropole. Ces progrès de l'agriculture dédommagent-ils Batavia de la ruine presque entière de son commerce extérieur? C'est une question qui, suivant les apparences, doit être résolue négativement.

Nous avons déjà vu comment Sincapour, devenu le centre du commerce de toutes les nations dans cette mer, a condamné à la solitude les ports de Java, autrefois remplis d'une foule innombrable de jonques chinoises et de *pros* malais. Au lieu des centaines de bâtiments qu'Amsterdam y envoyait chaque année, il n'y arrive plus maintenant qu'un petit nombre de cargaisons. Les négociants anglais et français établis dans l'île trafiquent librement, et rivalisent d'industrie et de fortune avec les nationaux. Cependant on peut croire que ces concessions, faites aux circonstances et arrachées par les événements, coûtent beaucoup à la jalousie et à la défiance des autorités de Batavia. En effet, les marchandises importées sous pavillon étranger payent des droits énormes qui équivalent en quelque sorte à une prohibition, et les objets d'exportation ne sont guère plus favorablement traités. Le gouvernement fait revivre d'anciennes lois qui défendent aux Européens de posséder des terres dans l'intérieur de Java. La plupart de ceux auxquels les Anglais en avaient concédé après la conquête de l'île, ont été dépossédés sous différents prétextes. Enfin, ceux des étrangers qui ne résident pas au chef-lieu, sont l'objet d'une sourde et soupçonneuse inquisition.

Serait-elle donc fondée cette observation qui m'a frappé bien des fois, que les nations les plus anciennement libres sont les plus exclusives et les moins libérales dans leurs relations de commerce avec les autres peuples, en même temps qu'elles se montrent les plus arbitraires dans leur conduite envers les faibles et les vaincus? Cet égoïsme prend-il naissance dans l'esprit national, ou, ce qui revient au même, dans une communauté d'intérêts bien entendue? est-il nécessaire à la prospérité d'une nation? Je serais porté à le croire, quand je considère combien de fois notre belle France a été victime de la franchise et de la générosité de ses habitants.

La Hollande s'est donc réservé le droit de fournir à

sa colonie la presque totalité des marchandises d'Europe. Cette importation paraît considérable et fait annuellement de grands progrès. Elle se compose de tout ce que le luxe produit de plus recherché pour la table et les appartements ; des étoffes les plus variées et les plus riches pour les classes élevées ; de toiles blanches ou bleues, et de mouchoirs bariolés de couleurs brillantes pour le bas peuple ; de fer, de quincaillerie et d'instruments propres aux diverses cultures des terres ; enfin, de toutes sortes de munitions navales, qui coûtent fort cher aux capitaines étrangers obligés de les acheter.

Java paye tous ces objets avec du café d'assez bonne qualité, du sucre peu estimé pour les raffineries, mais vendu à bon marché ; et surtout avec une prodigieuse quantité de riz qui est portée à la Chine, dans l'Indostan, et dans les nombreuses îles voisines de Java, sur des bâtiments de toute nation. Cette dernière branche de commerce entretient sur les côtes de la colonie un cabotage assez actif et qui jouit de plusieurs avantages, entre autres de celui de pouvoir, à l'exclusion de tous les navires européens, sans en excepter même les hollandais, transporter les marchandises d'un port à l'autre de l'île, ainsi que dans les comptoirs environnants.

Il est à supposer que l'or et l'argent entrent aussi au nombre des objets qui servent à payer les cargaisons importées dans l'île ; car nonobstant le droit très-fort de 4 p. o/o, dont ces métaux précieux, monnayés ou non, sont frappés à la sortie, ils deviennent de plus en plus rares à Java, et le gouvernement les remplace par des monnaies faites avec le cuivre qu'il tire des mines de Sumatra et de Rhio ; ce qui l'a fait accuser de n'être pas étranger à la disparition des espèces d'or et d'argent.

A toutes les marchandises que la colonie fournit pour l'exportation, et dont je n'ai cité que les principales, d'autres productions viendront peut-être se joindre dans quelques années (1). Les plantations de thé par exemple, qui en 1830 contenaient, dit-on, cinq cent mille pieds, en fourniront à elles seules une innombrable quantité, si les espérances qu'elles donnent se réalisent. Mais on a déjà si souvent tenté inutilement, par des essais du même genre, d'arracher aux Chinois le monopole de cette denrée, qu'il est prudent d'attendre les résultats avant de rien préjuger sur l'avenir.

Les expériences pour élever les vers à soie apportés de la Chine donnent déjà des résultats assez satisfaisants : les fils qu'on obtient paraissent forts, d'une égalité parfaite, et comparables aux meilleures qualités d'Europe et de Canton. Dans un pays où beaucoup de terres sont en friche et la main-d'œuvre à très-bas prix, quels revenus de tels produits ne semblent-ils pas promettre ! Cependant, malgré toute cette activité du gouvernement pour accroître les richesses de la colonie, le commerce y languit de plus en plus chaque année. La cause en est généralement attribuée à l'influence d'une compagnie composée des premiers négociants d'Amsterdam et d'Anvers, et d'un grand nombre de hauts fonctionnaires, parmi lesquels on cite le roi lui-même. Une pareille concurrence, qui ne s'appuie à la vérité sur aucun privilége, mais que soutiennent des capitaux considérables, ne pouvait manquer d'écraser les marchands particuliers de Sourabaya et du chef-lieu, car non-seulement cette compagnie mène les affaires en grand, mais encore elle entre dans les plus petites transactions : c'est ainsi que le monopole du commerce de l'opium, mis au rabais, est tombé en son pouvoir; que ses magasins sont les mieux approvisionnés de la colonie; et enfin que le droit exclusif de trafiquer avec le Japon allait également lui appartenir, à l'époque de mon passage à Sourabaya.

Les Hollandais sont aujourd'hui la seule nation européenne admise dans cette contrée; mais ils n'y peuvent envoyer plus de quatre navires par an. A Nangasaki, seul port où ils aient la permission d'aborder, toutes les relations sont défendues, sous peine de mort, entre les habitants du pays et les étrangers, qui, pendant leur relâche, doivent séjourner constamment sur une île éloignée du rivage.

Un mandarin, délégué à cet effet par le souverain, compte les marins et les passagers, au départ et à l'arrivée de chaque navire, pour s'assurer qu'aucun d'eux ne reste dans le pays. Il est arrivé que le corps d'un matelot qui s'était noyé en rade n'ayant pu être représenté sur-le-champ, peu s'en fallut que son absence n'amenât une rupture entre les deux nations et l'expulsion des Hollandais.

Ces précautions excessives pour empêcher les Européens de s'introduire dans l'intérieur de l'empire, sont une preuve du souvenir effrayant que les missionnaires espagnols et portugais ont laissé après eux dans ces contrées, où ils suscitèrent, pendant le siècle dernier, par leur ambition et leur fanatisme, de sanglantes guerres de religion. Un prince de la famille de l'empereur ayant soulevé tous les chrétiens, excités par les prêtres catholiques, livra plusieurs batailles aux troupes de son souverain; mais vaincu et acculé sur le bord de la mer, il y fut égorgé, à ce qu'on prétend, avec quarante mille de ses adhérents. Tous les chrétiens, sans exception, furent bannis du Japon, et leur culte défendu sous peine du dernier supplice.

Peu de temps après cette catastrophe, plusieurs bâtiments hollandais arrivèrent devant la ville de Nangasaki. Un mandarin vint à bord signifier la volonté de l'empereur : l'amiral répondit que sa nation n'étant pas chrétienne, cette affaire ne la regardait pas. D'après de nouvelles instructions de la cour, le mandarin présenta un christ au Hollandais, qui ne balança pas, dit-on, à le fouler aux pieds, pour assurer à sa patrie le commerce exclusif du Japon. En effet, depuis cette époque, les seuls navires de Batavia sont admis dans ce pays, où les Anglais, même pendant qu'ils possédaient Java, n'ont jamais pu être reçus.

Les Hollandais continuent donc toujours de trafiquer au Japon, mais ce trafic n'est presque plus rien : ils y apportent de la quincaillerie, des tissus de laine et de coton, quelques objets de luxe d'Europe, qu'ils échangent contre de l'étain, des étoffes de soie, de la porcelaine, des ouvrages de laque bien supérieurs à ceux de la Chine, des paniers renommés pour le fini du travail et leur légèreté, des ustensiles d'un métal particulier au pays; enfin contre beaucoup d'autres marchandises regardées seulement comme curiosités. Les bénéfices que ces voyages ont rapportés dans ces derniers temps se réduisent à peu de chose. Cependant le gouvernement des Pays-Bas, par amour-propre national peut-être, attache toujours un grand prix à ses relations avec le Japon; il les conduit avec le même mystère qu'autrefois, et il remet des signaux très-secrets aux capitaines des bâtiments, pour qu'ils puissent se faire reconnaître par le résident hollandais à Nangasaki, et obtenir des mandarins l'entrée du port.

Un commerce si pauvre et si déchu ne valait pas la peine assurément qu'on l'assujettît à un privilége : aussi les négociants particuliers ont-ils presque toujours exploité ce privilége avec négligence. Mais on doit croire que la compagnie, qui en est maintenant concessionnaire, en saura tirer aussi bon parti que du monopole de l'opium, qui ruinait jadis les sociétés auxquelles il appartenait, et qui lui rapporte, au contraire, des gains assez considérables.

Au milieu des haines et des jalousies qu'inspirent aux négociants de Java les empiétements de la compagnie, il est bien difficile de démêler le véritable état de ses affaires. Chaque jour on annonce sa banqueroute, et chaque jour voit ses opérations prendre un plus grand développement. Sans doute que dans les commencements de son existence, elle a eu à souffrir du mauvais choix de ses agents; mais il paraît que maintenant ses intérêts sont confiés à des hommes distingués par leurs talents et leur intégrité.

Le commerce de Java lutte donc contre un véritable

monopole, d'autant plus pesant pour les marchands particuliers, qu'exploité avec non moins d'activité que d'économie, il est soutenu par de grands capitaux et favorisé par l'autorité. Mais, d'un autre côté, ce monopole même restreignant beaucoup les spéculations pour l'extérieur, a forcé les Européens de tourner leur industrie vers la culture des terres; et, sous ce rapport, on peut le regarder, je crois, comme la véritable cause des progrès étonnants que la colonie a faits depuis quelques années.

Avant la séparation violente des Pays-Bas et de la Belgique, ces deux nations tiraient conjointement de Java, comme d'une mine, des richesses qui ne laissaient pas d'être considérables pour un petit pays. Amsterdam encourageait les manufactures belges, qui à leur tour demandaient aux Hollandais les matières premières dont elles avaient besoin. Anvers partageait ainsi avec Amsterdam le commerce maritime du Royaume-Uni; et l'on ne peut nier que jamais depuis un siècle la Belgique n'avait joui d'une aussi grande prospérité.

Cet état de choses n'existe plus, et le jour n'est pas loin peut-être où d'anciennes animosités nationales, réveillées par les derniers événements politiques, porteront les Hollandais à se procurer en France plutôt que chez leurs rivaux les marchandises nécessaires à la consommation de Java. Quels débouchés trouveront alors les manufactures belges, qui ont pris une si grande extension depuis 1814? et comment pourront-elles rivaliser avec les nôtres? Il est à souhaiter que les Belges n'aient pas à se repentir bientôt d'avoir sacrifié à un orgueil national peut-être exagéré, et au désir de former un état indépendant, les véritables intérêts de leur patrie.

Ce grand changement politique était encore trop récent pour faire sentir ses effets lorsque je passai à Sourabaya; mais je jugeai dès lors qu'il serait plus favorable que nuisible aux relations des Français avec cette colonie, à laquelle Bruxelles avait fourni jusque-là les mêmes articles que nos trafiquants, c'est-à-dire la bijouterie, l'horlogerie, la passementerie, enfin toutes les autres marchandises de luxe, que les Hollandais viendraient désormais demander aux ouvriers de Paris. Il ne faut pas pourtant que les marchands français se fassent illusion; car ils se verront obligés, comme par le passé, de lutter à Java, non-seulement contre la concurrence des nationaux, dont les bâtiments naviguent beaucoup plus économiquement que les nôtres, mais encore contre des droits d'entrée excessifs qui permettent aux négociants d'Amsterdam de livrer nos vins à meilleur marché que ne peuvent le faire les armateurs français. Ceux-ci, d'ailleurs, auront à vaincre un autre obstacle qui empêchera toujours, dans les circonstances même les plus favorables, cette dernière branche de commerce de prospérer dans le grand archipel d'Asie : les vins légers de France ne peuvent résister que très-peu de temps à l'influence de la température brûlante et humide de ces contrées; tandis qu'au contraire les vins de la Péninsule et du Rhin (qui sont, il est vrai, toujours transportés en bouteilles) soutiennent parfaitement, à ce qu'il paraît, les attaques de ce terrible climat.

La plupart des bâtiments français que reçoit Batavia n'y viennent prendre que du riz destiné pour l'île de Bourbon ou pour la Chine. Cette denrée est aussi à peu près la seule qui attire dans ce port les Anglais et les Américains. Les premiers donnent en échange diverses provisions de table et des tissus de coton; les autres payent leurs chargements avec des piastres ou bien avec des salaisons, des mâtures, des planches, des cordages de chanvre et d'autres approvisionnements de marine.

Samarang voit quelques navires étrangers; mais Sourabaya ne fait que le cabotage des Moluques et des grandes îles de la Sonde. Les trois-mâts de la compagnie hollandaise y apportent de temps à autre des marchandises d'Europe, et prennent en retour le sucre et le café vendus par le gouvernement; les bâtiments de guerre qui composent la station viennent fréquemment s'y réparer.

Tous ces visiteurs réunis ne parviennent pas encore à faire de Sourabaya une ville bien gaie. Les habitants prétendent pourtant qu'autrefois elle était un lieu de délices; mais je suis forcé d'avouer que nous n'y avons trouvé aucun vestige de ce brillant passé. La société, autant que j'ai pu la juger, m'a paru triste, guindée, livrée aux jalousies et aux rivalités. A peine y compte-t-on quelques Européennes; mais les dames de sang mêlé, qu'on y voit en bien plus grand nombre, sont presque toutes jolies et bien faites; elles ne manquent même ni d'esprit ni de grâces, et encore moins de coquetterie; et si elles n'ont pas l'usage du monde, il faut sans doute l'attribuer à la coutume qu'ont les colons de rester enfermés chez eux ou de ne se voir que rarement et en cérémonie. Ce n'est que le soir, après le coucher du soleil, qu'ils sortent en voiture découverte pour aller parcourir les routes qui environnent la ville et côtoient la rivière, dont les bords sont couverts de jolis villages devant lesquels circulent sans cesse une foule de bateaux. (Pl. 59.) Mais telle est leur indifférence, que ni ces délicieux points de vue, ni la société des dames qui les accompagnent, ne peuvent dérider leurs physionomies froides ou ennuyées.

Et cependant ces femmes, comme je viens de le dire, joignent aux charmes de la figure tous les agréments de l'esprit; elles possèdent même des qualités essentielles que l'on ne rencontre pas souvent chez les créoles dans les pays chauds. Elles sont actives, bonnes ménagères, s'entendent au commerce, et entretiennent dans l'intérieur de leurs maisons un ordre parfait. Elles montrent beaucoup d'attachement pour leurs maris; mais elles ne se font aucun scrupule de se remarier jusqu'à trois et quatre fois, à mesure que la mort vient les condamner au veuvage, et les rendre, suivant la coutume du pays, maîtresses d'une grande partie de la fortune des pauvres défunts. Il n'est pas rare de voir une très-jeune femme porter le deuil pour la troisième fois, et convoler bientôt après à une quatrième union. Depuis quelques années cependant cette source de richesses pour les dames a bien diminué : les blancs, qui autrefois se livraient à tous les excès de la table et de la débauche, maintenant plus raisonnables ou moins opulents, sont beaucoup plus modérés dans leurs plaisirs, vivent plus longtemps, et je puis affirmer qu'ils montrent aujourd'hui, du moins ceux de Sourabaya, une économie que j'ai remarquée il est vrai chez les Hollandais de Leyde et de Rotterdam, mais jamais dans les possessions d'aucune autre nation européenne.

Les Chinois, que l'on retrouve à Java en aussi grand nombre que dans toutes les îles de cet archipel où il y a de l'argent à gagner, tiennent à Sourabaya, comme à Batavia et à Samarang, le second rang dans la population. La majeure partie du petit commerce est entre leurs mains, et ils l'exercent avec une adresse égale à leur activité, mais qui n'est pas exempte de friponnerie. Il faut convenir cependant que cette adresse même, quand elle est bien surveillée, devient quelquefois très-utile aux étrangers dans les affaires où les retards sont surtout à craindre, comme par exemple l'approvisionnement des navires, qui sans eux perdraient un temps précieux, par la nonchalance des marchands européens.

Les Hollandais avaient à peine conquis l'île de Java, que les Chinois vinrent en foule s'y établir sous leur protection; mais là, de même qu'à Manille et dans presque tous les établissements voisins, ils tramèrent des conspirations et se révoltèrent plusieurs fois. Les maîtres de Batavia, aussi braves que ceux de Luçon et aussi inflexibles, traitèrent les vaincus avec la même sévérité. Dans un soulèvement général des Chinois, au chef-lieu de la colonie, quarante mille de ces malheureux furent détruits par le fer, par la faim et par les supplices.

Un aussi effroyable massacre fit craindre au gouverneur de Batavia que la cour de Pékin n'usât de représailles sur ses compatriotes, très-nombreux en Chine à cette époque. Il s'empressa d'envoyer un ambassadeur auprès du grand mandarin de Canton pour se disculper et faire parvenir sa justification jusqu'à l'empereur. La réponse du souverain lui ôta toute inquiétude, et mérite d'être rapportée : « Les barbares (les Européens)
« ont commis un acte de justice en égorgeant des hom-
« mes capables d'abandonner leur patrie pour aller
« vivre parmi eux. »

Depuis ce terrible exemple, les Chinois n'ont fait aucune tentative de révolte; mais ils pourraient encore porter ombrage au gouvernement, soit par leurs richesses, soit par leur nombre, considérable surtout dans les villes et sur les côtes, où il est cependant bien inférieur à celui des Malais, qui composent les dernières classes de la population maritime, parmi laquelle on ne trouve qu'une petite quantité de Javanais.

Ces deux races diffèrent entre elles au physique autant qu'au moral. Les Malais de Java sont absolument semblables à ceux que j'avais observés sur des *pros* à Malaca et à Sincapour; faux et méchants comme eux et non moins portés au pillage, ils ont de plus acquis dans leurs relations continuelles avec les Européens une nouvelle audace et tous les vices de la civilisation. Le meurtre leur est familier, et l'usage de l'opium exalte à un tel point la violence de leur caractère, qu'ils jettent quelquefois la terreur parmi les habitants..

Jadis, avant que le gouvernement n'eût pris des mesures énergiques pour arrêter un si dangereux désordre, il arrivait assez fréquemment qu'un Malais, ivre d'opium, parcourait les rues de Batavia, frappant de son *crit* toutes les personnes qu'il rencontrait sur son passage, jusqu'à ce qu'enfin, traqué comme une bête féroce, il eût succombé sous les balles ou les baïonnettes des soldats envoyés par l'autorité.

Telle est cependant la classe qui fournit des marins aux bâtiments armés dans la colonie. Ces matelots sont agiles, durs à la fatigue, bons hommes de mer, mais toujours disposés au pillage et à la révolte. On les dit susceptibles d'attachement, mais ils sont en même temps si vindicatifs, que la moindre punition éteint dans leur cœur toute reconnaissance. La piraterie semble être leur état habituel : aussi l'exercent-ils toutes les fois qu'ils en trouvent l'occasion, soit en livrant leur navire aux forbans des îles voisines ou de la côte méridionale de Java, soit en s'en emparant pour leur propre compte.

Le seul moyen que la prudence ait suggéré pour s'assurer d'une fidélité aussi douteuse, c'est de garder à terre, comme otages, leurs femmes et leurs enfants; car lorsque les Malais veulent tenter un mauvais coup, ils ont soin d'emmener avec eux leurs familles, afin d'aller ensuite s'établir ailleurs, et jouir paisiblement du fruit de leur brigandage.

En dépit de ces précautions, les crimes commis par les forbans se multiplient à l'entrée de la rade de Batavia et même du port de Sourabaya avec une désolante impunité. Pendant notre séjour dans ce dernier établissement, la chaloupe du fort d'Orange fut enlevée par son équipage. Le sergent, chargé d'une modique somme pour la paye de la garnison, tomba percé de coups; un autre sous-officier, grièvement blessé, parvint à se cacher sous les voiles de l'embarcation, que l'on trouva le lendemain échouée sur la côte de Maduré, n'ayant à bord que le blessé, qui s'était évanoui par suite de la perte de son sang. Ce fut alors seulement que l'on s'aperçut que les coupables avaient mis leurs familles en sûreté.

Cependant on a vu quelquefois les matelots des forts caboteurs faire preuve, sous la conduite de capitaines qu'ils aimaient, d'un grand courage contre les pirates qui infestent continuellement la côte septentrionale de l'île, entre Samarang et Batavia. Peu de mois encore avant notre passage dans la colonie, l'équipage d'un de ces bâtiments, commandé par un intrépide marin hollandais, avait repoussé avec autant de bravoure que de bonheur les attaques de plusieurs grands *pros* de Bornéo, qui furent enfin obligés de prendre la fuite : aussi la compagnie d'assurances d'Amsterdam, qui entend trop bien ses affaires pour laisser un tel dévouement sans récompense, venait de donner au capitaine et aux matelots qui avaient si bien défendu ses intérêts de nobles preuves de sa reconnaissance, afin d'encourager les Malais à suivre ce bel exemple de fidélité.

D'un autre côté, le gouvernement déploie, depuis quelque temps, une grande activité pour réprimer sévèrement la piraterie, qui entrave beaucoup le cabotage de l'île; mais ses efforts n'ont eu jusqu'ici que peu de succès : la marine militaire de la colonie est pourtant bien organisée et possède de bons officiers. J'ai vu dans l'arsenal de Sourabaya, prêts à mettre à la voile, douze grands *pros*, pontés seulement aux extrémités, sur lesquelles était placé un canon de 6 avec un obusier pour lancer des projectiles creux et inflammables. Le sous-officier qui commandait chacun de ces bateaux avait sous ses ordres deux canonniers, des troupes, et quarante matelots malais. Cette flottille, si bien armée, ne me parut pas inspirer une grande confiance aux habitants, et je ne tardai pas d'apprendre qu'ayant rencontré une division de pirates dans son voyage pour se rendre à Batavia, elle n'avait pas osé l'attaquer. Peut-être les capitaines craignaient-ils leurs propres équipages autant que l'ennemi.

Telle est l'audace des forbans, qu'ils viennent quelquefois jusqu'en dedans de la pointe de Panka, et plus près encore de la ville, enlever les caboteurs, aussi bien que les bateaux de pêche, dont les marins et les passagers sont égorgés ou réduits en esclavage. Peu de jours avant l'arrivée de la corvette, des *pros* avaient capturé ainsi sept Européens, dont plusieurs étaient déjà morts de misère dans les îles voisines, et le reste a subi sans doute le même sort, si les énormes rançons demandées par ces pirates n'ont pas été promptement envoyées.

Les troupes de terre valent beaucoup mieux que celles de mer, si l'on en juge par les services qu'elles ont rendus pendant la dernière guerre, et par leur conduite dans les expéditions tentées fréquemment pour réprimer les brigandages des sultans de Sumatra, de Bornéo et de Macassar. La manière dont on recrute cette partie de la garnison semble offrir une garantie suffisante contre les complots et les soulèvements; en effet, comment pourraient s'ourdir des conspirations entre des hommes de religions et de langages divers, pris non-seulement dans les différentes populations de Java, mais encore parmi celles des îles voisines, dans lesquelles les Hollandais ont des résidents? Ces soldats, que l'on m'a dit être au nombre de douze mille, sont parfaitement exercés à l'européenne, soumis à une discipline sévère, et commandés par des officiers blancs ou mulâtres.

Malgré cette forte organisation militaire, les prudents possesseurs de Batavia, qui se défient encore plus des Européens que des Javanais, et qui savent combien les troupes auxiliaires résistent difficilement à la séduction, ont conservé huit mille blancs, restes de la formidable expédition envoyée d'Europe pour la conquête de l'île. Mais ce nombre, qui suffirait maintenant pour les besoins de la défense, ne peut aller qu'en diminuant; car, sous un climat brûlant et horriblement malsain, surtout vers les bords de la mer, des soldats presque tous adonnés à l'ivrognerie et à la débauche doivent être cruellement décimés par les maladies. Il paraît d'ailleurs que le gouvernement n'a jamais eu pour les troupes blanches les mêmes soins qu'on prend pour elles dans les colonies anglaises et françaises.

On dit que ces malheureuses troupes, presque toutes belges, à peine arrivées de l'humide et froide Hollande, étaient, sans aucune précaution, menées sur-le-champ à l'ennemi : aussi la mortalité devint-elle si effrayante, que les soldats succombaient par milliers. C'est ainsi que, pendant la guerre qui a décidé de l'indépendance des Javanais, il est mort quatre fois plus d'Européens par la dyssenterie et les fièvres que par le fer de l'ennemi; et que depuis la paix, ce qui a échappé à tant de fléaux disparaît peu à peu dans les petites garnisons que la colonie entretient sur ses côtes et sur celles de la plupart des îles de la Sonde.

Le gouverneur de Java entretient également des troupes à Amboine, la plus petite des trois principales îles Moluques, dont elle est pourtant le chef-lieu. Les Portugais formèrent cet établissement bien des années avant que les Espagnols eussent conquis les Philippines. Ils en furent chassés par les Hollandais, qui considérèrent longtemps ces îles comme une mine abondante de richesses. En effet, la nature les a dotées d'une fertilité admirable et des plus riches productions : les épices y viennent sans culture; les muscadiers, les girofliers couvrent le sol et croissent spontanément. Mais ces trésors mêmes sont devenus pour les indigènes la cause de mille vexations; car les Hollandais, ne sachant comment les soustraire aux habitants, qui veulent en avoir leur part pour la vendre en secret aux marchands des autres nations, essayent de les détruire par toutes sortes de moyens.

Les insulaires de Bourou et de Ceram voient encore chaque année les soldats hollandais parcourir les forêts éloignées des établissements, pour extirper par le fer et le feu tous les arbres à épices qu'ils peuvent découvrir.

Mais la nature, trompant les calculs de l'avarice, déjoue les précautions des maîtres d'Amboine, en faisant bientôt repousser les mêmes arbres qu'ils avaient voulu anéantir.

Amboine a eu, de même que Java, ses troubles intérieurs; et des conspirations tramées par les troupes recrutées dans le pays mirent plusieurs fois la colonie à deux doigts de sa perte. La plus formidable, ayant pour but le massacre de tous les blancs et de leurs familles, fut découverte au moment où elle allait éclater, et étouffée par le gouverneur, dont la présence d'esprit et le caractère ferme sauvèrent la colonie de cet affreux désastre, qu'une forte garnison européenne rend maintenant tout à fait impossible.

La ville d'Amboine a peu d'étendue, mais elle est bien bâtie et agréablement située sur les bords d'une baie étroite, très-avancée dans les terres, qui offrirait un excellent abri aux navires, si la grande profondeur de la mer ne les forçait à mouiller trop près de terre pendant la saison des mauvais temps. Les fortifications sont belles et en bon état : les Anglais cependant s'en emparèrent facilement en 1811; il est vrai qu'alors, comme aujourd'hui, les Européens étaient en petit nombre dans la place, qui compte beaucoup de Chinois parmi ses habitants. Les indigènes forment les classes inférieures de la population, que l'on dit considérable relativement à l'étendue de l'île.

Le commerce des Moluques, autrefois si florissant, n'est presque plus rien aujourd'hui. A chaque mousson d'O., quelques petits bricks partent de Sourabaya, pour porter des marchandises d'Europe à Amboine, et reviennent au commencement de la mousson suivante avec des chargements d'épices, de confitures fort estimées en Hollande et dans l'Inde, et d'écailles de tortues que l'on transporte en Europe, soit brutes, soit transformées en jolis ouvrages exécutés par les Malais. Quoique cet archipel ne reste qu'à trois cents lieues seulement dans le N. E. de Java, les traversées n'en sont pas moins très-longues, à cause des calmes ou des vents contraires que les marins éprouvent dans les détroits.

Les Hollandais possèdent encore un autre établissement à Coupang, dans la partie S. O. de Timor, qui termine vers l'E. la longue suite d'îles que Java commence du côté de l'O. La ville, bâtie au fond d'une baie assez vaste, est petite et renferme peu d'habitants étrangers, parmi lesquels on compte à peine quelques blancs. Ce point de relâche offre un bon mouillage, de l'eau, du bois, des rafraîchissements en abondance aux navires qui vont à la Chine ou en reviennent par la route du N. E.; mais malheureusement un climat très-malsain dévore les équipages qui font à Coupang un séjour de quelque durée.

Sur la côte septentrionale de Timor, l'ancien comptoir de Dilly, qui n'est plus qu'un amas de cases couvertes de paille, sur lesquelles flotte encore le pavillon portugais, rappelle au voyageur le souvenir d'une nation qui la première annonça dans ces contrées avec tant de grandeur les peuples de l'Occident. Cette nation a perdu sa puissance et son énergie; elle a succombé sous l'impassible ténacité des Hollandais; mais du moins ses triomphes en Asie ne furent souillés par aucune des trahisons auxquelles d'autres peuples de l'Europe n'eurent pas honte de recourir pour consommer l'asservissement des faibles et malheureux Indiens.

Dans cette relâche de Sourabaya où nous avions cru trouver des plaisirs et du repos, rien ne justifiait nos espérances. Aux désagréments que nous faisait éprouver la défiance des habitants et des autorités, venaient se joindre les inconvénients de la saison : des pluies fréquentes forçaient, malgré une chaleur excessive, les officiers et l'équipage à rester sous les ponts, où un air étouffant les privait de sommeil pendant la nuit. Un grand nombre d'hommes, fatigués par les pénibles travaux de notre navigation précédente, étaient en proie aux premières attaques de la terrible dyssenterie, ou aux fièvres intermittentes, si communes dans cette ville entourée de marais, et sur une rade que les terres enferment de tous côtés.

Je multipliai autant que je le pus tous les soins propres à conserver la santé de nos matelots; je fis armer les canots par des Malais, et distribuer toutes sortes de vivres frais à l'équipage, dont une partie allait chaque soir se promener à terre, après le coucher du soleil. Ces précautions me réussirent d'abord, et j'espérai, en abrégeant notre relâche, être plus heureux que la corvette hollandaise, qui avait perdu beaucoup d'hommes pendant la mauvaise saison qui finissait. Mais nous aussi, nous étions destinés à payer plus tard un cruel tribut à l'insalubre climat de Java.

Chaque après-dînée, quand il ne pleuvait pas, je descendais sur le rivage, avec plusieurs officiers, pour prendre de l'exercice et chercher quelques distractions qui pussent nous faire oublier les longues heures de la journée. Nous débarquions ordinairement à l'extrémité d'une des jetées qui portent l'embouchure de la rivière au large et marquent l'entrée du port. Ces jetées, longues d'un mille environ, sont larges et solidement construites en pierres et en bois. Sur celle de droite, en venant de la rade, on trouve d'abord une grande maison de planches d'une assez mesquine structure, mais que les armes de Hollande, placées au-dessus de la porte, et la troupe de commis occupés à visiter avec soin des bateaux amarrés contre le quai, font reconnaître au premier coup d'œil pour la douane de Sourabaya. A quelques pas de là commencent les premières maisons occupées par les Européens : des murailles blanches, des toits en terrasse, de jolies galeries couvertes, soutenues par un rang de légères colonnes, attirent de plus en plus l'attention, à mesure que l'on se rapproche du centre de la ville ; plusieurs habitations cependant trahissent par leur air abandonné la décadence d'un commerce autrefois florissant. Sur la rive opposée, en face de la douane, est une forte batterie qui commande la rivière, et borne de ce côté les faubourgs, amas de cases malpropres et de lieux de débauche, où, quoique la police soit, dit-on, très-bien faite, les vols, les disputes et les meurtres se renouvellent chaque jour. Avec quel dégoût j'observais cette foule de malheureuses créatures, à peine sorties de l'enfance, et dont le corps presque nu portait déjà les traces repoussantes du plus infâme libertinage ! En vain je cherchais sur leur front déhonté, sur leur visage flétri, quelques restes de cette pudeur, de cet air pensif et résigné qu'aux Anambas nous avions remarqué dans les femmes malaises, et qui les embellissait peut-être à nos yeux. Celles-ci, grâce au contact de la race blanche, étaient devenues, au moral comme au physique, aussi abominables que les hommes, et me firent éprouver un sentiment d'horreur et de pitié.

Plus haut, et attenant aux faubourgs, sont plusieurs chantiers de marine, dont les ateliers et les hangars bordent le rivage; quelques petits trois-mâts, beaucoup de bricks et de caboteurs y étaient en construction ou en réparation. Je remarquai un fort beau bateau à vapeur employé pour les voyages de Sourabaya au chef-lieu, et renfermé dans un bassin qui me rappela ceux que j'avais visités à Yanaon; il était, comme ceux-ci, creusé dans le sable, et ne présentait que l'apparence d'un vaste trou. Une simple petite digue empêchait la communication du bassin avec la rivière, sur les bords de laquelle je vis un grand nombre d'ouvriers, Malais ou Javanais, qui me parurent adroits et intelligents, mais qu'on accuse d'être paresseux et très-lents dans le travail.

Déjà, dans le voisinage de ces chantiers, les cases de paille ont cédé la place à de jolies maisons, aussi élégantes que celles qui ornent la rive opposée, avec laquelle on communique par un pont de bois. Ce quartier est principalement habité par les Chinois. Les rues en sont larges, d'une grande propreté, et offrent, surtout au commencement de la nuit, un spectacle des plus singuliers : alors aux brillantes lumières des boutiques vient se joindre l'éclat d'une multitude de torches qu'allument en plein air les marchands de fruits et de toutes sortes de provisions : les cris confus des vendeurs, la foule des acheteurs qui se croisaient en tout sens, étaient souvent pour moi, dans ce moment, un sujet d'amusantes observations; et j'eus plus d'une fois occasion de remarquer, au milieu de cette assemblée journalière de toutes les classes inférieures de la population, que le libertinage intéressé est poussé plus loin à Sourabaya que dans aucun des pays que j'ai visités.

Si nous dirigions de nouveau nos pas du côté de la rivière, un spectacle d'un autre genre, mais non moins amusant, divertissait nos yeux : dans cette partie, la plus agréable de la ville, les eaux, qu'une foule d'embarcations sillonnent sans cesse, coulent entre des quais plantés d'arbres qui ombragent deux rangs de belles maisons, où habitent les plus riches négociants européens. Toutes les fenêtres ouvertes laissent distinguer l'intérieur de beaux salons, éclairés par de nombreuses lampes que des globes de verre défendent contre la brise de nuit. Cette manière un peu vague de voir la société de Sourabaya n'avait rien de bien satisfaisant pour mes compagnons; mais elle convenait d'autant mieux à mes goûts que, cherchant la fraîcheur du soir après une journée brûlante, je ne me souciais nullement d'être renfermé dans des appartements, auprès de dames charmantes sans doute, mais qui toutes, sans exception, ne parlent aucune autre langue que le malais. Du reste, je dois avouer que l'hospitalité hollandaise n'avait laissé le choix ni à mes officiers ni à moi.

Quelquefois, dans mes promenades, je continuais de remonter le long de la rivière : alors la scène changeait peu à peu, les lumières devenaient de plus en plus rares et disparaissaient tout à fait; les quais, dégradés et interrompus sur quelques points, laissaient enfin la rivière s'étendre librement sur ses deux rives, le long desquelles se montraient, de distance en distance, d'humbles cases que de grands arbres environnaient : le ciel brillamment étoilé, le calme de la nuit, la lune qui argentait de ses rayons incertains le courant rapide de l'eau, les bateaux amarrés çà et là près du rivage, et cachés en partie par l'ombre des touffes de bambous, dont les faibles balancements faisaient scintiller une multitude de mouches à feu, formaient un coup d'œil dont tous les détails ne pourraient donner qu'une très-imparfaite idée. (Pl. 60.)

Ces mouches à feu sont si phosphoriques et en si grande quantité, qu'elles éclairent pendant l'obscurité les pas du voyageur. Les haies élevées qui bordaient les chemins où je passais, semblaient, pendant la nuit, deux murailles de feu, dont mes yeux ne pouvaient apercevoir la fin.

Des soirées si délicieuses, et qui se succèdent durant presque toute l'année, comparées aux tristes et sombres nuits de nos hivers, m'auraient peut-être fait médire, malgré mes regrets et mes doux souvenirs, du beau climat de la France, si des nuées de moustiques, cet inévitable fléau des pays chauds, n'étaient venues me forcer à fuir loin de la scène qui m'avait d'abord séduit.

Pour rompre un peu la monotonie du genre de vie que les officiers menaient dans cette relâche, et pour trouver moi-même quelques distractions, je me décidai à faire visite à l'un des trois chefs souverains de Maduré, le sultan de Bancalang, qui s'était toujours empressé d'accueillir avec grandeur les états-majors des bâtiments de guerre français que les circonstances avaient amenés avant nous à Sourabaya.

Mes intentions furent officiellement annoncées au sultan par le résident de Sourabaya, sous la surveillance duquel se trouve ce prince, et dont l'autorisation était nécessaire pour exécuter notre partie de plaisir.

Le 3 mai au matin, MM. Paris, Eydoux, Sholten, deux élèves et moi, ainsi qu'un lieutenant de vaisseau de la marine coloniale, qui avait été désigné par l'autorité pour m'accompagner, nous débarquâmes sur la côte de Maduré, vis-à-vis et à environ deux milles du mouillage de *la Favorite*. Le fils aîné du sultan m'attendait sur le rivage, et après une légère collation, composée principalement de thé et de confitures chinoises, nous montâmes dans deux belles calèches, tirées chacune par quatre chevaux, qui prirent rapidement la route de Bancalang. Mes premières remarques eurent pour objet notre noble guide, grand jeune homme bien fait, qui commandait les troupes maduraises au service de la colonie, et portait l'uniforme d'officier supérieur de la cavalerie hollandaise : ses traits étaient assez réguliers, et, à travers son embarras, on distinguait facilement une physionomie pleine d'intelligence et de vivacité, mais à laquelle un mouchoir rouge et blanc dont il avait la tête couverte, dessous son chapeau à trois cornes, donnait quelque chose d'étrange, à quoi j'eus d'abord de la peine à m'accoutumer.

Nos deux équipages traversaient une contrée d'un aspect assez triste, qui eut bientôt lassé mon attention. L'île présente, dans toute son étendue, un pays inégal sans être montagneux, qui semblerait avoir tenu jadis à la grande plaine sur les bords de laquelle est bâtie Sourabaya, et dont quelque convulsion souterraine l'aurait détaché en formant le détroit si peu profond qui les sépare. Cependant les deux territoires sont très-différents : autant les campagnes qui entourent Sourabaya paraissent fertiles et variées, autant celles de Maduré fatiguent les yeux par leur aride uniformité : les arbres y sont rabougris, et les champs, desséchés par le soleil, attendent en vain que les moyens d'irrigation, si ingénieusement employés par les cultivateurs javanais, viennent leur apporter la fertilité. Les cours d'eau et les sources sont rares dans l'île de Maduré, dont les terres rougeâtres et légères ne conservent qu'un instant les traces des plus grandes pluies : aussi ne peut-elle nourrir les cinq cent mille âmes qui, dit-on, forment sa population. Le riz qu'elle consomme vient de Java, à qui elle fournit en échange le sel provenant des salines dont sa côte occidentale est bordée.

Le gouvernement hollandais s'est approprié les bénéfices de cette branche de commerce, dont il n'a laissé qu'une faible part au sultan de Bancalang, qui a vu ses protecteurs s'emparer également, dans ses états, des droits sur l'entrée du riz et des marchandises européennes.

Les revenus de ce souverain seraient donc bien modiques, s'ils se bornaient aux produits de terres arides et mal cultivées; mais heureusement pour lui que les rochers escarpés qui ceignent l'île au N. fournissent annuellement pour environ un million de francs de ces nids d'oiseaux si estimés par les Chinois.

L'autre partie de Maduré appartient aussi à deux chefs indigènes : l'un, qui n'a que le titre de *pahonbagan*, dignité inférieure de deux grades à celle de sultan, possède le centre de l'île; l'autre, qui est sultan de Soumanap, et soumis, comme le premier, au joug des maîtres de Batavia, gouverne l'extrémité orientale.

La route unie et bien soignée que nous suivions traversait de distance en distance des villages d'une agréable apparence, dont les maisons, construites en bambous liés au moyen de rotins, et couvertes avec des feuilles de bananier, formaient des espèces d'îlots, entourés chacun d'une clôture de joncs tressés et soutenus par des pieux. Le nombre des habitants me parut considérable; j'aperçus beaucoup de femmes, parmi lesquelles je remarquai peu de figures avenantes; elles éaient généralement maigres, et la malpropreté de leurs vêtements faisait encore ressortir davantage celle de leurs dents noires, et de leurs grosses lèvres rougies par le bétel. Il est vrai que je ne voyais pas alors la fleur du sexe madurais, qui du reste n'a pas une réputation de beauté bien établie.

Malgré les retards occasionnés par plusieurs haltes,

à chacune desquelles nous trouvions une collation, nous franchîmes en trois heures les cinq lieues qui séparent le bourg de Bancalang du rivage où avait eu lieu notre débarquement, et enfin j'arrivai au palais du sultan, où ce prince me reçut avec l'aisance et les manières d'un grand seigneur européen. Il était accompagné par l'assistant-résident hollandais, homme aimable, de très-bon ton, parlant bien français, et qui eut la complaisance de me servir d'interprète : grâce à lui, le sultan eut bientôt oublié ma qualité d'étranger, et je pus jouir, durant mon séjour à Bancalang, d'une liberté que la chaleur excessive et l'état de ma santé un peu dérangée me rendaient absolument nécessaire.

L'intérieur du palais attira premièrement mon attention ; et chaque jour, pendant que mon hôte, enfermé dans son silencieux harem, fuyait la chaleur de midi, je parcourais les cours et les constructions sans nombre qui remplissent la vaste enceinte de cette royale demeure, dont je vais tracer ici l'esquisse en peu de mots.

Au milieu du bourg de Bancalang est une belle place, qu'entourent de trois côtés le fort où se tient la garnison hollandaise, et plusieurs jolies habitations, parmi lesquelles la maison de l'assistant-résident se fait distinguer par sa propreté, la simplicité de son architecture et son agréable exposition. L'enceinte du palais forme le quatrième côté. On y entre par une large porte ouvrant sur la cour où sont les casernes des troupes maduraises, et qui sert de place d'armes pour les évolutions de l'infanterie et de la cavalerie ; au centre de cette cour s'élèvent deux arbres remarquables par leur grosseur et l'étendue de leurs branches, dont le feuillage prête son ombre à beaucoup de gens du peuple, qui viennent pendant le jour y chercher un refuge contre les rayons du soleil.

Ces arbres sont comme des preuves vivantes de l'ancienneté du titre que porte le souverain ; car un chef malais, quand il obtient la dignité de *bong-horam*, fait planter en grande cérémonie devant sa demeure un arbre, auprès duquel celui de ses descendants à qui la dignité de sultan sera conférée, en placera un second qui témoignera également devant les races futures d'un événement auquel il aura pour ainsi dire assisté.

A l'extrémité de la cour où l'on a planté ces deux arbres, deux hangars, dont la base est de pierre et le toit soutenu par des montants fort éloignés les uns des autres, marquent l'entrée de la seconde cour, qu'un profond fossé et un pont-levis séparent de la première. Ces divers obstacles franchis, l'on n'est pas encore dans l'intérieur du palais, où nous n'étions parvenus, à notre arrivée, qu'après avoir passé sous deux portes et traversé plusieurs étroits passages qui mènent, entre des bâtiments solidement construits, jusqu'à une superbe salle de forme rectangulaire, un peu exhaussée au-dessus du sol et à laquelle trois marches circulaires conduisent de tous les côtés. L'architecture de cet édifice paraît d'autant plus légère que le oit, isolé de toute construction, n'est soutenu que par des colonnes de bois d'un très-faible diamètre, qui laissent entre elles de grands intervalles égaux, afin que l'air y puisse librement circuler, avantage inestimable dans ces pays brûlants. Deux autres rangs de colonnes, qui se coupent à angles droits, partagent cet immense kiosque en quatre parties, dont les deux premières du côté de l'entrée renfermaient une profusion de lustres, de candélabres, de pendules et de meubles aussi commodes que précieux. Les deux autres formaient la salle où les festins recommençaient deux fois par jour, et semblaient ne devoir jamais finir. Autour de ce singulier édifice, dont je ne puis donner une juste idée, étaient des bâtiments de pierre blanchis à la chaux et entretenus avec soin. Les uns contenaient des appartements meublés à l'européenne et les salles de bains; les autres renfermaient les cuisines, les offices et les logements d'une foule de domestiques; des passages, fermés par plusieurs portes, conduisaient aux appartements des femmes, où mon hôte passait les nuits et une grande partie des jours.

Sous un hangar, situé vis-à-vis de la salle de réception, étaient rangés les instruments de musique, dont l'effroyable tapage, fait en mon honneur, m'avait tout à fait assourdi au moment de ma première entrevue avec le sultan. Comme ces instruments remplissent un rôle très-important dans le cérémonial malais, je vais essayer d'en donner ici la description.

La musique malaise n'est ni variée ni harmonieuse; les musiciens ne jouent que de mémoire, et toujours les mêmes airs, qui vraisemblablement se conservent dans l'île par tradition. Ils n'ont qu'un instrument à cordes, qui ressemble à notre violon, et dont le corps, fait de la moitié d'un très-gros coco, est recouvert à sa partie concave d'une peau fine, sur laquelle passent deux cordes minces, qui se tendent au moyen de clefs placées à l'extrémité d'un long manche d'ivoire ou de bois parfaitement sculpté. Les crins de l'archet, un peu lâches, restent toujours engagés entre les cordes, et les sons qu'ils en tirent m'ont paru aigres et discordants.

Derrière le musicien qui jouait de cette espèce de violon se trouvaient rangés tous les instruments à timbre, dont celui que je vais décrire dominait l'infernale symphonie.

Il se compose de huit plaques d'un métal jaunâtre, mélangé d'or, d'argent et de cuivre, suspendues horizontalement et à plat les unes à côté des autres, par deux cordes légères qui les traversent d'abord, à chacune de leurs extrémités, dans le sens de la largeur, puis vont se tendre fortement sur des clefs placées aux deux bouts d'une boîte longue et étroite, totalement vide en dedans et découverte en dessus. La plus grande de ces plaques qui est en même temps la première du rang, a un pied de long, quatre pouces de large, dix lignes d'épaisseur au milieu et six seulement sur les bords; elle présente une surface convexe en dessus et concave en dessous. Les sept autres ont la même forme, mais diminuent progressivement jusqu'à la dernière, plus petite de moitié que la première dans toutes ses proportions. Le musicien, accroupi sur le sol, place la boîte devant lui, puis, avec une boule de cuir, fixée au bout d'un court bâton qu'il tient dans chacune de ses mains, il frappe les plaques et leur fait rendre, suivant leurs plus ou moins grandes dimensions, des sons plus ou moins graves, que répercute la cavité sur laquelle est suspendu tout le système.

Je remarquai encore un autre instrument, semblable à celui-ci, et dont il est aisé de se représenter le mécanisme, si l'on suppose substitués aux plaques de métal, des morceaux d'un bois rouge très-dur, taillés dans les mêmes dimensions et disposés de la même manière, mais suspendus sur les bouches d'autant de tuyaux de bambou qui s'élèvent perpendiculairement du fond de la boîte, pour donner aux sons quelque chose de plus doux et atténuer ce que l'instrument à plaques de cuivre a de trop dur dans sa vibrante harmonie. Mais nos oreilles trouvaient encore cette dernière supportable en comparaison des accords diaboliques d'un quatrième instrument qui est pour ainsi dire national chez tous les peuples du grand archipel d'Asie, car il n'y a pas de chef parmi eux, si petit qu'il soit, qui n'en traîne toujours au moins un à sa suite, comme nos charlatans leur orchestre ambulant.

Sur une caisse, faite d'un morceau de bois creusé, sont rangés côte à côte, et soutenus chacun par quatre lanières de cuir, six vases de cuivre jaune de différentes grandeurs. Le plus grand de ces vases, bombé en dessous, et n'ayant que huit pouces de diamètre à sa partie inférieure, s'élargit en montant jusqu'à un pied de hauteur environ, puis se recourbe pour former sa partie supérieure, qui se termine par une petite demi-sphère. Les autres vases ont la même forme, et vont en diminuant graduellement jusqu'au plus petit, qui n'a que la moitié des proportions du plus grand. Le musicien frappe ces espèces de globes sur le sommet avec une baguette assez semblable à celle qui sert pour la grosse caisse dans notre musique militaire, et en obtient des sons que l'on peut comparer à celui que rendrait un bassin de cuivre.

Dans un orchestre malais aussi bien organisé que celui du sultan de Bancalang, le nombre des instruments ne se borne pas à ceux dont je viens de faire l'énumération, quoiqu'ils aient chacun deux, trois et même quatre doubles, de différentes dimensions, qui jouent toujours tous à la fois. (Pl. 58.) On y voit aussi le chapeau chinois, un tambour beaucoup plus gros que les nôtres, et un instrument dont le son imite le bruit lointain du tonnerre. Cet instrument est composé de deux énormes bassins de métal allié d'argent et de cuivre, dont la partie évasée, qui a jusqu'à plusieurs pieds de diamètre, sur six pouces seulement de profondeur, est recouverte d'une peau tendue, sur laquelle le musicien frappe à coups redoublés, et avec d'autant plus de facilité que ces espèces de *gongs* sont soutenus verticalement en face l'un de l'autre par des montants de fer.

Il serait difficile d'imaginer le vacarme que fait cet orchestre, lorsque, suivant l'usage du pays, il annonce le départ ou l'arrivée du souverain, ou de quelque autre personnage auquel on veut faire honneur.

Chez les Malais, la musique est inhérente à toute espèce de cérémonie et de représentation : celle de Bancalang s'acquitta si bien de son rôle durant mon séjour à Maduré, qu'après en avoir été étourdi depuis le matin jusqu'au soir, il me semblait l'entendre encore la nuit pendant mon sommeil. Elle se mêlait à toutes les distractions que le bon sultan s'empressait de me procurer pour remplir les longues heures de la journée.

Peu d'heures après notre arrivée, il fit représenter devant nous une espèce de pantomime guerrière, exécutée par de très-beaux hommes, richement habillés et armés de la lance et du *crit*. Ils marchaient sur deux rangs, les chefs en tête; dans tous leurs mouvements, guidés par la musique, ils prenaient des attitudes nobles et martiales, auxquelles le costume de combat prêtait aussi beaucoup : les bandeaux rouges brodés d'or qui ornaient leur tête, l'écharpe blanche tournée élégamment autour du cou, et dont l'éclatante bordure flottait sur des épaules larges et nues; le pagne bariolé de mille couleurs, qui serrait autour de la ceinture plusieurs poignards, et tombait jusqu'au bas des jambes, offraient un coup d'œil aussi attrayant pour l'imagination que pour les yeux.

La pantomime figurait des guerriers qui allaient au combat et cherchaient à surprendre l'ennemi : leurs têtes portées en avant, leurs bras droits étendus et leurs regards fixés dans la même direction, tandis que leurs mains gauches brandissaient la redoutable lance; le balancement cadencé du corps chaque fois que leurs pieds s'avançaient avec précaution, tout augmentait l'illusion et contentait notre curiosité. Ils défilèrent plusieurs fois devant nous, à la grande satisfaction de mon hôte, enchanté de pouvoir donner à des étrangers une haute idée de son goût et de ses richesses.

Bientôt après, la musique annonça le dîner, autre genre de spectacle qui devait offrir des plaisirs plus solides aux jeunes convives, et faire ressortir encore la magnificence du souverain de Maduré : le coup d'œil de la table était brillant; mais en vain je cherchais sur cette table, chargée d'argenterie, de bronzes et de cristaux, quelque chose d'extraordinaire et d'étranger : je retrouvais le luxe d'Europe, notre cuisine et nos vins. Les convives eux-mêmes, tous fils, parents ou ministres du sultan, ne changeaient presque rien au tableau, car ils avaient endossé l'uniforme des troupes hollandaises, soit par déférence pour moi, soit pour augmenter à mes yeux leur importance. J'aurais préféré les voir en costume du pays, d'autant plus que leur air gêné et le mouchoir dont leur tête était coiffée contrastaient comiquement avec les grosses épaulettes et les broderies qui ornaient leurs vêtements. Le maître seul avait conservé en partie l'habillement national; aussi attira-t-il toute mon attention, et comme j'étais placé à côté de lui, j'eus tout le temps de l'examiner.

Le sultan de Bancalang pouvait avoir cinquante ans; sa taille au-dessous de la moyenne, n'annonçait ni la force ni la santé; ses traits, fort bruns, n'avaient rien d'agréable : un nez épaté, une bouche énorme, presque toujours remplie de bétel et de tabac haché, des dents noires et à demi rongées, les pommettes des joues proéminentes, un front bas et saillant, des yeux petits et jaunâtres, composeraient difficilement un ensemble bien agréable. Cependant la figure de mon hôte avait quelque chose d'ouvert, de gai et d'imposant à la fois, qui en faisait bientôt oublier la laideur. Son habillement offrait le singulier mélange des goûts malais et européens : une veste, garnie d'épaulettes de général, couvrait un gilet d'uniforme, qui laissait paraître la poitrine et le cou tout à fait à nu ; le pantalon avait été supprimé, sans doute comme trop gênant, et remplacé par un pagne cachant à peine des jambes nues, bien noires et bien maigres. Je ne dois pas omettre de parler des pieds, que le bon sultan, peu soucieux de l'étiquette, débarrassait fréquemment de leurs pantoufles et caressait complaisamment avec ses mains.

Dans les circonstances extraordinaires, il substituait une espèce de casquette de drap bleu, chargée de diamants, au mouchoir de couleur qui couvrait ordinairement sa tête ; et alors seulement brillait à sa ceinture un *crit* étincelant de pierres précieuses, car, la plupart du temps, ses armes étaient portées par un jeune esclave qui le suivait partout.

Mon hôte me conta lui-même qu'avant la mort de son père, dont il occupe le trône au détriment de son frère aîné, que des actes de démence ont rendu incapable de régner, sa vie avait été plus qu'irrégulière ; mais soit que l'âge ou la crainte de perdre la couronne l'aient fait changer de conduite, soit, comme il l'assure, que les sermons des prêtres mahométans aient opéré ce miracle, il ne boit plus maintenant que du thé ou de l'eau, et se borne aux plaisirs de son harem, où sont renfermées, il est vrai, les plus jolies femmes qu'il a pu épouser ou acheter.

Une pareille conversion et la ferveur qui devait

naturellement en être la conséquence, ont beaucoup augmenté parmi les insulaires de Maduré l'influence des espèces de missionnaires que, depuis un temps immémorial, l'Arabie envoie chaque année dans toutes les parties du grand archipel où se trouvent de vrais croyants.

Ces missionnaires pressurent la population et l'excitent contre les chrétiens. Le gouvernement hollandais voit le mal, sans pouvoir l'empêcher; mais comme il est fort tolérant et ne fait entrer pour rien la religion dans sa manière de gouverner, les Madurais, quoiqu'ils soient tous mahométans, ne montrent aucun fanatisme. Le sultan aime les Européens et se pique de générosité à leur égard; mais en même temps il exerce d'une manière absolue le pouvoir que les Hollandais lui ont laissé : ses enfants, ses sujets obéissent également à sa moindre volonté; tous, même l'héritier de la couronne, ne lui parlent qu'à genoux, les mains jointes et les pieds nus; mais l'uniforme européen, quand ils le portent, les exempte de ce cérémonial, auquel du reste les indigènes n'attachent pas plus d'importance que nous n'en mettons à l'usage de rester découverts devant nos supérieurs. Chez les Malais, les enfants donnent les mêmes témoignages de respect à leur père, dont souvent ils baisent les pieds en signe de vénération. Aussi je remarquai presque toujours quelque chose de paternel dans la manière dont le sultan recevait ces marques de soumission, même du dernier de ses sujets: rarement il le laissait longtemps prosterné. Du reste, l'entretien se prolongeait fort peu; car après quelques paroles prononcées à demi-voix et les yeux baissés par le solliciteur, celui-ci, quel que fût son rang, ne répondait plus que par le seul mot *oui*, à la fin de chaque phrase du maître. A table, cependant, la liberté était plus grande : la conversation s'animait, et les santés, auxquelles mon royal voisin faisait raison avec du thé en place de vin, se suivaient sans interruption.

Pendant tout le repas, la foule de domestiques et d'esclaves richement habillés qui nous entouraient, et dont les yeux sans cesse attachés sur les convives, cherchaient à deviner leurs moindres désirs, acheva de nous donner une idée assez brillante de la cour d'un souverain de ces contrées.

Les liqueurs, le café, et principalement les cigares de Manille (car Java ne produit pas de bon tabac), firent durer la séance beaucoup plus que je ne l'aurais désiré; enfin nous passâmes dans le salon, toujours au bruit de l'éternelle musique, à laquelle était venu se joindre un accompagnement plus aigre et plus faux encore que l'orchestre même : c'est-à-dire les voix d'une vingtaine de femmes chantant, ou pour approcher davantage de la vérité, glapissant en chorus, toujours sur le même ton, sur le même air, absolument comme les enfants braillent les noëls dans quelques-unes de nos provinces; et ce n'était pas pour une heure ou deux, car, suivant l'importance des solennités, elles chantent toute la journée et parfois même toute la nuit suivante, en prenant à peine quelques moments de repos.

Je voulus voir de près les pauvres Sirènes, espérant que le plaisir des yeux me dédommagerait de ce que souffraient mes oreilles; mais mon attente fut péniblement déçue; toutes ces malheureuses créatures étaient si maigres, si sales, que je me trouvai encore trop heureux de n'être condamné, du moins pour ce jour-là, qu'à les entendre chanter.

Malgré sa ferveur pour la loi de Mahomet, mon hôte n'avait pas renoncé à toutes ses anciennes habitudes, car une table ayant été couverte de cartes et d'argent, la partie de *vingt et un* commença. On jouait très-gros jeu; nous étions trop novices, mes officiers et moi, pour lutter longtemps contre des adversaires aguerris : aussi le sultan, l'assistant-résident hollandais et deux Chinois, collecteurs des impôts, restèrent-ils bientôt les seuls maîtres du tapis. Je prenais un grand plaisir à voir leur impassibilité dans la bonne ou mauvaise fortune, et l'air d'humilité avec lequel ces deux usuriers empochaient l'argent de leur maître quand ils gagnaient.

Dans ces pays, les Chinois remplissent auprès de la plupart des souverains le rôle que jouent les Juifs à la cour des pachas turcs : mêmes moyens pour augmenter leur fortune, mêmes soins pour la cacher; souvent rançonnés ou punis de leurs friponneries, toujours nécessaires et toujours employés. Ce sont eux qui perçoivent, à Maduré, l'impôt des terres, prennent à ferme la récolte des nids d'oiseaux, qu'ils vendent à leurs compatriotes, et ont le monopole de toutes les marchandises introduites dans l'île. Aussi mes deux Chinois, bien qu'ils se plaignissent toujours de leur pauvreté et de la peine qu'ils avaient à satisfaire le sultan, qui parfois, il est vrai, leur faisait rendre gorge, n'en étaient pas moins les plus riches marchands du pays.

A onze heures, un magnifique souper fut servi : la table était resplendissante de lumières; mais ce coup d'œil, quoique fort beau, ne pouvait avoir rien de bien attrayant pour un homme excédé, souffrant, et menacé pour le lendemain d'une journée très-fatigante : aussi je ne tardai pas à me retirer dans mon appartement, où les moustiques et la chaleur me privèrent du repos dont j'avais tant besoin.

Le lendemain matin, avant le lever du soleil, nous visitions en équipage les environs de Bancalang. Les différentes routes que suivaient nos voitures passaient au milieu de villages populeux; mais en général ces cantons avaient un aspect stérile, que j'attribuai à la rareté des moyens d'irrigation. Les cases qui bordaient les routes étaient ombragées de bananiers et principalement de cocotiers, dont les fruits servent à faire de l'huile à brûler, et forment un des meilleurs revenus des habitants.

Le principal but de notre promenade était le lieu de la sépulture des souverains de Bancalang, seule chose remarquable dans cette partie de l'île; et cependant ma curiosité n'y trouva rien de bien digne d'observation.

Un chemin étroit et rocailleux, planté d'arbres, nous conduisit, par une montée assez rapide, au faîte de la petite colline consacrée. J'ai retrouvé partout cette coutume, dont les anciens nous ont laissé tant de traces, de construire sur les *hauts lieux* les monuments auxquels sont attachées des idées religieuses. Elle existe non-seulement dans les contrées montagneuses, où la religion semble inspirer aux hommes plus de grandeur et d'énergie, mais encore dans les pays de plaines, tels par exemple que l'Indostan, cette terre classique de l'esclavage et des plus absurdes superstitions, où les pagodes sont presque toutes situées de manière à dominer la mer et à pouvoir être aperçues de fort loin.

L'enceinte des sépultures royales renfermait plusieurs bâtiments, espèces de hangars bâtis de pierre et recouverts de bois. Les uns, voués dès longtemps à l'oubli, tombaient en ruine ; les autres, mieux entretenus et nouvellement réparés, ne disaient rien à l'imagination. La vétusté, qui semble faire parler les vieux monuments, m'attira de préférence auprès des tombeaux des anciens sultans de Maduré : leurs sarcophages étaient encore rangés les uns auprès des autres dans l'intérieur d'un hangar, où l'on entrait par une seule porte basse et étroite ; mais le temps avait dévoré tous les ornements et confondu les rangs ; des pierres, des briques rongées par l'humidité, désignaient seules l'emplacement des tombes que les indigènes de notre suite foulaient aux pieds. Le seul nom que l'on put me citer et que nos guides prononcèrent avec horreur, fut celui d'un sultan auquel la mort de son fils, qui était tombé par malheur dans une chaudière d'huile bouillante, inspira un tel désir de vengeance, qu'il fit enterrer vifs auprès du jeune prince tous les esclaves, innocents ou coupables, qui n'avaient pas su le garder vivant.

On pouvait suivre aisément, sur ces monuments funèbres, les progrès successifs des arts chez les Madurais, depuis une très-haute antiquité jusqu'à l'arrivée des Européens. Les plus anciens étaient de brique ; il y en avait d'autres plus récents, formés de grosses pierres grossièrement sculptées ; et ceux des derniers souverains étaient de marbre blanc et de granit veiné de plusieurs couleurs, mais sans bas-reliefs ni statues.

La tombe de chaque sultan dépassait de beaucoup en hauteur celles dont elle était environnée, et qui renfermaient les corps de ses femmes et de ses principaux parents, décédés avant ou après lui. Toutes ces tombes présentaient un même style d'architecture qui ne manquait ni d'élégance ni de majesté. Sur une espèce de soubassement, dont la forme était celle d'une pyramide quadrangulaire tronquée, on voyait un massif de marbre ou de granit gris, haut de trois pieds. Ce massif était deux fois plus long que large ; et sur chacune de ses quatre faces, dont les deux plus petites pouvaient avoir trois pieds d'un angle à l'autre, il portait des arabesques bizarres, mais exécutées avec netteté. Au-dessus de ce carré long s'élevait la partie supérieure de l'édifice faite également de marbre, et tout autour de laquelle on avait creusé plusieurs degrés en arc de cercle, qui allaient en diminuant jusqu'au sommet, et finissaient par une étroite plate-forme.

Les tombes des femmes, exhaussées à peine de quelques pieds au-dessus du sol, n'offraient qu'une faible partie de ces derniers ornements. Je remarquai dans un coin séparé celle d'un enfant arraché par la mort à sa pauvre mère. Les fleurs dont elle était jonchée témoignaient que dans ces pays sauvages comme en Europe, de semblables douleurs ne s'effacent jamais.

J'avais contemplé avec indifférence les débris de la grandeur des sultans madurais et ces monuments somptueux que le néant réclame déjà; mais la vue de ces fleurs encore fraîches et renouvelées chaque matin fit éprouver à mon cœur une émotion douce et mélancolique en même temps, et je mesurai malgré moi les distances immenses qui nous séparaient de nos parents et de notre patrie.

Le coup d'œil dont nous jouîmes en sortant de l'enceinte funèbre vint éloigner ces réflexions, trop tristes pour des hommes à peine parvenus à la moitié de leur longue campagne. Du côté opposé à celui où nous avions laissé nos équipages, la colline s'élevait comme une haute muraille, du sommet de laquelle nous voyions à nos pieds le plus riant paysage : devant nous s'étendait une petite et charmante vallée, où serpentaient plusieurs ruisseaux : les champs tapissés de verdure, les arbres fruitiers répandus çà et là autour de jolies cases, contrastaient agréablement avec les masses de rochers rougeâtres et les terres arides qui les dominaient.

Cette après-midi se passa, comme la précédente, à boire, manger et fumer; car notre excellent hôte, qui paraissait être très au fait des mœurs de Batavia, ne croyait pas qu'il pût y avoir de plus joyeuse vie pour des Européens que d'être à table toute la journée. Il avait, par considération pour moi, réduit à très-peu d'heures le temps consacré à la sieste: je reconnus cette aimable attention par une surprise qui lui fit grand plaisir.

En sortant de son harem, dans l'après-midi, pour venir me rejoindre au salon, le bon sultan trouva sur une table, couverte auparavant d'ornements peu recherchés, une pendule de bronze, ainsi que des vases et des candélabres du même métal, ciselés avec ce goût et cette perfection que les ouvriers de Paris mettent dans ces sortes d'ouvrages. Le fils aîné, héritier du trône, reçut en même temps un sabre dans le genre turc; mais la satisfaction qu'il me témoigna fut de courte durée, car par malheur le cadeau plut aussi au père, qui s'en empara et remit l'arme entre les mains du porte-glaive. Cette circonstance et plusieurs autres du même genre dont je fus également témoin, me firent juger que chez ces peuples le chef de la famille est maître absolu des biens de ses enfants. Le futur souverain n'eut pas cependant l'air bien satisfait de l'aventure; mais prudemment il n'en témoigna rien devant un père qui, dans toutes les occasions, exigeait de lui, plus que de ses autres fils, une soumission et des devoirs d'étiquette, dont ces derniers et surtout leurs enfants semblaient quelquefois s'affranchir.

L'usage des présents parmi les Malais fournit souvent aux princes l'occasion de déployer leur générosité, et rarement ils la laissent échapper : aussi le souverain de Bancalang s'empressa-t-il de m'offrir un *crit*, dont le fourreau d'or parfaitement ciselé, et la poignée faite d'un bois précieux, le cédaient pourtant à la lame, pour le prix et la beauté du travail. Cette lame, large de dix-huit lignes à sa base, et longue d'un pied et demi, est tranchante des deux côtés, renforcée au centre par une arête aiguë, et va en serpentant comme une flamme jusqu'à la pointe.

L'acier dont elle est fabriquée et qu'on tire de Bornéo doit-il à la trempe l'avantage de ne jamais s'oxyder et sa couleur brune, qui laisse distinguer les veines du métal? C'est une question que les meilleurs ouvriers européens n'ont pu, dit-on, éclaircir. Quoi qu'il en soit, ces lames paraissent encore ce qu'il y a de mieux trempé en fait de poignards.

Nous avons vu que le *crit* est pour ainsi dire l'arme nationale des habitants de la presqu'île malaise et du grand archipel d'Asie. Leur manière de le porter, qui varie suivant le degré de civilisation où ils sont parvenus, peut servir à faire connaître jusqu'à quel point on peut se confier à ces hommes dangereux. Les méchants et soupçonneux insulaires de Bornéo, de Palawan et de Macassar, adonnés au brigandage, le portent toujours un peu en avant du côté gauche, la poignée presque sur la poitrine et cachée par les plis du pagne, comme un tigre embusqué et prêt à s'élancer sur sa proie. Les indigènes de Java, de Sincapour et de Maduré, ainsi que des autres îles où les Européens ont des établissements, pensent donner une preuve de respect et de confiance en plaçant leur poignard derrière le dos, à l'endroit où la ceinture presse la chute des reins.

Ce n'était pas assez pour les Malais d'orner leur *crit* d'or et de pierreries : ils lui ont encore attribué les vertus les plus merveilleuses. Tantôt la lame du *crit* frémit dans son fourreau en présence de l'ennemi secret de son maître, s'échappe et va lui percer le cœur; tantôt elle traverse les rivières, les forêts, les murailles les plus épaisses, pour revenir aux mains de son légitime possesseur. Telles sont les superstitions qui, chez ces peuples sombres et vindicatifs, font du *crit* un objet d'envie et de terreur, et lui donnent une valeur inestimable.

On prétend que le dernier sultan de Solo, maintenant en exil à Amboine, offrit une somme énorme pour la lame seulement de son *crit*, qu'il avait perdu dans un combat avec les Hollandais; mais l'acier précieux était tombé sans doute entre les mains d'un nouveau maître plus superstitieux qu'intéressé, car il ne fut pas rendu.

Les présents que je venais de distribuer m'avaient fait entrer plus avant dans la confiance de mon hôte, que ses relations avec les autorités de Sourabaya rendaient toujours un peu défiant à l'égard des étrangers : aussi je fus comblé par lui, ce jour-là, des plus délicates attentions. Il m'invita pour le soir même à un souper que son fils aîné donnait en mon honneur, et voulut, en attendant, me faire voir lui-même les environs de sa résidence.

Nous montâmes dans un superbe landau ouvert, que traînaient six chevaux richement harnachés à l'européenne. Deux autres voitures à quatre chevaux portaient les officiers de *la Favorite* et le lieutenant de vaisseau hollandais. Bientôt les apprêts dont j'aperçus des traces de tous les côtés me prouvèrent que le projet de la promenade avait devancé l'invitation.

Nous franchissions à peine le pont-levis qui mène à

la première cour, et nous entendions encore distinctement les sons de la musique qui avait présidé à notre départ du palais, que déjà des orchestres, placés sous les deux hangars dont j'ai parlé précédemment, nous assourdissaient; mais je m'étais habitué à ce charivari comme à un mal nécessaire : aussi ne m'empêcha-t-il pas de donner toute mon attention aux scènes qui se succédaient sous nos yeux. Le peuple s'était groupé sur notre passage dans la cour du palais : cette foule d'hommes, de femmes et d'enfants, tombant à genoux, les mains jointes et en silence, à mesure que leur souverain passait devant eux, me fit éprouver un sentiment pénible, qui peut-être n'était pas fondé : car cette dégradation n'est qu'apparente, et le Madurais qui a ployé les genoux devant le sultan, se relève plus libre et plus heureux que beaucoup d'Européens.

On dit le sultan très-aimé de ses sujets, qu'il traite avec bonté et que souvent même il nourrit. En effet, je l'avais vu, dans d'autres circonstances, parler fréquemment à de pauvres cultivateurs et caresser leurs enfants. Mais quand nous arrivâmes devant plusieurs centaines de cavaliers en uniforme de lanciers hollandais et rangés en bataille, je m'aperçus qu'un air d'importance et de satisfaction remplaçait la bonhomie peinte auparavant sur le front du prince, dont l'amour-propre fut très-flatté des éloges que je fis de ses troupes. Ces dernières venaient d'être organisées en régiments par ordre du gouvernement de la colonie, qui ne fournissait que l'armement et la faible solde de chaque soldat, mais donnait de forts appointements aux officiers, tous fils ou proches parents des principaux chefs de l'île. Du reste, ces faveurs étaient la juste récompense de la fidélité dont les bandes maduraises avaient fait preuve envers les Hollandais pendant la dernière guerre, en combattant avec acharnement les Javanais, dont la différence de religion et peut-être le voisinage les rendaient ennemis implacables.

En effet, le mahométisme n'est pas la seule cause de la haine que montrent les Madurais pour leurs voisins. L'aversion de ces derniers pour des hommes encore plus querelleurs, plus vindicatifs qu'ils ne sont eux-mêmes, a dû élever de tout temps une barrière insurmontable entre les deux peuples : et même encore maintenant, si des Madurais viennent s'établir sur un point de la côte de Java, peu à peu les anciens habitants s'éloignent et laissent dans l'isolement les nouveaux arrivés.

Ces hommes si redoutés, que les Hollandais considèrent comme les meilleurs soldats de la colonie, sont maigres et rarement de haute taille; ils ont les membres grêles, l'air peu ouvert, le nez large et épaté, le front bas, les cheveux durs et crépus; leurs yeux noirs ne sont pas expressifs, mais ils recèlent un feu qu'une passion violente, et surtout la vengeance ou la jalousie, fait éclater tout à coup; enfin, une grande bouche et des dents noircies par une douloureuse opération, à peu près semblable à celle que subissent dans le même but les Cochinchinois, complètent le portrait de ces insulaires, aussi vilains pour le moins que les Malais.

A un courage indomptable qui malheureusement entretient la passion des duels, le Madurais joint une grande sobriété : il ne boit que du thé et de l'eau, et supporte facilement, quoiqu'il aime le repos, de longues fatigues. Toutes ces qualités réunies doivent faire de bons soldats; et les sujets du sultan de Bancalang ont été d'autant plus à même de le prouver, dans les derniers troubles de Java, qu'ils étaient commandés par les fils mêmes du souverain, lesquels marchèrent à leur tête, et ne rentrèrent chez eux qu'à la paix, après une absence de quatre années.

De loin, la cavalerie m'avait semblé bien tenue; mais quand je pus voir de près les soldats de l'escorte qui vint entourer notre voiture, ils perdirent beaucoup dans mon opinion. Cet habillement étranger pour eux, les grosses bottes, le shako, paraissaient les embarrasser et laissaient voir déjà, ainsi que le reste de l'uniforme, les effets du manque de soin et de la malpropreté.

Les Madurais, qui sont attachés à leurs anciens usages comme tous les peuples des îles de la Sonde, ployaient à regret sous ces innovations; l'infanterie surtout se recrutait lentement parmi eux; mais en accordant des grades élevés et de grands avantages aux officiers, en flattant ainsi l'amour-propre des sultans et de leurs fils, les Hollandais ont pris le plus sûr moyen de surmonter les obstacles qu'aurait pu leur opposer le caractère des habitants; et avant peu d'années ils posséderont un corps d'auxiliaires redoutables pour leurs ennemis intérieurs.

D'un autre côté, est-il prudent aux maîtres de Batavia d'enseigner notre tactique militaire à des hommes qui détestent les Européens dans le fond du cœur; que les prêtres mahométans, venus d'Arabie, peuvent aisément fanatiser, et chez qui la plus légère injure efface le souvenir de tous les bienfaits? Le joug hollandais est lourd et terne; il n'offre aucun de ces dédommagements qui plaisent à des imaginations vives et mobiles : et si une puissance maritime faisait des tentatives pour s'emparer de Java, je doute que les sultans montrassent en faveur des Hollandais plus de dévouement qu'en 1810. Les troupes indigènes disciplinées à l'européenne pourraient même devenir, dans maintes circonstances, des alliés ou des renforts pour l'ennemi.

Toutes ces réflexions m'assaillirent quand, à la porte de la dernière enceinte du palais, deux sous-officiers hollandais à cheval vinrent prendre place à chacune des portières de notre voiture : il me fut facile de remarquer sur le visage du sultan une nuance de mécontentement ou d'orgueil blessé; le souverain, si fier un instant auparavant en passant la revue de ses troupes, sentit alors qu'il n'était qu'un esclave couronné.

Le reste de notre promenade ne m'offrit rien de bien curieux. Cependant je conçus de mon hôte une idée encore plus favorable lorsque je vis l'empressement avec lequel il me montra d'assez grands travaux entrepris à ses frais pour retenir les eaux de plusieurs sources et les rendre utiles à la culture des plaines voisines. J'écoutais patiemment et même avec plaisir l'explication de tous ses projets futurs, et je recueillais cette preuve de bienfaisance d'un prince du grand archipel d'Asie, comme une teinte consolante de philanthropie jetée sur le sombre tableau d'égoïsme et de misères humaines qui depuis tant de mois se déroulait sous mes yeux.

La soirée que nous passâmes chez le fils aîné du sultan, fut pour moi plus amusante que celle de la veille, dont le jeu avait rempli tous les instants. En quittant le palais, nous y avions laissé le cérémonial, et je pus observer mes nouvelles connaissances dans leur *négligé*.

La demeure de l'héritier du trône était construite à l'européenne, dans le genre des belles maisons de Madras : des galeries soutenues par de hautes colonnes, plusieurs appartements vastes et bien aérés, une cour entourée de bâtiments pour les femmes, rien n'y manquait pour en faire une habitation digne d'un prince malais, pas même l'infernale musique qui semblait me suivre partout. Elle occupait, suivant l'usage, un hangar situé vis-à-vis la salle de réception, et ne cessa pas un seul instant d'accompagner les voix d'une douzaine de piailleuses, dont j'étais destiné à juger plus tard les autres talents d'agrément.

La gaieté du souper et les nombreux toasts qui furent portés n'annonçaient rien de bien raisonnable pour la nuit : aussi, lorsque après une longue séance nous quittâmes la table, les officiers et les élèves de *la Favorite*, dès longtemps amis intimes des jeunes princes, les mirent en révolution ; le sultan lui-même, se rappelant ses jeunes années, devint un des plus joyeux compagnons de la bande, et quand les danseuses arrivèrent, il se chargea des fonctions de maître de ballet. Dans ces prétendues bayadères, je reconnus les laides et sales chanteuses de la veille : elles avaient un air misérable et avili ; leurs vêtements, souillés par la malpropreté, couvraient à peine des appas fanés et aigus, dont les chairs, d'une douteuse inégalité, faisaient éprouver en même temps l'inquiétude et le dégoût.

L'arrivée de ces Sirènes inspira tout à coup une fureur dansante à tous les assistants madurais ; et ces hommes, à l'air si grave, si triste quelques heures auparavant, se mirent à jouer des pantomimes dont le but moral n'avait rien d'édifiant : toutes peignaient les plaisirs ou les tourments de l'amour heureux ou malheureux ; mais je n'y trouvai rien de séduisant ni de sentimental. Cependant les œillades et les airs penchés des danseurs, dont plusieurs, oubliant qu'ils étaient en uniforme européen, faisaient briller tous leurs talents dans le jeu d'une longue écharpe, me parurent extrêmement plaisants. Mais si mes yeux se portaient sur les danseuses, qui partageaient l'attention et les applaudissements des spectateurs, je n'éprouvais qu'un sentiment de pitié : leurs attitudes forcées, des figures sans expression, de longs bras maigres, tantôt contournés en dedans, tantôt jetés en arrière, tandis que le reste du corps se lançait en avant, comme par un mouvement convulsif, n'exprimaient ni n'inspiraient la volupté.

Au milieu de toutes ces folies, mes jeunes gens durent aussi payer leur tribut : l'un dansa le *chica* des nègres ; un autre exécuta la danse amoureuse d'un Nouveau-Zélandais, avec les accessoires et les variations que pouvait lui fournir son imagination un peu échauffée : tous deux enlevèrent les suffrages de l'assemblée. Un si beau triomphe excita l'amour-propre du sultan : il se leva d'un air comiquement majestueux et parut en scène entre deux bayadères. Dans ce moment, la musique, qui n'avait pas cessé de jouer, fit entendre un bacchanal vraiment solennel.

Que le lecteur se figure, s'il peut, un petit vieillard laid, maigre, un peu voûté, coiffé d'un mouchoir de couleur, et ne portant sous sa veste bleue ni cravate ni gilet; ayant au lieu de pantalon, un pagne noué autour de la ceinture et des pantoufles jaunes, le portrait sera encore, je crois, moins extraordinaire que l'original. Le royal danseur s'en tira parfaitement : les tendres regards, les enlacements amoureux des danseuses, le jeu de l'écharpe, les doux et inégaux balancements de la tête et du corps, rien ne fut oublié par le bon sultan, dont l'air sérieux, alors même que nous avions toutes les peines du monde à ne pas éclater de rire, ne se démentit pas un seul instant.

D'abord les applaudissements fréquemment répétés encouragèrent l'auguste acteur à déployer de nouvelles grâces; mais peu à peu, soit que les mains fussent fatiguées, soit que l'attention fût moins soutenue, les suffrages devenaient moins bruyants : alors le maître mécontent s'arrêtait au milieu d'une pantomime très-intéressante, allait rosser quelques-uns des spectateurs, puis revenait gravement achever son rôle, pour lequel il reçut de nous les félicitations que méritait sa complaisance, beaucoup plus que son talent.

Après un si bel exemple, la mêlée devint générale.

On fit danser bon gré, mal gré, les deux Chinois collecteurs des impôts, qui reçurent en rechignant les embrassements des charmantes danseuses ; enfin cette espèce d'orgie se termina à ma grande satisfaction. Peut-être aurais-je mieux fait de la passer sous silence ; mais j'ai pensé que les hommes se montrent plus à découvert dans les amusements de la vie privée que dans les cérémonies publiques, et qu'un voyageur doit raconter ce qu'il a vu, en laissant le lecteur maître de choisir.

J'avais fixé au lendemain matin l'époque de mon retour à bord ; mais quoique je désirasse impatiemment de mettre fin à une vie aussi agitée et de me retrouver au milieu de mon équipage et de ses officiers, je ne pus refuser un jour de plus aux pressantes sollicitations du sultan, qui avait ordonné tous les préparatifs d'une fête en mon honneur pour la soirée suivante.

Je ne dirai rien du magnifique souper où les parents et les ministres du souverain vinrent prendre place pour me faire leurs adieux. Quoique tout le luxe du palais y fût étalé, il eut moins de prix à mes yeux que le dîner que m'avait donné, ce jour-là même, l'assistant-résident hollandais, chez qui j'avais été reçu par une charmante maîtresse de maison, dont la jolie figure, les beaux yeux noirs, la tournure gracieuse, décente et voluptueuse en même temps, me firent aisément comprendre comment les dames créoles de Java trouvent jusqu'à trois et quatre maris.

Toute la nuit devait être consacrée à un spectacle pour lequel sont passionnés les habitants de Java, de Maduré et des îles voisines ; aussi sur les onze heures du soir, heure à laquelle il commença, une multitude de curieux remplissaient déjà les salons du palais.

A la vue d'un rideau transparent qu'on avait tendu verticalement dans la salle de réception, vis-à-vis la principale porte d'entrée; au soin que l'on prenait de conserver les lumières du côté où s'achevaient les préparatifs, tandis que de l'autre les spectateurs, assis sur des chaises ou groupés sur des tréteaux, se trouvaient dans une profonde obscurité, je reconnus de suite nos ombres chinoises, dont il y a peu de personnes élevées dans les villes de France qui n'aient gardé le souvenir : les miens vinrent en foule me retracer mes jeunes années, et j'oubliai pour un instant les lieux où j'étais, ainsi que les figures étrangères qui m'entouraient; mais bientôt la voix aigre et le langage de l'interprète des ombres qui se mouvaient derrière la toile me rappelèrent à la réalité. Mes voisins écoutaient avidement l'explication des scènes, auxquelles, pour mon propre compte, je ne comprenais rien du tout. Les figures, très-bizarres et fantastiques, étaient en petit nombre et revenaient souvent. Une d'entre elles, espèce de diable au nez pointu, à la longue queue, et armé de griffes et de cornes, semblait jouer un grand rôle dans les diverses pièces dont les représentations se suivaient lentement : souvent il luttait avec un gros animal toujours prêt à le dévorer; et je remarquai que, lorsqu'une jeune fille s'interposait entre ces deux principaux acteurs, l'auditoire redoublait d'attention et témoignait sa satisfaction par des murmures.

Ces détails, quoique bien incomplets, suffiront pour

démontrer que les ombres javanaises ressemblent beaucoup aux ombres chinoises, et ont probablement servi de modèle aux nôtres ; car à la Chine ce genre de divertissement n'est que peu ou point connu ; et si les Européens lui ont appliqué le nom de ce dernier pays, c'est que pendant longtemps ils confondirent sous ce même nom de *Chine* les îles du grand archipel d'Asie et les provinces voisines de Canton.

Accablé d'ennui et de fatigue, je quittai la partie au moment où mon hôte, qui prenait beaucoup de plaisir au spectacle, croyait que j'y passerais la nuit. Peut-être aurais-je tout aussi bien fait de suivre ses conseils, car mon appartement était si près du salon, que la musique, les chanteuses, et surtout le ton monotone du directeur des ombres, me permirent à peine de goûter quelques instants de sommeil : longtemps avant le jour, la chaleur excessive, les moustiques et un assez fort mouvement de fièvre dont j'avais éprouvé les atteintes pendant la soirée précédente, me forcèrent de chercher un air moins étouffant, et j'allai errer dans ces immenses salles où peu d'heures auparavant se pressaient tant de spectateurs attentifs. La scène qui s'offrit alors à mes yeux était digne des *Mille et une Nuits* : j'entendais encore les musiciens et les chanteuses ; mais les sons et les voix se ressentaient des approches du sommeil et allaient en s'affaiblissant ; les figures, dont le jeu, suivant une singulière superstition, ne doit finir qu'avec la nuit, se traînaient lentement derrière la toile transparente, et parfois s'arrêtaient en même temps que la voix de leur interprète, qui succombait à la fatigue et au sommeil.

Partout ailleurs régnait le calme le plus profond : à la lueur mourante des lumières éloignées je distinguais les fils du sultan, entourés de leurs serviteurs, tous profondément endormis et couchés par groupes sur le plancher, couvert seulement de nattes légères : les riches costumes de ces guerriers madurais, les *crits* qui brillaient à leur ceinture, l'architecture asiatique des salles, ces colonnes que l'obscurité semblait multiplier et faisait paraître plus élevées, formaient un coup d'œil dont aucune description ne pourrait rendre le magique effet.

La fraîcheur du matin calma un peu mes souffrances et me procura quelques moments de repos ; mais à peine le soleil était levé que déjà j'avais reçu les adieux du bon sultan, et que deux voitures à quatre chevaux nous emportaient rapidement, mes compagnons et moi, vers *la Favorite*, à bord de laquelle je me trouvai avec un plaisir infini, trois heures après, au milieu d'un état-major et d'un équipage dont plus que jamais je désirais la présence et appréciais l'affection.

Le lendemain, le sultan de Bancalang, accompagné de tous les princes de sa famille, vint à bord de la corvette : je m'efforçai de lui témoigner, par une réception brillante, combien j'étais reconnaissant des attentions dont il nous avait comblés, mes officiers et moi. Après un dîner qui fut très-gai et pendant lequel cet excellent homme montra de vifs regrets de me quitter peut-être pour toujours, le cortége retourna à terre, au bruit de treize coups de canon que je fis tirer en l'honneur du souverain madurais.

Depuis plusieurs jours la corvette était disposée pour prendre la mer, et il me tardait d'autant plus de quitter ces parages, que le nombre des malades augmentait avec une désolante rapidité. Malheureusement, comme nous n'avions pu acheter à Sourabaya qu'une très-petite quantité de vin pour l'équipage, qui ne recevait plus que le tiers de la ration, je me voyais dans la nécessité d'en attendre trente barriques qu'un négociant français faisait venir par mer de Samarang. Cependant ce vin si désiré n'arrivait pas, et comme je connaissais la lenteur ordinaire des caboteurs de Java, je me décidai, pour ne pas perdre plus de temps, à aller l'attendre jusqu'au 27 mai dans la baie de Soumanap, située à l'extrémité méridionale de Maduré. Mais, soit que le bâtiment eût été pris par les pirates, soit que sa traversée se fût trop prolongée, nous ne reçûmes rien.

Mes instructions me laissaient la faculté de visiter l'île de Timor; mais la mousson de l'E., qui commençait à souffler avec violence, eût beaucoup retardé ou même empêché ce voyage, dont l'utilité était très-secondaire pour l'expédition. Cette considération, à laquelle la santé de mon équipage donnait encore une nouvelle importance, me fit prendre le parti de franchir tout à fait le détroit de Maduré, pour entrer, par celui de Baly, dans le grand Océan austral, et nous diriger ensuite vers la terre de Diémen.

Le 10 mai, dans la matinée, *la Favorite* mit sous voiles et gouverna au S. sous la conduite du lieutenant de vaisseau hollandais, dont j'avais déjà éprouvé la complai-

84 VOYAGE

sance pendant mon voyage à Bancalang, et qui voulut bien nous servir de pratique pour passer les canaux sinueux et peu profonds du détroit de Maduré (2).

MOSQUÉE DES MALAIS DE JAVA.

CHAPITRE XVII.

DÉPART DE SOURABAYA. — VOYAGE A SOUMANAP. — DESCRIPTION DE LA PARTIE ORIENTALE DE JAVA ET DES ILES QUI L'ENVIRONNENT. — TRAVERSÉE JUSQU'A LA TERRE DE DIÉMEN. — ÉPIDÉMIE A BORD. — ARRIVÉE A HOBART-TOWN.

La navigation qu'entreprenait *la Favorite* était plus longue et plus fatigante que difficile. La partie méridionale du détroit de Maduré, quoique moins étroite que l'extrémité opposée, renferme comme celle-ci une suite de bancs de vase qui encombrent les passes, et sur lesquels la mer n'a que fort peu de profondeur. A ces obstacles viennent se joindre ceux qu'opposent aux bâtiments les calmes souvent très-longs, ou les brises rendues faibles et variables par les terres, tantôt hautes, tantôt basses, qui bordent le canal des deux côtés.

Les rivages de Maduré sont extrêmement plats, et entourés de bas-fonds sur lesquels il y a tout au plus quinze pieds d'eau dans les grandes marées. A l'accore d'un de ces derniers, qui s'étend beaucoup au large, je vis les fondations d'un fort commencé sous le gouvernement de Daendels et abandonné par ses successeurs.

Cet ouvrage, si l'on en juge d'après les premiers fondements, dont la haute mer ne laisse paraître que le sommet, aurait été considérable, et devait protéger la rade de Sourabaya au S., comme le fort d'Orange la défend vers le N.

A mesure que nous avancions, les deux îles continuaient d'offrir le contraste qui m'avait déjà frappé. L'une, brûlée par le soleil, ne nous envoyait que des bouffées d'air étouffantes ; l'autre présentait à la vue, dans le lointain, un magnifique amphithéâtre, formé de hautes et majestueuses montagnes, du pied desquelles une plaine couverte de villages et de plantations se déroulait jusqu'au bord de la mer. Chaque nuit, le long de cette côte que la corvette suivait de fort près, la brise de terre succédait au calme du jour, et nous poussait vers notre destination.

C'est ainsi que nous passâmes devant le bourg de Passarouang, chef-lieu de résidence, et situé au fond d'une baie très-ouverte, sur les bords de la Gumpang, petite rivière où les bateaux seuls peuvent pénétrer. Il s'y fait un grand commerce de riz, de sel et principalement de légumes d'Europe, tels que choux, pommes de terre, céleri, etc., cultivés en grand et avec beaucoup de succès sur les flancs des montagnes voisines, où l'on trouve, à certains degrés de hauteur, les diverses températures favorables aux végétaux de nos climats.

Ces produits de l'industrie hollandaise, imitée par les Chinois établis à Java, rendent les autres établissements de la colonie tributaires de Passarouang.

Le vent d'E., qui parfois se faisait fortement sentir

durant le jour et soulevait la mer, si unie le reste du temps, arrêtait notre marche et m'avertissait qu'au large des îles la mousson soufflait avec violence. Enfin le 16, après plusieurs jours de contrariétés très-pénibles pour l'équipage, sans cesse occupé à manœuvrer, nous jetâmes l'ancre devant la petite ville de Bézuki, bâtie auprès de la mer, à quatorze lieues de Passarouang, et, comme celle-ci, à l'embouchure d'une rivière dont les vases ne permettent l'entrée qu'à de faibles embarcations.

Bézuki, chef-lieu d'une des principales résidences de l'île, est le centre du commerce des nombreux villages répandus sur la belle plaine au bord de laquelle ses jolies maisons sont groupées.

La bienveillante réception que me fit le résident, et la nécessité de donner du repos à l'équipage, dont la santé continuait de m'inspirer de sérieuses inquiétudes, me décidèrent à passer dans cette relâche, où l'on peut se procurer toutes sortes de rafraîchissements, une partie du temps qui devait encore s'écouler jusqu'à l'époque que j'avais fixée pour l'arrivée du vin à Soumanap.

J'employai ce temps, que l'agréable société et les soins empressés de mon hôte me firent trouver trop court, à visiter en détail et à étudier cette partie de la colonie, la plus intéressante de toutes pour les voyageurs.

Je fus d'abord étonné d'apprendre que le nombre de ses habitants s'élève à peine à quatre cent mille. La résidence de Bézuki comprenant toute l'extrémité orientale de Java (c'est-à-dire une presqu'île longue de trente-cinq lieues et large de vingt environ, qui commence au vaste enfoncement de Passarouang et finit au détroit de Baly), il me sembla qu'une population de quatre cent mille âmes était bien faible en comparaison d'une telle surface de pays. Mais les renseignements que je dus à l'aimable obligeance du résident me ramenèrent à une autre manière de voir.

L'arête de cette presqu'île est formée par une chaîne de hautes montagnes hérissées de forêts que parcourent beaucoup de rhinocéros, quelques ours noirs, et des troupes de cerfs et de sangliers fort dangereux pour les chasseurs; ces montagnes servent aussi de repaire à une multitude de tigres de la plus grande espèce, qui règnent en maîtres au milieu des bois épais dont la presqu'île est couverte à son versant méridional et à son extrémité, où l'on rencontrait à peine, il y a quelques années, des traces de l'espèce humaine, mais que maintenant les Européens tentent avec succès, comme nous le verrons plus tard, de soumettre à leur industrie. La population est donc à peu près concentrée sur l'étroite bande de terre comprise entre les forêts et la côte N. dont *la Favorite* a visité les principaux points. Dans ces différentes relâches, j'ai recueilli sur le système de gouvernement suivi par les Hollandais quelques documents qui m'entraîneront encore à de nouvelles descriptions; mais j'espère que le lecteur les excusera en faveur du soin que j'ai pris de lui faire connaître une des plus belles colonies européennes, si précieuse pour la Hollande, et dont les Anglais envient la possession depuis longtemps.

Dans les longues excursions que nous entreprîmes, mes officiers et moi, tantôt à cheval, tantôt en voiture, et toujours sous la conduite de mon nouvel hôte, je ne rencontrai ni monuments antiques ou modernes, ni villes embellies par le luxe et les plaisirs; mais je vis partout l'image de l'ordre et de l'économie.

Les routes principales étaient larges, unies, plantées d'arbres, et bordées de chaque côté dans toute leur longueur d'une haie formée de morceaux de bois solidement liés entre eux. Les chemins de second ordre, destinés seulement aux cavaliers et aux piétons, ne cédaient en rien aux premiers sous le rapport de la commodité. Des villages propres et bien construits se suivaient à des distances très-rapprochées, et tous les genres de plantations qu'offraient les terrains environnants me parurent également en bon état. Mille moyens d'irrigation, plus ingénieux les uns que les autres, répandent la fertilité sur les rizières et leur font produire souvent trois récoltes par an. Je remarquai aussi sur le penchant des collines les champs de riz de montagne, dont l'entretien est plus facile, mais qui ne donnent qu'une seule moisson.

Si le Javanais montre une intelligence peu commune dans ces deux genres de cultures, inhérentes pour ainsi dire au sol de ces contrées, il n'en est pas de même pour celles que les Hollandais ont introduites dans l'île : bien rarement il consent à cultiver, sans y être contraint, les plantes ou les arbres étrangers à sa patrie. Les immenses plantations de cannes à sucre dont je viens de parler appartiennent au gouvernement, qui les afferme à des fermiers indigènes, auxquels les villages voisins sont tenus de fournir des cultivateurs moyennant un faible salaire fixé par les autorités du pays. Sur l'ordre de ces dernières, les habitants s'acquittent, il est vrai, avec résignation, de ces corvées; mais aucune récompense ne peut les décider à continuer les travaux quand le temps de leur service est expiré.

C'est ainsi que le fisc de la colonie met en valeur, sans beaucoup de frais, les terres dont il a dépouillé les anciens possesseurs, ou qu'il s'est fait céder par eux. Elles sont tellement considérables que la presque totalité des propriétés lui appartient, et que les cultivateurs ne sont pour la plupart que ses fermiers, dont il reçoit en nature les deux ou trois cinquièmes du revenu brut, suivant l'espèce des productions et la position du terrain. Ainsi, par exemple, les rizières, qui donnent une récolte au moins tous les six mois, payent beaucoup plus que les champs de riz de montagne, dont la moisson ne se fait qu'une fois l'an.

Ces conditions sont-elles trop dures? C'est une question que je n'oserais décider, car n'ayant guère fréquenté, dans ce pays, que des personnes intéressées à en vanter la justice, je n'ai pu connaître la vérité. D'un autre côté, si j'ajoutais foi aux rapports du grand nombre des mécontents, qui à Java comme partout ailleurs mettent de l'exagération dans leurs plaintes, je dirais que les indigènes sont opprimés et malheureux; que les lois rendues en leur faveur restent sans exécution; enfin, que l'exigence des autorités accroît encore leur fardeau.

On ne peut disconvenir qu'avec un semblable régime les actes arbitraires ne soient bien communs, malgré la protection que les régents et les autres chefs indigènes doivent à leurs compatriotes. Il faut avouer encore que le joug hollandais est pesant et terne comme le plomb; mais si l'on fait attention qu'à des sultans rapaces et tyrans de leurs sujets a succédé un gouvernement tranquille et ami de l'ordre, auquel son propre intérêt, fondé sur le développement de la population, ne permet pas d'être impunément oppresseur, on doutera comme moi que les Javanais aient perdu au changement de maîtres.

Toute situation est relative, et tout jugement se forme par comparaison. Ces corvées toujours renaissantes, ces réquisitions arbitraires de chevaux ou d'autres animaux de trait, auxquelles chaque habitant est soumis, seraient certainement regardées, par des Français ou des Anglais, comme une servitude intolérable. Mais ces charges semblent peut-être actuellement aux Javanais moins pesantes qu'elles ne l'étaient sous les anciens souverains : il n'y a plus de guerres dévastatrices; les provinces, jadis ennemies irréconciliables, commercent paisiblement entre elles; les maladies qui décimaient si souvent les naturels ont en partie disparu; enfin, la vaccine sauve aujourd'hui de la mort les deux tiers des enfants, qu'emportait autrefois la petite vérole.

Tant d'améliorations font honneur aux soins et à la philanthropie des derniers gouverneurs de Java. Je crois pourtant, avec beaucoup de personnes, que si l'aveugle désir d'augmenter les revenus du fisc allait moins loin, si des mesures plus libérales étaient prises en faveur des Javanais, la prospérité de la colonie et l'affermissement du pouvoir hollandais ne pourraient qu'y gagner.

Les plantations de café sont entretenues, comme celles de sucre, au moyen des corvées, et les fermiers en livrent les produits au gouvernement pour un prix, à la vérité, très-modique, mais qui leur est payé sur-le-champ. J'ai déjà dit que ces produits se vendaient à l'enchère, sur des échantillons, au marché de Batavia et dans les autres villes de la colonie, et qu'ils étaient livrés ensuite sur les lieux à l'acheteur.

Le bourg de Panaroucan, situé à quelques lieues au S. de Bézouki, et, de même que cette ville, à l'embouchure d'une petite rivière dans laquelle une foule de bateaux viennent charger du riz, devint le but de notre première excursion. Sa position sur le bord de la mer, et les campagnes qui l'avoisinent, offrent un coup d'œil agréable. Sa principale rue, ou pour mieux dire la grande route qui le traverse, est plantée d'arbres qui ombragent deux rangs de belles cases, construites en bois et couvertes de paille. Quoique placées auprès de lieux bas et humides, ces cases ne sont pourtant pas élevées sur des pieux comme celles des indigènes de la plupart des îles du grand archipel d'Asie. Des cloisons légères forment dans leur intérieur plusieurs appartements fort propres et bien disposés pour la chaleur, mais mal garantis de la pluie et principalement des variations de la température, si brusques dans les pays voisins des montagnes et de la mer : aussi les habitants sont-ils exposés pendant la saison fraîche, depuis mai jusqu'en novembre, aux maladies de poitrine et aux rhumes, qui en font mourir un grand nombre.

Durant le reste de l'année, l'humidité produite par des pluies continuelles et une chaleur insupportable engendre des fièvres terribles, et souvent même le choléra-morbus, qui rendent les côtes de l'île extrêmement malsaines pour les étrangers.

Les rizières qui s'étendent derrière Panaroucan, et que de très-petites digues destinées à contenir ou à conduire les eaux séparent les unes des autres, semblent une nappe de verdure qui va en ondulant jusqu'au bord de la mer. Plus loin, des plantations de cannes à sucre occupent des terrains qui, dans leurs brusques inégalités, se ressentent déjà du voisinage des montagnes, vaste réservoir d'où descendent les ruisseaux auxquels Java doit son admirable fertilité. La manière d'employer ces dons naturels, si précieux pour l'agriculture sous un ciel toujours brûlant, a été de tout temps le principal but des soins et de l'industrie des indigènes : aussi allâmes-nous visiter, à quelques lieues de Panaroucan, vers l'intérieur, une espèce de digue qui me donna de leurs connaissances hydrauliques une idée assez avantageuse. (Pl. 60.)

Une petite rivière, échappée de la forêt, et bondissant de rochers en rochers, traversait un vaste plateau sec et aride, dont l'irrigation était fort difficile, parce que la rivière coulait encaissée dans un profond ravin, depuis sa source jusqu'à l'endroit où elle se précipitait vers les terres basses par une chute de quarante pieds environ, et où d'énormes blocs de granit opposaient un obstacle insurmontable à l'enfoncement des pilotis qui auraient pu servir à faire remonter le niveau des eaux. Ce n'était donc qu'avec beaucoup de peine que les Javanais avaient réussi à fermer cette cascade, au moyen d'une digue composée de fortes pièces de bois unies entre elles par des lianes, et soutenues contre la violence du courant par plusieurs doubles d'un gros câble de bourre de coco, tendu d'une rive à l'autre ; des monceaux de cailloux consolidaient l'édifice, que détruisaient pourtant chaque année les pluies de la mauvaise saison. Lorsque je vis la rivière, elle surmontait la tête des poutres et formait une cascade écumante qui prêtait un nouveau charme au tableau que nous avions sous les yeux. A nos pieds serpentait le ravin au fond duquel le torrent faisait entendre un bruit semblable au tonnerre lointain. Autour de nous se groupaient de petits hameaux entourés d'arbres fruitiers, et de belles plantations que les eaux, retenues par la digue à la hauteur convenable pour remplir une foule de petits canaux, arrosaient dans toutes les directions.

Deux mois plus tard, la sécheresse devait dévorer cette pompeuse végétation ; car la rivière, alors tout à fait basse et filtrant à travers l'ouvrage hydraulique mal affermi, ne pourrait plus vivifier que les terrains situés au-dessous du plateau. Mais déjà les ordres étaient donnés pour que tous les villages d'alentour concourussent à la construction d'une nouvelle digue plus solide, et dont les résultats favorables à la culture des campagnes voisines ne pouvaient manquer d'enrichir encore l'économe administration de la colonie.

Afin de surveiller des cultures aussi étendues et aussi variées, les résidents ont fait bâtir, dans les différentes parties de la province confiée à leurs soins, des habitations où ils établissent successivement leur domicile, et parmi lesquelles celle qu'ils possèdent auprès du village de Badican mérite surtout d'être visitée. Ce charmant village où nous passâmes deux jours, est situé à dix lieues environ de Bézuki, du côté des montagnes, et dans une magnifique exposition. La belle route que nos voitures suivirent avant d'y arriver, et qui longe les grands bois, présentait, dans les endroits habités où nous nous arrêtâmes, un aspect imposant et peu rassurant à la fois pour l'imagination.

En effet, ces bois, dont les arbres aussi anciens que le monde, forment mille voûtes obscures, cachent dans leur sein une multitude de tigres, toujours aux aguets. Souvent ces terribles animaux, blottis dans les taillis qui bordent le chemin comme deux hautes murailles, s'élancent sur les hommes et sur les chevaux. Ils rôdent la nuit autour des habitations isolées et jusque dans les villages, comme les loups dans quelques-unes de nos provinces pendant l'hiver. Non moins ingénieux et aussi vorace que l'ennemi de nos bergeries, le tigre démolit les murs ou déchire les toits des cases où est renfermé le bétail, qui sent le péril sans pouvoir l'éviter.

Si le Javanais partageait la terreur qu'inspire aux Européens ce redoutable quadrupède, il n'oserait se livrer à aucune espèce de travail dans les lieux écartés; les petits chemins et les grandes routes de son île seraient impraticables pour lui le jour comme la nuit. Mais armé de sa lance, il brave le tigre royal, il l'attaque même et le poursuit avec une confiance qu'il ne puise pas seulement dans son courage et l'habitude du danger : la superstition en est la principale source ; c'est elle qui l'a persuadé que son antagoniste doit fuir devant lui, parce que sa lance, héritage de ses pères, a été souvent rougie du sang des tigres. En effet, l'animal féroce fuit à la vue de l'homme armé d'une pique, comme s'il reconnaissait la puissance du talisman.

S'il faut s'en rapporter aux récits des Javanais, le bûcheron qui travaille dans la forêt voit sans inquiétude la bête sanguinaire s'approcher de lui ; et lorsque ses menaces ne suffisent pas pour l'éloigner, il l'a bientôt terrassée ou mise en fuite, après un combat de peu de durée.

Cette intrépidité et ce sang-froid étaient absolument nécessaires aux habitants d'un pays qui nourrit de nombreux animaux domestiques, parmi lesquels les chevaux jouissent d'une réputation méritée et forment une branche de commerce considérable entre la colonie et les établissements européens environnants. Le cheval javanais est bien fait dans sa petite taille, rempli de feu, et supporte assez longtemps la fatigue. Son œil grand, noir et vif, sa jolie tête, ses jambes fines, sa robe brune, lui donnent quelque ressemblance avec le coursier d'Arabie, et les beaux attelages que l'on trouve à Batavia font assez voir quel parti on en pourrait tirer s'il était mieux soigné.

Les indigènes ne paraissent pas attacher beaucoup

de prix à la conservation de leurs chevaux, qu'ils nourrissent mal et accablent de travail. Peut-être faut-il attribuer une aussi coupable négligence à la grande quantité de ces utiles animaux, car dans la seule résidence de Bézuki on en compte au moins trente mille.

Le gouvernement a essayé depuis quelques années d'en perfectionner la race, en établissant des haras composés d'étalons anglais ou espagnols; mais les résultats de cette mesure ne peuvent pas encore être appréciés. Les chevaux de Macassar, quoique ombrageux, sont considérés comme supérieurs pour la beauté des formes et la vigueur à ceux de Java; aussi servent-ils principalement aux équipages de luxe et pour la cavalerie.

La partie orientale de l'île nourrit également des troupeaux de bœufs, que la religion de Bouddha défend de manger, mais qu'elle permet d'employer, comme le buffle, à tous les travaux de force, et même à traîner la charrue, nouvellement introduite par les Hollandais dans la culture des terres. Elle permet aussi, à ce qu'il paraît, de les faire battre entre eux, genre de spectacle pour lequel tous les Javanais montrent une véritable passion.

Le chef de Badican voulut me donner une représentation de ce spectacle, et prévint les indigènes qu'un combat de taureaux aurait lieu, deux heures avant le coucher du soleil, sur la place du village, devant la maison du résident.

Longtemps avant le moment fixé, les combattants, le front orné de bandelettes, se rangèrent sur le terrain : leurs formes pleines, de grands yeux noirs au regard

fier et assuré, des cornes longues, aiguës et légèrement recourbées, annonçaient des champions entre lesquels la fortune resterait plusieurs fois en suspens. Chacun d'eux recevait avec orgueil les caresses de son maître, qui promettait aux assistants que son élève soutiendrait la réputation de courage qu'il avait acquise dans les précédents combats.

Enfin la musique annonça le commencement du spectacle par un charivari auquel vinrent se joindre, en mon honneur, six voix féminines encore plus aigres et plus monotones que celles des bayadères du sultan de Bancalang. A ce signal, tous les habitants du village accoururent autour de l'arène, qui pouvait avoir soixante pieds de diamètre, et dont une simple corde, attachée à des piquets, séparait la foule des spectateurs, parmi lesquels nous prîmes place au premier rang.

Le cruel plaisir de voir des animaux de la même espèce répandre mutuellement leur sang, n'est pas la principale cause du goût que les Javanais montrent pour ce genre d'amusement : c'est la passion du jeu, passion si forte chez les peuples du grand archipel d'Asie, qui excite ces hommes, et leur fait perdre pour quelques instants leur impassibilité ordinaire. Les figures s'animent et les paris s'engagent, quand deux taureaux de même taille et de même force, mais de couleurs différentes, afin d'être mieux distingués par les parieurs, entrent dans la lice, conduits par leurs maîtres, dont ils reçoivent les dernières exhortations.

Ces fiers animaux paraissent d'abord assez tranquilles, et ne montrent aucun désir belliqueux ; mais l'arrivée d'une blanche génisse les excite tout à coup : ils frappent la terre de leurs pieds, un souffle brûlant sort de leurs naseaux, leurs yeux lancent des éclairs. On soustrait alors à leurs regards la nouvelle Hélène, toute tremblante de la violente jalousie qu'elle a fait naître, et les deux rivaux, délivrés de leurs entraves, se précipitent à la rencontre l'un de l'autre : leurs cornes s'entrelacent et semblent à chaque instant prêtes à voler en éclats. Le plus expérimenté des deux champions cherche à terrasser son adversaire; mais celui-ci se dégage et revient heurter, avec la rapidité de la foudre, la tête de son ennemi : dans ce moment, ils déploient l'un et l'autre toute leur vigueur; les muscles et les veines de leur cou, tendus avec violence, imitent un réseau de fer; toutes les parties de leur corps éprouvent un frémissement de fureur ; égaux en force et en courage, ils s'épuisent en vains efforts. Bientôt le sang coule de leurs fronts déchirés, et la fatigue les contraint à suspendre le combat : aussitôt les blessures sont pansées avec soin par les maîtres et les joueurs, inquiets sur les chances que la fortune leur réserve dans cette lutte, qui recommence quelques instants après. Mais les deux fiers ennemis sont tout à fait exténués, et malgré les cris d'encouragement des spectateurs et la présence de la génisse, le plus maltraité, cédant à l'épuisement plutôt qu'à la crainte, abandonne le champ de bataille au vainqueur, qui reçoit les félicitations des parieurs dont il a si vaillamment défendu les intérêts.

De nouveaux combattants entrent successivement dans le cirque, et aussitôt s'ouvrent de nouveaux paris entre les joueurs, à qui le sort ne fait pas toujours attendre si longtemps ses décisions. Tantôt un taureau reconnaissant la supériorité de son antagoniste, lui cède deux fois la victoire après quelques efforts, et court, au milieu des huées générales, cacher la honte de sa défaite dans son étable, où il subit le châtiment que lui inflige un maître dont il a trahi les espérances. Tantôt, plus faible encore, un des gladiateurs, moins sensible aux charmes de la gloire qu'à ceux de l'amour, suit la génisse loin de l'arène, où il laisse un rival sans maîtresse et des parieurs désappointés.

Promptement ennuyé d'un spectacle auquel mes voisins prenaient un intérêt très-vif, je me livrai au plaisir de regarder les magnifiques points de vue qui attiraient mon attention de tous les côtés.

L'habitation du résident, devant laquelle nous étions assis, domine le village, que traverse la route sablonneuse et bordée de belles cases environnées d'arbres très-vieux, qui se dirige de Bézuki vers l'extrémité de l'île.

De cet endroit, je contemplais avec ravissement la plaine immense qui du pied de l'étroit plateau où est situé le village, descend par une pente assez égale jusqu'à la mer, dont la brume du soir commençait à voiler l'horizon. Une multitude de hameaux disséminés dans cette plaine reflétaient les derniers rayons du soleil couchant; les rizières, semblables à un long collier d'émeraudes, indiquaient le cours capricieux des petites rivières; tandis que sur les monticules s'étendaient des champs de cannes à sucre, dont le vert tendre se mariait agréablement avec la couleur jaune doré du maïs, parvenu à sa maturité.

Derrière nous s'offrait une scène d'un tout autre genre. Au fond du creux ravin qui sépare le village de la forêt, coulait un torrent dont le bruit sourd disposait notre âme aux émotions fortes que lui faisait éprouver l'aspect de ces bois épais dont la brise pouvait à peine agiter les cimes. Cette pompeuse végétation qui couvre le sol depuis des milliers de siècles, et puise chaque année dans ses pertes mêmes une nouvelle vigueur, monte, par étages pressés, jusqu'au sommet des hautes montagnes qui dominent Badican.

Parmi tous ces pics aux formes bizarres, blanchis par les pluies et dépouillés par les vents, plusieurs vomissent de la fumée, dont les colonnes blanchâtres montent en tourbillons jusqu'au ciel. Leurs flancs portent les traces d'éruptions très-récentes, et témoignent qu'à Java, comme dans la plupart des contrées du globe, la nature déploie ses plus terribles moyens de destruction à côté de ses dons les plus heureux (3).

On compte dans l'île un grand nombre de volcans en activité; heureusement ils n'exercent leurs ravages que sur des terres inhabitées. Cependant l'éruption inattendue du Gonnogon porta, en 1823, la désolation dans les provinces les plus peuplées de l'intérieur de Java. Le volcan couvrit en un instant les campagnes voisines d'une épaisse couche de lave, de cendres et de rochers, sous lesquels plusieurs milliers d'habitants restèrent ensevelis; des rivières profondes tarirent, d'autres surgirent tout à coup, et pendant plusieurs semaines l'île fut ébranlée jusque dans ses fondements.

Bézuki, située loin des montagnes, n'a point à redouter ces affreuses calamités; mais son climat est lourd et étouffant; l'air, vicié par les miasmes qu'exhalent sous les rayons d'un soleil brûlant les vases qui encombrent l'entrée du port, cause des fièvres périodiques aussi dangereuses pour les indigènes que pour les Européens. Afin d'échapper à cette pernicieuse influence, les autorités hollandaises et javanaises, avec la garnison, composée de vingt-cinq soldats blancs commandés par un officier, ont abandonné les bords de la mer, et habitent maintenant, à quatre milles de la côte, une petite ville dont l'étendue s'accroît rapidement. Cette ville est bâtie sur un terrain qui commande la mer et que traverse la petite rivière de Bézuki, dont le cours sinueux, bordé de touffes d'arbres et de champs parfaitement cultivés, offre à chaque pas des paysages délicieux. (Pl. 60.)

Parmi les principaux édifices que la ville possède, la maison du résident et celle du premier magistrat indigène se font distinguer par leur architecture de styles différents. L'une, bâtie dans le genre européen, présente une petite colonnade gracieuse et un péristyle élégant qui conduit à des salles vastes, bien aérées et meublées avec goût. Mais c'est au premier étage, couvert par une belle terrasse, que sont les beaux appartements où nous avons trouvé, mes officiers et moi, tous les soins de la plus affectueuse hospitalité.

L'autre au contraire à l'air triste et sérieux des édifices javanais : de hautes murailles entourent la cour intérieure, dont le centre est occupé par un immense salon, au-dessus duquel s'élève un léger toit soutenu par quatre rangs de colonnes de bois. Les bâtiments de pierre forment l'extrémité de cette cour : ils n'ont qu'un seul étage qui contient sur le devant les appartements dans lesquels le maître reçoit et loge ses amis ; et sur le derrière, ceux où les femmes sont renfermées. Mais ces dehors sévères cachent toutes les recherches du luxe de nos grandes villes : en voyant tant de meubles riches et commodes, une cuisine délicate, une table splendidement servie et couverte d'argenterie et de cristaux, nous aurions cru être encore en Europe, si l'inévitable musique, en écorchant nos oreilles, n'était venue détruire notre illusion.

Ces deux habitations, ainsi que plusieurs autres moins considérables et occupées par des employés du gouvernement ou par des Chinois, forment, avec la caserne des troupes blanches, les quatre côtés d'une belle place, au milieu de laquelle un arbre séculaire rappelle aux indigènes qui viennent s'asseoir sous son ombrage, le souvenir de chefs dont la puissance a disparu.

De là ils voient leurs compatriotes, oubliant sous l'uniforme hollandais une ancienne inimitié nationale, exécuter les manœuvres militaires commandées par des instructeurs européens ; de là encore ils peuvent apercevoir les ponts jetés sur les torrents, les magnifiques routes qui assurent à jamais leur esclavage ; de là enfin leurs regards s'arrêtent tristement sur ces montagnes inaccessibles qui auraient dû mieux protéger la liberté des Javanais.

Le 21 mai, *la Favorite* mit à la voile pour Soumanap, à la fin d'un dîner où j'avais réuni toutes les personnes dont mes officiers et moi nous avions reçu tant de preuves de bienveillance. Le résident fut salué de treize coups de canon, suivant l'usage de la colonie, et je trouvai, en le quittant, un adoucissement à mes regrets, dans la promesse qu'il me fit de nous revoir à Banjoewangy, où je comptais toucher avant d'abandonner Java tout à fait.

Bézuki est une excellente relâche pour faire de l'eau, que les embarcations du pays apportent à bord moyennant un léger salaire. On s'y procure aussi des provisions très-facilement.

Les bœufs y sont communs, mais généralement maigres : les moutons, au contraire, sont excellents, et doivent sans doute la délicatesse de leur chair aux soins tout particuliers qu'exige leur éducation ; car dans les plaines, la chaleur les fait mourir ; et sur les terres élevées, les pâturages ne leur conviennent pas. La volaille est également fort bonne à Bézuki. Les fruits des tropiques y croissent en abondance, mais ils donnent souvent des maladies aux Européens ; en récompense, les légumes de nos climats que l'on trouve sur cette côte sont d'excellente qualité.

Pour obtenir ces rafraîchissements, si nécessaires à des équipages fatigués, il faut s'adresser aux autorités indigènes, dont les ordres seuls peuvent décider les habitants à se défaire de leurs denrées. On ne doit attribuer cette répugnance qui l'emporte même sur l'appât du gain, mais cède sur-le-champ à la volonté d'un chef, qu'à des préjugés nationaux ou à un caractère plus indolent encore qu'intéressé.

Le commerce de cette résidence consiste principalement en riz, et en légumes d'Europe cultivés sur les montagnes, d'où l'on tire aussi des bois de construction, que les caboteurs transportent dans les autres parties de Java. L'embarquement du sucre et du café, qui proviennent des cultures entreprises par le gouvernement, appelle assez souvent de forts navires devant Bézuki, dont pourtant la rade n'est pas également sûre dans toutes les saisons; car durant la mousson de l'O., le vent de N. O. souffle parfois avec violence et fait lever une mer terrible, à laquelle les petits et même les gros bâtiments ont beaucoup de peine à résister.

Les calmes et les brises contraires d'E. ne nous permirent d'arriver que le 23 au soir à notre destination.

La baie de Soumanap est d'un abord difficile, surtout du côté oriental, où un grand nombre d'îles projettent au large des bancs de rochers et des récifs dangereux. La côte de Maduré elle-même présente dans cette partie une large ceinture de vase qui me força de mouiller la corvette à plus de deux milles du bourg, par quatre brasses d'eau seulement.

Le sultan de Soumanap, qui avait été averti, avant notre départ de Sourabaya, de l'époque à laquelle je devais lui faire visite, envoya, dès le lendemain de notre arrivée, un de ses ministres me prévenir que deux voitures attendaient sur le rivage pour me transporter, ainsi que plusieurs officiers de *la Favorite*, à sa résidence, éloignée d'une lieue de la mer. Je me rendis à son invitation, et bientôt mes compagnons et moi nous nous trouvâmes encore une fois sous le toit hospitalier d'un prince madurais.

Le palais de mon nouvel hôte était absolument semblable à celui du sultan de Bancalang : mêmes cours, mêmes hautes murailles, mêmes dispositions intérieures ; mais ce fut avec une bien vive satisfaction que j'entendis en arrivant les sons d'une musique guerrière, exécutée avec des instruments européens, au lieu du charivari infernal qui me poursuivait jour et nuit depuis plus d'un mois.

Le maître de ce palais, qui ne possède à peu près pour tout revenu que l'impôt territorial, ne pourrait rivaliser de magnificence avec son voisin, dont la récolte des nids d'oiseaux augmente les trésors chaque année, si le gouvernement hollandais, qui le considère comme un de ses plus utiles alliés, ne l'aidait à soutenir son rang avec grandeur, en rétablissant quelquefois ses finances épuisées.

Ce prince n'était encore que *bong-horam*, lorsqu'il s'embarqua avec ses troupes pour combattre le sultan de Macassar, dont le gouverneur de Batavia voulait réprimer les brigandages continuels. Après une guerre longue et sanglante, le chef ennemi, réduit enfin aux dernières extrémités, envoya son fils comme otage ; mais toutes les conditions ayant été rejetées par le vainqueur, il se rendit lui-même à discrétion, et bientôt après alla mourir à Amboine, lieu d'exil où les Hollandais relèguent leurs rivaux coupables ou malheureux (4).

Le général qui commandait l'expédition, voulant récompenser le courage et la belle conduite du *bong-horam*, lui offrit une forte part du butin. Le fier Madurais refusa, en disant « que si les maîtres de Java étaient satisfaits « de ses services, ceux qu'il leur rendrait comme sultan « de Soumanap seraient encore plus importants. » Cette demande eut un plein succès, et le nouveau sultan tint fidèlement sa promesse ; lorsque dans la dernière guerre les Javanais révoltés menaçaient à la fois Batavia et Samarang, il vola avec tous ses guerriers et les princes de sa famille au secours de ses alliés pris au dépourvu, et ne rentra dans ses foyers que lorsque la tranquillité fut rétablie.

L'extérieur de ce chef s'accorde avec sa réputation de valeur et de fermeté : sa taille est élevée et replète, ses membres vigoureux annoncent la force de l'âge mûr ; une physionomie grave et même un peu dure, des yeux noirs et vifs, des traits réguliers mais prononcés, achèvent de donner au sultan de Soumanap la tournure et l'air imposant d'un prince d'Asie.

Des présents mutuels et l'attraction que le caractère ouvert de notre nation exerce presque toujours, même sur les peuples à peine civilisés, eurent bientôt établi entre notre hôte, ses parents et nous les relations les plus amicales : les fêtes, les amusements devaient se succéder pendant plusieurs jours ; mais le 27 mai était l'époque convenue pour l'arrivée du vin que j'attendais de Sourabaya, et dont je n'avais encore reçu aucune nouvelle : je fixai donc irrévocablement au 28 notre départ, que mes jeunes officiers, plus préoccupés de la santé de nos malades que de leurs plaisirs, virent arriver sans regret.

Le bourg de Soumanap est traversé par la belle route qui va depuis la résidence royale jusqu'au rivage de la baie, le long duquel s'étend une rangée de jolies petites maisons construites en pierre ou en bois, à la mode européenne, et environnées de jardins, qui aperçus du mouillage, rendent ce point de vue très-riant.

Mais prise de ces maisons, la perspective n'est pas la même. Les marchands hollandais ou chinois qui les habitent, voient en effet, sous leurs fenêtres, une petite rivière découvrir, à basse mer, de larges bancs d'une vase noire et fétide; sur la droite, ils distinguent une côte basse, stérile et hérissée de brisants; et sur la gauche, l'île rocailleuse du Sud-Est, qui ferme la baie dans le S. La forme de cette île est irrégulière comme sa surface, qui présente, vue du N., une suite de collines peu élevées, auxquelles des Malais, venus des archipels voisins, font produire, à force de travaux, des récoltes de riz, de maïs et de cannes à sucre, que des bateaux construits par eux transportent dans les établissements européens. Ces colons redoutent beaucoup les attaques de leurs anciens compatriotes, qui, montés sur des flottes de *pros* armés de canons et cependant très-légers à la rame, viennent dans la saison des calmes ravager les côtes de l'île, piller les villages, faire des esclaves, et vont même parfois capturer ou brûler les caboteurs jusque sous l'artillerie du fort de Soumanap, situé à deux milles du bourg, au bord du canal étroit qui sépare Maduré de l'île du Sud-Est.

Les ouvrages de ce fort m'ont paru peu importants. Les remparts, revêtus de gazons, portent six canons de 8 et sont défendus par une faible garnison qui pourrait être portée au besoin jusqu'à cent hommes.

Ce point de défense, le seul qui existe dans la baie, protége le petit port que forme la jetée où abordent les embarcations. Là est réunie toute la flottille de guerre du sultan, chargé, mais inutilement, par les Hollandais, de veiller sur les pirates qui infestent les détroits des environs, et dont fourmillent Baly, Lombok, plusieurs autres îles de la Sonde, et même la côte méridionale de Java. Ils apparaissent quelquefois par flottes de vingt grands *pros*. Alors les relations de Maduré avec les terres environnantes sont tout à fait interrompues ; les habitants des côtes prennent les armes et se gardent avec soin : ceux de l'île du Sud-Est se distinguent par leur vigilance et leur courage à surveiller ou à repousser l'ennemi. Mais les forbans, qui trouvent de nombreux complices parmi les matelots des caboteurs, ne réussissent que trop souvent dans leurs entreprises.

Leurs meilleurs auxiliaires sont les Mandharais, race d'hommes voués à la navigation, natifs de Macassar, et répandus dans toutes les possessions des Hollandais, qui les emploient comme pilotes ou comme marins, et leur ont accordé des priviléges, quoiqu'ils s'en défient et ne les aiment pas.

Les Mandharais ne payent aucun droit de capitation, et ne sont point soumis aux autorités indigènes ; mais ils doivent fournir toutes les corvées qui ont rapport à la marine. Leur caractère fourbe et méchant, leur penchant déterminé pour la piraterie, les rendent la terreur des naturels de Maduré et même des Malais.

Les environs de Soumanap n'offrirent rien d'intéressant à ma curiosité. Le lieu de la sépulture des sultans, que l'on me fit visiter comme une chose digne d'attention, renferme un amas de tombes, les unes anciennes, les autres nouvelles, et toutes dans le même style que celles de Bancalang. Une seule attira mes regards ; elle était de marbre blanc transparent, que le ciseau de l'ouvrier malhabile avait fait éclater en plusieurs endroits.

J'eus encore occasion de voir les troupes maduraises habillées et exercées à l'européenne. Ces hommes, qui avaient si vaillamment combattu avec leurs armes et dans leur costume national, me semblèrent humiliés sous un uniforme étranger pour eux ; tandis que les soldats irréguliers, leurs compatriotes, vêtus d'une large tunique et d'un pantalon court, montraient sous le *salacot* garni d'acier un air martial et fier, auquel le *crit* qui brillait à leur ceinture et la lance au large fer, que soutenait un bras nerveux, ajoutaient quelque chose de farouche.

La cavalerie était mal montée et en désordre ; l'infanterie ne faisait pas plus d'honneur à ses chefs : les uniformes souillés par la malpropreté, les armes couvertes de rouille, la mauvaise volonté et le dégoût peints sur la figure des fantassins comme des cavaliers, me persuadèrent tout à fait que de pareils soldats seront encore pendant longtemps, pour les possesseurs de Java, des alliés bien moins utiles que les troupes irrégulières.

La troisième et dernière soirée que nous passâmes

chez le sultan fut signalée par un festin vraiment splendide et par un bal, auquel assistèrent les familles des marchands hollandais établis à Soumanap. La table, autour de laquelle je comptai quatre-vingts convives, était couverte de mets, et resplendissait de l'éclat des cristaux et de l'argenterie. Mon hôte, qui savait un peu d'anglais, me faisait remarquer avec orgueil, parmi le brillant service étalé sous mes yeux, les riches présents du gouvernement hollandais, dont il parlait toujours avec admiration. Puisse ce pauvre prince ne pas éprouver un jour, comme tant d'autres souverains d'Asie, l'ingratitude des Européens, qui ne balanceraient pas, dans l'occasion, à le sacrifier pour augmenter leur puissance ou leurs revenus!

Le coup d'œil qu'offrit, au moment du bal, l'immense salle du palais, à laquelle plusieurs rangs de colonnes élancées servaient pour ainsi dire de cloisons, avait je ne sais quoi de magique. Cette multitude de lumières éclatantes renfermées dans des globes de cristal, la profusion de meubles précieux d'Europe et de Chine placés sans aucune symétrie, enfin les peintures dans le goût oriental qui ornaient le plafond, formaient un mélange très-pittoresque du luxe de nos contrées avec le faste asiatique.

Les regards pouvaient parcourir sans obstacle les quatre salons, que séparaient seulement des divans appuyés contre les colonnes, entre lesquelles circulait librement la fraîcheur agréable du soir. Deux de ces salons avaient servi au festin et aux préparatifs de la fête ; on dansait dans le troisième ; le quatrième devint pour quelques instants le théâtre de mes premières observations. J'y trouvai occupés à boire, à fumer et à jouer gros jeu la plupart des hommes invités. Vainement je cherchai sur leurs figures demi-européennes une lueur de gaieté, d'esprit ou d'abandon : sous ces traits bronzés je ne découvris que la vanité et l'embarras. J'allais fuir un lieu où la société n'était nullement de mon goût, lorsqu'un fort beau tapis, au milieu duquel je reconnus avec étonnement les armes du roi nègre d'Haïti, excita vivement mon attention. Christophe n'avait régné ni vécu assez longtemps pour jouir de ce bel ouvrage, que sans doute il comptait léguer avec sa couronne à ses successeurs. Ses fils, son trône n'existent plus, et les insignes de cette puissance éphémère sont aujourd'hui foulés aux pieds par les insulaires du grand archipel d'Asie.

La vue des dames, réunies dans le troisième salon, mit un terme à mes tristes réflexions sur l'instabilité des choses humaines. La plupart des danseuses, toutes créoles sans exception, et plus ou moins brunes, étaient assez jolies : de grands yeux noirs, des dents belles et bien rangées, mais un peu rougies par le bétel, pouvaient faire passer sur le manque absolu de fraîcheur. Une taille bien prise, de petits pieds, une tournure agréable, même en dansant, captivèrent d'abord les danseurs de *la Favorite*, qui, bientôt ennuyés de l'air roide et maussade de leurs *partners*, cédèrent la place aux princes madurais enchantés de courtiser les femmes des autres pendant qu'ils tenaient les leurs enfermées dans les harems.

En vain je tenterais de retracer le singulier spectacle

que présentaient le sultan, ses fils et ses principaux officiers dans leur costume malais, étincelant de pierreries, étendus sur les sofas, au milieu des dames en toilette et en manches à gigot copiées sur les dernières modes de Paris; tandis que la foule des Madurais, plus que légèrement vêtus, armés de *crits*, et rangés derrière leurs chefs, composait une galerie de physionomies sauvages, sur lesquelles le dédain se mêlait à l'étonnement. Que l'on se représente encore la multitude d'esclaves richement habillés et portant des plateaux chinois chargés de fruits et de rafraîchissements, on aura peut-être une idée des scènes qui m'occupèrent durant plusieurs heures, mais que toutes les descriptions, même les plus détaillées, ne pourraient rendre qu'imparfaitement.

Le souverain de Soumanap fit, avec autant d'aisance que de dignité, les honneurs de la fête, que termina un splendide souper auquel l'état de ma santé ne me permit pas d'assister. Au point du jour, je retournai à bord de la corvette faire tout disposer pour recevoir la visite de mon hôte et pour mettre à la voile le lendemain.

Le dîner que je donnai sur le pont au sultan et aux premiers personnages de sa suite fut très-amusant; mais par malheur un fort grain vint le terminer plus tôt que je n'aurais voulu : mon auguste convive, tourmenté, je crois, par le mal de mer, voulut retourner à terre. Il était à peine sorti de table, qu'oubliant dans sa précipitation le rôle de souverain, il réduisit, en présence de tout l'équipage, son habillement à sa plus simple expression, afin de braver la pluie ; et nous pûmes juger, en voyant ses membres entièrement nus, qu'il ne devait le céder en vigueur à aucun de ses sujets.

Nos adieux furent accompagnés de treize coups de canon, dont le bruit flatteur pour l'amour-propre de nos visiteurs madurais dut être entendu de fort loin : aussi nous valurent-ils une grande quantité de provisions que le chef de Soumanap m'envoya quelques heures après, et que l'on distribua aux matelots.

Le jour suivant, 27 mai, à onze heures du matin, la corvette profitant de la brise de S. E., qui souffle chaque jour vers midi dans cette saison, appareilla pour Banjoewangy, établissement hollandais situé à l'extrémité orientale de Java et sur le détroit de Baly.

La relâche de Soumanap est très-bonne pour les bâtiments qui ont besoin d'eau et de rafraîchissements : les bœufs, les volailles et les moutons n'y coûtent pas cher; mais là, de même qu'à Bézuki, il faut obtenir la permission des autorités pour conclure quelque marché avec les indigènes. On dit le séjour de la baie très-malsain pour les étrangers, depuis novembre jusqu'en avril. Je la crois dangereuse toute l'année; car, malgré les plus grands soins, nos malades, au lieu de se rétablir, empirèrent de jour en jour. L'un d'eux, jeune matelot que son activité, son caractère doux et sa bonne conduite avaient fait aimer des officiers ainsi que de ses camarades, succomba à la dyssenterie, qui devait, trois semaines plus tard, répandre le deuil parmi nous.

Une brise légère mit la corvette hors de la baie avant le coucher du soleil, et je fis gouverner directement pour la côte de Java, dont les hautes montagnes montraient leurs sommets à l'horizon. Nous laissâmes sur notre droite plusieurs îlots bas, stériles et inhabités, où sont des salines qui donnent un revenu assez considérable au sultan de Soumanap. Les vigies apercevaient du côté opposé, dans le lointain, les archipels qui forment, avec l'île du Sud-Est, les détroits de Gillon et de Respondy, que les bâtiments européens et principalement les hollandais prennent souvent quand ils veulent passer à l'E. de Lombok.

Au point du jour, *la Favorite* doublait à très-petite distance le cap Sandana, qu'on reconnaît de fort loin à un groupe de mornes au milieu duquel se trouve le cratère sans fond et rempli d'eau d'un ancien volcan.

Tous les navires qui naviguent dans ces parages viennent prendre connaissance de ce point remarquable : aussi est-il le rendez-vous habituel des pirates, auxquels les masses de rochers qui bordent les plages voisines servent de repaire. Malheur au bâtiment mal armé et mal équipé, que le calme retient sous ces côtes élevées ! Bientôt assailli par une bande de *pros*, il tombe entre les mains des forbans : tout son équipage est massacré ou va gémir dans un esclavage mille fois pire que la mort. La terre même n'offre pas un refuge assuré à ceux qui parviennent à s'échapper; car le rivage est désert et garni de bois épais où se tiennent des troupes de tigres qui viennent rôder jusqu'au bord de la mer; et dans l'intérieur on ne voit que des mornes, dont les flancs escarpés et hérissés de sombres forêts, sont impénétrables à l'homme.

S.

Dans l'après-midi, la corvette, poussée par un vent favorable, doubla rapidement toutes les pointes N. E. de Java, et le détroit de Baly s'ouvrit devant nous.

Le marin le plus intrépide ne peut se défendre d'un sentiment d'inquiétude quand son navire donne à pleines voiles au milieu de ces étroits canaux, bordés de côtes sauvages et inhospitalières, habitées par des bêtes féroces, ou par des hommes aussi cruels et bien plus dangereux.

Cependant nous étions depuis trop longtemps aux prises avec tous les genres de périls d'une aventureuse navigation, pour que le passage d'un détroit fort resserré, et traversé par un impétueux courant, nous empêchât d'admirer les majestueuses scènes qui se succédaient sous nos yeux.

La nature en formant de montagnes amoncelées la plupart des îles du grand archipel d'Asie, en les couvrant de bois impraticables qui s'étendent jusqu'à la mer, en les livrant, pour ainsi dire, au pouvoir des plus terribles animaux, ne les destinait pas sans doute à notre espèce : ou bien son intention fut que, dans ces contrées, l'homme luttât de ruse et de férocité avec les tigres pour défendre son existence, sans pouvoir espérer les secours d'une civilisation que tout semble repousser autour de lui.

Aussi les îles de cet archipel sont-elles généralement très-peu habitées; les naturels, confinés sur quelques points des côtes, ne vivent que de poisson, ou des fruits et des racines qui croissent dans les bois : si, à force de travaux, ils parviennent à faire quelques misérables plantations, des troupes de cerfs ou de sangliers les dévastent, les bêtes de proie attaquent ou dérobent les animaux domestiques. Après ce triste tableau de la position de ces insulaires, doit-on être étonné qu'excités par la misère et par la faim, ils tentent audacieusement, sur de chétives embarcations, de capturer les objets dont ils ont besoin et que le sol natal leur refuse, ou que leur grossière industrie ne sait pas imiter! Les peuples de l'Europe n'ont pas commencé autrement ; la civilisation ne date même chez eux que d'hier, et cependant combien les obstacles qu'elle y a surmontés étaient peu de chose en comparaison de ceux qu'elle rencontre chez les indigènes des îles à l'E. de Java!

Les résultats du contact des Européens sont encore bien faibles et même nuls : les forbans ont profité de nos connaissances en navigation et en artillerie, mais nullement des leçons d'humanité et de droit des gens qu'on a voulu leur donner. Ils continuent à piller, parce qu'on leur a fait connaître les jouissances d'un état social perfectionné avant même qu'ils fussent sortis de la barbarie; ils deviennent de jour en jour plus traîtres et plus méchants, parce que malheureusement la race blanche ne leur a fourni jusqu'ici que des exemples de mauvaise foi et de rapacité.

Telle on trouve à peu près encore la population de Baly, qui pourtant n'est séparé de Java que par un canal à peine large d'une lieue. Une même religion (5), un même langage, justifient l'opinion généralement adoptée par les voisins des Balinais, que ceux-ci descendent d'une colonie de Javanais forcés par un sultan de Solo, conquérant redouté, d'abandonner leur patrie. Les fugitifs s'établirent sur la côte même du détroit et y fondèrent Baly-Balou, résidence actuelle de l'un des trois sultans qui gouvernent l'île.

Ce bourg, situé au fond d'une petite baie, ne contient qu'un petit nombre de huttes occupées par de misérables habitants sans aucune industrie, et dont tout le trafic se borne à l'envoi dans les comptoirs européens environnants et surtout à Sincapour de quelques *pros* chargés de coton, de cocos pour faire de l'huile et d'une grande quantité de fruits délicieux quoique venus sans culture et récoltés dans les forêts. Ils échangent ces productions contre des marchandises chinoises, des étoffes communes, de la quincaillerie et d'autres objets d'Europe, avec lesquels les caboteurs de Java leur payent aussi des bœufs que leur haute taille et leur grande vigueur rendent précieux pour les travaux du labourage; mais, comme si la nature avait voulu garantir de la voracité de l'homme ces utiles animaux, leur chair a un goût détestable, surtout dans la partie postérieure du corps, où une tache blanche couvre entièrement la croupe et les cuisses. Cette marque est commune aux taureaux et aux vaches, qui la transmettent à leurs petits sans qu'elle éprouve le moindre changement.

Pendant la dernière guerre contre les souverains de Solo, le gouvernement de Batavia entretenait un agent à Baly-Balou, dans le seul but d'enrôler des naturels pour ses troupes; mais on y a renoncé quand on a reconnu combien ils étaient stupides, sales et méchants : cependant ils peuvent rendre comme esclaves d'assez bons services, car ils sont forts et résistent longtemps à la fatigue; d'un autre côté, ils ne méritent aucune confiance, sous le double rapport de la probité et de l'attachement.

Ces hommes ont des coutumes abominables dont on ne retrouve aucune trace dans les autres îles, où règne aussi pourtant la religion de Bouddha. Les femmes du souverain et des princes sont obligées, après la mort de leur mari, de se brûler vives avec un raffinement de barbarie qui révolte l'imagination. Un de ces auto-da-fé, dont un Hollandais, témoin oculaire, me donna les détails, eut lieu pendant notre séjour à Sourabaya. Vingt-trois femmes du dernier sultan, décédé depuis deux ans, avaient successivement subi le supplice qu'elles considéraient comme un grand honneur pour leurs familles et pour elles-mêmes; une seule restait: le moment fatal arrivé, elle sortit pour la dernière fois de la maison où elle avait vécu enfermée durant son veuvage, et entourée de ses parents ainsi que d'un nombreux cortége, elle marcha à pas lents vers le lieu du sacrifice. A l'ouverture d'une fournaise pratiquée dans la terre et d'où s'échappent des tourbillons de flammes, est placée une planche étroite, sur laquelle, après une courte prière et au bruit d'une infernale musique, monte la malheureuse vêtue de blanc et un poignard à la main; elle se l'enfonce dans le sein, baise la lame sanglante en l'honneur du défunt, et disparaît dans le gouffre aux acclamations d'une foule d'hommes dont pas un seul n'aurait eu le courage d'imiter cet exemple de dévouement. Si la vue d'une mort aussi affreuse étonne la fermeté de la pauvre veuve, son plus proche parent, qui l'accompagne, remplit jusqu'au dernier moment l'office de bourreau : il poignarde sa sœur, sa fille peut-être, et la précipite dans les flammes. Quelles mœurs! quelle férocité (6)!

Sur le côté opposé du détroit et vis-à-vis le village où se consomment d'aussi épouvantables sacrifices, on aperçoit le bourg de Banjoewangy, devant lequel un pilote mandharais conduisit la corvette et la mouilla peu d'heures après le coucher du soleil.

Nous rejoignîmes dans cet endroit nos aimables connaissances de Bézuki, auxquelles se joignirent celles qui m'avaient suivi dans mon voyage à Soumanap. Le seul objet de cette relâche étant de compléter notre eau et de prendre des rafraîchissements pour la longue traversée que nous allions entreprendre, je fixai au 1er juin l'époque du départ.

J'employai ce court intervalle de temps en excursions qui me firent connaître encore mieux l'extrémité orientale de Java, et surtout cette partie nouvellement cultivée et vers laquelle les possesseurs de Batavia paraissent tourner dans ce moment leurs efforts et leur activité.

Banjoewangy ne se composait, il y a quelques années, que de chétives cases construites auprès d'un fort destiné à protéger les caboteurs contre les attaques des pirates ou des croiseurs européens. Les terrains des environs étaient dans le même état que ceux qui avoisinent le cap Sandana, c'est-à-dire couverts de bois servant de retraites à une multitude de tigres regardés comme les plus grands et les plus redoutables de Java.

De ce côté de la presqu'île, les montagnes se rapprochent beaucoup du rivage : une d'elles vomit des flammes, et même il y a peu de temps que la lave du volcan coula dans la mer à peu de distance du bourg. Ce fut pourtant sur ce canton que le gouvernement de la colonie jeta les yeux pour établir des plantations de café qui augmentassent ses revenus sans l'entraîner dans de trop fortes dépenses. Les difficultés étaient presque insurmontables : il fallait défricher des forêts, ouvrir des communications au sein d'une contrée horriblement malsaine même pour les naturels, que l'appât du gain et un commencement de population purent seuls engager à s'y fixer. Ces immenses et pénibles travaux furent exécutés par des indigènes condamnés aux galères pour meurtre ou pour vol. Mais ce moyen sembla d'abord insuffisant ; les ouvriers désertaient dans les bois et ne reparaissaient plus, les maladies causées par le désespoir plus encore que par le climat en diminuaient chaque année le nombre d'une manière effrayante : une sage mesure prise à temps arrêta le mal, et fit prospérer l'établissement.

L'assistant-résident, homme de caractère, animé d'un zèle infatigable, et doué de toutes les autres qualités nécessaires pour mener à fin une pareille entreprise, obtint des autorités de Batavia que les condamnés pourraient amener avec eux leurs familles, et même se marier pendant la durée de leur peine, s'ils tenaient une conduite régulière. Dès ce moment les maladies cessèrent, les désertions devinrent très-rares, et les cultures s'étendirent rapidement. De jolis hameaux s'élevèrent sur les lieux mêmes des défrichements pour loger les galériens, qui, rendus plus tard à la liberté, restèrent dans le pays avec leurs familles, et allèrent augmenter la population d'un village fondé nouvellement sur un plateau peu éloigné du fort et dominant la mer. Cette position est bien choisie ; on y jouit d'un air moins étouffé et moins malsain que dans Banjoewangy, entouré de vases et de terrains inondés ; aussi l'assistant-résident s'y tient-il ordinairement dans une charmante maison de bois distribuée et meublée fort commodément. Ce fut là que je goûtai quelques moments de repos que réclamait impérieusement l'état de ma santé.

J'acceptai cependant avec plaisir la proposition de mon aimable hôte, d'aller visiter une des principales plantations de café ; et le surlendemain de notre arrivée, long-temps avant le jour, afin d'échapper à la dangereuse chaleur du soleil, nous partîmes à cheval, l'assistant-résident, plusieurs officiers de *la Favorite* et moi. Nous suivions au milieu d'une obscurité profonde des sentiers à peine frayés, et sillonnés par les torrents ; notre suite, d'abord assez nombreuse, avait diminué peu à peu ; et lorsque, dans les endroits où les accidents du terrain resserraient le passage, les cavaliers silencieux, enveloppés dans leurs manteaux pour éviter l'humidité, étaient forcés de marcher sur une seule ligne, et que mon cheval plus paisible que fringant restait un peu en arrière des autres, j'éprouvais, je l'avouerai, la crainte qu'un grand tigre royal, sortant tout à coup des broussailles épaisses qui bordaient la route, ne vînt se jeter sur moi ou sur ma monture. Toutes les histoires tragiques de pareilles rencontres dont nous avions tant de fois écouté les récits depuis un mois (car à Java, pas un voyageur qui n'ait tué au moins un tigre monstrueux), me revenaient dans l'esprit, et ne le rassuraient nullement. Si j'entendais auprès de moi les cris d'un paon saluant les premières lueurs du jour, je me rappelais tout à coup que cet oiseau, fort commun dans l'île, se tient de préférence, à ce que prétendent les Javanais, dans les bois fréquentés par ce terrible quadrupède, dont il recherche les excréments avec avidité. Alors, malgré certaines souffrances assez ordinaires aux mauvais cavaliers, je pressais mon cheval qui, de son côté, ne se faisait pas prier pour rejoindre la compagnie.

Enfin le soleil levant vint dissiper mes inquiétudes et éclairer les scènes pittoresques dont nous étions environnés. Tantôt nous passions au pied de montagnes qui, d'un côté, bordaient le chemin comme de hautes murailles, tandis que de l'autre des arbres énormes unis entre eux par de grosses lianes, projetaient leurs ombres fantastiques au loin devant nous; tantôt descendant avec peine une pente rapide, nous franchissions sur un pont étroit et mal assuré le torrent dont le bruit sourd avait guidé la caravane. Les cavités du profond ravin répétaient avec un son rauque et solennel les pas incertains de nos montures. Tout était grandiose autour de nous : des voûtes formées de mille plantes entrelacées et suspendues à de vieux troncs rongés par le temps, cachaient des troupes de singes qui à notre approche fuyaient en gambadant; sur les hauteurs de beaux pigeons javanais, au plumage blanc comme la neige, animaient les cimes des grands arbres; plus loin, des nuées de petits oiseaux nuancés de mille couleurs voltigeaient sur les arbrisseaux, et rompaient par leurs cris le silence imposant de ces vastes solitudes, au sein desquelles l'homme n'a osé pénétrer pour la première fois que depuis peu d'années.

Le soleil élevé au-dessus de l'horizon échauffait déjà l'atmosphère quand nous arrivâmes au terme de notre voyage, et cependant un triste brouillard enveloppait encore les cimes des tecks et des aréquiers, dont les troncs eux-mêmes se montraient à peine au-dessus de la végétation vigoureuse qui les pressait de tous côtés. Ces remparts de lianes et de feuillage peuvent plaire à un amateur du romantique qui ne les voit qu'en passant; mais pour l'indigène, aux travaux duquel ils opposent des barrières impénétrables, ce n'est qu'un repaire d'innombrables reptiles et d'insectes horriblement dangereux ou très-incommodes, que l'humidité chaude de la terre fait multiplier à l'infini. Nous en acquîmes bientôt l'expérience à nos dépens, car des myriades de moustiques nous assaillirent dans la maison de planches où notre bande voyageuse s'arrêta pour déjeuner.

Cette maison servait à l'exploitation des cafeiries que mon obligeant conducteur me fit parcourir. J'écoutais avec intérêt le détail de toutes les peines que coûtaient ces défrichements : quels longs et pénibles efforts pour déraciner ces colosses que les siècles ont respectés, et pour rendre au jour un sol enseveli sous d'épaisses couches de végétaux! Trente mille pieds de café étaient le résultat d'une persévérance et d'une activité dignes d'admiration. Ces arbustes précieux, chargés déjà de fruits rouges semblables à la cerise, formaient, avec les arbres que l'on avait plantés auprès d'eux afin de les préserver du soleil et des mauvais temps, une espèce de parc au milieu même de la forêt, dont l'antique feuillage semblait vouloir étouffer l'ennemi faible encore qui croissait dans son sein.

D'autres plantations plus récentes, sur lesquelles l'assistant-résident appela principalement mon attention, étaient tracées avec une élégante symétrie, et promettaient pour l'avenir d'abondantes récoltes. Mais que d'ennemis à combattre, que de soins à prendre pour parvenir à ce but encore éloigné ! Tantôt les sangliers et les cerfs, franchissant les clôtures, viennent briser et dévorer les jeunes plants, dont les singes, que les taillis renferment par milliers, viennent à leur tour dérober les fruits; tantôt les torrents, gonflés tout à coup par les grandes pluies, descendent avec fracas des montagnes, renversent les digues qu'on leur avait opposées, et ne laissent après eux sur les terrains défrichés que des monceaux de pierres et de sable.

Quand le café est enfin récolté, on l'expose au soleil pendant quelques jours, pour le dépouiller de la pulpe qui l'enveloppe; puis on le transporte à dos de mulet jusqu'à Banjoewangy, où les caboteurs l'embarquent pour Bézuki.

Nous prîmes dans l'après-midi, pour revenir au village, la même route que nous avions suivie le matin; mais alors le brouillard était tout à fait dissipé, et je pus à mon aise examiner les lieux, toutefois avec la prudente précaution de ne pas trop m'écarter de la compagnie. Nous vîmes un de ces arbres qui fournissent les planches dont on fait, à Java, des tables d'une seule pièce, larges de huit à neuf pieds. Le grain du bois est rouge, très-fin, et susceptible d'un beau poli.

J'avais remarqué plusieurs de ces meubles curieux chez les deux sultans de Maduré, sans pouvoir me rendre compte de leurs prodigieuses dimensions; je cessai d'être étonné lorsque j'étudiai la structure de cet arbre singulier. Il n'a que deux ou trois pieds au plus de diamètre, mais il projette de côté et d'autre des racines très-massives, qui saillent de plusieurs pieds au-dessus du sol et sont adhérentes au corps de l'arbre dans toute leur épaisseur, jusqu'à une grande profondeur dans la terre. Il est facile de concevoir que si par hasard deux de ces racines, se trouvant diamétralement opposées, joignent leurs largeurs à celle du tronc, on en tirera des planches qui, à la première inspection, feraient croire à l'existence d'arbres d'une grosseur vraiment fabuleuse.

Je ne fus pas aussi heureux dans mes recherches relatives au *boon-upas* ou arbre-poison, qui croît, dit-on, à Java, où cependant, d'après ce que plusieurs personnes bien informées m'ont assuré, il n'existe que dans l'imagination des naturels, superstitieux et passionnés pour le merveilleux, comme tous les hommes ignorants.

Suivant eux, l'ombre du *boon-upas* détruit toutes les plantes; elle tue presque instantanément les hommes et les animaux; enfin, telle est l'influence de ce perfide végétal, que les oiseaux qui, dans leur vol rapide, passent près de son sommet, se débattent dans l'air et tombent expirants.

Cette opinion fut adoptée aveuglément par les premiers Européens qui combattirent les indigènes de Java, dont les armes, prétendirent-ils, trempées dans le suc du *boon-upas,* faisaient des blessures mortelles. Aujourd'hui que le merveilleux trouve plus d'incrédules, on se contente de penser que les *crits* sont très-dangereux dans la main d'un Javanais, mais nullement empoisonnés, et que l'arbre-poison n'existe pas (7).

Nous visitâmes plusieurs hameaux occupés par les galériens, dont les cases, rangées sur deux lignes et formant une rue, n'étaient séparées des grands bois que par quelques champs de légumes.

Je demandai si les tigres, dont le canton fourmille, n'attaquaient pas quelquefois les travailleurs; et j'appris, non sans étonnement, que les habitants du village vivaient assez paisiblement avec leurs terribles voisins, et même qu'un de ceux-ci, d'une taille énorme, se promenait à certaines heures du jour au milieu des cases, sans que sa présence excitât la moindre inquiétude parmi les femmes et les enfants. Quand il avait obtenu de ses hôtes quelque chose à manger, il s'en retournait lentement dans la forêt donner la chasse aux cerfs et aux sangliers. Cependant, comme les relations des tigres avec les animaux domestiques ne sont pas tout à fait aussi amicales, et qu'il disparaît fréquemment des chevaux, des bœufs et des chiens, les Javanais font parfois une guerre acharnée aux rôdeurs, qui échappent rarement à la vengeance que leurs méfaits ont excitée. Les chasseurs en avaient tué plusieurs peu de jours avant notre arrivée; et la vue de leurs monstrueuses dépouilles, dont l'assistant-résident me fit cadeau, n'avait pas faiblement contribué à augmenter mes craintes, durant le voyage aux plantations de café.

Lorsque l'épaisseur du bois ou la disposition du terrain empêchent les chasseurs de poursuivre leur ennemi, ils ont recours à la ruse. Le tigre, trompé par le feuillage dont on a recouvert une fosse profonde, tombe dans le piége, et sa mort devient un sujet de spectacle pour la population des villages d'alentour.

Dans une enceinte de vingt pieds de diamètre, entourée d'un rang de pieux longs et fort gros, mais assez distants les uns des autres pour que les spectateurs puissent voir l'intérieur de cette espèce de cirque, on enferme un buffle ou un taureau. Le superbe animal fixe de suite ses regards sur l'entrée d'une cage, à travers laquelle il aperçoit les yeux étincelants du tigre royal, qui gêné dans son étroite prison, pousse des rugissements effrayants. Cependant un Javanais, armé seulement de sa lance et d'une torche enflammée, ouvre sans hésitation la porte au captif, puis abandonne le champ de bataille aux deux champions. Le taureau ne témoigne ordinairement aucune frayeur et attaque même bravement son rival, qui, semblable à un chat guettant une souris, s'avance en rampant; les regards inquiets de la bête féroce errent sur tous les objets qui l'environnent : le mouvement annelé de sa queue, le tremblement convulsif de sa mâchoire, trahissent la peur qu'il éprouve.

Son antagoniste au contraire le regarde avec assurance et fierté, et lui présente toujours des cornes menaçantes, qu'en vain il cherche à éviter : malgré ses détours et ses bonds, le tigre reçoit des coups mortels ; et, après quelques moments d'une lutte désespérée, le taureau furieux foule aux pieds son cadavre sanglant.

Dans ces combats, le tigre a tout le désavantage : car l'étroit espace où il se meut l'empêche de déployer l'étonnante agilité qui fait la plus grande partie de sa force ; tandis que son ennemi, toujours acculé contre la barrière, peut défendre facilement la partie de son corps la plus exposée. Du reste, il paraît que le sanguinaire animal redoute, même en liberté, le courage du buffle, et n'assouvit que sur des créatures trop faibles pour lui résister, la soif de sang qui le dévore.

Quoique l'assistant-résident, prévenu de notre arrivée plusieurs jours d'avance, eût donné des ordres aux chasseurs, ils ne purent attraper un tigre vivant ; et je fus privé d'une scène très-curieuse, dont je n'ai tracé la description que d'après des ouï-dire. En dédommagement, on me fit assister à un combat de chiens et de sangliers, dans le même cirque dont je viens de parler.

Les chiens, qu'on eût dit excités par la même haine que leurs maîtres contre les destructeurs des plantations, s'élancèrent au premier signal. Ce fut bientôt une mêlée générale : les hurlements des chiens blessés, les grognements furieux des sangliers déchirés par les dents acérées de leurs ennemis, les acclamations redoublées de la foule, formaient un tintamarre qui m'eut bientôt fatigué.

Chaque soir, pour nous amuser, on donnait un combat de coqs; car les Javanais montrent pour ce genre de plaisir la même passion effrénée que les indigènes de Luçon : même courage chez les pauvres gladiateurs, même fureur de jeu, même soif de gain chez les impitoyables assistants. Il n'y avait d'autre différence, sinon que la représentation était tout à fait libre et ne payait aucun droit au gouvernement.

Ces passe-temps avaient peu d'attrait pour moi : aussi me paraissaient-ils beaucoup moins agréables que mes promenades journalières avec l'assistant-résident, dont l'intéressante conversation m'instruisait de l'état de la colonie, de ses ressources, et des projets futurs de l'autorité ; ces nouveaux détails, joints à ceux que j'avais obtenus précédemment, m'ont aidé à tracer de Java le tableau que je suis sur le point de terminer.

Les vastes hangars destinés à l'éducation des vers à soie, dont l'espèce était nouvellement introduite dans l'île, attirèrent mon attention, non-seulement par leur distribution intérieure, mais encore par les procédés très-simples que l'on y suivait, et qui cependant donnaient des résultats assez favorables pour faire espérer que cette branche de commerce prendra de l'importance avec le temps. D'un autre côté, les plantations de mûriers, établies sur les pentes des montagnes, à une assez grande élévation pour qu'elles échappassent aux chaleurs excessives, avaient parfaitement réussi, et gagnaient chaque année du terrain aux dépens de la forêt.

Je remarquai également la construction ingénieuse des cases qui servent au *séchement* du café, opération difficile dans les colonies, et dont le succès exige des soins minutieux. Les toits de ces cases, faits de nattes de paille soigneusement tressées, s'ouvrent par le milieu en deux parties, de manière à mettre les grains en contact avec l'air extérieur, quand le ciel est serein, et à les abriter quand la pluie succède au beau temps.

Tous ces utiles établissements formaient, avec l'habitation de mon hôte, la majeure partie du village; le reste des maisons servaient à loger les galériens rendus à la liberté, ceux qui étaient occupés sur les lieux, enfin bon nombre d'indigènes qui avaient fui l'air empesté de Banjoewangy.

Quoique en partie abandonné, ce bourg n'en porte pas moins l'empreinte de l'ordre et de la symétrie particuliers à toutes les colonies hollandaises. La place, qui en occupe le milieu, est grande, bien nivelée, et traversée par une belle avenue de cocotiers conduisant du bord de la mer jusqu'à la demeure de l'assistant-résident, petit édifice de brique orné de colonnes et surmonté d'une terrasse d'où l'on jouit de la vue du détroit. (Pl. 61.) Les yeux, en tournant sur la gauche, rencontrent le fort, dont les ouvrages, ceints d'un fossé profond, s'avancent jusqu'au rivage, que couvrent des vases et des marais, et dont les remparts, gazonnés, sont garnis de dix gros canons. Ce fort renferme des casernes, une poudrière et des magasins de pierre de taille. Sa garnison, quand je le visitai, ne comptait plus que cinquante soldats indigènes et deux officiers blancs, reste d'une compagnie dont les maladies avaient enlevé la moitié durant la mauvaise saison : des fièvres intermittentes pernicieuses du caractère le plus dangereux, la dyssenterie et surtout l'affreux choléra, auquel les Javanais donnent un autre nom, règnent toute l'année sur ce point de la côte de Java, et nous ne tardâmes pas d'en faire la triste expérience.

Le soir qui précéda notre départ, le maître calfat, homme sage et d'une forte constitution, frappé du choléra, expire en peu d'instants. Quelques autres hommes éprouvent des vertiges, accompagnés d'un violent mal de tête et de vomissements. Le nombre des dyssentériques allait toujours coissant, plusieurs officiers étaient malades, moi-même je luttais contre des indispositions plus ou moins graves, et pourtant il fallait entreprendre une traversée longue et pénible à travers l'Océan austral pendant l'hiver de ces régions orageuses.

Ce fut sous ces fâcheux auspices que *la Favorite* appareilla, le 1er juin au matin, pour sortir du détroit : les brises contraires et les calmes la forcèrent d'aller alternativement des bords de Java, sablonneux et déserts dans cette partie, aux rivages montagneux et sombres que présente Baly de tous côtés.

Au coucher du soleil, le pilote, qui redoutait les forbans pour sa petite embarcation et pour lui-même, se hâta de nous quitter. Pendant la nuit, les vents devinrent favorables, et j'en profitai pour courir au large; le jour suivant, dans l'après-midi, les terres ne paraissaient presque plus, et l'immense mer du Sud se déroulait devant nous.

La Favorite laissait derrière elle la longue chaîne d'îles qui s'étend depuis Sumatra jusqu'à Timor. Cette chaîne sert pour ainsi dire de barrière, contre le grand Océan, aux îles qui entourent la mer de Chine ainsi que celle de Java, et composent le grand archipel d'Asie.

Les fortes brises et les mauvais temps sont aussi constants sur le bord méridional des îles de la Sonde que les calmes et les belles mers sur le bord opposé : aussi les passages étroits que forme Baly avec Java et Lombok, et cette dernière avec Sumbawa, sont le rendez-vous d'une multitude de bâtiments qui arrivent de tous les pays du monde.

Sur notre gauche, dans le S. E., s'étendait, depuis le 10.e degré de latitude S. jusque par le 40e, la vaste Nouvelle-Hollande, dont les longues côtes portent les noms des navigateurs qui ont concouru à l'exploration de cette cinquième partie du monde. Ces côtes, d'une forme très-irrégulière, se terminent vers le S. au détroit de Bass, qui les sépare de l'île de Van-Diémen.

Ce fut vers cette terre, nouvellement habitée par les Européens, que je dirigeai *la Favorite*. Nous allions demander à l'établissement anglais d'Hobart-Town un abri pour notre bâtiment et des secours contre l'affreuse épidémie qui commençait à se montrer parmi nous.

Mes inquiétudes sur la santé de l'équipage, en quittant Banjoewangy, étaient un peu calmées par l'espoir qu'une température moins brûlante et les rafraîchissements dont nous avions fait d'amples provisions arrêteraient les progrès de la dyssenterie : aussi dès que les vents généraux de S. E., contraires à notre route, et qui règnent depuis l'équateur jusque par le 26° degré de latitude, sur toutes les mers de l'hémisphère austral, prirent la corvette en dehors du détroit de Baly, nous forçâmes de voiles jour et nuit, pour arriver promptement aux vents variables, qui devaient pousser *la Favorite* jusqu'à sa nouvelle destination.

Tous mes calculs, basés sur les renseignements que donnent les meilleurs hydrographes, furent dérangés par une de ces anomalies des vents, dont les marins sont victimes sans avoir pu les prévoir. Dans les parages où règnent ordinairement les calmes, nous essuyâmes des bourrasques; et dans les latitudes élevées, où l'on rencontre presque toujours des mauvais temps, nous ne trouvâmes que des brises faibles et irrégulières. Les vents généraux de S. E. se faisaient encore sentir par les 33° de latitude australe, et se fixèrent ensuite à l'E. pour plusieurs jours.

Nous avions contre nous, non-seulement des calmes ou des brises contraires, mais encore le courant qui nous entraînait vers l'O., direction opposée à celle qu'il suit ordinairement dans la saison où nous étions.

La Favorite, dont la marche supérieure brillait surtout dans les petits temps, avançait toujours, mais bien lentement au gré de son équipage et surtout de son commandant, qui voyait avec une anxiété impossible à exprimer, la tendance des vents à revenir toujours au S. E.

Le 26 juin, la corvette se trouvait par 39° 30′ de latitude S. et 108° 20′ de longitude orientale : les vents soufflaient avec violence de la partie du N. E.; une mer très-grosse fatiguait la corvette et nous forçait de tenir sans cesse les écoutilles fermées. Un ciel pluvieux, une température froide, rendaient insupportable la position des malades, et activaient d'une manière désolante les progrès de l'épidémie.

A peine eut-elle frappé quelques hommes, que le découragement commença à se glisser parmi l'équipage, et étendit sa funeste influence sur les matelots avec d'autant plus de facilité, que la plupart, jeunes et sans expérience du métier, se laissaient abattre par la moindre indisposition, et renonçaient dès lors à l'espérance de revoir leur patrie. La mort d'un matelot entraînait le plus souvent celle de son ami; celui-ci tombait dans une tristesse noire et dans une véritable stupeur. En vain j'employais auprès de lui tous les moyens de consolation et d'encouragement, le malheureux jeune homme arrivait promptement au dernier degré de nostalgie, sans aucune apparence d'autre mal, puis succombait en peu d'heures aux attaques de la dyssenterie.

Chaque jour était marqué par une nouvelle perte; et comme le grand nombre de malades ne permettait pas de prendre les précautions usitées ordinairement à bord des bâtiments de guerre dans de pareilles circonstances, la malheureuse victime expirait presque sous les yeux de ses compagnons, atteints de la même maladie; et le peu d'hommes encore capables de faire le quart pendant la nuit, assistaient, malgré toutes les mesures prescrites pour les en empêcher, aux derniers devoirs qu'on rendait aux morts.

Cette cérémonie s'accomplissait au milieu de la nuit,

dans la partie la plus obscure du pont, pour éviter qu'un aussi triste spectacle n'achevât de déranger des imaginations déjà ébranlées.

Le corps, monté ordinairement par deux camarades particuliers du défunt, était porté avec un recueillement morne et mystérieux. Le fanal qui éclairait le lugubre convoi et dont la lumière incertaine pouvait à peine résister à la brise et percer les ténèbres; les mouvements brusques du bâtiment, battu par de grosses lames qui s'entr'ouvraient devant lui avec un bruit rauque et monotone; ces hommes à demi cachés par les mâts et les cordages, et qui, semblables à des ombres, venaient dire un éternel adieu à un être avec lequel ils avaient longtemps vécu, et qui peu de jours auparavant partageait encore leurs fatigues et leurs dangers, formaient une de ces scènes dont le souvenir ne s'efface jamais. Quelles impressions à la fois lugubres et solennelles l'âme n'éprouve-t-elle pas au moment où le cadavre, enveloppé dans une toile blanchâtre, dont l'extrémité contient des pierres ou du sable, afin de hâter l'immersion, est présenté à un sabord ouvert avec précaution pour éviter le choc de la mer, qui souvent vient avec fureur s'emparer de sa proie! Le bruit qu'elle fait en l'engloutissant dans ses immenses profondeurs, le silence imposant dont il est suivi et pendant lequel le navire s'éloigne avec rapidité, m'ont toujours semblé l'image du néant.

Soixante hommes étaient hors de service; un grand nombre parmi les autres s'affaiblissaient de jour en jour; nos ressources s'épuisaient; les rafraîchissements embarqués à Java étaient entièrement consommés ; les médicaments même, déjà beaucoup diminués par une longue campagne, commençaient à manquer : mais dans ces circonstances difficiles, le zèle, le dévouement éclairé du chirurgien-major suppléaient à tout ; sa présence, ses consolations soutenaient et encourageaient les malades, qu'il ne quittait ni le jour ni la nuit : d'aussi nobles devoirs à remplir avaient comme doublé les forces de M. Eydoux, car attaqué lui-même par l'épidémie, et exténué de fatigues et de veilles, aucune considération ne put le décider à prendre du repos, tant que les hommes confiés à ses soins eurent besoin de lui.

En signalant ici la dette de reconnaissance que tant de personnes de *la Favorite* ont contractée envers le chirurgien-major, je me trouve heureux de pouvoir exprimer tout ce que je dois à sa bienveillante amitié, dont le souvenir ne sortira jamais de mon cœur.

D'un autre côté, on redoubla de sévérité dans toute les mesures d'hygiène et de propreté, si multipliées à bord des bâtiments de guerre. Ces inspections journalières où chaque homme est soumis à la surveillance sévère d'un officier et du second, me fournirent de fréquentes occasions de rassurer les âmes faibles. Dans l'entrepont, séché souvent au moyen de brasiers, et entretenu, malgré tant d'embarras, dans une netteté parfaite par l'activité infatigable de M. Verdier, les dyssentériques, isolés des matelots encore valides, reçurent tous les adoucissements que notre pénible position permettait de leur procurer. Les petits mousses, toujours objets d'une vive sollicitude à bord de nos navires, et pour lesquels surtout je craignais l'épidémie, furent gardés avec soin dans l'emplacement, bien éclairé la nuit, où les règlements exigent qu'ils soient renfermés pendant les heures du sommeil.

Je ne savais à quoi attribuer la malignité toujours croissante de la maladie, quoique nous eussions depuis plus d'un mois quitté les pays malsains où les premiers symptômes s'étaient manifestés. L'eau de Java renferme, dit-on, des substances qui donnent la dyssenterie aux Européens; mais celle que nous avions embarquée à Banjoewangy déposait depuis longtemps dans des caisses de tôle, où elle avait pris, en outre, une légère teinture d'oxyde de fer que les médecins prétendent être favorable à la santé; les hommes, d'ailleurs, ne la buvaient que mêlée avec des liqueurs spiritueuses et du jus de citron. Il est vraisemblable que la suppression des deux tiers de la ration de vin, auxquels la nécessité m'avait forcé de substituer du rhum, hâtait le développement de la dyssenterie; mais toutes les espèces de privations, et les maladies qui en dérivent, ne sont-elles pas les conséquences ordinaires des campagnes de circumnavigation? Quoi qu'il en soit, je dois reconnaître que malgré les épreuves douloureuses que nous avons subies, les chances ont été presque toujours en notre faveur.

Le 4 juillet, la corvette se trouvait par 43° 28′ de latitude S. et 133° 57′ de longitude orientale : les vents s'étaient enfin fixés à l'O., forte brise, temps variable, la mer grosse, et nous avancions rapidement vers notre prochaine relâche. L'espoir d'une prompte arrivée était absolument nécessaire pour soutenir le moral de l'équipage ; car bien peu de personnes à bord échappaient aux ravages du fléau : aussi les hommes en état de travailler pouvaient-ils à peine suffire à manœuvrer le bâtiment. Le maître canonnier, un second maître d'équipage, plusieurs gabiers, tous dans la force de l'âge et d'une vigoureuse constitution, venaient de succomber, et leur fin prématurée faisait craindre le même sort à ceux qui leur survivaient.

Enfin le 8 juillet, à six heures du matin, le cap S. de Van-Diémen, puis l'îlot de Mew-Stone, situé à deux lieues au large des terres, apparurent devant nous, comme deux ombres au milieu de l'obscurité : *la Favorite* semblait partager l'impatience de son équipage, et poussée par une forte brise de N., elle glissait sur les grosses lames dont nous entendions déjà le choc contre les rochers du rivage, que bientôt le jour vint montrer à nos yeux.

Certes, la nature a imprimé aux Terres Australes un cachet extraordinaire, et ce n'est pas l'imagination des navigateurs qui leur prête cet air brusque et solitaire qu'ils s'accordent tous à leur reconnaître. Ces pointes escarpées et presque toujours voilées par la brume, qui s'avancent au loin dans la mer, ne laissent croître sur leurs sommets que des arbres rabougris et serrés, afin de pouvoir sans doute, en présentant moins de surface, affronter plus facilement les coups de vent et les assauts continuels du redoutable Océan du Sud.

De même que les oiseaux de mer destinés à errer dans les parages glacés du pôle S., et à lutter contre les mauvais temps, n'offrent pour toute parure qu'un plumage terne et épais, que des formes brèves débarrassées de tout poids inutile; ainsi les bords de la Nouvelle-Hollande et de Van-Diémen, vers le S. O. et le S., ne présentent rien d'attrayant aux yeux du voyageur, que fatigue bientôt la vue d'une côte coupée à pic et couverte de bois, dont les cimes, d'un vert triste et uniforme, paraissent avoir été nivelées par les ouragans.

Si le fameux navigateur hollandais Abel Tasman découvrit la terre de Diémen, les marins français furent les premiers qui explorèrent les côtes de cette île. L'amiral d'Entrecasteaux joignit, en 1793, ce travail périlleux à mille autres travaux plus brillants encore qu'exécuta l'expédition sous ses ordres, et qui ont dignement contribué à placer le nom de notre patrie au premier rang parmi ceux des puissances maritimes.

Quelle admirable persévérance présida à la confection des cartes qui me servirent à conduire la corvette au milieu des dangers! Elles portent le nom du grand maître de l'hydrographie moderne, du savant qui a fait faire à cette science des progrès immenses, et que l'on peut ici louer sans craindre d'être démenti; car dans ce siècle où la navigation liant, pour ainsi dire, entre elles les parties du globe les plus éloignées, sert à civiliser et à peupler des mondes nouveaux, M. Beautemps-Beaupré est regardé par les marins de toutes les nations comme un des bienfaiteurs de l'humanité (8).

Ces terres, que Tasman et Cook avaient prises de loin pour une seule masse, sont pourtant divisées par le beau canal d'Entrecasteaux, dont les deux extrémités aboutissent à la mer, et qui contient cent mouillages plus sûrs les uns que les autres. Mon intention était de suivre cette route comme la plus commode et la plus convenable, dans notre malheureuse position, pour nous rendre à Hobart-Town ; mais les faibles brises que la corvette trouva sous la côte, quand nous la relevâmes au N., ne nous permirent de faire que très-peu de chemin. Je me décidai donc, sur le soir, à attendre le lendemain devant l'entrée du canal, dans l'espérance que les vents tourneraient à l'O. ou au S. Au point du jour ils n'avaient éprouvé aucun changement ; la brise de N. soufflait encore : j'essayai alors de remonter en louvoyant la vaste baie des Tempêtes, au fond de laquelle est située Hobart-Town, sur les bords d'une petite rivière communiquant par des passages faciles avec le canal d'Entrecasteaux ; mais repoussé par le vent et une mer très-forte, il me fallut revenir à l'entrée occidentale de ce canal, où cette fois nos tentatives furent couronnées d'un succès complet.

Au coucher du soleil, après des manœuvres bien fatigantes pour un équipage aussi affaibli, et un pénible louvoyage au milieu de passes hérissées de dangers, parmi lesquels nous dirigeait M. Paris, placé alors en vigie au sommet du mât de misaine, *la Favorite* jeta l'ancre dans une belle anse abritée de tous les vents.

Pendant la nuit et le jour suivants, le temps fut extrêmement mauvais. Combien nous nous trouvions heureux en entendant, du fond de notre asile, le bruit lointain des lames déferlant avec fureur sur la côte du large de l'île Bruni, qui borde au S. le canal d'Entrecasteaux ! Le calme le plus profond régnait autour de nous; de tous les côtés des baies spacieuses et solitaires entrecoupaient les rivages de Van-Diémen, sur lesquels je ne remarquais encore aucune trace d'habitants. L'île Bruni complétait le tableau sévère que nous avions sous les yeux : le sol en était inégal, blanchâtre et dépouillé par les vents. C'est là, sur cette île sauvage, à cinq mille lieues de la France, que furent livrés à un repos éternel les corps de deux de nos compagnons à qui la mort refusa le bonheur de toucher, avant de rendre le dernier soupir, la terre hospitalière où nous allions aborder (9).

Enfin la brise d'O., tant désirée, se déclara le 11 juillet au matin : je fis mettre de suite sous voiles et gouverner pour franchir toute la longueur du canal. A son extrémité, vers le N. E., il devient de plus en plus étroit; les bancs ne laissent qu'un passage très-resserré, mais profond. Le jour était près de finir, lorsque je découvris sur ses rives les premières habitations des colons européens, d'abord rares et de peu d'apparence, mais plus nombreuses et plus belles à mesure que nous approchions du bras de mer appelé *Derwent,* sur lequel est situé l'établissement anglais. Tous les pauvres malades qui avaient pu se traîner sur le pont contemplaient avidement ces maisons, ces vergers, ces troupeaux répandus sur le rivage : ils croyaient revoir leur patrie; l'espérance renaissait dans leur âme.... A combien d'entre eux le retard d'un seul jour aurait donné la mort !...

Le pilote, qui nous accosta à l'endroit où la baie des Tempêtes se joint au canal et reçoit la rivière de Derwent, dissipa toutes nos incertitudes; il conduisit avant la nuit la corvette au mouillage devant Hobart-Town, dont les principaux habitants, montés sur des bateaux de plaisance ornés de pavillons et de flammes aux trois couleurs, accoururent en foule nous féliciter sur notre heureuse arrivée : une pareille réception annonçait des alliés et des amis. En effet, dès le lendemain matin, tous nos malades furent transportés à l'hôpital de la colonie, où ils trouvèrent des soins et une généreuse bienveillance dignes de la grande nation à laquelle nous venions demander l'hospitalité.

VAN-DIÉMEN.

CHAPITRE XVIII.

CONSIDÉRATIONS GÉNÉRALES SUR LE SYSTÈME DE COLONISATION LIBRE OU PÉNITENTIAIRE SUIVI PAR LES ANGLAIS, ET SUR SON APPLICATION AUX BESOINS DE LA FRANCE. — DESCRIPTION DES ÉTABLISSEMENTS BRITANNIQUES SUR LA TERRE DE DIÉMEN. — DÉPART D'HOBART-TOWN. — ARRIVÉE A SIDNEY, CHEF-LIEU DE LA NOUVELLE-GALLES DU SUD.

La Favorite avait laissé loin derrière elle l'Asie et son grand archipel, avec leurs peuples esclaves ou sauvages, ainsi que tous les comptoirs fondés par les Européens dans les mêmes contrées, et cimentés presque tous du sang des indigènes.

Après avoir visité les berceaux de la civilisation, cet Indostan si vanté déjà du temps des sages de la Grèce; cette Chine connue plus tard, mais non moins ancienne peut-être, nous venions d'aborder sur une terre découverte à peine d'hier, et que déjà pourtant les Européens envahissent de tous les côtés, chassant devant eux une race d'hommes féroces et indomptables, dont probablement la disparition totale aura livré aux blancs, avant la fin du siècle, les pays qu'ils parcourent encore maintenant plutôt qu'ils ne les habitent. Ces pays sont destinés sans doute à subir le sort de l'Amérique du

Nord, et à présenter un nouvel exemple de ce que peuvent l'esprit entreprenant et l'industrie des Européens. En effet, c'est à la terre de Diémen et sur les bords de la Nouvelle-Hollande que les fondateurs de New-York et de Philadelphie ont résolu pour la seconde fois un problème qui occupe beaucoup les modernes, et dont les anciens, à ce qu'il paraît, avaient trouvé la solution avant eux. Je veux parler des colonies formées à l'aide de l'émigration.

Depuis la persécution exercée contre les puritains, en 1637, époque à laquelle les établissements de la Grande-Bretagne dans l'Amérique septentrionale sortirent de l'enfance où ils avaient langui jusque-là, les philanthropes et les hommes d'état ont principalement dirigé leurs recherches vers les moyens à employer pour faire écouler au dehors le superflu de la population européenne, et pour assurer une existence à ces hommes que la misère, suite de leur position sociale et plus encore de leur mauvaise conduite, oblige à quitter leur patrie.

Les guerres, les révolutions, les tentatives même faites en pleine paix par des puissances du premier ordre, ont trompé bien des espérances, renversé bien des systèmes qui étaient basés sur la colonisation libre. La question cependant ne paraît pas vidée, puisqu'elle donne encore lieu à des débats fort animés, et qui dans les circonstances actuelles intéressent surtout la France. Cette dernière raison a pu seule m'enhardir à émettre ici mon opinion sur une matière qu'une foule de savants et quelques voyageurs instruits ont traitée avec une grande supériorité de talent : mais c'est ici plus que jamais le cas de rappeler aux lecteurs combien est étroit le cadre de cet ouvrage, et de les prévenir qu'en cherchant à éclaircir par quelques considérations générales une question aussi controversée, je ne veux nullement attaquer la manière de voir des personnes qui l'envisagent autrement que moi.

De toutes les nations qui attachent de l'importance à la question dont il s'agit, les deux plus puissantes, la France et l'Angleterre, marchent rivales l'une de l'autre à la tête de la civilisation ; à peine une des deux a-t-elle réussi dans quelque entreprise favorable à ses intérêts, que l'autre s'empresse de la copier. Mais comme malheureusement dans la lutte dont en ce moment la colonisation est le sujet, la France se présente la dernière, il arrive qu'en voulant suivre aveuglément l'exemple de la Grande-Bretagne, elle s'expose à dépenser sans fruit des trésors qui pourraient être plus utilement employés.

On ne s'en étonnera point, si l'on réfléchit combien ces deux nations se ressemblent peu sous le rapport des mœurs et des institutions : chez l'une, tout favorise la colonisation ; chez l'autre au contraire tout s'y oppose. Je ne parlerai pas de cette marine marchande qui lie, pour ainsi dire, l'Angleterre aux régions les plus reculées du globe, et donne à ses habitants le goût et l'habitude de la mer : nous avons possédé autrefois ce même élément de prospérité, et nous le recouvrerons certainement un jour. Je ne donnerai pas non plus la longue liste des points militaires et commerciaux sur lesquels flotte, en Amérique, en Afrique et en Asie, le pavillon britannique : une guerre maritime heureuse, ou un événement inattendu dans ce siècle si fécond en révolutions, peuvent les détruire ou les faire tomber en notre pouvoir. Mais ce que la Grande-Bretagne a de plus que la France, et dont celle-ci ne doit pas être envieuse, c'est une population trop considérable pour sa surface, et dont la majeure partie, n'ayant en propre aucune parcelle du territoire, qu'un petit nombre de lords considèrent comme leur patrimoine, attend du travail de chaque jour sa subsistance du lendemain. Ce qu'elle a de plus que la France, c'est une aristocratie puissante qui, pour se perpétuer, concentre tous les biens dans les mains des aînés, et ne laisse à choisir aux autres enfants qu'entre la médiocrité ou l'émigration. Et ce sont justement ceux-ci qui, avec les hommes auxquels de mauvaises affaires ou de nouveaux besoins ne permettent plus de vivre convenablement, composent en Angleterre la classe des émigrants, dont les uns avec les ressources obtenues de leurs parents, et les autres avec les débris de leur fortune, se transplantent partout où ils espèrent trouver des chances heureuses. Les premiers s'y accoutument, aussi facilement que les seconds, à leur situation nouvelle : le commerce, l'agriculture, ne leur paraissent pas des carrières indignes d'eux pour arriver à l'opulence, et en s'y livrant ils ne croient nullement déroger aux noms qu'ils portent et qui figurent souvent parmi les plus illustres de la Grande-Bretagne. Or, si les membres de cette aristocratie pour laquelle tous les honneurs, tous les emplois semblent réservés, renoncent au sol natal si facilement, combien plus aisément doivent y renoncer les hommes du peuple qui, dans ce prétendu berceau de la liberté européenne, sont condamnés encore de nos jours à une dépendance, ou pour mieux dire à un ilotisme perpétuel! Aussi l'abandonnent-ils avec empressement dès qu'ils trouvent l'occasion de passer dans les pays lointains, où, comme l'a prouvé la révolte de l'Amérique du Nord, ils ne conservent pas toujours une bien vive affection pour la mère patrie.

Mais ce qui contribua le plus à faire affluer les Anglais dans ce dernier pays, ce furent les troubles religieux qui précédèrent la chute de Charles Ier, et leur imposèrent l'obligation d'aller demander au nouveau monde la liberté de conscience que l'Europe leur refusait. L'Angleterre, à la vérité, dut à ces troubles mêmes un commerce plus florissant. Elle vit bientôt doubler le nombre de ses manufactures, et son territoire se couvrir d'habitants qui le cultivèrent avec un art ignoré même aujourd'hui dans nos campagnes; mais cette prospérité renfermait un germe de destruction qui devait se développer avec elle, et comprimer un jour son essor après l'avoir favorisé : l'augmentation rapide de la population, changement qui en amène toujours une foule d'autres. Pas un champ ne resta en friche dans les trois royaumes; les ports se remplirent de bâtiments; enfin, la Grande-Bretagne put être dès lors comparée à une ruche pour l'activité et la multitude de ses habitants. Mais bientôt cette ruche ne fut plus capable de contenir ses nombreux essaims, dont une partie se vit forcée d'aller au loin chercher un autre asile; dès cette époque, les marchands et les marins anglais se répandirent dans les quatre parties du globe, et préparèrent ainsi les voies à leurs compatriotes, dont les colonies occupèrent successivement l'Amérique du Nord et la plupart des Antilles.

Si l'Angleterre avait pu continuer de se défaire aussi aisément du superflu de sa population, elle y aurait trouvé le double avantage d'étendre son pouvoir au dehors et d'assurer sa tranquillité au dedans. Mais comme la haute et la moyenne classe de la société fournirent seules à l'émigration, les classes inférieures se trouvant trop pauvres pour payer les frais du passage aux colonies, le nombre de ces dernières excéda bientôt les besoins de l'agriculture, et devint un lourd fardeau pour la communauté, à laquelle fut imposée cette taxe des pauvres qui depuis a toujours été en croissant. De là naquit le *paupérisme*, cette plaie de la Grande-Bretagne, qui ne sait plus comment pourvoir à la subsistance des indigents dont elle est encombrée, et surtout de cette multitude d'individus sans pain et sans abri, qui, rassemblée sur le littoral de la malheureuse Irlande, menace pour ainsi dire ses oppresseurs de sa pauvreté, et peut être comparée, pour son agglomération et sa marche envahissante, à ces insectes dont les nuées viennent parfois, dans certaines contrées, effrayer les cultivateurs. De là provient encore le malaise général qu'éprouve l'Angleterre en ce moment, et dont il est d'autant plus difficile de calculer les suites que jusqu'ici les diverses mesures prises pour y remédier n'ont produit aucun bon effet. La déportation de ces infortunés a été regardée comme impossible ; toutes les finances de l'Angleterre suffiraient à peine pour en transporter seulement une partie sur les rivages américains les plus proches de l'Europe, et ceux qui resteraient ne tarderaient pas à multiplier en raison du soulagement qu'ils obtiendraient par le départ des autres. En outre, la diminution lente mais positive qu'a éprouvée le commerce britannique depuis 1814, et surtout l'emploi des mécaniques et des machines mues par la vapeur, ont rendu et rendent encore inutile une grande quantité d'ouvriers qui, réduits au plus absolu dénûment, se portent parfois, comme on l'a vu en 1825, aux derniers excès, troublent la paix publique, et constituent, entre les mains des ambitieux, un instrument permanent d'anarchie.

J'ai cherché à tracer en peu de mots la marche qu'a suivie la Grande-Bretagne pour devenir nation colonisante, afin d'établir un parallèle entre elle et la France ; et quand j'aurai fait voir l'insuffisance des ressources de celle-ci, peut-être doutera-t-on comme moi qu'elle doive aspirer à des succès si chèrement achetés.

En France, comme en Angleterre, les principales causes de l'émigration furent les institutions féodales et les troubles religieux. Les cadets des maisons nobles, pourvus de concessions qu'ils tenaient de la cour, allèrent en foule dans le nouveau monde et aux Antilles, où ils n'eurent pas de peine à remplacer l'héritage laissé aux mains de leurs aînés. Ils y avaient été déjà devancés par des Français d'une autre caste, je veux dire par des membres de ce tiers état que foulaient alors une aristocratie orgueilleuse et un clergé puissant, et qui persécutés, les uns pour leurs opinions républicaines, les autres pour leurs croyances religieuses, s'étaient réfugiés dans l'Amérique septentrionale. A ces premiers émigrants se joignirent plus tard beaucoup de protestants que la révocation de l'édit de Nantes chassa de leurs foyers, et ce fut ainsi que la France peupla, pour ainsi dire sans le vouloir, la Louisiane et le Canada. Mais si on ouvre nos annales, on voit qu'à mesure que l'ordre et la tolérance s'établirent dans le royaume, que les classes moyennes virent leur bien-être s'accroître avec leur liberté, et que les dernières elles-mêmes se policèrent, on voit, dis-je, que l'amour des pénates, si naturel au Français, se fortifia de plus en plus et fit avorter tous les projets de colonisation. Les deux Indes reçurent bien encore, après cette époque, un certain nombre de nos compatriotes attirés par le bruit de leurs trésors ; mais ces exilés revenaient tôt ou tard en Europe, pour y jouir du fruit de leurs travaux. Notre grande révolution qui, en abolissant les priviléges et en divisant les propriétés, égalisa les droits entre tous les citoyens ; trente années de guerres continuelles où s'engloutit comme dans un gouffre la partie la plus active de la nation ; et plus que tout cela, la ruine de nos marines militaire et marchande, ont fini par éteindre chez les Français tout penchant à l'expatriation (10).

En effet, pour que des hommes renoncent aux lieux qui les ont vus naître, il faut que l'injustice ou le désespoir aient effacé de leur âme cet amour de la patrie auquel le sauvage même se montre sensible, ou que le champ paternel ne puisse plus suffire à les nourrir. Considérons, sous ces deux points de vue, l'état actuel de notre belle France. Dans quel pays fut-il jamais offert une aussi large carrière à l'industrie? quelles barrières y empêchent l'homme doué de talents ou seulement d'un esprit sage, d'arriver à l'aisance et à la considération? Notre population, malgré son prodigieux accroissement depuis 1814, ne suffit pourtant pas pour la culture du sol, dont un tiers resté encore en friche, et ne demande que des laboureurs pour devenir productif. Combien d'autres travaux utiles négligés! combien d'entreprises arrêtées ou suspendues, faute de bras pour les exécuter! C'est donc une erreur de prétendre que l'état social de la France pousse nécessairement à l'émigration.

Mais on objecte que la capitale et les grandes cités regorgent de gens habitués à l'oisiveté et à la licence; et l'inquiétude qu'ils inspirent a fait naître le besoin de s'en débarrasser. De là sont nés plusieurs systèmes, proposés par des écrivains sans doute bien intentionnés, mais qui ont ignoré, ou traité trop légèrement, les difficultés que rencontrera, suivant toute apparence, le gouvernement, s'il veut créer des colonies. L'Angleterre, il est vrai, a recours à l'expatriation pour sortir de la crise où la jette l'accumulation des hommes au sein de ses villes, crise qu'éprouve également la France. Mais n'oublions pas que les Anglais sont restés stationnaires dans leurs institutions depuis l'expulsion des Stuarts, tandis que nous, depuis un demi-siècle, nous avons renversé les nôtres de fond en comble : différence essentielle, à laquelle il faut rapporter les causes différentes de la fermentation qui agite les deux pays, et qu'il ne faut pas perdre de vue dans la recherche des remèdes propres à calmer cette fermentation. En Angleterre les nobles sont maîtres de presque toutes les propriétés foncières, et tiennent leurs concitoyens campés pour ainsi dire sur le sol, qui d'ailleurs ne peut tous les nourrir ; et comme les manufactures occupent un nombre infini d'ouvriers, les moindres variations dans le commerce plongent ces derniers dans la plus profonde misère. En France, au contraire, non-seulement l'aristocratie a perdu la majeure partie de ses biens, qui se trouvent aujourd'hui partagés entre des milliers de petits propriétaires, et dont les produits peuvent subvenir à une consommation beaucoup plus considérable, mais encore les manufactures n'emploient qu'une quantité de bras assez bornée. Le mal a donc chez nous une autre cause, qu'il faut, je crois, chercher dans les premiers effets de la diffusion des lumières (11). En effet, tant que la France fut un vaste camp d'où sortirent les armées qui conquirent les trois quarts de l'Europe, la jeunesse des campagnes, exaltée par une éducation libérale qui lui faisait dédaigner l'état de ses pères, trouva dans les rangs de nos soldats ou la mort ou une noble récompense de son courage et de ses travaux. Mais la paix renvoya dans ses foyers cette race peu capable d'occupations paisibles, et à laquelle vinrent se joindre successivement de nouvelles générations : alors la France se vit dans la même situation que sa voisine à la restauration de Charles II, qui du moins, éclairé par les infortunes de son père, protégea de tout son pouvoir le départ des mécontents pour l'Amérique du Nord. Louis XVIII ne sentit pas aussi bien les dangers de sa position, ou ne sut pas profiter de l'espèce de fièvre d'émigration qui s'empara de ses nouveaux sujets, et qui n'étant ni dirigée ni secondée par l'autorité, resta abandonnée à la cupidité et à la mauvaise foi, et n'eut d'autre résultat que la ruine d'une foule de familles trop confiantes, dont les malheurs refroidirent l'ardeur de ceux qui étaient disposés à les suivre. Qu'arriva-t-il ? La capitale et les provinces s'encombrèrent de jeunes gens qui fuyaient l'humble toit de leurs parents pour courir après la fortune. Beaucoup d'entre eux sans doute réussirent, et figurent aujourd'hui avec honneur dans le barreau, dans les sciences, et même parmi nos premiers hommes d'état; mais le chemin était trop étroit et trop difficile pour tant de concurrents, dont la plupart déçus dans leurs espérances, et poursuivis par le besoin, portèrent le désordre au sein de la société. Si, à cette classe, on en joint une autre bien plus remuante, bien plus désespérée, et composée de mauvais sujets que la débauche ou l'inconduite ont mis dans la détresse, et qui ne peuvent même pas donner pour excuse cette passion des beaux-arts qui fait tant de victimes parmi les jeunes gens et produit si peu d'hommes de génie ; si l'on joint ensemble, dis-je, ces deux classes également disposées à braver les lois protectrices de l'ordre, on aura sous les yeux les prétendus colons avec lesquels nos économistes philanthropes voulurent, en 1816, peupler les bords africains (12), et prétendent encore recommencer l'épreuve sur ceux de la Nouvelle-Hollande.

Un tel projet, si l'on pouvait l'exécuter, offrirait, j'en conviens, d'immenses avantages ; mais, je le demande, est-ce avec les matériaux qu'il mettrait en œuvre que l'on pourrait fonder des établissements agricoles ? et quand même ces mécontents de toute condition, à qui nos troubles politiques semblent avoir ouvert un avenir, et qu'un gouvernement appuyé par d'innombrables gardes nationales et par une armée formidable ne peut contenir qu'avec peine, consentiraient à se dépayser, ce qui est plus que douteux, quel parti en tirerait-on dans les contrées éloignées ? quelles autorités assez fortes, assez fermes pour les gouverner ? Tournons les yeux vers nos petites colonies : nous les verrons sans cesse agitées, et amenées même aujourd'hui sur le penchant de leur ruine, par quelques-uns de ces aventuriers dont on prétend faire de paisibles colons.

Mais, répondront les partisans de la colonisation, il existe d'autres catégories où l'on pourra prendre des émigrants. Sera-ce, comme en Angleterre, dans celles des petits propriétaires, des commerçants et des ouvriers? Pour qui connaît la France, cette idée ne me paraît pas même admissible : car parmi les premiers, si tranquilles et si heureux maintenant, il en est peu qui ne préférassent la médiocrité dans leur patrie à l'opulence chez l'étranger. Quant aux seconds, ils seront retenus par un autre genre de répugnance ; et les voyageurs qui ont vu quels marchands représentent généralement notre commerce au delà des mers, affirmeront sans doute avec moi qu'il y a bien peu de négociants recommandables qui voulussent aller se confondre avec eux. Pour ce qui est des ouvriers, je ne sache point de pays où ils soient mieux rétribués, mieux traités qu'en France ; aussi les Anglais n'ont-ils pu, avec toutes leurs promesses, en déterminer qu'un bien petit nombre à abandonner pour un court espace de temps cette heureuse contrée où ils jouissent de la plus grande liberté et vivent dans l'aisance quand ils se conduisent sagement.

Il ne reste donc à exploiter que les paysans, classe la plus intéressante aux yeux de l'économiste et du législateur. Or, nous avons déjà vu que dans plusieurs de nos provinces, les bras manquent, je ne dirai pas pour cultiver les terres comme on les cultive de l'autre côté du détroit, mais seulement pour les mettre en valeur ; il serait donc au moins impolitique d'affaiblir dans ce moment cette partie si précieuse de la population. Mais supposons encore que des cultivateurs, plus hardis que les autres, se laissent séduire par l'espérance de trouver dans un autre hémisphère une existence moins précaire ou des terrains dont la propriété assurerait l'avenir de leurs enfants : qui payera pour ces pauvres gens les frais de voyage et d'installation ? Il faudra que ces frais soient supportés par le gouvernement ou par des compagnies, alternative qui présente de grands inconvénients et promet fort peu d'avantages ; car si l'état consent à se charger d'un semblable fardeau (dans l'intention probablement de doter les nouvelles colonies d'hommes paisibles et laborieux), ses dépenses deviendront énormes; la demande et l'emploi des sommes nécessaires à une pareille entreprise l'exposeront, de la part des chambres, à une foule d'exigences et à des attaques sans fin, qui paralyseront tous ses efforts ; enfin, d'incessants sacrifices lui seront imposés en faveur de ces intrigants toujours prêts à porter leur pernicieuse industrie partout où ils espèrent l'exercer impunément. Ainsi jeté forcément hors de la route qu'il s'était primitivement tracée, il verra bientôt ses projets échouer les uns après les autres ; il verra les dépositaires de son autorité dans ses possessions d'outre-mer calomniés et dégoûtés de leurs fonctions par les malveillants, qui sèmeront la discorde parmi les colons, et empêcheront ainsi tout progrès vers le bien.

Une compagnie, dira-t-on, aura peut-être plus de bonheur ou d'habileté. Mais est-il nécessaire, après tant d'exemples des chances malheureuses qui accompagnent toujours les opérations des compagnies, de démontrer ici tout le danger qu'il y aurait à leur confier encore le pouvoir de peupler les pays que la France voudra occuper? Si nous remontons vers le passé, nous les voyons toutes succomber en peu de temps sous le poids des abus inhérents à leur existence. L'intérêt général, composé de mille intérêts particuliers opposés entre eux, est bientôt sacrifié; les émigrants, séduits par des promesses au moins exagérées, sont désappointés quand ils arrivent au lieu de leur destination, et cèdent aisément aux suggestions intéressées des agitateurs. D'un autre côté, les affaires de la compagnie, confiées la plupart du temps à des gérants dont la fermeté ou la loyauté ne résistent pas toujours aux événements, sont d'abord compromises, puis abandonnées sans qu'elles aient produit autre chose, après des dépenses excessives, que des procès interminables entre les actionnaires et le petit nombre de dupes qui ont pu regagner leur patrie. Telle a été de tout temps la fin des compagnies en France, même à des époques où elles étaient protégées par des souverains absolus, qui prodiguaient les trésors de l'état. Quels fruits pourrait-on en attendre à présent qu'elles seraient livrées à leurs propres forces; qu'elles seraient obligées de lutter contre la concurrence, la jalousie du commerce, et contre les tracasseries continuelles que leur susciteront certainement les prétendus colons recrutés dans la capitale, quand ils ne trouveront, au réveil de leurs songes brillants, que des souffrances inévitables pour des bénéfices incertains? Ces mêmes hommes, dont le gouvernement a tant de peine à réprimer en Europe l'esprit turbulent et audacieux, pourront-ils être contenus sur des bords lointains par des agents qui n'auront sur eux qu'un pouvoir de convention et souvent méconnu? Enfin, les compagnies verront plus d'une fois leurs administrés manquer à leurs engagements envers elles ou les discuter devant les tribunaux; conflit où elles auraient tort, suivant toute apparence, de compter sur l'appui des fonctionnaires publics, avec qui leurs employés supérieurs, certains d'être appuyés à Paris, auront voulu rivaliser d'influence et de pouvoir.

Quelle voie reste-t-il donc à la France ? Une seule, à mon avis. Que le gouvernement place dans les colonies qu'il voudra organiser des magistrats intègres, justes, modérés, capables de tenir une balance exacte entre les divers intérêts qui s'agiteront sous leurs yeux, et dont tous les émigrants obtiendront une égale protection et une liberté entière (13) : alors on pourra laisser au temps, souvent plus sage que nos prévisions et nos calculs, le soin de débrouiller cette espèce de chaos, auquel succédera, comme il est arrivé à Saint-Domingue, dans plusieurs des Antilles et même dans quelques parties de l'ancien continent, un état de choses plus profitable pour la France qu'elle n'aurait osé l'espérer ; parce qu'heureusement il existe dans le monde un principe d'ordre général qui semble toujours disposé à réparer nos fautes et nos erreurs.

Mais, je le répète, les temps sont changés ; et si la France veut essayer de faire encore ce qu'elle a fait jadis à la Louisiane et au Canada, il faut qu'elle renonce à ses belles institutions, conquises au prix de tant de sang ; il faut qu'elle ressuscite l'aristocratie avec tous ses priviléges ; il faut enfin qu'elle remette entre les mains des aînés tout le territoire divisé maintenant entre une infinité de propriétaires qui élèvent de nombreuses familles et composent la véritable force de l'état. Mais si elle sait apprécier le bonheur dont elle jouit, celui d'être le pays le plus libre, le plus puissant de l'univers, et qu'elle ne veuille pas le perdre, elle doit attendre que les lumières aient pénétré jusque dans ses plus petits hameaux ; que le fils du paysan ou de l'ouvrier ne croie plus devoir, parce qu'il sait lire et écrire, abandonner, comme indignes de lui, la charrue et les travaux honorables de son père. Cette époque est peut-être plus prochaine qu'on ne pense ; nous sommes au plus fort de la crise, et déjà cependant commence une espèce de réaction des villes sur les campagnes. Espérons donc que bientôt ces dernières garderont les jeunes gens qu'elles envoient se perdre dans les cités, et que les terres se couvriront de laboureurs éclairés qui donneront, comme on le voit en Angleterre et en Allemagne, un nouvel essor à l'agriculture (14). Si cette prospérité toujours croissante a les mêmes suites que dans la Grande-Bretagne, c'est-à-dire une plus prompte propagation de l'espèce, alors la France pourra faire des essais de colonisation, non avec le rebut de la société, mais avec des hommes estimables, possédant quelques capitaux, et excités par l'espoir d'améliorer le sort de leurs enfants. Alors aussi, probablement, les communications par mer seront devenues plus faciles; et cet excédant de population qui donne aujourd'hui de si vives inquiétudes, s'écoulera facilement dans les vastes déserts de l'Amérique ou de l'Australie.

Mais à cette époque même, plus encore peut-être qu'à présent, les colonies exigeront de leurs métropoles des sacrifices sans dédommagement; car tant qu'elles seront dans l'enfance, elles coûteront des sommes énormes ; à peine adultes, elles réclameront ou prendront leur liberté.

Cependant l'Angleterre, il faut l'avouer, a retiré des siennes un avantage qui, tout contesté qu'il est, n'en excite pas moins notre envie ; je veux parler de la déportation des criminels.

Cette mesure, dont s'occupent depuis longtemps les meilleurs esprits de l'Europe, n'a été nulle part plus discutée qu'en France, où elle a donné naissance à je ne sais combien de projets s'accordant tous à partir d'un même principe, l'utilité qui résulterait pour le pays de la suppression des bagnes, mais différant les uns des autres sur les moyens d'exécution. Et comme l'Angleterre est jusqu'à présent la seule nation qui ait essayé de soumettre cette question à l'expérience, c'est encore elle que tous les auteurs de projets ont prise pour modèle, sans songer que le problème des colonies pénales, aussi bien que celui des colonies libres, soluble peut-être pour les Anglais, ne l'est plus désormais pour la France nouvelle.

Ce n'est pas sans crainte que j'aborde à mon tour une si importante question, surtout dans un moment où elle est si vivement débattue : aussi en apportant ici le faible tribut de mes observations, je n'ai nullement l'espoir de la résoudre, mais seulement de l'éclaircir, et à ce dernier titre je compte sur l'indulgence des personnes dont je ne partage pas la manière de voir.

La même cause qui avait forcé l'Angleterre à fonder des colonies d'hommes libres, je veux dire la surcharge de population, lui imposa bientôt également l'obligation de se débarrasser de ses criminels. L'Amérique du Nord lui en donna la facilité, et lui servit en quelque sorte d'exutoire. Mais lorsque, à la fin du dernier siècle, les États-Unis eurent déclaré leur indépendance, cet exutoire lui manqua, et ses prisons ne suffisant plus pour en tenir lieu, les établissements pénitentiaires furent proposés. Mais dans quelles circonstances se trouvait alors la Grande-Bretagne ? Elle venait de terminer contre la France une guerre qui lui assurait l'empire des mers : ses flottes marchandes couvraient les deux Océans, et chaque année voyait augmenter son commerce, sa puissance et ses richesses ; un continent à peine découvert, situé au milieu de l'hémisphère austral, et dont aucune nation ne réclamait alors la possession, lui offrait un excellent lieu d'exil où ses convicts, séparés à jamais de l'Europe par des mers immenses, pouvaient espérer de commencer une nouvelle existence, exempte de réprobation. Ainsi donc l'Angleterre avait à sa disposition tout ce qui semblait devoir assurer l'accomplissement de ses vues. Examinons quelle a été l'issue de ses tentatives.

Le système de la déportation doit, pour être adopté, remplir, ce semble, deux conditions : l'une, d'assurer au pays qui veut se débarrasser de ses criminels, une compensation suffisante des dépenses incalculables qu'il occasionne ; l'autre, d'opérer la conversion de ces mêmes criminels. Il paraît que, sous ces deux points de vue, le gouvernement britannique a été frustré dans ses espérances.

En effet, si comme tout porte à le supposer, cette nation, en formant des établissements en Australie, comptait s'être assuré pour longtemps un endroit où elle pût entretenir à bon marché ses condamnés, il faut convenir que les événements ont tout à fait trompé son attente, car aujourd'hui la Nouvelle-Galles du Sud n'en reçoit plus qu'une partie. Ce changement provient de ce que, de colonies pénales qu'ils étaient dans l'origine, ils sont devenus colonies libres, en passant peu à peu sous la domination des émigrés.

Plusieurs circonstances que la cour de Londres n'avait pas prévues déconcertèrent tous ses projets. Premièrement, le nombre des déportés alla toujours en augmentant, et les frais de transport et d'entretien suivirent nécessairement la même progression ; en second lieu, Sidney fut à peine fondé qu'il devint un objet d'envie pour cette foule d'émigrants à qui l'indépendance des États-Unis fermait le chemin de l'Amérique, et qui alors tournèrent les yeux avec empressement vers une contrée vierge encore, que les récits des compagnons de Cook représentaient comme un paradis terrestre. Ils adressèrent aux chambres, mais d'abord sans succès, mille pétitions pour obtenir la permission de s'y transplanter. D'un autre côté, l'expérience démontra bientôt que les éléments avec lesquels on avait voulu former des établissements pénitentiaires ne suffisaient pas ; qu'un centre moral d'action était doublement nécessaire pour donner aux criminels de bons exemples, et pour servir de point d'appui contre eux. On ne pouvait prendre ce point d'appui que chez des hommes libres : aussi dès lors accorda-t-on gratuitement de vastes terrains aux employés civils et aux militaires de la garnison de Sidney licenciés du service. Jusque-là le gouvernement anglais n'avait que peu dévié de ses projets primitifs ; car ces nouveaux colons dépendaient de lui et devaient obtempérer à toutes les conditions qu'il lui plairait de leur imposer; mais ce premier pas fait hors de la route qu'il s'était tracée dans le principe, il s'en écarta de plus en plus. Les lois qui fixaient le nombre et la qualité des émigrants se relâchèrent peu à peu de leur sévérité. La cour, voulant favoriser ses créatures, leur concéda des terres en Australie; elle en assigna plus tard aux militaires en retraite ou en demi-solde, et elle finit par ouvrir les portes de cette colonie à tous les Anglais indistinctement. Cependant les règlements promulgués pour en interdire l'entrée aux individus sans ressource aucune et sans industrie, furent toujours soigneusement exécutés; aussi, dès cette époque, la Nouvelle-Galles du Sud commença à faire des progrès rapides; mais dès lors aussi les convicts, au lieu de cultiver le sol qui ne devait appartenir qu'à eux, ne servirent plus que d'instruments de fortune aux nouveaux arrivants, et les établissements pénitentiaires cessèrent pour ainsi dire d'exister.

On a voulu comparer, dans la question qui nous occupe, l'Australie avec l'Amérique du Nord; mais la comparaison est toute en faveur de cette dernière : car les convicts que l'Angleterre y envoyait, disséminés au milieu d'une population religieuse, fanatique même, de mœurs sévères et presque entièrement adonnée à l'agriculture, ne recevaient de tous côtés que des leçons de bonne conduite et de probité, et finissaient par se corriger. Il suffisait de cette expérience pour reconnaître que telle était la seule manière de résoudre le problème de la déportation des condamnés. La Grande-Bretagne le sentait bien, et elle aurait persisté dans cette voie, si la révolte de la Nouvelle-Angleterre ne l'eût forcée de s'en frayer une autre. Elle y marcha accompagnée des vœux, guidée même par les conseils des philanthropes de Londres et de Paris ; mais les rêves que ceux-ci avaient faits dans leurs cabinets trouvèrent une triste fin sur les bords de la Nouvelle-Hollande ; et l'Angleterre, après avoir payé beaucoup trop chèrement l'avantage qu'on paraît lui envier chez nous, celui d'être parvenue à se passer de galères pendant quarante années, se trouve aujourd'hui fort peu avancée sous le double rapport de l'amélioration des criminels qu'elle envoie au dehors, et de la diminution des délits dans son intérieur.

L'homme qui n'est point encore arrivé au dernier degré de dépravation, ne pourra revenir à la vertu qu'autant qu'on le tiendra éloigné de ses pareils et qu'il aura l'espérance de se soustraire à la réprobation qui s'attache en Europe au malheureux flétri par les lois. Ce principe, considéré par les philosophes comme fondamental, a été cependant oublié dans la formation des établissements pénitentiaires ; aussi n'a-t-on pu parvenir à réaliser le bien physique et moral que l'on s'était promis de ce nouveau genre de peines. En effet, quoique transportés sur un continent que plusieurs milliers de lieues séparent du théâtre de leurs méfaits, et soumis à une surveillance rigoureuse mais paternelle, les déportés de la Nouvelle-Galles du Sud se sont montrés bien rarement capables d'un véritable repentir. Réunis sur les mêmes points en nombre plus ou moins considérable, ils y présentent généralement l'image hideuse de la même perversité, des mêmes vices qui dans nos bagnes, et particulièrement dans nos maisons de détention, font gémir l'humanité (15). Comment pourrait-il en être autrement, lorsqu'ils s'y voient poursuivis, plus encore peut-être qu'en Europe, par les préjugés déshonorants auxquels ils avaient cru échapper sur la terre d'exil? Car au milieu de cette population libre admise par le gouvernement britannique dans les établissements pénitentiaires, les enfants mêmes des convicts, marqués du même sceau que leurs pères, ne peuvent se cacher dans la foule comme ils auraient pu le faire en Angleterre, et sont forcés de courber la tête sous le poids du mépris de leurs dédaigneux compatriotes.

Pour ce qui est de la diminution des délits dans la métropole, le régime pénitentiaire n'a pas été plus fructueux. Chez une nation familiarisée avec l'émigration et les voyages par mer, la déportation devait perdre beaucoup de son horreur, surtout aux yeux d'une populace adonnée à tous les vices, et moins susceptible de honte que celle des autres parties de notre continent: aussi ne fut-elle bientôt plus envisagée avec la crainte qu'elle aurait dû inspirer. Cette crainte salutaire n'agissant plus, il aurait fallu la remplacer par celle des châtiments corporels, par des travaux pénibles, par des privations; mais une philanthropie outrée, mal entendue même peut-être, ne l'a pas permis: les convicts jouissent à la Nouvelle-Hollande d'un sort beaucoup plus heureux que celui des paysans ou des ouvriers en Angleterre; on prévoit leurs moindres besoins, on y satisfait avec une bienveillance trop généreuse, comme si on ignorait que le supplice ordonné par les lois a bien moins pour objet de punir le crime que d'intimider les hommes qui seraient tentés de le commettre : on a trop tôt fermé les yeux sur le passé dans la distribution des grâces, indulgence qu'il faut imputer à la nécessité d'alléger les charges de l'état. Aussi, qu'est-il arrivé? Les crimes se sont accrus dans les trois royaumes avec une effrayante rapidité; ce qui devait leur servir de frein leur sert aujourd'hui d'encouragement. Les classes inférieures considèrent la déportation bien moins comme une peine que comme un heureux changement de position : enfin, les tribunaux sont forcés aujourd'hui de refuser cette punition à la foule des coupables qui la sollicitent; et la nation, fatiguée d'entretenir grassement ses malfaiteurs dans une contrée lointaine, revient peu à peu au système qu'elle suivait auparavant et que la France a maintenu, celui qui paraît le plus naturel et le moins dispendieux, et qui consiste à les employer aux travaux publics.

Ce système, sans doute, entraîne à sa suite bien des inconvénients, et nous ne le savons que trop bien; il nous force à conserver au milieu de nos villes des foyers de corruption, véritables écoles de perversité: mais ces inconvénients sont inséparables de tous les rassemblements d'êtres de cette espèce, qu'ils aient lieu dans les bagnes, dans les prisons, ou dans des établissements pénitentiaires. Ces derniers, à la vérité, serviraient à purger le pays d'hommes dangereux ; mais cet avantage présenterait-il d'assez grandes compensations pour les dépenses prodigieuses qu'il exigerait? et le bien-être ainsi que la conversion toujours douteuse des méchants sont-ils assez précieux et d'un intérêt assez général pour faire imposer de nouveaux sacrifices aux citoyens honnêtes qui n'ont déjà que trop de peine à payer les impôts? Beaucoup de contribuables résoudront cette question par la négative, surtout s'ils pensent comme moi que tous les essais seront ruineux et ne mèneront à rien de satisfaisant.

En effet, si une nation essentiellement maritime, prodigue jusqu'ici de ses trésors, et que semble avoir favorisée le concours des circonstances les plus heureuses, a, j'ose le dire, échoué dans ses établissements pénitentiaires, comment la France, puissance continentale à laquelle il ne reste plus qu'une très-faible marine marchande, et qui commencerait la même entreprise à l'époque où tous les points du globe propres à son exécution sont au pouvoir de ses rivaux, pourrait-elle espérer de réussir?

Les tentatives de la Grande-Bretagne ont constaté deux faits : le premier, que les colonies d'hommes libres peuvent seules servir à la déportation des criminels, encore même n'est-ce que pour un certain temps, à cause de l'éloignement naturel qu'inspirent aux colons de pareils hôtes; le second, que les établissements pénitentiaires proprement dits, c'est-à-dire ceux que l'on forme avec des condamnés seulement, ne peuvent subsister.

Nous avons vu quels empêchements la France trouverait à fonder des colonies libres, dans ses institutions nouvelles, dans les mœurs et le caractère de ses habitants ; je crois qu'elle en rencontrera d'autres plus grands encore dans ses lois criminelles, si elle veut fonder des colonies pénitentiaires.

Chez les Anglais, le code pénal, quoiqu'il ait subi des modifications, est encore d'une sévérité draconienne, et punit de la déportation des fautes qui, chez nous, ne seraient punies que de quelques années de détention. Les émeutes politiques, les séditions d'ouvriers si communes parmi eux, n'ont pas médiocrement contribué à peupler la Nouvelle-Galles du Sud de convicts laborieux et dont le malheur provenait de la misère plutôt que de la dépravation. En France au contraire où les lois criminelles ont perdu successivement la plus grande partie de ce qu'elles avaient autrefois de redoutable, telle est la tendance que l'esprit public montre toujours à les adoucir, qu'on ne pourrait appliquer la peine de la déportation que très-rarement. Il faudrait d'abord en excepter les condamnés politiques, aujourd'hui surtout que la tolérance a fait de si grands progrès. La même indulgence devrait s'étendre, mais par des motifs différents, à une autre sorte de coupables : je veux parler de celle qui encombre les maisons de correction ou de détention. Je le demande aux véritables amis de l'humanité qui ont eu le courage de visiter ces gouffres d'impuretés et de tout ce que le vice a de plus abject et de plus hideux : serait-il possible d'arracher à leurs habitudes cette foule de mauvais sujets que la paresse et le libertinage y ont précipités, et de les décider à se résigner volontairement à la contrainte rigoureuse qui les attend dans les établissements pénitentiaires ?

Il ne resterait donc que la classe des galériens ; de ces misérables endurcis dans le crime et qui ont déclaré à la société une guerre aussi implacable que les préjugés qui les repoussent pour toujours de son sein : encore même parmi eux, ceux dont la captivité est bornée à moins de dix années, devraient-ils, d'après les nouveaux principes de notre législation criminelle, échapper à l'exil. Voilà les hommes avec lesquels la France veut créer une autre Nouvelle-Galles du Sud. A peine pourrait-elle, si elle avait des possessions agricoles déjà habitées comme celles de l'Angleterre, parvenir, en y disséminant ses forçats, à s'en délivrer pour quelque temps : mais on veut les réunir sur un seul point ; on veut en former une colonie ; on veut faire des fermiers, des cultivateurs avec des scélérats que des *circonstances atténuantes* ont pour la plupart sauvés du dernier supplice. Cependant, objectera-t-on, la Grande-Bretagne en est venue à bout à la Nouvelle-Hollande avec des hommes qui ne valaient guère mieux. Cette assertion, d'après ce que j'ai dit plus haut de la sévérité des lois anglaises, ne paraîtra pas tout à fait exacte ; admettons cependant qu'elle le soit, puis ouvrons les fastes de l'Australie : nous y verrons les révoltes et les forfaits se renouveler malgré des supplices fréquents et un code terrible que notre gouvernement n'oserait pas même proposer. Nous y verrons, comme je l'ai déjà observé, que dès l'origine, le ministère anglais persuadé que des colonies pénales ont tous les désavantages des bagnes ou des maisons de détention, et reconnaissant la faute où l'avaient entraîné les théories, trop souvent étrangères à la pratique, la répara de suite en modifiant beaucoup ses premiers plans et en adoptant un autre système. Si donc la France se laisse éblouir par les mêmes théories, elle tombera dans les mêmes erreurs, sans avoir, comme la Grande-Bretagne, la facilité de les réparer. En effet, lorsque après des essais très-coûteux, elle aura enfin reconnu, comme l'a fait la cour de Londres, qu'elle s'est trompée ; lorsqu'au lieu d'un asile consacré à l'amendement des coupables, elle n'aura créé à grands frais qu'une horrible sentine de crime et d'infamie, où trouvera-t-elle d'honnêtes gens qui veuillent aller vivre, aux extrémités du globe, avec des malfaiteurs chez lesquels on chercherait en vain quelques-uns de ces malheureux, comme il en existe parmi les déportés anglais, sur qui des fautes peu graves ont attiré une condamnation prononcée à regret par les magistrats ? Quel colon, d'ailleurs, osera s'aventurer au milieu des bois qu'il faudra défricher, et parmi de féroces aborigènes, lorsqu'il n'aura pour ouvriers et pour défenseurs que d'indomptables coquins habitués au brigandage ? Enfin, si à cette effroyable population viennent se joindre, comme il est naturel de le prévoir, ces chercheurs de fortune presque aussi dépravés que les forçats eux-mêmes, et qu'il sera cependant impossible d'assujettir aux mêmes lois, aux mêmes précautions, que devra-t-on espérer de pareils établissements ?

D'un autre côté, quel bénéfice l'humanité en retirera-t-elle ? Aucun, à mon avis, ou du moins de bien faibles. Les galériens, rassemblés dans ces établissements comme ils le sont en France, s'encourageront mutuellement au mal ; et quelles entreprises désespérées ne tenteront pas ces misérables, doués généralement d'une grande intelligence et d'une audace à toute épreuve, quand ils voudront se soustraire à des travaux perpétuels et recouvrer leur liberté? Ces entreprises réussiront avec d'autant plus de facilité que dans les lieux de déportation, situés nécessairement sur des côtes à peine connues, la surveillance même la plus active n'arrêtera pas la désertion : alors les philanthropes seront réduits à l'alternative également pénible, ou de voir l'ordre constamment troublé et même tout à fait bouleversé par les forfaits auxquels le désespoir portera des hommes capables de tout; ou bien de consentir à la mise en vigueur d'un règlement semblable à celui qui régit les convicts de l'Australie; et dans ce dernier cas, leurs protégés monteront par douzaines sur les échafauds. Qu'ils ne croient même pas, dans le cas où ils réussiraient à prévenir cet état de choses, avoir complétement supprimé en France la classe des forçats libérés, véritable lèpre de notre société (16); car on doit s'attendre qu'à l'expiration de leur séjour sur un sol où la crainte seule des châtiments aura pu les retenir, les déportés voudront presque tous revenir en Europe pour y reprendre le même train de vie qu'auparavant. L'Angleterre, il est vrai, a su éviter cet écueil par des ordonnances extralégales ; mais sous l'empire de nos institutions, si larges, si libres, l'arbitraire employé avec tant de latitude par son gouvernement, sera défendu au nôtre, dont les moindres actes sont livrés à la publicité et soumis à une censure amère. Les mesures prises par les autorités des colonies pénales deviendront chaque année le sujet de mille récriminations, lorsque les chambres auront à voter les sommes énormes que coûtera le régime pénitentiaire. Ce régime, adopté peut-être dans l'origine avec empressement, sera bientôt suivi avec lenteur, à mesure que les difficultés se présenteront, puis enfin tout à fait abandonné; et la France, pour prix de tant de sacrifices, ne recueillera que le désordre matériel et moral, qui succède toujours à ce genre d'innovations quand le succès ne les couronne pas.

Jusqu'ici nous n'avons raisonné que dans l'hypothèse où la France posséderait les moyens de faire des essais; c'est-à-dire une contrée où elle pourrait envoyer ses forçats, et une marine marchande suffisante pour les y transporter et approvisionner en tout temps; mais ces moyens absolument nécessaires lui manquent, sans qu'il lui soit possible de se les procurer. En effet, parmi tant de régions que baigne le vaste Océan, où en trouver une aujourd'hui qui n'ait pas ses maîtres, et qui remplisse en outre les diverses conditions exigées pour un lieu de déportation? La Nouvelle-Hollande, par exemple, les réunit toutes : elle est située fort loin des pays policés ou fréquentés par les Européens, et ne renferme que des tribus de sauvages, parmi lesquels les criminels qui s'évaderaient ne trouveraient aucune protection. Malheureusement tous les points abordables de ce nouveau continent, que nos illustres navigateurs Lapérouse et d'Entrecasteaux explorèrent les premiers, ont été successivement occupés par les Anglais, qui ne semblent nullement disposés à s'en dessaisir pour satisfaire aux réclamations de notre gouvernement, dont la déplorable imprévoyance en a fait depuis si long-temps l'abandon.

Il existe une autre terre qui, par son étendue, sa position isolée au milieu de la mer, son climat assez semblable au nôtre, nous conviendrait peut-être aussi bien que la Nouvelle-Hollande ; mais là aussi nos rivaux nous ont prévenus, et si leur pavillon ne flotte pas encore sur la Nouvelle-Zélande, ils n'en sont pas moins par le fait suzerains de cette île, que les missionnaires anglicans ont déjà commencé à exploiter; nul doute qu'au moindre soupçon des projets de la France, le gouverneur de la Nouvelle-Galles du Sud n'y envoyât une garnison, afin d'empêcher qu'elle ne tombât au pouvoir d'une puissance dont le voisinage porterait immanquablement préjudice aux possessions britanniques dans la mer du Sud; et quand même tous ces obstacles pourraient être aplanis par des négociations, quand même un des ports du continent austral ou la Nouvelle-Zélande tout entière seraient cédés à la France, la jalousie des Anglais ne deviendrait-elle pas fatale au nouvel établissement, dont les colons auraient à lutter contre des indigènes féroces et guerriers, excités, armés même par les marchands de Sidney et d'Hobart-Town, qui ne verraient pas d'un œil tranquille le monopole du commerce échapper de leurs mains dans ce coin du globe ? Ces dangers, tout grands qu'ils paraîtront, ne seraient cependant pas les plus à craindre ; car, avant même que la guerre fût déclarée, les troupes venues en peu de jours de Sidney s'empareraient presque sans coup férir des terrains défrichés et des constructions qui auraient coûté tant de travaux, et la France courrait inévitablement le risque de voir le vainqueur rejeter sur ses côtes ces mêmes criminels dont elle s'était crue délivrée pour toujours.

Afin d'obvier à de semblables malheurs, il faudra, au premier soupçon d'une rupture entre les deux nations, conserver de fortes escadres dans ces mers reculées et orageuses, pour protéger notre commerce et assurer autant qu'il se pourra les relations de la France avec ses domaines australiens. Mais par quels moyens, même en temps de paix, ces relations seront-elles entretenues ? Sera-ce avec notre marine marchande ? Elle ne compte que peu de navires capables de faire d'aussi longs voyages, pour lesquels les armateurs exigeront des frets d'autant plus élevés qu'ils n'auront pas comme nos voisins la faculté, après avoir vendu leurs cargaisons, d'aller prendre dans l'Inde, en Chine, ou dans le grand archipel d'Asie des chargements de retour. Que si le gouvernement veut, comme le tenta l'Angleterre à l'égard de Sidney, recourir à sa propre marine, il ne sera guère plus avancé ; car les frais de passage des employés militaires ou civils qui accompagneront les déportés, et ceux que nécessitera le transport des approvisionnements, augmenteront sans cesse, et dépasseront même toutes les prévisions, si, comme il est permis de le supposer, l'état se décide à transférer également des hommes libres avec leurs familles. Que l'on mette tous ces inconvénients en balance avec les avantages au moins douteux que la nation retirerait du bannissement de trois ou quatre mille galériens (nombre qui, par suite des grands adoucissements apportés au code pénal, va toujours en diminuant), et peut-être les personnes qui auront résisté à la magie séduisante des systèmes, penseront-elles avec moi que la France doit renoncer aux colonies pénales; que ses routes ne sont ni assez nombreuses ni en assez bon état; qu'elle a trop de marais à dessécher, de canaux à ouvrir, de dettes à éteindre, pour qu'elle aggrave encore sa position par les dépenses où l'entraîneraient l'expulsion et l'entretien d'hommes dangereux, il est vrai, pour la société, mais qui, bien dirigés, pourraient, sans devenir un trop lourd fardeau, lui être encore utiles et la dédommager du tort qu'ils lui ont causé.

Avant que la philanthropie songe à cette grande mesure si peu en rapport avec nos lois, avec nos idées actuelles, et à laquelle s'oppose d'ailleurs la décadence de notre commerce maritime autant que la difficulté de trouver un lieu de déportation, elle a une autre tâche bien plus importante à remplir. Il faut qu'elle propose des expédients pour soustraire les criminels à ce funeste contact qui les déprave encore davantage; il faut qu'elle indique des remèdes contre le venin qu'ils répandent parmi le bas peuple, quand ils sortent des prisons; il faut, enfin, qu'elle ramène dans la bonne voie cette multitude de détenus politiques contre lesquels le repos public et la conservation des principes qui lui servent de base réclament malheureusement bien des fois la sévérité des tribunaux. Mais pour cela, il n'est pas nécessaire que la France découvre de nouvelles contrées ou dispute les terres antarctiques à sa rivale; elle n'a pas besoin d'aller aveuglément semer ses richesses sur des plages désertes. Que nos gouvernants détachent leurs regards de la Grande-Bretagne où ils vont toujours prendre leurs modèles, et les fixent sur les États-Unis, auxquels il ne manquait, pour former des établissements pénitentiaires, ni malfaiteurs, ni marine marchande, ni trésors, et qui pourtant ne paraissent pas y avoir songé. Cette république aurait-elle craint de diminuer sa population? Non, car elle repousse maintenant cette foule d'aventuriers qui naguère encore abordaient chez elle périodiquement ; mais elle a pensé, et avec raison, que son système de prisons était bien préférable à la déportation, peine juste peut-être quand elle frappe des scélérats que le glaive des lois a épargnés, mais qui devient en quelque sorte arbitraire lorsqu'elle arrache pour toujours à leurs familles des hommes dont les délits n'ont mérité que quelques années de travaux publics. Et en effet, dans ce pays, où il existe peut-être plus de dépravation que dans le nôtre, on voit assez fréquemment se convertir les plus grands coupables. On peut croire que la facilité avec laquelle ils échappent au préjugé flétrissant, beaucoup moins fort aux États-Unis qu'en Europe, produit en partie cet heureux effet; mais il est vraisemblable aussi que la manière prudente et humaine dont on les traite dans les maisons de détention y contribue infiniment. Jamais dans ces maisons les prisonniers ne sont réunis en grand nombre : aussi la surveillance matérielle, si fatigante pour eux, peut y être allégée en faveur de celui qui se repent. Les peines corporelles, les chaînes, les cachots noirs, infects et humides y sont remplacés par la reclusion solitaire. La privation de toute espèce de distraction fait renaître peu à peu dans l'âme de l'homme dont les douleurs physiques ne troublent point les réflexions, une paix que la violence des passions en avait bannie jusque-là; et rarement le scélérat le plus endurci résiste longtemps à l'ennui de cette solitude (17). En France, la rigueur des châtiments, la vue des souffrances de ses compagnons, cette odieuse tyrannie que l'infamie de sa position semble autoriser, l'eussent exaspéré et porté à de nouveaux crimes : aux États-Unis au contraire, bientôt dompté par un long isolement pendant lequel un régime doux, uniforme et favorable à la santé calme chez lui l'effervescence du sang, il se résigne peu à peu aux travaux paisibles qui assurent sa subsistance; les exhortations bienveillantes, les consolations de la religion lui sont prodiguées; et ce malheureux, qu'on eût vu en France finir sa vie sur l'échafaud, ou qui, à la Nouvelle-Galles du Sud, aurait compté parmi les redoutables coureurs des bois, subit sa peine sans nourrir de sentiments de vengeance contre la société, où il rentre, non en ennemi, mais au contraire disposé à se réconcilier avec elle. Quels fruits ne recueillerait-on pas d'un semblable système, si on l'appliquait aux détenus politiques! et combien de têtes ardentes, d'imaginations exaltées ne pourrait-on pas ramener à de sages principes, aussi bien qu'à des occupations honorables, en les retirant de la contagion du mauvais exemple qui séduit si facilement les jeunes gens! Car tel est le vice inhérent à toutes les réunions de cette sorte de détenus, qu'ils s'excitent au mal entre eux, et que les plus énergiques exercent toujours un empire sans bornes sur les autres, et leur font embrasser facilement leurs projets anarchiques (18).

Déjà quelques-uns des principes qui ont présidé à l'organisation des prisons aux États-Unis sont adoptés dans plusieurs des nôtres, et les suites de ces essais doivent engager l'administration à les développer sur une plus grande échelle. Il faut qu'elle multiplie sur la surface de la France ces établissements devenus nécessaires, mais qu'elle les distribue de manière à éviter sur un même point cette agglomération de méchants, inconciliable avec toute espèce d'amélioration; il faut par conséquent que les bagnes soient supprimés, et qu'on n'ait plus sous les yeux, dans nos ports de mer, le spectacle dégoûtant et immoral de cette tourbe horrible de forçats qui, dispersés dans les départements, rendront plus de services et donneront moins d'inquiétude (19). En les séparant ainsi et les asservissant à la discipline américaine, on évitera une foule d'abus qui font également rougir la morale et l'humanité, et se perpétuent comme une tradition parmi les galériens.

Je crois avoir démontré que la France doit abandonner le projet de former des colonies pénales; que l'esprit de ses habitants, que la nécessité de réduire ses dépenses, enfin que sa législation criminelle, soumise dans ce moment à une impulsion toute en faveur des hommes égarés par des passions violentes ou par des opinions politiques, ne s'accordent pas avec ce projet:

il faut attendre qu'elle possède des colonies libres, aussi florissantes que l'est la Nouvelle-Galles du Sud. Il faut attendre que sa marine marchande soit nombreuse, son commerce maritime étendu, économe, bien soutenu et bien dirigé. Si à cette époque de splendeur, qui paraît encore bien éloignée, la suppression des bagnes, les changements apportés au régime des prisons, et surtout les progrès de l'instruction primaire, n'ont pas fait diminuer d'une manière notable le nombre des délinquants, alors la France pourra les reléguer sur des terres lointaines où existera déjà une population sortie de la métropole, et qui sera sans doute mieux protégée contre la jalousie de nos rivaux que ne l'ont été les braves et malheureux Canadiens pendant les fatales guerres du siècle passé.

En abordant une question aussi importante, et qui fixe aujourd'hui l'attention des gouvernements, je ne me suis point dissimulé combien elle était difficile à traiter : aussi n'ai-je voulu présenter ici qu'un petit nombre de réflexions fruits de l'expérience, et qui m'ont été suggérées par le désir d'être utile à mon pays. Ce motif, qui m'a constamment guidé dans le cours des observations que je viens de présenter, me fera pardonner ce qu'elles peuvent avoir d'incomplet; on voudra bien se rappeler que du choc des opinions jaillit la vérité, et que l'observateur modeste qui signale les écueils et les obstacles, ne fait que préparer les voies aux hommes à grands talents et à vues élevées, seuls capables d'éviter les uns et de surmonter les autres.

Maintenant je vais essayer de remplir une tâche plus

épineuse peut-être encore, celle de donner une idée claire et juste de l'Australie : nous verrons cette colonie d'abord faible et languissante sous le régime pénitentiaire, puis florissante dès que les émigrants s'y établirent. Ces deux époques bien distinctes et que pourtant des écrivains français, trompés par des renseignements inexacts, ont confondues dans le tableau beaucoup trop brillant qu'ils ont tracé des colonies pénales britanniques, fixeront successivement notre attention. Mais auparavant je ferai connaître l'île de Van-Diémen, que le détroit de Bass, à peine large de quarante lieues, sépare de la Nouvelle-Hollande, et qui, choisie dans l'origine pour lieu de punition des plus indomptables convicts de Sidney, est devenue la rivale indépendante de l'Australie, à laquelle, si elle continue de faire d'aussi étonnants progrès, elle ne le cédera bientôt plus, ni en richesses, ni en prospérité agricole.

En effet, cette île est destinée, aussi bien que la Nouvelle-Galles du Sud, à montrer aux races futures tout ce dont les Européens du XIXe siècle ont été capables. Ils sont venus, à travers des mers immenses, pour couvrir de villes et de moissons une terre que la nature semblait avoir condamnée à rester éternellement hérissée de profondes forêts : ni les écueils qui en défendent l'approche, ni les ouragans qui la tourmentent, ni les brumes épaisses qui souvent cachent ses rivages, n'ont pu arrêter des hommes habitués aux tempêtes de l'Océan du Nord; et aujourd'hui ses magnifiques baies, ses havres si longtemps solitaires, sont peuplés d'Anglais et fréquentés par une foule de navires. Ces havres ne sont pas également répartis sur toute la circonférence de Van-Diémen, car, à l'exception de quelques mouillages assez bons, situés dans le détroit de Bass, tous les ports sont à peu près réunis dans le S. E. de l'île, comme pour offrir plus d'un refuge aux navires battus par les vents impétueux d'O. et de S. O. C'est là que se trouve le beau canal qui porte le nom d'un des plus célèbres navigateurs français, et où *la Favorite* jeta l'ancre le lendemain de son attérage, derrière les îles qui l'abritent du côté du S., îles qui, par leur direction vers le N. E., achèvent de donner à Van-Diémen la forme d'un cœur dont le sommet, légèrement concave, gît, vis-à-vis du continent voisin, par 41° 20′ de latitude, et dont la pointe forme, sous le 44ᵉ degré, une des limites extrêmes du monde austral. C'est encore là que se déploie, devant la mer venant du pôle, la vaste baie des Tempêtes avec ses caps aux formes échancrées, souvent voilés par les nuages, mais qu'heureusement le bruit des lames qui brisent à leur pied annonce de loin aux marins.

Ce fut derrière ces masses arides et noirâtres que Tasman, qui le premier aborda cette île, à laquelle il donna le nom du gouverneur de Java, et après lui l'illustre Cook, vinrent successivement, en 1642 et 1777, chercher pour ainsi dire à tâtons un dangereux abri. A quelques lieues de là, cependant, vers le fond de la baie, existait, assailli peut-être à son entrée par une mer furieuse, ou enveloppé par la brume, un passage communiquant au S. O. avec le canal d'Entrecasteaux, et conduisant dans le N. à une rivière dont les rives sont entrecoupées d'enfoncements et de criques où les caboteurs et même les plus gros navires peuvent mouiller en sûreté. (Pl. 62.)

Cette rivière, appelée par l'amiral d'Entrecasteaux *rivière du Nord*, nom que les Anglais ont remplacé depuis par celui de *Derwent-River*, et qui n'a pas plus de cinq lieues de cours, est large d'une demi-lieue à son embouchure; mais elle se rétrécit à mesure qu'elle s'éloigne de la baie des Tempêtes en se dirigeant dans le N. O. En tournant les yeux vers la rive gauche, que les colons ont presque entièrement dégarnie de bois, sans calculer les suites de leur imprévoyance, on aperçoit sur le penchant des collines de petites maisons blanches entourées de vergers, de champs de blé, et de parcs où sont retenus captifs de nombreux moutons, tandis que dans les environs des troupeaux de bœufs paissent en liberté. On croit d'abord contempler les immenses possessions d'un seul propriétaire; mais la vue des palissades qui limitent les concessions, et dont les longs cordons montent jusqu'à la cime des collines, puis descendent en tournoyant jusqu'au bord de l'eau, annonce que sur cette terre nouvelle le travail encouragé par la liberté, et non, comme dans la Grande-Bretagne, le droit du plus fort ou le hasard, a présidé au partage du sol.

La rive droite présente une autre perspective. Les yeux sont d'abord arrêtés par une suite de petites pointes rocailleuses couronnées d'arbustes touffus, et séparées par des criques qu'elles garantissent des brises de mer; mais bientôt ils découvrent à l'extrémité de chacune de ces criques, un groupe de charmantes habitations dont les murs blanchis à la chaux et les toits de tuiles rouges forment, en se dessinant sur la verdure des champs cultivés, le fond d'un agréable tableau auquel le triste feuillage des bois sert de bordure. Sur le devant de ce tableau, un chemin qui circule à travers les rochers conduit à un débarcadère où sont amarrés de légères baleinières et les bateaux qui transportent les récoltes au marché du chef-lieu.

Tel est l'aspect général de la Derwent, depuis la baie des Tempêtes jusqu'à sa source. Cette rivière n'est pas également profonde dans tout son cours, et les grands navires sont forcés, après l'avoir remontée l'espace de neuf milles, de jeter l'ancre devant une belle anse de sable, dominée au S.-O. par de hautes montagnes, et que les Anglais ont choisie pour y bâtir la ville d'Hobart-Town, siége du gouvernement de Van-Diémen.

Ces quais où les caboteurs de la Nouvelle-Galles du Sud et les gros navires d'Europe déposent journellement les productions des Terres Australes et les marchandises de la Grande-Bretagne ; ces beaux édifices, dont la mer baigne paisiblement les pilotis enfoncés aux lieux mêmes où naguère elle roulait ses lames sur un banc de vases infectes ; cette multitude de maisonnettes embellies de jardins qui, dans leur égale fraîcheur, semblent sortis à la fois du sol pour ceindre le côté gauche de l'anse d'une gracieuse ceinture ; tous ces prodiges de persévérance et d'industrie ont été accomplis en moins de trente années.

Là pourtant s'étendaient, comme dans le reste de l'île, des bois entrecoupés de marécages produits par les pluies ou par les eaux de la Derwent, lorsque, au mois d'août 1804, le lieutenant Bowen, guidé par les renseignements que son gouvernement avait puisés dans la relation du voyage de l'amiral d'Entrecasteaux, dont tous les papiers étaient tombés au pouvoir de l'amirauté anglaise, y arriva de Sidney pour en prendre possession, amenant avec lui cinquante soldats et trois cents convicts.

La colonie naissante, quoique voisine de sa métropole, qui ne lui portait sans doute qu'un intérêt très-secondaire, eut à lutter contre mille obstacles et éprouva bien des calamités. Les vivres attendus de la Nouvelle-Galles du Sud n'arrivèrent pas à temps; les maladies, la famine décimèrent la garnison et principalement les condamnés, qui se mutinèrent plusieurs fois et auxquels on fut obligé d'accorder la liberté, afin qu'ils pussent aller chercher leur nourriture dans les bois. Une semblable tolérance ne pouvait manquer d'avoir des conséquences fâcheuses; aussi les défrichements n'avancèrent-ils que très-lentement, et les chasseurs inspirèrent aux sauvages, par leurs cruautés, une haine si violente contre les blancs, que depuis cette époque il a été impossible de les ramener à de meilleures dispositions. Telle est pourtant la superbe position d'Hobart-Town et la fertilité de Van-Diémen, que malgré tant de circonstances malheureuses, cette ville, dont la population ne se composait primitivement que d'employés de l'état, d'une faible garnison et des convicts expulsés de Sidney, était déjà considérable lorsqu'en 1811 elle reçut la visite du colonel Macquarie, gouverneur de la Nouvelle-Galles du Sud, qui se plut à encourager l'activité de ses habitants en leur accordant plusieurs franchises.

De leur côté, les marchands de Sidney voyaient avec regret ces franchises hâter les progrès d'un établissement qui n'était à leurs yeux qu'une dépendance de l'Australie, et dont ils commençaient à craindre de perdre le commerce, concentré jusque-là dans leurs mains ; ce n'est pas qu'on eût négligé de prendre de grandes précautions pour leur assurer ce monopole, car tous les fonctionnaires civils ou militaires d'Hobart-Town étaient nommés par le gouverneur de la Nouvelle-Galles du Sud, et les seuls caboteurs de Port-Jackson jouissaient du privilége de trafiquer avec les colons de Van-Diémen. Mais ceux-ci, regardant ce joug comme intolérable, portèrent leurs réclamations au parlement, et obtinrent enfin, en 1813, l'émancipation de la Tasmanie, nom qu'ils donnèrent alors au nouvel établissement, qui dès ce jour, libre de toute entrave dans ses relations commerciales avec la mère patrie, et recevant directement d'Europe les convicts, fit éprouver une formidable concurrence à son ancienne métropole. Les émigrants, abandonnant la route de Sidney, prirent celle de Van-Diémen, où ils trouvèrent pour les aider dans leurs défrichements un grand nombre de ces malheureux, condamnés à la déportation par suite des émeutes si fréquentes en Angleterre. Aussi les forêts se peuplèrent-elles, pour ainsi dire, de petits hameaux, qui, en grandissant, devinrent des villages, puis des bourgs auxquels le souvenir de la patrie fit donner par les exilés les noms des plus jolies villes d'Angleterre. Les ports reçurent une multitude de navires dont les cargaisons, formées de marchandises étrangères, servent à payer les laines de moutons et les tonnes d'huile de baleine, fruits des travaux d'une industrieuse population qui exploite également le sol de l'île et les mers orageuses qui l'environnent.

Plus cette impulsion était forte, plus elle avait besoin d'être bien dirigée; l'autorité le sentit, et elle réussit à éviter en partie les abus où la trop grande liberté laissée aux premiers colons et une indulgence excessive envers les déportés avaient entraîné l'administration de la Nouvelle-Galles du Sud. Elle s'appliqua également à faire exécuter avec plus de rigueur les règlements concernant la concession des terrains.

D'après ces règlements, aucun émigrant n'était reçu dans la colonie à moins qu'il ne justifiât de ses moyens d'existence. S'il était officier à la demi-solde ou retraité, le gouvernement lui accordait gratuitement deux mille quatre cents acres de terre, ainsi que des convicts pour les mettre en valeur; et de peur que les terrains concédés ne restassent en friche, une clause imposait aux propriétaires l'obligation de les cultiver, sous peine de les voir retourner au domaine de l'état. Une telle clause étonnera sans doute les Français, habitués généralement à considérer les colonies, même les plus voisines de leur patrie, comme le réceptacle obligé de tout ce que nos cités renferment d'aventuriers et d'hommes perdus de réputation; mais elle sembla aux Anglais aussi juste que naturelle, et établie dans l'intérêt même des colons, qui, en effet, affluèrent de toutes parts à Van-Diémen, apportant avec eux des capitaux, et ce qui n'est pas moins précieux pour une nouvelle colonie, l'esprit de conduite et la persévérance.

Hobart-Town, centre des affaires, et qui exerce une grande influence sur le reste de l'île, fixa particulièrement l'attention des gouverneurs. Le caprice ou l'intérêt de chaque habitant ne présida plus seul au choix de l'emplacement des maisons. Les rues, tracées d'avance, se coupèrent à angles droits; les quartiers furent disposés de la manière la plus favorable à la salubrité; enfin les constructions privées ne purent, à moins d'une autorisation spéciale, occuper en étendue plus d'une acre, et encore l'acquéreur dut-il y bâtir dans un temps fixé. Une noble émulation s'établit entre l'administration et les particuliers, et pendant que les maisons s'élevaient comme par enchantement de tous côtés, des bandes de convicts fournies par l'état travaillaient à préparer les rues et à diminuer les pentes des monticules. La ville fut dotée en peu de temps des monuments publics les plus nécessaires, et le nombre en augmente encore chaque année, non-seulement par les soins des premiers fonctionnaires, mais aussi par la munificence des riches négociants, qui montrent pour leur nouvelle patrie, aux dépens même de l'ancienne, un sentiment d'orgueil bien naturel. Tels sont les heureux fruits qu'ont produits la liberté, l'égalité des droits politiques et la division des propriétés dans cette île, qui, à peine connue au commencement du siècle, compte aujourd'hui vingt-cinq mille habitants; mais pour que ces fruits parvinssent ainsi à leur maturité, il a fallu que les semences en fussent fécondées par l'industrie soutenue de l'aisance, et surtout par l'amour de l'ordre, dont malheureusement les populations de nos établissements d'outre-mer ne donnent pas l'exemple, et qui serait cependant pour ceux-ci le meilleur garant de succès et de tranquillité.

Quel spectacle agréable pour le marin, lorsqu'à peine échappé au mauvais temps de la baie des Tempêtes, il mouille pour la première fois devant Hobart-Town! Sur sa gauche vient finir au bord de la rivière, par une douce déclivité, la côte sauvage qu'il a suivie depuis son entrée dans la Derwent; les pointes noirâtres ont fait place à un terrain moins inégal, mais dont la surface tantôt pierreuse, tantôt parsemée de substances calcaires, n'a pu être préparée qu'à force de sacrifices pour la plantation des jardins qui, répandus çà et là, ornent le rivage, et marquent pour ainsi dire la place de futures habitations. Plus près de la ville est une faible batterie qui commande la rade et toute cette partie de l'anse, dont les rochers et la vase commencent à disparaître sous des quais que presseront sans doute un jour des rangées d'alléges chargées de marchandises apportées de toutes les contrées du globe. A peu de distance de cette batterie, au sommet d'un tertre, et derrière un jardin dont nos canots abordèrent bien souvent les légères clôtures, paraît la petite et jolie maison du capitaine du port, où les officiers de *la Favorite* et moi nous étions chaque jour si bien reçus. Mais c'est principalement sur la droite, un peu en dedans d'une langue de sable qui termine l'anse vers l'E. et cache le cours supérieur de la rivière aux navires mouillés sur la rade, que le commerce maritime de Van-Diémen déploie toute son activité. Là s'élève à la place des bois et des marais qui obstruaient autrefois cette plage, une ligne de spacieux magasins percés de larges fenêtres, par où l'on voit monter et descendre continuellement, suspendus à d'ingénieuses machines, des ballots de marchandises, tandis que par les portes entrent ou sortent de longs cordons de barriques de vin ou de tonnes d'huile de baleine. Ce coup d'œil, il est vrai, n'a rien de séduisant pour le voyageur qui voudrait retrouver partout les tableaux brillants qu'offrent à chaque pas nos capitales. Mais il plaît à l'observateur philosophe, qui voit dans le commerce le plus sûr moyen d'assurer le bien-être des derniers rangs de la société, et qui fait des vœux pour que les souverains renoncent enfin à la gloire des conquêtes, qui ne s'acquiert qu'aux dépens des classes moyennes et inférieures, auxquelles surtout appartiennent ces braves soldats dont le sang coule par torrents sur les champs de bataille au nom de l'honneur national, souvent mal compris ou légèrement invoqué par des hommes qui ne partagent ni leurs fatigues ni leurs dangers.

Peut-être un jour la guerre avec ses dévastations visitera ces Terres Australes; peut-être ces rivages où nous avons trouvé une si pacifique hospitalité se hérisseront-ils de canons, comme ceux de l'ancien monde; mais jusqu'à présent, du moins, l'œil n'y découvre que les effets des conquêtes accomplies par la civilisation.

On n'y voit aucun de ces monuments destinés à transmettre le souvenir des grands événements aux races futures, à qui souvent les progrès des lumières en font détester les auteurs; mais partout l'utile, l'agréable y charment les regards du nouvel arrivant, quand il débarque au fond de l'anse dont j'ai déjà décrit les deux côtés opposés. Devant lui se déroulent plusieurs larges rues parallèles, bordées de maisons de pierre à un seul étage, et formant, avec leurs contrevents verts, leurs blanches façades et leurs boulingrins fermés d'élégants treillis, un ensemble vraiment ravissant.

Ces rues dont la pente vers la rivière permet aux pluies, très-longues quelquefois sous ce climat humide, de s'écouler rapidement, sont entretenues avec soin, et conduisent par une montée assez douce aux quartiers élevés, que domine la caserne, bâtie sur une esplanade, et divisée en quatre corps de logis entourant une cour où manœuvrent facilement les huit cents hommes qui composent la garnison de Van-Diémen.

De ce point, où l'on jouit d'une vue fort étendue, j'ai souvent cherché à me figurer ce que sera Hobart-Town à la fin du siècle; quelle perspective elle présentera quand ses maisons couvriront entièrement les collines dont elles n'occupent encore que les premiers gradins. Mais je détachais bientôt ma pensée de cet avenir incertain, pour revenir à la réalité présente. Je voyais devant moi une petite ville d'Angleterre, image de l'aisance et de la propreté. Du milieu des maisons s'élevait à peine le palais de justice, édifice carré et plat, construit en brique, ainsi que la prison sa voisine, dont l'aspect est aussi lugubre que sa destination ; car sur la plate-forme contiguë à sa porte d'entrée restent toujours debout, en attendant leur proie, deux potences où apparaissent pour la dernière fois les convicts condamnés à la peine de mort.

Au delà de ces monuments et de l'église presbytérienne, que surmonte une tour massive, je distinguais le lit escarpé et fangeux d'un ruisseau, de l'autre côté duquel s'étendent des terrains encore inoccupés; mais la proximité du port et la construction projetée d'un hôtel pour la première autorité, rendront avant peu ce quartier un des plus vivants du chef-lieu.

Sur la droite, s'offrait à mes regards la jolie habitation du gouverneur, avec son toit en pointe, ses légères galeries extérieures et son jardin anglais, dont les bosquets de casuarinas et les plates-bandes de roses descendaient jusqu'à la rivière. Celle-ci offrait sans discontinuation un spectacle des plus animés, sa surface paisible était sillonnée par une multitude d'embarcations transportant à la ville des passagers ou les produits des plantations du rivage opposé. Parfois un navire signalé depuis le matin par les vigies, qui placées sur les hauteurs, se correspondent depuis le port jusqu'à l'entrée de la baie des Tempêtes, laissait apercevoir ses blanches voiles dans le lointain. Comme il approchait lentement au gré des habitants rassemblés sur les quais! Les uns attendaient des parents, les autres l'issue d'une entreprise commerciale, tous des nouvelles de leur patrie. Mais bientôt une nuée de baleinières aux longues rames, à la marche rapide, s'élançaient à la rencontre du navire inconnu; derrière elles voguaient ces petits yachts dont les formes élégantes, les mâts effilés et garnis de banderoles tricolores nous avaient enchantés le jour de notre entrée sur la rade. Je partageais le plaisir qu'éprouvaient mes connaissances en recevant des lettres de leurs familles ou de leurs amis; je me livrais à une douce rêverie; j'oubliais que cette mer immense dont je voyais les grandes lames heurtant avec fracas les caps avancés, baignait aussi le pôle S.; mais si je regardais en arrière, j'apercevais le mont Wellington revêtu de sa robe de banksias et d'eucalyptus; la vue de ce plateau, de cette verdure tristement uniforme qui tapissait jusqu'à l'horizon les montagnes et les vallées, me rappelait bientôt que moi aussi j'étais exilé à cinq mille lieues de ma patrie.

Je ne pouvais pourtant m'empêcher d'admirer l'aspect sombre et majestueux de ce mont Wellington, qui semblable à un génie protecteur, défend Hobart-Town contre les vents glacés de S. O., et jette au loin des ramifications qui l'abritent contre ceux du N. O.

C'est dans cette dernière partie, qu'au milieu d'une chaîne de monticules pierreux et blanchâtres, et où l'on bâtit chaque jour de nouvelles maisonnettes, commence la route qui, semblable à une grande artère, répand la vie au sein de Van-Diémen, qu'elle parcourt du N. au S. Ses deux côtés sont également garnis de villages et de plantations, seule ressemblance qui existe entre les deux contrées qu'elle sépare. Celle du couchant, quoique deux fois plus étendue que l'autre, est presque entièrement délaissée par les émigrants, que rebutent les hautes montagnes dont sa surface est hérissée, surtout aux environs de la mer où les vents d'O. font périr les arbres et les plantes exotiques. Celle du levant, au contraire, est couverte d'habitants qu'attirent la douceur du climat, des plaines fertiles, et l'avantage de pouvoir transporter aisément les récoltes à Hobart-Town. Une raison plus décisive justifie encore la préférence que les colons accordent à cette partie de Van-Diémen. Vers l'époque à peu près où le lieutenant Bowen en prit possession, une autre colonie venue également de Sidney s'établit à l'extrémité opposée de l'île, au port Dalrymple, formé par l'embouchure de la Tamar, petite rivière assez profonde qui se jette dans le détroit de Bass ; ce nouvel établissement, très-bien situé relativement au commerce maritime, l'était fort mal quant à la qualité des terres, dont la stérilité décida les Anglais à remonter la Tamar, sur les rives de laquelle ils fondèrent, au milieu d'une plaine magnifique, la ville de Launceston, qui non moins heureuse qu'Hobart-Town, devint bientôt le centre des affaires de plusieurs cantons populeux.

Pendant longtemps ces deux chefs-lieux, que dans l'origine de vastes forêts tenaient isolés l'un de l'autre, eurent peu de relations, malgré la nature différente de leurs denrées, qui établissaient entre eux des besoins mutuels : l'un, en effet, s'enrichit par l'exportation du blé, des légumes et des fruits que produisent en abondance ses champs et ses vergers, où l'on a planté tous les arbres d'Europe capables de braver les neiges et les frimas ; l'autre, situé dans une contrée montagneuse, doit principalement sa prospérité à ses troupeaux de bœufs et de moutons, qui se multiplient sans peine dans de vastes pâturages qu'une atmosphère ordinairement humide entretient toujours verts.

Mais les défrichements, poussés avec une égale activité par les colons de Launceston et d'Hobart-Town, ont fait tomber les barrières qui les empêchaient de communiquer, et depuis 1824 la belle route dont j'ai parlé plus haut confond leurs intérêts de commerce, sans affaiblir leur ancienne rivalité. Les habitants de la première vantent avec raison sa riante exposition, le grand nombre de ses maisons et de ses édifices, la facilité qu'ils ont d'envoyer leurs récoltes à Sidney sur des caboteurs qui trouvent dans le port Dalrymple un excellent abri. Ils disent encore que le voisinage de Circular-Head, centre des opérations d'une compagnie agricole qui s'est établie depuis 1823, avec la permission de la cour de Londres, à l'extrémité N. O. de Van-Diémen, donnera tôt ou tard une nouvelle importance à leur cité, et lui assurera la prééminence sur sa rivale.

Celle-ci, à la vérité, ne jouit pas des mêmes avantages : son climat est humide, et sa température variable. Les terres qui l'environnent sont rocailleuses ou calcaires, et les plantes mêmes de nos pays septentrionaux n'y viennent pas toutes facilement ; mais elle possède un bon port où les plus forts navires mouillent en sûreté ; et si quelques capitaines, espérant abréger leur traversée d'Angleterre à Port-Jackson, préfèrent de passer par le détroit de Bass et jettent l'ancre devant le port Dalrymple, tous les autres entrent dans la rivière Derwent, où souvent ils débarquent, au grand regret des marchands de la Nouvelle-Galles du Sud, la majeure partie non-seulement de leurs cargaisons, mais encore de leurs passagers. Cette dernière considération a décidé le gouvernement à choisir Hobart-Town pour le chef-lieu de la Tasmanie. Aussi cette ville a-t-elle pris un prompt accroissement sous le rapport du commerce et de la population; tandis que Launceston paraît se borner à ses anciennes relations avec la Nouvelle-Galles du Sud.

Telle est la situation générale de la colonie, dont la splendeur est due principalement à l'administration ferme et éclairée du général Arthur, qui la gouverne depuis 1824. A cette époque, le tableau qu'elle offrait n'avait rien de brillant; la négligence ou la faiblesse des autorités laissaient les colons exposés, dans les villes, aux vengeances des déportés, dont les crimes s'étaient multipliés d'une manière effrayante, et, dans les campagnes, aux attaques continuelles des sauvages, qui, chassés des côtes orientales de l'île, où ils avaient trouvé jusque-là une subsistance facile, poursuivis, égorgés par les convicts bergers ou déserteurs, se livraient à de cruelles représailles.

Dans une contrée à peine peuplée, où les troupeaux parcourent librement de vastes plaines et des forêts sans bornes, la vie de berger devait plaire et plaît en effet à beaucoup de déportés à qui la solitude permet d'oublier l'humiliation de leur sort; mais ils y contractent une inquiétude de caractère, une férocité qui s'exerce surtout contre les naturels, dont ils interrompent la chasse et enlèvent les femmes. De là est née une guerre d'extermination, fatale presque uniquement à ces derniers, qui n'ont pour lutter contre les armes à feu de leurs tyrans, que des sagaies faites d'un bois lourd durci au feu ; mais ils les lancent avec une vigueur et une adresse surprenantes. Ils suppléent au courage et à la force physique qui leur manquent par l'astuce et par une incroyable agilité ; enfin, ils sont cruels et sanguinaires envers les êtres faibles ou sans défense et ne leur font aucun quartier.

Ces insulaires, que les premiers navigateurs européens nous ont dépeints comme des hommes méchants et perfides, mais dont les facultés intellectuelles étaient à peine supérieures à l'instinct des animaux, ont bien changé sous ce dernier rapport ; car aujourd'hui, lorsqu'ils sont excités par la soif de la vengeance ou du pillage, ils montrent une telle intelligence, une telle ruse, que les colons des habitations les plus reculées du côté des forêts, chez qui la peur engendre la superstition, les croient sorciers.

Effectivement, il y a quelque chose de merveilleux en apparence, dans la promptitude avec laquelle ces naturels, toujours errants dans les forêts à la poursuite des kanguroos, parcourent des distances prodigieuses ; et souvent plusieurs fermes, quoique très-éloignées les unes des autres, sont saccagées en une seule nuit par les mêmes ennemis.

Quand l'habitation dont ils convoitent le pillage leur semble trop considérable ou trop bien gardée pour être attaquée par les moyens ordinaires, c'est-à-dire par surprise ou de vive force à la faveur des ténèbres, alors ils emploient une patience et une astuce vraiment diaboliques. Dans les cantons nouvellement défrichés et conquis sur la forêt, les troncs d'arbres et les plus grosses branches des arbres que la hache et le feu ont détruits en partie, restent longtemps debout au milieu des plantations ; mais avant de tomber tout à fait en pourriture, ils favorisent encore les indigènes dans leurs projets de vengeance contre les blancs. Le fermier, malgré son inquiète vigilance, passe souvent très-près de ces troncs d'arbres sans apercevoir les sauvages qui, tantôt collés contre des branches noircies par les flammes, tantôt imitant par leur attitude et une immobilité parfaite celles que le fer a tranchées, attendent quelquefois pendant des journées entières le moment où il part, avec tous ses convicts, pour les travaux des champs. A peine s'est-il éloigné que ceux-ci envahissent sa ferme, égorgent sans pitié sa femme et ses enfants, et ont déjà transporté au loin leur butin, quand les flammes, en tourbillonnant au-dessus des bâtiments, font pressentir à l'infortuné colon toute l'étendue de son malheur.

Les indigènes n'attendent pas toujours, pour verser le sang des Européens, que le projet de ravager quelque habitation les ait réunis. Souvent un d'entre eux s'approche tout seul des lieux habités, puis se glisse de taillis en taillis le long des palissades qui protégent les maisons, jusqu'auprès de la salle basse où la famille du propriétaire est rassemblée. Dans un instant celui-ci a le corps percé d'une sagaie, et sa femme ainsi que l'enfant qu'elle tenait pressé contre son sein tombent également frappés de mort par une main invisible. Le sanguinaire sauvage, ayant assouvi sa cruauté, se rejette dans les bois et va rejoindre sa tribu.

Dans les fréquentes représailles que de semblables atrocités doivent nécessairement amener, les naturels ont déployé quelquefois une détermination puisée peut-être dans la rage du désespoir; ce qui porterait à supposer que si les Anglais les avaient mieux traités dans l'origine, ils auraient pu en tirer un meilleur parti. Je me bornerai à citer l'exemple suivant.

Un convict employé à la garde des troupeaux et dont les indigènes avaient éprouvé plus d'une fois la barbarie, parcourait la forêt avec un de ses compagnons. Il rencontre un naturel, qui caché derrière les arbres, lui lance une sagaie, le manque et prend la fuite. Le convict irrité le poursuit, l'atteint, et après une lutte opiniâtre, le Van-Diémois, la tête fracassée par les coups de crosse, est laissé pour mort sur le terrain ; mais à peine le vainqueur a-t-il fait quelques pas que sa victime se relève, s'arme d'une nouvelle sagaie, en traverse le cœur de son ennemi et disparaît dans le plus épais du bois.

Cette race d'hommes est-elle susceptible de civilisation ? Les maîtres de Van-Diémen prétendent que non, et il faut avouer que le projet de la policer n'a été abandonné qu'après bien des tentatives infructueuses. Les écoles fondées près d'Hobart-Town pour les enfants indigènes exclusivement, n'ont reçu que très-peu d'élèves, et ont fini par rester vides. Tout ce qui pouvait tenter des sauvages et les rapprocher des blancs a été inutilement mis en œuvre; on a poussé même l'humanité jusqu'à épargner les prisonniers faits dans les expéditions entreprises pour défendre les fermes isolées : rien n'a pu effacer chez ce peuple le souvenir d'anciennes offenses ni son horreur pour le travail; les prisonniers rendus à la liberté recommençaient leurs brigandages avec plus de fureur qu'auparavant.

Une animosité aussi vive, en excitant celle des colons, a dû tourner contre les naturels et attirer sur eux une guerre de destruction; aussi leur nombre, que l'on estimait à plusieurs milliers en 1800, est réduit aujourd'hui à quelques centaines d'individus féroces et pillards, adonnés à tous les excès de l'ivrognerie, et qui probablement laisseront avant peu de temps les Anglais seuls possesseurs de l'île.

Quelques voyageurs ont avancé, et je crois avec fondement, que l'indigène de cette partie des Terres Australes pouvait être considéré comme le type de l'homme primitif, c'est-à-dire comme étant à peine doué du dernier degré de cette intelligence qui sert de ligne de démarcation, ou si l'on veut de transition, entre notre espèce et les brutes. En effet, combien peu ressemble à l'Européen le hideux naturel de Van-Diémen, avec sa noire figure, ses yeux enfoncés, jaunâtres et farouches, son front proéminent ombragé d'une crinière dure et crépue, son nez court et épaté, sa bouche énorme et ses grosses lèvres que débordent des dents pointues, enfin avec ses membres grêles et son ventre ballonné! Ne croirait-on pas entendre la description d'un animal laid et méchant? La différence devient encore plus frappante quand on envisage les mœurs et les habitudes de cette race disgraciée. Otez-lui l'usage du feu, et rien ne la distingue plus de la plupart des quadrupèdes. Comme eux, ces misérables sauvages parcourent les forêts, n'ayant pour abri que de simples abat-vent formés de branches d'arbres entrelacées et réunies au sommet, de manière à opposer une barrière aux vents glacés de l'hiver. Comme eux encore, ils se retirent dans les cavernes et le creux des arbres ; mais moins bien partagés de la nature, ils n'ont pour se défendre du froid et de l'humidité, qu'un manteau fait de peaux cousues ensemble avec des fils d'écorce. Sous ce grossier et dégoûtant vêtement, qui leur couvre à peine le dos, ils passent les nuits en plein air, accroupis auprès du feu, et les jours à chasser les kanguroos, qu'ils percent de leurs sagaies et dépècent avec leurs haches de talc ; ou bien ils dorment ou se reposent, tandis que leurs infortunées compagnes vont arracher aux récifs de la mer, et souvent à des profondeurs incroyables, des coquillages qu'elles viennent ensuite humblement apporter à leur maître et à ses fils, de qui elles ne reçoivent, pour prix de mille fatigues et de mille dangers, que des mépris et de mauvais traitements. Les pénibles fonctions de ces malheureuses ne se bornent pas là : ce sont elles encore qui, dans les continuels voyages que le besoin de subsistance contraint les tribus de faire dans les forêts ou le long des côtes, portent les ustensiles de chasse ou de pêche, les provisions, et les enfants incapables de marcher : trop heureuses, si la plus précieuse partie de leur fardeau, les petits êtres qui leur doivent la naissance, ne sont pas arrachés pour toujours de leurs bras; car dans les disettes auxquelles une année trop sèche ou trop pluvieuse expose ces sauvages totalement dépourvus de prévoyance, il arrive souvent que les enfants sont abandonnés au milieu des bois, parce que leur père redoute la faim ou préfère de conserver le chien qui lui sert à forcer le gibier.

Cette abnégation d'un sentiment qu'éprouvent même les bêtes de proie, ferait placer, à juste titre, les indigènes de Van-Diémen au-dessous des animaux, si l'on ne retrouvait chez les femmes, sous un physique aussi repoussant que celui des hommes, des traces de cette douceur de caractère, de ce besoin d'aimer, enfin de ce dévouement dont la nature doua leur sexe dans tous les pays, pour adoucir la dureté du nôtre.

En effet, ces malheureuses, quoique vouées dès leur première jeunesse à l'abjection et aux plus durs travaux, sont capables de reconnaissance et d'un attachement durable. Combien de fois n'ont-elles pas sauvé de la mort des Européens égarés dans les bois ou jetés par la tempête sur ces côtes inhospitalières! Heureuses de n'être pas repoussées par des hommes qu'elles ont secourus, elles s'attachent à eux, partagent leur misère, pourvoient à leur subsistance avec une infatigable activité : devenues mères, elles se montrent fières de leurs enfants, et les élèvent avec la plus tendre affection. Ces liaisons étaient devenues si communes entre elles et les pêcheurs de phoques, la plupart convicts libérés, qui fréquentent principalement les bords du détroit de Bass, que le gouverneur, trompé vraisemblablement par de faux rapports et croyant faire un acte de justice en rendant ces femmes à la liberté, ordonna de les renvoyer à leurs tribus; mais les magistrats chargés d'exécuter cette mesure furent tellement attendris par le désespoir et les prières de ces pauvres créatures, qu'ils demandèrent de nouveaux ordres, et tout resta dans le premier état. De ces réunions sont issus des jeunes gens qui possèdent la force et l'intelligence de leurs pères, et servent déjà utilement, comme matelots, sur les caboteurs et les baleiniers armés à Hobart-Town.

J'ai voulu par cette description, qui recevra de plus grands développements quand il sera question de la Nouvelle-Hollande, donner une idée de la population que le général Arthur, en arrivant à Van-Diémen, trouva engagée dans une guerre d'extermination avec les Anglais. Les naturels détruisaient les troupeaux, incendiaient les fermes un peu écartées, en égorgeaient les habitants, et livraient également aux flammes les arbres fruitiers et les moissons : ces horribles dégâts s'étendirent même jusqu'aux portes du chef-lieu. Alors, d'un accord unanime, les colons prirent les armes, et soutenus des troupes de la garnison, commencèrent, sous la conduite du gouverneur lui-même, à faire éprouver de terribles représailles à leurs implacables ennemis. Ceux-ci, poursuivis de tous côtés, se réfugièrent dans les forêts de l'O., où la vengeance des blancs ne pouvait les atteindre; mais ils y rencontrèrent la famine et des maladies qui les décimèrent d'une manière affreuse, et en réduisirent le nombre à ce qu'il est aujourd'hui. Pour contenir ce reste, qui reparaît encore de temps en temps, on a formé un corps de cavalerie, et on a distribué des soldats sur les fermes que chaque année les émigrants élèvent au milieu des terrains nouvellement défrichés.

L'audace et l'ensemble que les sauvages montrèrent dans leurs dévastations, donnèrent la fâcheuse certitude qu'ils étaient dirigés par des convicts déserteurs, dont le nombre s'augmentait encore journellement d'une manière d'autant plus inquiétante pour les émigrés, que ceux-ci ne pouvaient plus se fier aux condamnés qui étaient restés auprès d'eux, et parmi lesquels la licence était parvenue à son comble. Les routes n'offraient plus aucune sûreté; les maisons étaient forcées et dévalisées; l'habitant paisible tombait victime de la trahison de ses domestiques, intimidés ou séduits par les malfaiteurs. Les vols à main armée, les meurtres même, répandaient pendant les nuits la terreur dans les rues d'Hobart-Town. Mais sous l'administration sévère et active du nouveau gouverneur, l'ordre ne tarda pas à renaître. Les lois pénales, que les tribunaux craignaient d'appliquer, ou que par une indulgence excessive ils avaient laissées tomber en désuétude, furent remises en vigueur; et pendant plusieurs années, les plus indomptables criminels montèrent par douzaines sur l'échafaud, tandis que d'autres moins coupables allèrent expier leurs nouveaux méfaits dans les établissements pénitentiaires fondés sur divers points maritimes de l'île.

Cette sévérité nécessaire, qui seule pouvait prévenir la ruine de la colonie, n'empêcha pas pourtant le général Arthur de s'occuper avec la plus louable humanité du sort des convicts, et de préparer à chacun d'eux, en lui ouvrant les voies du repentir, la facilité d'arriver à un état moins malheureux. Les relations des déportés avec les habitants à qui l'état les confie, et l'observance des devoirs imposés aux uns et aux autres, furent surveillées avec une très-grande impartialité. Ces améliorations, et les changements introduits dans le mode de répartition des criminels à leur arrivée d'Angleterre, sont les principales causes du prodigieux accroissement qu'a pris depuis six ans la Tasmanie, dont la Nouvelle-Galles du Sud, moins facile à régir peut-être, n'a pas suivi tout à fait le mouvement d'ascension.

Lorsqu'un navire chargé de convicts venant d'Europe mouille sur la rade d'Hobart-Town, le colon qui, après avoir rempli les formalités nécessaires pour constater sa moralité et l'état de sa fortune, a obtenu des magistrats la faculté de prendre des convicts pour l'aider dans ses travaux, se rend à bord et demande aux nouveaux arrivants réunis qui sont ceux qui veulent entrer de bonne volonté à son service, comme ouvriers, comme domestiques, ou comme cultivateurs et bergers. Ces choix une fois terminés et ensuite confirmés par l'exhibition des notes consignées sur la matricule de bord, à côté des noms des criminels, ceux de ces malheureux que le défaut de bonne volonté ou de trop fâcheux antécédents ont fait délaisser, restent à la charge de l'état, et sont employés aux travaux publics dans les divers cantons de l'île, jusqu'à ce qu'ils lui soient demandés par les propriétaires des habitations de l'intérieur.

Le convict ainsi choisi doit à son maître fidélité, respect et obéissance passive, et ne peut exiger aucun salaire; mais il n'a point à redouter de mauvais traitements, et en échange de ses travaux, qui ne peuvent durer qu'un certain nombre d'heures par jour et sont suspendus le dimanche, il obtient des vêtements propres et chauds, une nourriture saine et abondante, dont les règlements fixent minutieusement les diverses parties, et en outre, du sucre, du thé et du tabac, que l'usage, aussi puissant que la loi, force le colon d'accorder à ses ouvriers. Si, malgré tant de précautions, un de ceux-ci tombe malade, il est de suite transporté dans les hôpitaux publics entretenus dans les principaux quartiers de la colonie, et là il reçoit, jusqu'à parfaite guérison, les soins des médecins, aux frais de son maître, moyennant une rétribution journalière très-modique et qui cesse même, lorsque la maladie est longue, après un certain nombre de jours.

Pour le voyageur qui a visité les contrées les plus civilisées de l'Europe, et qui a vu partout la population des campagnes, si tranquille et si laborieuse, aux prises trop souvent avec le besoin et la misère, la description du régime doux et humain auquel sont soumis, dans les colonies pénales, des misérables sur qui s'est appesantie justement la rigueur des lois, ne sera peut-être que le tableau des erreurs d'une philanthropie exagérée. Ce n'est pas là, cependant, la limite où cette dernière s'est arrêtée. Il manquait encore la liberté aux indignes objets de sa sollicitude : le temps de cette privation a été abrégé, et les convicts acquièrent aujourd'hui leur affranchissement, je ne dis pas par un amendement précaire ou simulé, mais par la seule abstention de nouveaux crimes. Celui d'entre eux qui était condamné à sept années de déportation, obtient, après trois ans d'une conduite un peu méritante, la permission de travailler pour son compte. Si sa captivité devait durer vingt années, et qu'il en ait subi le quart sans avoir attiré sur lui de graves punitions, il recouvre sa liberté; enfin, si ses crimes lui ont valu la déportation perpétuelle, quinze années d'épreuve suffisent pour lui faire accorder sa grâce. Les déportés compris dans les deux premières catégories peuvent seuls retourner en Angleterre, à l'expiration de la peine prononcée par les cours d'assises : mais bien peu profitent de cette faculté; presque tous restent dans la colonie, où ils composent exclusivement la classe des artisans et des petits marchands.

Nous avons vu quels désordres avait causés la faiblesse des magistrats relativement à la répression des crimes des déportés, et combien était nécessaire le code pénal destiné à les punir : ce code est terrible; chacun de ses articles porte la peine de mort pour des méfaits qui n'encourent chez nous que la prison. Le convict qui s'échappe doit, s'il est repris, mourir sur l'échafaud, où monte également le complice d'une révolte ou d'un vol avec effraction. L'indiscipline, une paresse incorrigible, les rixes et l'ivrognerie, sont expiées par les travaux publics dans les villes ou sur les grands chemins. Le convict employé à ces sortes de travaux est encore assez doucement traité, et reçoit la ration entière de vivres fixée par le règlement; mais si, au lieu de s'amender, il commet de nouvelles fautes, il est confiné dans les lieux les plus reculés de l'île, soit pour y défricher des terres, soit pour couper, aux bords de la mer, des bois de construction que les caboteurs apportent ensuite au chef-lieu. Là, plus de pain ni de viande fraîche; du bœuf salé, du biscuit noir, des légumes secs et de l'eau sont toute sa nourriture.

Une pareille condition, qui dure quelquefois pendant plusieurs années, est affreuse, mais beaucoup moins pourtant que celle qu'on réserve aux plus insignes criminels dans l'établissement pénal de Macquarie-Harbour. Sur la côte occidentale de Van-Diémen, qu'une mer furieuse et des coups de vent tourmentent sans cesse, est situé, dans une île stérile, et auprès de l'embouchure d'une petite rivière, cet enfer anticipé: c'est là que plusieurs centaines de misérables, surveillés par une forte garnison, souffrent toutes les horreurs de l'exil et de l'abandon. Ils passent les jours à abattre des arbres énormes dans les forêts glacées et marécageuses qui entourent l'établissement; et chaque soir, des portes de fer, gardées par de nombreuses sentinelles toujours prêtes à sacrifier des victimes à leur propre sûreté, se ferment sur eux pour ne s'ouvrir qu'au lever du soleil, qui ne leur annoncera, comme la veille, que de nouvelles souffrances et de cruelles privations. La crainte des cachots, des châtiments corporels, du dernier supplice même, sert à peine de frein à cette tourbe de scélérats; et cependant l'observateur qui oserait pénétrer dans ce cloaque d'iniquités, n'y trouverait peut-être pas des hommes plus méchants, plus à redouter que ceux avec lesquels nos philanthropes veulent fonder une Nouvelle-Galles du Sud.

Ces malheureux étaient les plus criminels parmi les criminels apportés d'Angleterre, et n'ont pas changé aux Terres Australes. Imbus de tous les vices de notre civilisation, ils les ont conservés sous un autre hémisphère, et ils y demeurent aussi redoutables, aussi gangrenés qu'auparavant.

Cependant la bienveillante humanité ne les abandonne jamais, non pas même lorsqu'ils sont tombés de chute en chute jusque dans Macquarie-Harbour; la consolante espérance luit encore pour les hôtes de cet affreux séjour : s'ils témoignent de la résignation, et qu'ils aient seulement l'air de s'amender, on s'empresse de les rappeler au chef-lieu, où une véritable conversion peut terminer leur esclavage. Mais pour quelques-uns qui finissent aussi heureusement, combien en est-il qui expirent par la main du bourreau, ou qui succombent à la misère dans les bois, après s'être sauvés de prison et avoir donné aux sauvages mêmes des leçons de la plus révoltante férocité !

Cinq convicts s'étaient évadés ensemble de Macquarie-Harbour : ils espéraient pouvoir traverser les immenses forêts qui couvrent toute la partie occidentale de Van-Diémen, depuis les côtes jusqu'à la route qui joint Hobart-Town à Launceston; arrivés près des cantons habités, ils auraient pillé les fermes, et peut-être aussi aidé les naturels dans leurs sanglantes expéditions contre les blancs. Plusieurs mois s'étaient écoulés depuis leur disparition, lorsque les colons de quelques habitations contiguës aux grands bois arrêtèrent deux hommes presque nus, exténués de fatigue, et ressemblants plutôt à des bêtes féroces qu'à des êtres de notre espèce. Ces deux hommes furent amenés à Hobart-Town, et on instruisit leur procès pendant notre séjour à Van-Diémen. Cependant ils gardaient un silence obstiné sur leur voyage et les événements qui avaient suivi leur désertion : mais des lambeaux de chair rôtie trouvés sur eux au moment de l'arrestation, et les renseignements arrivés de Macquarie-Harbour, firent entrevoir l'épouvantable vérité, que leurs aveux enfin découvrirent entièrement. Les cinq déserteurs, dépourvus d'armes à feu et ignorant les moyens que les indigènes emploient pour forcer le gibier, avaient eu bientôt à lutter contre la faim : trois d'entre eux étaient tombés successivement sous les coups de leurs compagnons, et avaient été dévorés. Je vis les deux derniers acteurs de cet effroyable drame, au moment où ils allaient au supplice; ils ne témoignèrent aucun regret, et leur air impassible frappa d'horreur tous les assistants.

Quel doux soulagement éprouve le moraliste, consterné de semblables atrocités, à la vue de l'homme qui, après s'être enfoncé dans l'abîme où l'avaient poussé des passions fougueuses, est parvenu à reconquérir l'estime des honnêtes gens !

Un déporté fut mené en 1823 à Macquarie-Harbour, pour y expier les fautes où un caractère intraitable le faisait tomber journellement. Aigri de plus en plus par sa nouvelle position, il prend toute espèce de travail en aversion, et s'enfuit plusieurs fois dans les bois voisins de l'établissement, où il est ramené chaque fois épuisé de besoin. Enfin, après sa dernière évasion, il fut aperçu comme il passait auprès de l'île où est située la prison, descendant la rivière à cheval sur un tronc d'arbre que le courant entraînait rapidement à la mer. On parvint à le sauver; mais sa persévérance dans le mal avait lassé l'indulgence des juges, la fatale sentence était sur le point d'être prononcée, lorsqu'un des principaux administrateurs, celui-là même à qui je dois ces détails, obtint un délai, et alla trouver le prisonnier dans son cachot. Inutilement il essaye de l'ébranler par l'image de la mort; mais quand il lui parle de sa femme et de ses enfants restés en Angleterre, qui n'avaient d'autre protecteur, d'autre soutien que lui, et dont il allait être séparé pour l'éternité, un nouveau jour semble éclairer ce malheureux; son cœur s'amollit, ses yeux versent des larmes : il promet de changer de conduite et de mériter l'indulgence qu'on lui témoigne. Il tint parole, et j'ai vu, quelques années après, cet homme, à qui une mort ignominieuse avait paru presque un bienfait, employé comme écrivain dans une administration publique, investi de toute la confiance de ses chefs, dont la douceur de son caractère le faisait aimer, et qui lui avaient accordé la faveur de faire venir sa famille auprès de lui.

J'ai cru, en racontant cet épisode, fournir une nouvelle preuve de ce que peuvent les exhortations bienveillantes sur un criminel, alors même qu'il semble le plus éloigné de changer de vie. Il y a toujours dans son âme un point vulnérable aux efforts réitérés d'une pitié douce et éclairée. Exaspérée par le malheur, elle avait résisté aux châtiments et à la crainte du dernier supplice; elle s'était enveloppée, pour ainsi dire, d'un réseau d'airain sur lequel s'émoussaient toutes les menaces : une seule parole de consolation la brise, la pénètre, et arrache un infortuné au désespoir. Pourquoi de semblables moyens ne seraient-ils pas employés dans nos bagnes, dans nos maisons de détention ou de correction ? Pourquoi ne pas mieux composer le personnel de l'administration chargée des prisonniers, auxquels la brutalité et les turpitudes de leurs geôliers inspirent autant de haine que de mépris, et, ce qui est pis encore, la dangereuse conviction que les lois ont été injustes à leur égard, puisqu'elles épargnent des gens qui ne valent pas mieux qu'eux? Mais aussi quel honnête homme voudrait remplir de pareilles fonctions, vivre au milieu d'une atmosphère de crimes et d'infamie que la vertu elle-même ne pourrait, dit-on, respirer impunément? Détournons les yeux de cette plaie de la civilisation européenne! espérons que la philanthropie, renonçant en même temps à ses projets de colonies pénales et à son système d'agglomération de forçats dans un même lieu, adoptera enfin le principe reconnu aujourd'hui comme le meilleur, celui qu'ont suivi les États-Unis et plusieurs cantons suisses, je veux dire la répartition des condamnés sur un plus grand nombre de points, afin de pouvoir les isoler plus facilement les uns des autres, et de les soumettre ainsi au régime qui seul jusqu'ici a produit quelques heureux résultats.

J'ai déjà observé que l'omission de ce principe avait fait manquer le but où l'on croyait arriver en envoyant loin de leur patrie les hommes et les femmes convicts. Mais je dois ajouter que, pour les premiers du moins, cet exil n'a pas été absolument stérile : quelques-uns sont rentrés dans le chemin de la vertu, tandis que les femmes ont persisté dans leurs anciennes habitudes. Il est douloureux de voir jusqu'à quel degré d'avilissement et de corruption peut descendre ce sexe délicat, que la nature s'est plu à orner au physique de tous les charmes capables de nous captiver, et au moral de dons plus séduisants encore, quand il a franchi toutes les bornes de cette modestie et de cette retenue qui forment son plus bel apanage.

Les femmes convicts que la Grande-Bretagne fait passr annuellement dans ses colonies australes, et dont le nombre est inférieur des deux tiers à celui des hommes, peuvent être cependant considérées comme la plus détestable partie de cette classe de la population de Van-Diémen et de la Nouvelle-Galles du Sud. A peine reste-t-il dans l'âme de ces indignes créatures quelques vestiges des précieuses qualités de leur sexe ; la pudeur même y est éteinte, et l'on n'y trouve plus qu'un penchant incorrigible à la paresse, au libertinage et surtout à la plus dégoûtante ivrognerie. Les maîtres chez qui, en arrivant d'Angleterre, elles sont placées comme domestiques, avec les plus minutieuses précautions, n'obtiennent d'elles généralement que très-peu de bons services.

Il était difficile de choisir pour ces malheureuses

un genre de punition en rapport avec la faiblesse et les infirmités de leur sexe; aussi tous ceux dont on a essayé jusqu'ici ont-ils été inefficaces. Le régime observé dans les maisons de correction a produit un effet contraire à celui que l'on en devait espérer. Malgré la plus rigoureuse surveillance et des châtiments fréquemment renouvelés, ces méchantes femmes se corrompent entre elles, et finissent par préférer la reclusion, les travaux continus et l'immorale société de leurs pareilles, à la vie paisible, douce, mais uniforme et réglée, qui les attend dans la domesticité. De là résulte une sorte d'impunité pour celles qui sont employées comme servantes; car leurs maîtresses craignant de les perdre tout à fait et de ne pouvoir les remplacer, si une fois on les met en prison, tolèrent leur inconduite, et leur font souvent des concessions dont en Europe les mères de famille comprendraient difficilement la possibilité.

Telles sont les femmes sur lesquelles, dans leurs belles théories, les premiers fondateurs des colonies pénales avaient compté pour adoucir les mœurs des déportés, calmer leur exaspération, et pour peupler la Tasmanie et la Nouvelle-Galles du Sud. Les effets ne répondirent pas aux espérances; alors, pour obvier au mal, on fit exécuter avec rigueur les règlements de police qui décernaient des peines pécuniaires très-fortes contre les individus de toute classe, convaincus de liaisons illicites avec les femmes convicts; mais bientôt le nombre des coupables devint si considérable que les mesures répressives furent négligées. On avait également compté sur des mariages entre les déportés des deux sexes ; il n'y en eut que fort peu : parmi les hommes, les uns ne voulurent pas s'assujettir aux obligations qu'impose une famille ; les autres eurent horreur des compagnes qu'on leur offrait, lesquelles du reste, par suite de leurs débordements passés ou présents, sont généralement peu fécondes. En vain le gouvernement a favorisé autant qu'il a pu leur union avec les colons ; en vain il les a graciées généreusement, lorsque leur manière de vivre semblait donner quelque garantie pour l'accomplissement des devoirs sacrés de mère et d'épouse ; toutes ces tentatives n'ont que peu ou point réussi. Enfin, les convicts des deux sexes, libérés ou non, sont à Van-Diémen et surtout à la Nouvelle-Galles du Sud ce qu'ils auraient été en Europe, c'est-à-dire sans conduite et complétement dépravés.

On n'en sera point étonné, si l'on réfléchit que dans aucune contrée de l'ancien monde la réprobation qui poursuit jusque dans sa postérité l'homme que les lois ont flétri, n'est aussi inexorable que dans ces mêmes colonies pénales où il devait trouver, disait-on, l'entier oubli de ses méfaits. En Europe, il aurait pu cacher son nom, sa vie passée, obtenir peut-être la considération attachée à la fortune et à une bonne réputation ; à Sidney et à Hobart-Town au contraire, il est toujours sous le poids du mépris qui l'écrase, et qui poursuit même ses enfants, dont mille témoins ont vu le père dans les fers. Une profonde ligne de démarcation devait donc nécessairement s'établir entre cette classe, qui renferme pourtant plusieurs familles opulentes, et les émigrés, qui tiennent à la fois dans leurs mains les plus belles terres, les emplois publics et le haut commerce. Les Anglais ont porté avec eux à Van-Diémen tous les préjugés qui dans leur ancienne patrie sont inhérents à la noblesse, et qu'une sanglante révolution pourra seule y déraciner. Une foule de nobles, enfants puînés des meilleures maisons de la Grande-Bretagne, sont venus comme cessionnaires des plus vastes propriétés, ou bien comme principaux employés de l'état, prendre à la tête de la population la même position que celle dont jouissent leurs aînés en Angleterre : même rivalité entre eux, même dédain pour les marchands, qui, du reste, fidèles imitateurs de leurs confrères des trois royaumes, détestent leurs rivaux et s'appuient, pour soutenir la lutte, sur le petit commerce, composé, comme je l'ai déjà dit, de déportés libres formant la transition, bien faible encore, entre les émigrés et les convicts.

Ces deux partis renferment également des hommes de moyens et ambitieux, qui victimes du privilége ou de leurs propres fautes, désirent naturellement retrouver dans leur nouvelle patrie le rang et les avantages qu'ils avaient possédés ou convoités en Angleterre, et sont tout disposés à jalouser les personnes au-dessus d'eux. Aussi, au lieu de soutenir les fonctionnaires publics contre le petit commerce, leur ennemi commun, ils contrôlent et attaquent leurs moindres actes, dans les papiers publics, avec une acrimonie, une virulence qui décèlent un tout autre désir que celui du bien général. Les plus mécontents parmi eux sont les riches colons qui font valoir eux-mêmes leurs terres, et qui, cantonnés sur leurs propriétés, où ils cherchent à copier l'existence confortable des gentilshommes campagnards de la Grande-Bretagne, ne viennent au chef-lieu que lorsque leurs affaires les y appellent. Parfois encore cependant, lorsque leur très-irritable amour-propre n'a pas été offensé trop récemment de quelque mesure prise par l'administration, ou qu'ils ne jouent pas dans l'opposition un des premiers rôles, ils paraissent aux fêtes que le gouverneur donne à certaines époques solennelles de l'année. Il est facile de concevoir qu'une société composée d'éléments si peu homogènes, et qu'achèvent de diviser plusieurs coteries de femmes qui suivent les mêmes bannières que leurs maris, ne doit être ni amusante, ni facile à réunir; aussi à Hobart-Town les assemblées sont-elles rares et annoncées officiellement longtemps d'avance; la froide étiquette y préside et en bannit les plaisirs et l'abandon.

Dans les grands bals, seules occasions où les partis soient en présence, il est facile de reconnaître les fonctionnaires publics à leurs manières aisées, qui dénotent l'opulence et le séjour habituel de la ville; tandis que les gentilshommes de l'intérieur affectent devant leurs rivaux un air froid et dédaigneux, auquel ils mêlent pourtant quelque chose de protecteur envers le troisième parti, celui des marchands, qui fiers de leurs richesses, repoussent de toutes leurs forces cet air de supériorité, tout en se promettant du reste de l'escompter au plus haut prix possible quand ils seront rentrés dans leurs comptoirs. Cette petite vengeance leur est d'autant plus facile qu'ils possèdent le monopole du commerce de la colonie.

Il ne pouvait en être autrement dans un pays tout agricole où le numéraire est rare et les produits des terres fort abondants. Le cultivateur que l'entretien de ses convicts et l'exploitation de sa propriété forcent de recourir aux trafiquants d'Hobart-Town pour se procurer les objets d'Europe dont il a besoin, ne peut les leur payer qu'en nature : ses grains et ses laines s'accumulent donc dans les magasins du chef-lieu, jusqu'à ce que les navires arrivant d'Europe, d'Asie ou de Sidney les prennent en échange de leurs cargaisons. Ce mode de transaction est sans doute très-avantageux pour les marchands, à qui reviennent la plupart des bénéfices, et même pour les armateurs, qui trouvent ainsi tout prêts les chargements de retour pour leurs bâtiments, au lieu d'être obligés d'en faire lentement la collecte chez les colons des diverses parties de l'île; mais il ne l'est pas du tout pour ces derniers, car à Van-Diémen les denrées étrangères sont très-chères, quoique la fréquente arrivée des bâtiments chargés de convicts et leur retour en Europe tiennent le fret à un taux assez modéré. Ce monopole cependant a bien diminué depuis que plusieurs propriétaires de troupeaux expédient directement leurs laines à Londres à la consignation de négociants connus, qui, moyennant une modique commission, se chargent de les vendre et d'en renvoyer la valeur en marchandises britanniques. Si cet usage s'établit tout à fait, la prospérité de la colonie en recevra un nouvel accroissement.

L'exportation des grains ne promet pas d'y contribuer beaucoup : en effet, à l'activité que lui avait imprimée la grande sécheresse qui, pendant plusieurs années de suite, détruisit les moissons de la Nouvelle-Galles du Sud sans nuire à celles de Van-Diémen, a succédé une stagnation d'autant plus désolante pour cette dernière, qu'elle avait déjà commencé d'étendre démesurément la culture du blé, pour lequel elle n'a plus aujourd'hui d'autre débouché que les navires en relâche. Aussi les grains qu'elle récolte sont-ils tombés à vil prix. Tel est du reste le sort réservé à la plupart des denrées de ce pays que des mers immenses séparent des contrées policées. Les peuples de l'Asie et de son grand archipel ne les consomment pas, l'Europe n'en a pas besoin ; et jusqu'à ce que les parties de la Nouvelle-Hollande rapprochées de l'équateur soient peuplées aussi d'Européens et demandent les productions des zones tempérées en échange de celles des tropiques, la Tasmanie verra probablement ses grains et ses troupeaux servir uniquement à la subsistance de sa population.

Mais déjà l'industrie des armateurs d'Hobart-Town puise au sein même des mers orageuses qui environnent Van-Diémen, des richesses que la Grande-Bretagne accueille avec empressement. Chaque année bon nombre de bâtiments de moyen tonnage, mais construits avec soin et montés par d'intrépides marins habitués à la fatigue et aux dangers, partent pour la pêche de la baleine à tête noire, qui fréquente les côtes occidentales de l'île. Là, malgré des coups de vent presque continuels, les embarcations vont à la rencontre de ces énormes cétacés, et aussitôt qu'il y en a un de harponné, elles le traînent auprès du navire. Avec quelle agilité, dès que les lames sont moins tumultueuses, plusieurs matelots, les pieds garnis de crampons et les mains armées de bêches tranchantes, faites d'un acier parfaitement trempé, se précipitent sur le cadavre, que des cordages tiennent suspendu à fleur d'eau et font tourner doucement à mesure qu'on en détache les étroites et longues bandes, pour les amonceler ensuite dans la cale du bâtiment, qui bientôt abandonnant aux flots sa proie entièrement dépouillée, va chercher un refuge au fond de quelque baie ou derrière une chaîne de rochers.

Arrivés dans ces lieux déserts, les pêcheurs s'y construisent des abris temporaires aux dépens des bois d'alentour, qui leur fournissent également le combustible nécessaire pour chauffer nuit et jour la grande chaudière de cuivre où ils transforment en huile la graisse des baleines. Pendant que *la Favorite* était mouillée dans le canal d'Entrecasteaux, je visitai, avec plusieurs de mes officiers, une de ces usines improvisées ; la petite île que les baleiniers avaient choisie était, comme le reste de la côte, d'un aspect sombre et sévère, auquel le reflet d'un ciel pluvieux donnait quelque chose de singulièrement pittoresque. Les rochers aigus et noirâtres qu'il nous fallut franchir pour arriver au gîte des pêcheurs, préparaient l'imagination à la scène vraiment étrange qui allait s'offrir à nos regards.

Sur une étroite esplanade à peine déblayée des cailloux et des broussailles qui l'encombraient auparavant, s'élevait un amas informe de branches d'arbres et de mâts entrelacés, que recouvraient des voiles malpropres : dessous cette espèce de toit, que la pluie perçait de toutes parts et d'où s'échappaient des torrents d'une fumée noire et fétide, je trouvai des hommes que leurs figures barbouillées de graisse et de suie, la hideuse saleté de leurs vêtements et la grossièreté de leurs manières faisaient ressembler parfaitement à des sauvages de Van-Diémen. Les uns attisaient le feu en y jetant le résidu des chairs dont ils avaient extrait l'huile par l'ébullition, les autres divisaient les morceaux de baleine et les précipitaient dans la chaudière bouillonnante, tandis que le reste de leurs compagnons réparaient les barriques ou les remplissaient de l'huile qu'on avait mis refroidir dans des vases rangés à l'écart.

L'atmosphère infecte de cet antre eut bientôt rebuté notre curiosité et nous obligea d'en sortir ; les objets extérieurs n'avaient rien de plus séduisant, et partout aux environs se répandait une odeur repoussante qui nous poursuivit jusque dans la tente où les matelots prenaient quelque repos la nuit après les fatigues de la journée. Des hamacs sales et humides, des ustensiles grossiers et une pièce de rhum, seule source de distractions et de plaisirs pour les habitants de ce dégoûtant séjour, en composaient l'ameublement. Tout enfin, dans ce lieu sauvage, nous faisait éprouver, à mes compagnons de promenade et à moi, un sentiment indéfinissable d'inquiétude et d'isolement, qui augmenta encore lorsque nous eûmes gravi jusqu'au sommet de l'île. De là nous découvrions la mer du large que les vagues blanchissaient de leur écume, et dont une brume épaisse enveloppait le douteux horizon. Du côté des terres nous étions entourés de grands eucalyptus à travers lesquels nous distinguions le pauvre petit baleinier qui, mouillé dans une crique tout près de la plage et à peine abrité par les rochers, se préparait à repartir. Le bruit du feuillage des arbres frappé par la pluie et agité par le mauvais temps, le sourd mugissement des lames qui déferlaient sur le rivage, troublaient seuls le silence de cette solitude; nous étions tout à fait sous cette influence, impossible à décrire, qu'exerce sur le voyageur le spectacle des terres voisines du pôle S.

Naguère un autre genre de pêche enrichissait également les armateurs du chef-lieu de la Tasmanie. Les phoques, dont on recherche en Europe l'huile et les peaux, abondaient sur les côtes de l'île, et principalement dans le détroit de Bass. Mais ces animaux amphibies, pourchassés à outrance, ont fui sur les côtes occidentales de la Nouvelle-Hollande. Il est à craindre, par la même raison, que les baleines noires ne désertent aussi les bords australiens et ne forcent les pêcheurs à monter de plus forts bâtiments pour les atteindre au milieu des glaces antarctiques.

En attendant cette époque, où sans doute les marins d'Hobart-Town déploieront une nouvelle activité, les dépouilles des phoques et des baleines forment avec la laine des brebis les deux principaux objets d'exportation de la Tasmanie. Les autres branches de commerce, telles que les moutons vivants; l'écorce de mimosa que l'on emploie avantageusement à tanner les cuirs, les bois de mâture ou de construction, enfin le phormium, espèce de chanvre qu'une multitude de caboteurs vont acheter aux insulaires de la Nouvelle-Zélande, auxquels ils donnent en payement de la poudre et des fusils, ces branches de commerce, disons-nous, sont encore peu considérables, mais acquièrent chaque jour plus d'importance, surtout depuis 1825, année où il fut permis aux nationaux d'apporter directement à Hobart-Town les marchandises de la Chine et de l'Inde, que jusque-là on avait tirées exclusivement d'Angleterre. Cependant, malgré cette tolérance de la métropole, il est certain que la colonie souffre beaucoup de l'absence totale de navires étrangers.

Je pourrais facilement en expliquer ici les causes; mais comme j'aurai à traiter plus en détail, dans le chapitre suivant, la question des relations commerciales et du gouvernement intérieur de la Nouvelle-Galles-du-Sud, dont Van-Diémen n'est pour ainsi dire qu'une succursale, soumise aux mêmes lois, aux mêmes règlements de douanes, et qui court les mêmes chances de ruine ou de prospérité, j'espère contenter entièrement, dans ce chapitre, la curiosité de mes lecteurs. En partageant ainsi les détails relatifs à ces deux colonies, j'éviterai de fatigantes répétitions, et n'en compléterai pas moins, autant que me le permettront les faibles moyens dont je dispose, l'ébauche de l'état actuel des possessions anglaises dans l'Océan austral (20).

Quelque nombreux que soient les rapports communs aux deux pays, ils ne sembleraient pas devoir s'étendre jusqu'aux productions du territoire; car l'un a un climat presque aussi humide et aussi froid que celui de notre Basse-Bretagne, tandis que l'autre rappelle, par sa douce température, l'Espagne ou l'Italie; ils fournissent tous deux pourtant des grains et des troupeaux. Aussi existe-t-il entre leurs habitants une noble émulation dans tout ce qui concerne l'agriculture et l'amélioration des bestiaux. Avec quel amour-propre et quel empressement chaque colon publie le succès d'une expérience qui souvent lui a coûté fort cher! Bientôt les gazettes s'en emparent, la proclament avec des louanges qui retentissent des deux côtés du détroit de Bass. Avec quel plaisir les possesseurs des plantations que je visitais me parlaient de leurs champs, de leurs naissants vergers, que l'été suivant devait enrichir de moissons et de fruits! Ils me montraient aussi leurs moutons dont la laine était encore inférieure à celle des troupeaux de la Nouvelle-Galles du Sud, mais qu'ils allaient croiser avec des béliers de Saxe, de France ou d'Espagne, afin d'en obtenir une toison plus douce et plus soyeuse. Que de soins sont prodigués à ces précieux animaux! Durant la belle saison, on les envoie, chaque matin, au sortir de la bergerie, paître une herbe nouvelle que les bœufs n'ont jamais foulée; et le soir, au moment où on les renferme, l'œil du maître observe avec sollicitude leur démarche et leurs moindres mouvements. Toutes ces précautions sont nécessaires pour les garantir des ravages qu'exercent fréquemment sur eux les maladies à Van-Diémen, et principalement de l'humidité ainsi que de la boue qui souillent la laine des moutons communs. Ceux-ci, au nombre de plusieurs milliers, errent dans les forêts jusqu'à l'époque de la tonte, et sont menés souvent très-loin des fermes par les pasteurs, à qui le propriétaire envoie des provisions sur ses chariots aux lieux désignés d'avance. Depuis que la race des naturels est réduite à une poignée d'hommes, le seul ennemi redoutable pour les troupeaux est une espèce de renard à robe fauve rayée de noir et au museau pointu, que son instinct sanguinaire et rusé a fait nommer, avec raison, *devil-dog* (chien du diable) par les fermiers, dont il dépeuple les bergeries; mais la guerre à mort que lui font les chiens européens en a beaucoup diminué l'espèce. Malheureusement cette guerre n'a pas été fatale aux seules bêtes de proie, le gracieux et inoffensif kanguroo n'a pu, malgré sa légèreté, échapper que bien difficilement à ces nouveaux ennemis; il s'est réfugié au fond des bois, loin des endroits habités par les Anglais, et ceux-ci commencent à déplorer la disparition rapide des différentes variétés de ce quadrupède singulier, que la nature n'a accordé qu'à la Nouvelle-Hollande et à Van-Diémen.

De toutes les invitations que m'adressèrent les plus notables habitants des environs d'Hobart-Town pour aller visiter leurs propriétés, il ne me fut loisible d'accepter que celle d'un ancien colon, vieillard chez qui la force de caractère et les talents étaient unis à l'habitude du monde et des affaires, et dans la conversation duquel je puisai une foule de renseignements sur la Tasmanie.

L'habitation, simple mais confortable, de M. Gelibrand était située sur la rive gauche de la Derwent, à deux lieues au-dessous de la ville et sur le sommet d'une presqu'île élevée qui commande les alentours. A nos pieds venaient passer des caboteurs et de forts navires, à moitié cachés par la brume que le vent d'O. chassait devant lui : les uns profitant de la brise favorable, se rendaient en toute hâte au chef-lieu; les autres louvoyaient pour gagner la baie des Tempêtes, mais bientôt intimidés par le mauvais temps, ils mouillaient sur notre droite à l'entrée d'un large enfoncement dont les eaux tranquilles étaient sillonnées par une foule de jolis bateaux.

Derrière la maison se présentaient des points de vue d'un autre genre. Aux plantations de pommiers et de pêchers, garnis de fleurs roses et blanches qui n'attendaient pour éclore que la venue des premiers beaux jours, s'entremêlaient des champs de légumes et de blé, dont la vigoureuse végétation promettait d'abondantes récoltes. Toutes ces preuves de la persévérance et du travail des hommes n'attirent que fort peu, dans l'ancien monde, l'attention de l'observateur; mais sur ces nouvelles terres, les cultures, les maisons, les moindres vestiges de civilisation lui paraissent autant de trophées des combats longs et opiniâtres qu'a livrés la race européenne à la nature sauvage et rebelle des régions antarctiques. De tous côtés, le casuarina si remarquable par son feuillage et la beauté de son bois, le gigantesque eucalyptus qui atteint souvent cent soixante pieds de hauteur, le xanthorrhéa au tronc inégal et cassant, le banksia qui sert principalement à chauffer pendant l'hiver le foyer du colon, et cent autres sortes d'arbres tout à fait inconnues dans nos climats, tombent sous la hache et enrichissent de leurs débris le sol qu'ils ombrageaient depuis des siècles. A leur place figurent maintenant des fermes, des vergers, des troupeaux, et tout l'attirail des travaux champêtres.

Je ne me lassais pas de contempler les riantes métamorphoses que la campagne étalait autour de moi. Ici, des arbres fruitiers apportés d'Europe poussaient avec une étonnante vigueur et paraissaient déjà acclimatés ; là, je reconnaissais aux différentes couleurs dont le terrain était émaillé la plupart des plantes employées dans l'ancien monde aux usages domestiques. Partout s'offrait à moi l'image de la fécondité et de l'abondance ; je croyais que ce rêve si séduisant, fait en vain en Europe tant de fois par les philosophes, le repos au sein d'une douce aisance, s'était enfin réalisé pour les agriculteurs de la Tasmanie ; mais bientôt les détails que je dus à l'aimable obligeance de mon hôte me prouvèrent que nulle part au monde l'homme n'est certain de jouir paisiblement du fruit de ses travaux.

En septembre et octobre, à la suite des pluies abondantes de l'hiver, les rivières débordent, les moindres ruisseaux deviennent des torrents qui détruisent les plantations, et ravagent les campagnes dont je venais d'admirer la fertilité. Quelques mois plus tard, quand soufflent les vents de N. O., une chaleur brûlante, causée, à ce qu'on prétend, par les incendies que la foudre ou les indigènes allument dans les forêts, dessèche la terre et consume en peu de temps les moissons. Pendant les années trop humides, les moutons sont décimés d'une manière désastreuse par des maladies épidémiques; alors leur laine durcit et perd beaucoup de sa valeur. Les troupeaux de bœufs ne redoutent que peu ces fléaux ; mais leur prodigieuse multiplication, au milieu des excellents pâturages qui couvrent les parties basses de Van-Diémen, est aujourd'hui une charge pour les propriétaires, auxquels les plus gros de ces animaux ne sont payés au plus que 30 schellings (37 fr. environ), somme beaucoup trop faible pour leur procurer quelques bénéfices, ou même pour les rembourser des dépenses qu'exige l'entretien des bergers et des autres servants. Car les convicts, quoique fournis gratuitement par l'état aux colons, n'en sont pas moins pour eux un lourd fardeau. En effet, outre que ces auxiliaires, presque tous étrangers à l'agriculture, et dépourvus de zèle autant que de bonne volonté, rendent bien moins de services que des ouvriers libres, habitués à travailler la terre ou à soigner les bestiaux, le prix de leur habillement et des denrées nécessaires à leur subsistance surpasse certainement, proportion gardée, celui de la journée d'un paysan en Angleterre. Si l'on fait attention encore que les onéreuses obligations du maître envers ses domestiques ne sont point suspendues pendant les jours de fête ou de repos, ni même pendant ceux que ravit au travail la passion des liqueurs fortes, vice trop répandu dans toutes les classes de la population de Van-Diémen et de l'Australie, pour que l'autorité songe à le réprimer sévèrement (21), on concevra sans peine pourquoi les grands propriétaires montrent tant d'empressement à profiter de la permission que le parlement leur a depuis peu accordée, de faire venir d'Europe des familles entières de cultivateurs.

Cependant on ne peut se dissimuler que cette permission, quelque juste qu'elle paraisse, ne soit contraire aux intérêts de la Grande-Bretagne : car une fois les déportés devenus inutiles sous le rapport agricole, ils tomberont nécessairement à la charge de la métropole ou de la colonie. Dans le premier cas, l'Angleterre se verra forcée d'augmenter considérablement ses dépenses; dans le second qui est le plus probable, les émigrés déjà dégoûtés des convicts et fatigués de subvenir à leur entretien, pourraient bien secouer le joug britannique, sous lequel d'ailleurs ils semblent ne ployer qu'impatiemment. Ce désir, ces principes d'indépendance, que j'ai remarqués chez presque tous les habitants de la Tasmanie ainsi que de la Nouvelle-Galles du Sud, et dont j'expliquerai plus tard la cause et les effets, s'alliaient chez mon hôte à l'amour exclusif du pays où il avait transporté ses pénates. Pour lui, Van-Diémen était la seule et véritable patrie : il cherchait à deviner ses destinées futures; il la voyait libre et puissante; enfin il se laissait aller à tous les rêves brillants que les poëtes et les rédacteurs de gazettes d'Hobart-Town répètent sans cesse à leurs concitoyens. Ces rêves, du reste, sont extrêmement pacifiques; le commerce et l'agronomie en font tous les frais. Il n'y est question ni de combats ni de victoires, mais de bateaux à vapeur destinés à rendre les communications plus promptes et plus faciles, de flottes marchandes transportant dans toutes les parties de l'Océan antarctique les productions de la Tasmanie, et surtout de rivalité d'industrie et de richesses avec la Nouvelle-Galles du Sud. Combien cet excellent vieillard se plaisait à m'énumérer les avantages de Van-Diémen! Ses grains sont plus gros, mieux nourris, donnent une farine meilleure que ceux de l'Australie, dont les insectes rongent une bonne partie dans les greniers ; ses légumes, et principalement les pommes de terre, ont plus de goût et de saveur; et si les deux tiers environ de sa surface sont enlevés à l'agriculture par des marécages, des mornes, et le terrible vent d'O., qui frappe de stérilité toute la partie occidentale de l'île, en revanche ses terres cultivables sont fortes, grasses et capables de produire les végétaux de nos climats. Un jour viendra, me disait-il, que ces montagnes hérissées d'arbres séculaires fourniront du fer, du cuivre, du manganèse et d'autres métaux plus précieux, dont mille indices annoncent l'existence dans leurs entrailles; que les mines de houille du cap Sud, exploitées malgré les marais profonds et la mer toujours agitée qui en défendent l'approche, donneront un combustible dont le besoin se fait sentir aujourd'hui péniblement à Hobart-Town, où, par suite de l'entière destruction des forêts voisines, on paye le bois à brûler excessivement cher.

Là ne se bornent pas, me disait encore mon hôte, les richesses minérales de la terre de Van-Diémen, car cette île renferme aussi plusieurs espèces de marbres susceptibles d'un beau poli, et de la chaux très-estimée pour la maçonnerie. Cette dernière, ajoutait-il, est peu propre à blanchir extérieurement et intérieurement les maisons, à cause de sa couleur rougeâtre, qui décèle la présence de l'oxyde de fer ; mais on y substitue, pour cet usage, une autre qualité de chaux faite avec des coquilles que l'on trouve par bancs auprès des côtes de la mer.

L'amour national que les colons de l'intérieur de la Tasmanie montrent pour elle n'est pas moins vif chez ceux qui habitent les villes. Si les uns s'enorgueillissent de la beauté de leurs champs et de leurs troupeaux, les autres sont également fiers des monuments utiles, des promenades et des campagnes riantes qui embellissent les rues ou les environs de leurs cités et retracent le souvenir de la vieille Angleterre à l'émigrant récemment débarqué.

La plus fréquentée de ces promenades est celle de New-Town, village situé à trois milles du chef-lieu, et que j'ai souvent parcourue en voiture avec mes nouvelles connaissances. D'abord la route monte entre deux rangées de jolies maisons toutes neuves ; puis s'éloignant de ces dernières limites de la ville, elle traverse une vaste plaine divisée en compartiments par les haies et les palissades qui ceignent chaque possession. De distance en distance elle passe entre d'élégantes barrières dont les battants à peine fermés livrent aux curieux l'entrée d'une avenue qui conduit à une habitation bien simple mais fort commode, et où j'étais toujours certain de recevoir un accueil bienveillant.

A chaque instant, des colons bien vêtus, coiffés de chapeaux à larges bords, et montés sur des chevaux dont la race tirée primitivement du Chili et mêlée à celles d'Angleterre est devenue fort belle, passaient rapidement auprès de nous. Les uns allaient à Hobart-Town pour apprendre les nouvelles d'Europe ou de Sidney, et peut-être aussi pour conclure quelque marché; les autres hâtaient leur course afin d'arriver au sein de leur famille avant que la soirée ne fût trop avancée. Cependant les routes sont à présent très-sûres même la nuit, et les hôtelleries offrent aux voyageurs attardés des asiles où ils trouvent le confortable uni à la plus grande propreté. Ces hôtelleries, preuve certaine de la prospérité commerciale d'un pays, se rencontrent dans tous les villages de la Tasmanie et sont autant de centres d'affaires pour les cultivateurs. Là se tiennent ordinairement les marchés. Là aussi ont lieu les courses de chevaux, malheureuses occasions de désordres produits surtout par l'ivrognerie, vice d'où proviennent presque uniquement les maladies qui enlèvent les Européens sous ce climat sain et tempéré. New-Town possède plusieurs auberges qui servent de but de promenade à la population d'Hobart-Town. Rien de plus gai, de plus frais que le paysage dont elles sont entourées. Sur la droite du chemin, et parmi des plantations parsemées de petites et blanches habitations, serpente un ruisseau dont quelques bouquets d'arbres indigènes, seuls restes des bois qui couvraient naguère ces cantons, indiquent le cours capricieux. Ses eaux gonflent parfois tout à coup pendant la saison des pluies, renversent les petits ponts de brique qui s'opposent à leur impétuosité, et vont se perdre dans le paisible bassin formé par la Derwent à peu de distance du bourg. Les yeux parcourent avec plaisir ce bassin où naviguent une foule de bateaux qui transportent au chef-lieu les récoltes des propriétés d'alentour, ou viennent débarquer sur le rivage des cargaisons de marchandises étrangères. Les noires colonnes de fumée des fours à chaux, les grosses meules de foin que les prudents fermiers ont placées au sommet des monticules, animent encore ce paysage enchanteur. Sur la gauche, d'autres sites plus rapprochés, mais non moins agréables, récréent la vue du promeneur quand il entre dans New-Town. Il aperçoit d'abord les auberges, où se rassemblent les piétons et les cavaliers qui viennent examiner au passage les voitures remplies de dames ; puis sur un plan plus éloigné, un édifice de pierres et de briques qui sert d'école aux jeunes filles orphelines, et dont les murs de clôture, ainsi que le pavillon du centre, séparé de chaque aile par un assez long bâtiment, se détachent pittoresquement du vert foncé d'un bois où voltigent en gazouillant des essaims d'oiseaux. Enfin ses regards se reposent, du même côté, sur une chaîne de collines tapissées d'une immense pelouse couverte de moutons, et à travers laquelle fuit jusque dans le lointain la route qui mène à Launceston.

Tant de scènes attachantes, tant de dehors séduisants qui annonçaient une population paisible et vertueuse, me tenaient en quelque sorte sous le charme ; j'allais me figurer que le paradis terrestre du XIXe siècle était aux contrées antarctiques, lorsque j'aperçus une troupe de criminels occupés à réparer le chemin. Les chaînes qui les liaient, leurs traits durs, leurs physionomies sinistres, leur uniforme jaune tacheté de brun, me ramenèrent péniblement à la réalité, et les illusions s'évanouirent.

Ces dernières impressions m'assaillirent encore lorsqu'un matin j'allai au pied du mont Wellington visiter la maison de correction des femmes convicts, bâtie dans un vallon, auprès de la petite rivière qui traverse la ville, et dont les eaux, dans cet endroit, font tourner plusieurs moulins à planches ou à blé. Ce mouvement continuel contrastait d'une manière singulière avec le silence des environs. Je n'étais entouré de toutes parts que de monts aux pentes rapides et de bois épais où les sauvages se réfugiaient, il y a peu d'années encore, pour se soustraire à la vengeance des blancs, et dans lesquels maintenant se retirent les kanguroos que les chasseurs et les chiens ont contraints à déserter les plaines.

Dans ce vallon solitaire, où règne en souveraine la sombre et sévère nature des Terres Australes, la teinte rude et monotone répandue sur tous les objets dispose le promeneur au sentiment de tristesse qui s'empare de lui quand, après avoir descendu le long du ravin, il arrive à la prison, qu'une sage prévoyance a fait placer dans cet endroit isolé. C'est là que plusieurs centaines de misérables créatures, la honte de leur sexe, usent une existence vouée à l'infamie. Une surveillance rigide, et les châtiments les plus rigoureux, suffisent à peine pour les contenir et les forcer de travailler à la confection des étoffes de laine et des chemises destinées à l'habillement des condamnés entretenus par l'administration.

Philanthropes européens qui prétendez que le changement d'hémisphère suffit pour transformer les pensionnaires déhontées des lieux de débauche de nos cités en mères de famille sages et laborieuses, interrogez les colons de Van-Diémen et visitez la maison de correction des femmes déportées! Mais abandonnons jusqu'à la Nouvelle-Galles du Sud cette race perverse et corrompue, qui, semblable aux harpies de Virgile, souille tout ce qu'offrent d'intéressant les colonies australes, et que le lecteur vienne avec moi se délasser dans le jardin botanique du gouvernement.

Sur la rive occidentale de la Derwent, au-dessus de la pointe qui ferme dans le N. la rade ou le port d'Hobart-Town, s'étend un vaste terrain dont la partie basse a été transformée en un jardin qu'embellissent des espaliers, chargés, pendant l'été, des fruits de l'Europe. Au milieu de larges plates-bandes, où l'on a rassemblé tous les légumes du monde, depuis le plus humble jusqu'au plus estimé, courent parallèlement de longues files de jeunes arbres fruitiers apportés principalement de France. J'y remarquai des pommiers tirés de la Normandie, et dont les rejetons fournissent maintenant aux cultivateurs de la Tasmanie un très-bon cidre qui remplace le jus de la vigne, à laquelle le climat humide de Van-Diémen ne convient pas. Il y avait aussi des pêchers en plein vent, fort communs dans les campagnes de Launceston, qu'ils ornent, au commencement du printemps, de fleurs blanches et roses, et qui donnent à profusion, quelques mois après, des fruits avec quoi on fabrique de l'eau-de-vie et on engraisse les bestiaux. Le cerisier, le prunier, le délicat abricotier poussaient des bourgeons vigoureux, et allaient fleurir dans la saison même qui devait être pour leur ancienne patrie le temps de la neige et des frimas.

Dans cette enceinte où toutes les productions du globe se trouvaient transplantées pour essayer leurs forces sur une terre nouvelle et sous un ciel étranger, les arbres et les plantes indigènes n'avaient pas été oubliés. Les baies au goût aigre et acerbe qui servent à faire d'assez mauvaises confitures, et que cependant les émigrés, en l'honneur de leur patrie, ont décorées des noms des meilleurs fruits d'Angleterre, attendaient aussi la chaleur pour montrer leurs couleurs vives et tranchantes; auprès de la modeste violette, de l'orgueilleuse rose et des autres fleurs de nos parterres, figuraient dans toute leur splendeur sauvage les fleurs brillantes, mais inodores, ravies aux forêts de la Tasmanie.

Tous les trésors de cette pépinière sont ouverts aux agriculteurs de l'île. Les fonctionnaires publics y prennent ce dont ils ont besoin pour la consommation de leurs maisons, et l'équipage de *la Favorite* eut part à cette munificence du gouvernement.

Non loin de ce jardin, et toujours sur le bord de la rivière, on rencontre un petit bois que les colons n'ont épargné que pour l'asservir aux capricieuses fantaisies de l'art. Tantôt dans un fond arrosé par un petit ruisseau qui court en murmurant à travers l'herbe et les rochers, on découvre une volière où l'on a réuni tous les oiseaux des forêts, des lacs et des côtes de Van-Diémen. Là s'agitent et crient sans cesse de petites perruches à la tête rouge et aux ailes émeraudes; les pies australes au corps élancé, au plumage nuancé de mille couleurs ; de superbes kakatoès à l'aigrette jaune, aux plumes blanches comme la neige; les grosses oies grises du détroit de Bass; enfin le majestueux cygne noir que les quatre parties du monde envient à la Nouvelle-Hollande et à Van-Diémen, et qui étale, en nageant doucement sur un bassin, ses formes moelleuses et arrondies. Tantôt apparaît au faîte d'un monticule et à travers le feuillage, un élégant kiosque fait de troncs et de branches d'arbre à peine dégrossis, et qu'environnent de frais boulingrins où se croisent en tous sens des allées inégales.

C'est dans cet édifice agreste, mais orné avec soin à l'intérieur, que le gouverneur rassemble quelquefois durant la belle saison les dames d'Hobart-Town. Malheureusement pour nous, l'époque de notre relâche n'était pas celle où il organisait ces parties de plaisir, mais nous en fûmes dédommagés au delà même de nos espérances par toutes les attentions dont il nous combla. Les principaux fonctionnaires publics, l'état-major du 69° régiment de ligne, qui formait la garnison de la colonie, nous traitèrent aussi avec la plus noble générosité; c'étaient chaque jour nouveaux bals et nouveaux festins; de leur côté, les officiers de *la Favorite* répondirent, suivant leur coutume, par de longs et splendides repas, à une réception si amicale. La corvette était devenue le rendez-vous journalier des plus jolies femmes du chef-lieu; et comme je ne pouvais, dans mon inexpérience, reconnaître, sous ces figures lis et roses, sous ces toilettes recherchées, sous cet extérieur gracieux et distingué, les traces de la poussière du comptoir ou du magasin et encore moins le sceau du *convicisme,* je fus plusieurs fois sur le point de commettre la faute impardonnable de faire trouver ensemble l'aristocratie et le commerce, et de confondre les marchands avec les descendants des premiers convicts que les tribunaux de Sidney envoyèrent dans la Tasmanie. Mais, au milieu de cette société partagée en plusieurs camps ennemis, une observation attentive m'eut bientôt mis au fait de ses tracasseries ainsi que de ses préjugés, et j'eus dès lors bien moins de peine à ménager tous les partis. Une semblable diplomatie aurait été peut-être au-dessus de mes forces, si la nécessité de se réunir pour nous fêter n'avait pas amené une trêve qui, malgré sa courte durée, ne fut pas toujours franche d'animosité, ainsi que j'eus lieu de l'observer plusieurs fois dans les assemblées particulières et aux bals donnés par le gouverneur.

A Hobart-Town, les réunions intimes et sans étiquette, où des parents et des amis viennent fréquemment chercher d'agréables délassements, m'ont semblé à peu près inconnues. Les visites se font de jour; et le soir chaque maison, à moins qu'elle ne soit le théâtre d'un bal ou d'un grand dîner, est obscure et fermée comme un château fort. Un esprit d'intolérance auquel la religion a beaucoup de part, une excessive sévérité de principes dont les pauvres femmes sont, je crois, les seules victimes, jettent dans les relations des habitants une sorte de gêne et de réserve qui se ressent un peu de l'austérité puritaine.

Cependant j'ai vu peu de villes du second ordre qui possédassent plus d'éléments propres à composer une agréable société. Les administrations publiques, la garnison et le commerce comptent un grand nombre d'hommes aussi remarquables par leurs talents que par leur fortune, et dont les procédés affables nous ont laissé, aux officiers de la *Favorite* et à moi, de fort doux souvenirs.

La majeure partie des femmes que je vis dans les bals étaient jolies, bien faites, et leur teint ne le cédait en rien, pour la blancheur et l'incarnat, à celui du beau sexe de la Grande-Bretagne. Elles avaient des toilettes dignes des élégantes de Paris, ce qui n'empêchait pas qu'elles ne se plaignissent vivement du retard du navire qui aurait dû leur apporter, il y avait plus d'un mois, les très-coûteuses modes de Londres. Dans nos capitales, où quelquefois une seule rue sépare les marchands de leurs pratiques, la foi punique des faiseuses de chapeaux et de robes est bien souvent, les jours de bal, un sujet de désolation pour les dames. Que doit-ce être à Sidney et à Hobart-Town, où les triomphes d'une belle dépendent des vents contraires ou favorables qui arrêtent ou poussent le bâtiment, impatiemment attendu, pendant un voyage de cinq mille lieues!

Au sein du repos et des distractions que nous goûtions dans cette relâche, j'aurais pu oublier la cruelle épreuve que nous venions de subir, si nos malades se fussent rétablis. Mais l'épidémie, entretenue par le climat humide de Van-Diémen, continuait ses ravages parmi eux, et plusieurs étaient morts successivement à l'hôpital, malgré les soins réunis de M. Eydoux et du médecin en chef de la colonie. Je me décidai donc à partir pour la Nouvelle-Galles du Sud, dont la température plus égale me faisait espérer pour nos malades un prompt retour à la santé.

Les coups de vent qui se suivaient presque sans discontinuer, et un événement fatal qui vint répandre de nouveau le deuil à bord de la corvette, me décidèrent à presser encore davantage le départ. Le 28 juillet à la chute du jour, le nommé *Audibert*, patron du canot major, qu'il avait ramené de terre un moment auparavant, était occupé, avec un jeune matelot, à l'amarrer derrière la corvette. Dans un grain violent, la corde casse ou lui échappe, et l'on vit, à travers l'obscurité profonde, le trop intrépide patron mâtant son canot et hissant les voiles, sans doute pour louvoyer et regagner le bâtiment. Mais bientôt tout eut disparu! En vain deux embarcations commandées par un officier et des élèves parcoururent, à sa recherche, malgré le mauvais temps, les rivages de la rade pendant une partie de la nuit et la journée suivante. Ce ne fut que le surlendemain, que des baleiniers à qui j'avais promis une récompense s'ils retrouvaient notre canot, me prévinrent qu'il était échoué sur les roches, à peu de distance de la baie des Tempêtes. Nous l'y trouvâmes, en effet, renversé sens dessus dessous, avec ses voiles encore liées aux mâts, indice certain du naufrage, et nous acquîmes, après quelques jours d'une vaine attente, la douloureuse certitude que ces deux hommes avaient été dévorés par les chiens de mer, dont l'espèce est très-commune dans la Derwent, et si vorace que rarement elle laisse aux malheureux tombés à l'eau le temps de se sauver.

Telle fut la triste fin de nos compagnons, et nous perdîmes ainsi un quartier-maître de manœuvre hardi, dévoué, excellent marin, aimé de tout le monde à bord, et un jeune matelot qui promettait beaucoup; ils avaient échappé aux ouragans, aux échouages, aux maladies de Manille et de Java, enfin à la fatale épidémie, et succombèrent sur une rade, dans un port, lorsque le voyage touchait à son terme!

Le 7 août au matin, par un temps magnifique, *la Favorite*, après avoir, comme à son arrivée, salué le pavillon anglais de vingt et un coups de canon que le fort rendit sur-le-champ, appareilla d'Hobart-Town pour le cheflieu de la Nouvelle-Galles du Sud. Le regret que chacun de nous éprouvait de quitter pour longtemps, et pour toujours peut-être, une colonie où il avait été si généreusement accueilli, fut encore augmenté par les témoignages d'affection dont nos connaissances nous comblèrent au moment du départ; elles ne voulurent abandonner le navire que lorsqu'il commençait à s'éloigner de la ville; alors elles s'embarquèrent sur de jolis bateaux pavoisés de pavillons français, et nous firent leurs derniers adieux par des *houras* fréquemment répétés (22).

La corvette, favorisée par un bon vent de N., franchit bientôt l'embouchure de la rivière, et entra dans la baie des Tempêtes, sur les bords de laquelle le calme et les brises folles la retinrent jusqu'à la nuit. Cette contrariété me laissa le loisir d'examiner, durant l'après-midi, tantôt les plages arides et désertes qui bordent à l'O. la presqu'île Tasman, et qu'une mer toujours houleuse blanchit de ses vagues écumantes; tantôt les terres hautes et menaçantes, qui bornent au N. E. la longue île Bruni. C'est dans cette dernière partie, et principalement au cap Cannelé, que les couches de basalte noire qui forment la base de Van-Diémen, se montrent à nu sous la forme de tuyaux d'orgue gigantesques. Des blocs énormes, suspendus à plusieurs centaines de pieds au-dessus des profondes excavations où les lames du large s'engouffrent avec un bruit sourd et effrayant, semblent à l'œil qui les mesure, être toujours au moment de perdre leur équilibre et d'aller augmenter le nombre des écueils dont cette côte de fer est hérissée.

L'intérieur de Bruni n'offre pas moins de vestiges des bouleversements que ces régions ont subis comme le reste du globe. A chaque pas, le naturaliste étonné s'arrête devant de longues aiguilles de granit, espèces d'obélisques qui s'élèvent çà et là, seuls et isolés, au milieu de prairies raboteuses. Auprès du cap Borel, il rencontre également des pyramides de morceaux de pierres volcaniques superposés si légèrement qu'un projectile lancé par une main adroite pourrait abattre facilement celui qui en termine la pointe. Vainement le voyageur égaré dans Bruni interroge la boussole pour s'orienter au milieu des monticules de rochers et de sable revêtus d'une bourre épaisse de plantes touffues ou d'arbustes rabougris; l'aiguille, soumise à l'influence magnétique des masses de basalte dont je viens de parler, tourne incertaine et ne marque plus le N.

A huit heures du soir, nous doublâmes, à l'aide d'une

faible brise de N. O., les caps Raoul et Pillar, que la presqu'île Tasman projette au loin vers le S., et dépassâmes ainsi heureusement les baies immenses qui les séparent, et où la grande houle venant du pôle, ainsi que le courant, portent quelquefois les navires, qui sont alors forcés de mouiller à l'aventure pour se dérober au naufrage. La corvette les arrondit à sept milles, afin d'éviter l'abri des terres; et lorsque je fis gouverner au N., je croyais avoir esquivé tous les dangers de la baie des Tempêtes; mais nous ne devions pas en être quittes à si bon marché : avant minuit, *la Favorite* avait déjà trois ris pris aux huniers, et luttait contre une mer très-dure que soulevait le vent de N. O. Par bonheur, la bourrasque s'apaisa bientôt, et au point du jour, la corvette poussée par une brise d'O., longeait sous toutes voiles les côtes orientales de Van-Diémen.

Nous distinguâmes parfaitement la baie découverte par le capitaine français Marion, et connue depuis sous le nom de ce navigateur; l'île Maria, avec ses rivages escarpés; la vaste baie Fleurieu, où abonde, à certaines époques, une espèce de mouette fort grasse, que les habitants des terres environnantes prennent en les tuant à coups de bâton; le port Montbazin, dont les Anglais ont fait un établissement pénitentiaire pour les convicts de la colonie. Toujours guidé par les excellentes cartes dressées en 1800 par le capitaine Freycinet, officier dans l'expédition du capitaine Baudin, qui comptait le célèbre Péron au nombre des savants embarqués sous ses ordres, je reconnus la plupart des mouillages dont la nature a doté cette partie de Van-Diémen. Plus loin, la côte, en se dirigeant droit au N., devient basse, sablonneuse, et n'offre aucun abri aux navires : la brume la cacha entièrement à notre vue pendant la journée suivante. Le 10, à midi, nous étions par 39° 12' de latitude et 147° 48' de longitude orientale, c'est-à-dire presque à l'ouverture du détroit de Bass. Le courant portait à l'E. avec violence; la mer se ressentait encore de l'impulsion que lui avaient imprimée les vents d'O., qui soufflent presque continuellement sur les côtes occidentales de la Nouvelle-Hollande. Elle arrivait jusqu'à nous, clapoteuse, bruyante et comme furieuse d'avoir disputé le passage à une foule d'îles, de rochers et de récifs. En effet, du côté occidental du détroit, les eaux se précipitent à travers les canaux que forme, avec les pointes avancées des deux grandes terres, l'île King située entre-deux; plus à l'E., elles se choquent en grondant contre une ligne d'écueils, parmi lesquels le Crocodile est le plus dangereux pour les bâtiments. Enfin, arrivées à l'extrémité orientale du détroit, elles se trouvent resserrées entre le promontoire Wilson, que précède le groupe des petites îles de Kent, et l'archipel Furneaux, séparé à peine de Diémen par un passage étroit, et elles acquièrent cette vélocité qui fit soupçonner au judicieux Cook, dont elles entraînèrent les navires au large, que la terre découverte par Tasman était une île, et non, comme les hydrographes l'avaient cru jusqu'alors, une partie de la terre ferme. L'honneur de vérifier la justesse de cette conjecture était réservé au docteur Bass, qui partit de Sidney en 1798 sur de simples embarcations, surmonta courageusement tous les obstacles, et découvrit le détroit.

Le calme et le courant nous empêchèrent de prendre connaissance de la Nouvelle-Hollande avant le 12 mars au matin, que nous aperçûmes le cap Howe dans le N. O., à huit lieues environ. Le ciel était beau et serein, et un bon vent d'O. s'étant élevé, je me flattai de pouvoir aller directement chercher l'entrée de Sidney.

Sous une température douce et agréable, nos malades se rétablissaient, et les convalescents reprenaient leurs forces. Les exercices du canon, du fusil et de la manœuvre, que depuis le départ de Java l'épidémie nous avait obligés de suspendre, se faisaient exactement depuis quelques jours : la gaieté, le zèle et même l'insouciance pour le danger renaissaient peu à peu parmi l'équipage, et chassaient de l'esprit de nos apprentis marins les dispositions à cette fatale nostalgie qui altérait leur santé avant même l'invasion de la maladie. J'eus bientôt lieu de me féliciter de ces précieuses améliorations dans l'état physique et moral de nos hommes, car nous ne devions pas prolonger paisiblement, comme je l'espérais, la côte du continent jusqu'au Port-Jackson, dont nous n'étions plus, le 13, qu'à cinquante lieues.

Depuis le matin le temps changeait insensiblement d'apparence : l'horizon s'embrumait, la brise soufflait du S. O. et de l'O., tantôt mollement, tantôt par rafales : une mer très-dure fatiguait la corvette, autour de laquelle volaient en foule les albatros, les mouettes et les pétrels blancs ou ferrugineux. Ces symptômes précurseurs d'un coup de vent, se multiplièrent encore dans l'après-midi : le ciel s'obscurcit peu à peu et prit un aspect menaçant. A six heures du soir, après un orage accompagné de pluie, de tonnerre et d'éclairs continuels, l'atmosphère devint claire et brillante ; pas un nuage ne voilait la couleur rougeâtre et livide du soleil couchant, le vent se fixa à l'O. et la bourrasque commença. Durant la nuit, je fis serrer successivement toutes les voiles; au jour, nous mîmes tout à fait à la cape, et restâmes ainsi jusqu'au soir que les grains étant moins intenses et la mer moins grosse, on largua les voiles peu à peu ; enfin, le lendemain avant midi, la *Favorite* louvoyait rapidement contre la brise de S. O. qui devait la conduire à sa destination.

Ce mauvais temps, que nos matelots, quoique à peine rétablis, affrontèrent comme ils avaient fait les ouragans de Bourbon, ranima complétement leur énergie; aussi l'hôpital se désemplit en peu de jours; et nos derniers malheurs, comme les précédents, ne furent bientôt plus qu'un souvenir.

Le 17 août au matin, après une nuit durant laquelle les éclats de la foudre et les grenasses n'avaient pas cessé, nous eûmes la vue, à trois lieues de distance, de la côte unie et blanchâtre de la Nouvelle-Hollande.

Quels changements successifs dans l'aspect des terres frappent les regards du marin qui, après avoir quitté Van-Diémen, côtoie les rivages de ce continent! Aux pointes âpres et brumeuses, aux caps sombres et orageux, boulevarts de granit opposés aux fureurs de l'Océan du Sud, succèdent insensiblement des falaises que la mer du large borde d'un cordon argenté ; au lieu de ces montagnes qui s'élèvent comme par étages vers l'intérieur et tiennent leurs pics neigeux presque toujours cachés dans les nuages, on voit se dérouler une surface uniforme que le soleil frappe de ses rayons brûlants jusqu'au moment où il descend derrière le rideau de brume immobile qui enveloppe l'horizon. Plus de ces blocs de rochers noirâtres que les lames heurtent avec fracas ; plus de ces masses de basalte entassées les unes sur les autres, et semblables à d'immenses colonnades, auprès desquelles les plus gros navires, quand ils passent à leur pied, paraissent comme des atomes. Pas un morne, pas une colline n'arrêtait nos regards ; seulement on entrevoyait comme des ombres fugitives et bleuâtres les Montagnes Bleues, dont la chaîne, située à quinze lieues environ du Port-Jackson, se rapproche de la mer un peu plus au N., et la prolonge, mais non sans des interruptions fréquentes, jusqu'auprès du golfe de Carpentarie.

Je ne pourrais rendre la foule d'émotions graves ou entraînantes qui assaillirent mon âme, lorsque je reconnus la baie Botanique, et que je distinguai, au fond de cette baie, sur une plage sablonneuse, le modeste monument que le capitaine Bougainville, commandant la frégate *la Thétis* et la corvette *l'Espérance*, dont *la Favorite* suivait les traces, fit élever en 1824 aux mânes du plus grand navigateur que la France ait produit. Là, notre illustre et infortuné compatriote Lapérouse avait envoyé de ses nouvelles pour la dernière fois ; là, au moment de partir pour aller explorer des îles inconnues où il devait terminer obscurément sa glorieuse vie, cet intrépide navigateur avait vu arriver l'expédition qui apporta les premiers convicts destinés à peupler les contrées australes. A travers l'entrée que forment deux pointes de brisants, je découvrais cette baie dont le nom (*Botany-Bay*) a longtemps servi à distinguer les établissements pénitentiaires de l'Angleterre, et qui fut le premier berceau de cette puissante colonie, foyer de civilisation, d'où se répand aujourd'hui la lumière parmi les féroces naturels de la Nouvelle-Hollande et des archipels de l'Océanie.

Déjà, de tous côtés, je remarquais les heureux effets de son voisinage. Des caboteurs de toute dimension, profitant d'une jolie brise, suivaient tranquillement les sinuosités du rivage, tandis que de légères embarcations, montées par de hardis marins, donnaient la chasse aux baleines qui se jouaient à la surface de la mer. J'observais avec la plus vive curiosité l'adresse et le sang-froid de ces pêcheurs dans leur lutte contre l'énorme cétacé. Avec quelles précautions ils s'en approchaient! Avec quelle présence d'esprit le harponneur, debout sur l'avant de la pirogue, modérait ou accélérait d'un geste les efforts des rameurs attentifs et silencieux, jusqu'au moment où, parvenu à portée du monstre, il lui lançait le redoutable harpon. La baleine, blessée à mort, plonge dans les profondeurs de la mer, traînant après elle une longue corde attachée à l'acier fatal, et dont les pêcheurs expérimentés voient sans crainte les nombreux tours défiler avec une effrayante vitesse. Cependant le poisson, quoique affaibli par la perte de son sang, remonte encore à la surface des eaux, qu'il fait écumer sous les coups de sa queue, et fuit avec une nouvelle vélocité; la pirogue semble à chaque instant près de s'engloutir. C'est dans ce moment surtout que brille le courage du harponneur; il suit d'un œil assuré les mouvements de l'animal; il interroge la corde sur laquelle sa main droite tient sans cesse une hache levée; le péril s'accroît de plus en plus, et pourtant il hésite encore à la couper et à lâcher sa proie. Mais enfin celle-ci a épuisé ses forces; elle expire, et ses ennemis victorieux traînent son cadavre au fond de quelque anse voisine.

Cette activité qui annonçait l'approche de Sidney, ces rivages qui exercent sur l'imagination du voyageur et même sur celle du marin un prestige indéfinissable, furent pour nous un sujet intarissable d'observations, pendant que la corvette franchissait les trois lieues qui séparent la baie Botanique du Port-Jackson, dont nous vîmes enfin le phare grandir à l'horizon comme les blanches voiles d'un navire.

Le temps était magnifique, le soleil sans nuage couvrait d'une nappe argentée la mer à peine ridée par la brise et sillonnée par de nombreux bateaux. Tout contribuait à embellir la perspective imposante que présente, vue du large, l'entrée du petit golfe qui conduit au chef-lieu de la riche Australie.

Deux pointes hautes taillées à pic, et flanquées à leur pied de rochers accores toujours assiégés par les lames, laissent entre elles un étroit passage que des collines rocailleuses et couvertes de broussailles d'un vert triste, paraissent fermer en dedans à une distance très-rapprochée. Celle de droite, où l'on ne voit aucune trace de végétation, se dirige dans le S. et domine vers l'intérieur un enfoncement qui offre aux navires battus par la tempête ou les vents contraires un excellent abri. L'autre présente au N. sa tête couronnée de rochers, que surmonte une haute tour blanche, au sommet de laquelle brille le fanal secourable qui, pendant les nuits orageuses, signale aux marins l'entrée du port. Nos yeux, après avoir suivi, non sans difficulté, le sentier qui monte en tournoyant à travers les masses de basalte depuis le rivage jusqu'au phare, allaient ensuite se reposer avec plaisir sur une petite pyramide dont les faces portent des inscriptions qui annoncent que ce phare a été bâti, et ce sentier creusé, par un régiment d'infanterie de ligne envoyé d'Angleterre pour garder la colonie.

Cependant cette colonie ne manquait pas de forçats pour exécuter d'aussi pénibles travaux; mais le gouvernement de la Grande-Bretagne pense, et avec raison, que, même dans ses possessions d'outre-mer, les grands ouvrages entrepris pour l'utilité générale, quand ils sont convenablement récompensés, loin de compromettre, comme on le croit en France, le bien-être des troupes et la dignité de la profession militaire, entretiennent au contraire le soldat dans l'habitude du travail, lui assurent des moyens d'existence pour l'époque où il quittera le service, et le préservent de ce repos de garnison cent fois plus nuisible à sa santé et à la discipline que la confection des routes, des canaux ou des fortifications.

L'arrivée à bord du pilote mit fin à mes observations,

et me força de m'occuper exclusivement de *la Favorite*, qui donna bientôt dans les passes, et vint, après un difficile louvoyage entre plusieurs bancs de roches, jeter l'ancre, à six heures du soir, devant la ville de Sidney, auprès de la même corvette anglaise que nous avions laissée sur la rade de Madras, quatorze mois auparavant.

PHARE DE PORT-JAKSON.

CHAPITRE XIX.

APERÇU DE LA NOUVELLE-HOLLANDE ET DES PEUPLADES SAUVAGES QUI L'HABITENT. — QUELQUES DÉTAILS SUR LES COMMENCEMENTS ET L'ÉTAT PRÉSENT DE LA COLONIE FONDÉE PAR LES ANGLAIS DANS LA PARTIE ORIENTALE DE CE CONTINENT.

La Nouvelle-Hollande, qui peut être considérée comme une cinquième partie du monde, était complétement ignorée des anciens, et ne fut connue des modernes que vers le milieu du XVIe siècle, lorsque la Hollande, rivale heureuse de l'Angleterre et maîtresse absolue du grand archipel d'Asie, voulut étudier plus à fond des régions qu'elle croyait soumises pour longtemps à son pouvoir et à l'influence de son commerce. Ses navigateurs, après avoir exploré successivement la longue suite d'îles situées à l'E. de Java, et même visité les rivages dangereux de la Nouvelle-Guinée, prirent vraisemblablement connaissance de cette immense contrée australe, dans la partie où ses côtes après avoir formé, à 9° au S. de l'équateur, le golfe de Carpentarie, courent d'abord environ quatre-vingts lieues à l'O., puis se dirigent d'une manière inégale au S. O. jusqu'au 112e degré de longitude orientale, pour aller enfin, après s'être avancées vers le S., décrire par 35° de latitude la pointe S. O. du continent.

Quoique ces navigateurs n'eussent fait qu'entrevoir ces côtes orageuses, ils ne leur en donnèrent pas moins les diverses dénominations qui servent à les distinguer encore aujourd'hui. En les leur conservant, les marins du siècle dernier, si fertile en découvertes, n'ont fait qu'un acte de justice ; car si, montés sur des navires mieux construits et mieux équipés, ils sont parvenus à faire l'hydrographie des côtes occidentales de la Nouvelle-Hollande, malgré les bancs, les écueils et la brume qui rendent si périlleux l'espace de mer compris entre Timor et les terres d'Arnheim et de Witt, et plus encore malgré les terribles vents d'O. auxquels sont exposées les terres d'Endracht, d'Edels et de Leuwin, les noms des hommes hardis qui les premiers osèrent affronter tant d'obstacles n'en sont pas moins dignes de passer à la postérité. Parmi ceux qui suivirent leurs traces, l'amiral d'Entrecasteaux et le capitaine Baudin, tous deux Français, tiennent le premier rang. Ce sont eux qui explorèrent le vaste et dangereux enfoncement que la Nouvelle-Hollande présente au S. O., et dont les côtes commençant au N. O. près du cap Leuwin, situé par 35° de latitude et 245° de longitude orientale, descendent dans le S. E. jusqu'au détroit de Bass. Mais à l'illustre Cook seul appartient l'honneur d'avoir fait la découverte et l'hydrographie du côté oriental de ce continent. Cet intrépide capitaine ne put être arrêté ni par les furieuses tourmentes qui l'assaillirent auprès de Van-

Diémen, ni par les innombrables récifs de la *mer de corail* où il faillit se perdre cent fois en faisant son admirable carte de la Nouvelle-Galles du Sud (23), nom qu'il donna à l'immense étendue de côtes comprises entre les 10° et 33° degrés de latitude méridionale, et dont ses utiles services assurèrent ainsi la propriété à sa patrie.

Cette Nouvelle-Galles du Sud qui était destinée à prendre dans le court espace de cinquante années une si grande importance, ne possède pourtant qu'un nombre très-borné de ports, et encore sont-ils presque tous situés à l'embouchure de petites rivières obstruées de récifs que les caboteurs ne peuvent franchir. Ses rivages, il est vrai, n'ont à redouter que les vents de N. E., d'E. et de S. E., qui rarement soufflent longtemps avec violence ; ils jouissent d'une température douce et agréable ; mais ils sont arides, sablonneux, aplatis, et semblent au premier abord justifier cet ancien système des géologues, que la Nouvelle-Hollande était le produit des atterrissements successifs de la mer.

En effet, c'est en vain que les minéralogistes qui les premiers examinèrent ce continent, y cherchèrent des chaînes de montagnes remarquables par leur hauteur et leur étendue, et analogues à celles qui, en Europe, en Asie et en Amérique, semblent constituer la charpente du globe : ils n'y trouvèrent que les Montagnes Bleues, qui méritent fort peu ce nom imposant, car ce ne sont que des groupes de mornes, dont la plus grande élévation atteint à peine deux mille pieds. Partout dans la partie méridionale, la seule où les Européens aient pénétré un peu avant, le terrain est uni, et quelquefois il ne présente que des collines rocailleuses et rougeâtres d'où s'échappent quelques ruisseaux qui entretiennent des marais remplis de joncs tranchants et acérés. Du sol des plaines jaillissent une multitude de sources d'eau salée, dont la réunion produit des lacs, qui rompant parfois leurs digues naturelles, forment probablement ces torrents dévastateurs auxquels, dans leur terreur superstitieuse, les colons anglais ont assigné une origine surnaturelle. Tantôt les voyageurs eurent à traverser des forêts sans bornes, dont les arbres, appartenant à des espèces inconnues jusqu'alors, ne sont point liés entre eux par ces broussailles épaisses qui rendent les forêts d'Amérique impraticables. Tantôt ils erraient péniblement à travers des plaines couvertes d'une herbe dure et touffue, et peuplées d'animaux qui, par leurs formes singulières, les frappaient d'étonnement. A chaque pas des objets nouveaux et extraordinaires attiraient leurs regards et exaltaient leur imagination, qui dut répandre nécessairement une teinte de merveilleux sur les descriptions qu'ils tracèrent de phénomènes incompréhensibles pour eux. Dès lors s'établit sur la formation de la Nouvelle-Hollande le système que j'ai cité plus haut; mais une connaissance moins imparfaite de ce curieux continent a déjà dissipé bien des erreurs et ramené les savants à une opinion plus juste et plus conforme à la réalité. Ils avouent maintenant que cette cinquième partie du monde a subi comme les quatre autres ses révolutions, dont les causes et les détails sont encore un mystère. Ils reconnaissent aussi qu'elle a vu, comme le reste du globe, disparaître entièrement de sa surface diverses espèces de quadrupèdes, dont les ossements fossiles, confondus avec des plantes pétrifiées, gisent dans ses entrailles, par couches alternant avec des bancs de substances calcaires à peu près semblables à celles que l'on rencontre dans les carrières de France.

Mais comment des quadrupèdes, des volatiles et des végétaux partout ailleurs ignorés, ont-ils été exclusivement conservés dans cette île, au milieu du bouleversement auquel, selon toute apparence, ils étaient antérieurs, puisqu'on y en retrouve d'irrécusables vestiges dans les profondeurs du sol? Tel est le problème dont l'examen a déjà donné naissance à tant de systèmes contradictoires et occupe encore plus que jamais les savants. Pour moi, qui n'ai nulle prétention aux lumières nécessaires pour le résoudre, je vais seulement essayer de faire partager au lecteur les souvenirs que j'ai gardés de ces pays curieux.

Si l'on veut chercher l'origine de la race d'hommes qui peuple la Nouvelle-Hollande; si l'on demande pourquoi elle est noire, lorsqu'au contraire les insulaires du grand archipel d'Asie et de la Nouvelle-Zélande sont cuivrés, de même que ceux de la plupart des groupes de la Polynésie, on retombe encore dans une obscurité d'autant plus profonde, que cette race est à peine connue; car à l'exception de quelques points des côtes occidentales, elle n'a pu jusqu'ici être étudiée qu'en Australie, c'est-à-dire dans un coin de la Nouvelle-Hollande.

Baignée par une mer poissonneuse et rarement agitée, cette partie devait être plus habitée que les autres. Aussi les Européens y trouvèrent-ils une population assez considérable, mais, heureusement pour eux, divisée en un grand nombre de tribus que des rivalités ou des haines invétérées armaient sans cesse les unes contre les autres.

Ces tribus parcourent les forêts et les bords de la mer ou des rivières pour se procurer leur nourriture, qui ne se compose que de racines sauvages, de poisson et d'un peu de gibier. Elles n'ont point de demeures fixes; seulement, pour se mettre à l'abri du froid et de la pluie pendant la mauvaise saison, chaque famille se construit quelquefois avec de l'herbe et des branchages une hutte qu'elle quitte lorsque les chaleurs et le beau temps sont revenus. Alors elle passe les nuits en plein air, couchée autour du feu.

Généralement les aborigènes de la Nouvelle-Galles du Sud ressemblent beaucoup à ceux de Van-Diémen; même laideur, mêmes habillements, même dégoûtante malpropreté : mais ils sont plus grands et mieux faits, avantage qu'ils doivent, selon toute apparence, au beau climat de leur pays, et à la facilité avec laquelle ils pourvoient à leur subsistance. On découvre chez eux quelques lueurs de civilisation; mais elles sont mêlées à une foule de pratiques barbares et superstitieuses : c'est ainsi, par exemple, que le jeune sauvage parvenu à l'âge de puberté est soumis en présence de tous les hommes de sa tribu à plusieurs épreuves difficiles, dont la principale consiste à lui arracher, au moyen d'une très-douloureuse opération, une dent incisive de la mâchoire inférieure. Dès ce moment, le nouvel initié prend place parmi les guerriers; il a le droit de porter une lance dont la pointe durcie au feu est garnie d'écailles acérées, et de pendre à sa ceinture, un peu au-dessus de la chute des reins, la hache de pierre avec quoi il coupera les arbres ou brisera la tête de ses ennemis. Dès ce moment encore, il joue un rôle dans les pantomimes que ses compagnons exécutent aux fêtes ou aux solennités religieuses. Tantôt, entièrement nus et accroupis sur leurs jambes, les bras ployés, les coudes serrés contre le corps et les mains pendantes, ces acteurs d'un nouveau genre, rangés en file, cherchent à copier le kanguroo dans ses bonds inégaux ; ou bien marchant à quatre pattes, ils imitent l'allure et l'aboiement du chien. Tantôt, armés de lances, de sagaies et de boucliers, ils représentent des scènes guerrières et exécutent des évolutions qui ne manquent ni de précision ni d'ensemble.

Lorsqu'à ces combats simulés succèdent des combats réels, les mêmes acteurs déploient une vigueur et une adresse non moins remarquables, soit en lançant leurs javelots, soit en évitant ceux de l'ennemi. Ces luttes sont rarement sanglantes ; mais si un guerrier succombe dans la mêlée, sa perte devient un sujet de représailles meurtrières auxquelles son vainqueur échappe difficilement. Appelé en duel par un des amis du mort, il est obligé de se battre contre son antagoniste devant les tribus réunies, jusqu'à ce que l'un des deux tombe grièvement blessé. Quelquefois attaqué à l'improviste ou surpris pendant son sommeil, il périt de la main d'un assassin, qui à son tour, lorsque les parents de la victime viennent demander justice aux vieillards, seuls juges que reconnaisse cette population, est abandonné par ses compatriotes aux chances d'une épreuve périlleuse.

Au milieu d'une arène qu'entoure toute la peuplade, le meurtrier se place en présence de ses ennemis armés de sagaies, contre lesquelles il n'a d'autre défense que le bouclier d'écorce qui couvre son bras droit. Cependant telle est son agilité, que ce faible rempart lui suffit, malgré les dards dont souvent plusieurs le menacent à la fois, pour se garantir la plupart du temps de graves blessures, jusqu'au moment où ses bourreaux ayant épuisé leurs faisceaux de sagaies, ses amis accourent le délivrer. Mais le crime ne reste pas impuni; la vengeance veille sur le coupable, dont la mort ne tarde pas à faire naître de nouvelles animosités.

Dans toutes ces diverses circonstances, le naturel de la Nouvelle-Galles du Sud ne manque jamais de se parer de ses plus beaux ornements. A la bande de peau d'opossum, qui ceint ordinairement son front, il attache des coquillages et des os d'animaux ; il entrelace d'une queue de chien sa crinière noire ébouriffée, et enduite d'huile de poisson. On étend sur son corps une épaisse couche de graisse infecte, de suie ou d'ocre jaune; et sur cette couche on trace symétriquement avec de la chaux les dessins qui font reconnaître les guerriers de chaque tribu : les plus élégants parmi ces derniers tressent leurs durs et sales cheveux, saupoudrés de rouge, en une multitude de petites nattes au bout desquelles pendent des cailloux ou des dents de requin, que le moindre mouvement fait résonner sur leurs épaules; et pour rendre cette toilette encore plus brillante, ils peignent autour de leurs yeux un cercle blanc qui achève de donner à leur physionomie quelque chose d'horrible.

Que l'on ajoute à tant d'agréments ceux dont le Créateur a doué, dans les régions australes, l'être qu'il fit, dit-on, à son image, c'est-à-dire un front bas et avancé, des sourcils hérissés et recouvrant des yeux semblables à ceux des bêtes carnassières; un nez large et plat, des lèvres épaisses, tombant sur une mâchoire proéminente comme celle des singes; enfin, des membres grêles et sillonnés de larges cicatrices, provenant de plaies faites à loisir avec des coquilles tranchantes, et l'on aura une idée de l'aspect vraiment épouvantable d'un fashionable nouveau-hollandais.

A toutes les peines que donne au jeune sauvage récemment émancipé le soin de sa parure, se joint bientôt une autre occupation non moins intéressante pour lui, celle d'acquérir une compagne, ou pour mieux dire une esclave, que, d'après l'usage, il va ravir à une autre tribu. Il s'approche avec précaution des lieux où il espère la trouver : malheur à la jeune fille qui, surprise par lui, loin de toute protection, ne consent pas à le suivre sur-le-champ! elle tombe sous les coups du terrible casse-tête, et ne reprend connaissance que lorsque, entraînée loin de sa famille, elle a perdu sa liberté pour toujours.

Alors commence pour cette infortunée la longue série de misères et de tourments qui ne doivent finir qu'avec sa vie. Le peu de beauté dont une nature marâtre l'avait douée est promptement flétri par les travaux les plus pénibles et les traitements les plus durs, sans qu'ils aient pu lui assurer l'affection d'un maître qui souvent la délaisse, lorsque le dégoût a émoussé ses désirs, ou qu'une nouvelle capture a augmenté le nombre des victimes de sa brutalité.

Il faut convenir aussi que ces pauvres créatures ne sont un peu supportables que dans la première jeunesse; à cet âge, on découvre parfois à travers l'enduit de crasse et de graisse, seul voile qui cache leurs appas, une taille svelte et des seins moelleusement arrondis; sous leur chevelure en désordre, paraissent un front portant l'empreinte de la bonté, et de beaux yeux au regard doux et caressant; leur bouche même, meublée de dents blanches et bien rangées, n'est pas sans agrément. Mais à peine quelques mois d'esclavage sont-ils écoulés, que ces attraits se fanent, que ces regards prennent une teinte d'abrutissement; elles pourraient alors être considérées comme le type de la plus repoussante laideur. Comment en serait-il autrement? Comment les charmes physiques et les qualités du cœur résisteraient-ils aux coups, aux humiliations de toute espèce, et à des fatigues dont chez les peuples d'Europe les moins policés les femmes n'ont pas à redouter la millième partie? Voyez la compagne du Nouveau-Hollandais, le dos chargé de son petit enfant et d'un pesant sac dans lequel sont serrées les provisions de vivres avec les instruments de pêche, traversant les bois et les marais, ou forcée à gravir les dunes de sable à la suite de son maître, qui, libre de tout fardeau et inaccessible à la pitié, presse jusqu'au soir la marche de sa famille. C'est le moment où la tribu, soit qu'elle change de canton, soit qu'elle exécute quelque expédition guerrière, s'arrête pour camper; les hommes se livrent au repos; les femmes, au contraire, coupent du bois pour entretenir le feu durant la nuit, et longent les rivières ou les lacs pour trouver des coquillages qu'elles font cuire sur les charbons et apportent à leurs maris. Si cette ressource leur manque, elles vont à la recherche des lézards et des opossums, qu'elles poursuivent jusqu'à la cime des arbres les plus élevés, où, cachés dans leurs trous, ces animaux inoffensifs se croyaient en sûreté. Je pourrais citer encore plusieurs autres expédients qu'emploient ces malheureuses pour se procurer la nourriture de leur tyran et de ses fils. Quelquefois elles s'étendent sur un tertre, tenant dans leurs mains entr'ouvertes des morceaux de chair pour attirer les oiseaux, et restent immobiles jusqu'à ce qu'elles puissent en saisir quelqu'un au moment où il cherche à s'emparer de l'appât. Lorsque la tribu fréquente les côtes, le sort des femmes est peut-être encore plus misérable; car, pour attraper du poisson ou des coquillages, elles passent les journées et souvent même les nuits à plonger au milieu de l'écume des lames, ou bien à pêcher un peu au large, sur de chétifs radeaux, avec de grossiers filets d'écorce d'arbre que terminent des hameçons faits d'une écaille d'huître à peine façonnée. Ces occupations pénibles sont entièrement dévolues au sexe le plus faible, et chaque jeune fille subit presque en naissant la section des deux dernières phalanges du petit doigt de la main gauche, afin que la ligne de pêche puisse se rouler plus facilement autour des autres doigts.

Quels sentiments l'âme de créatures aussi indignement opprimées pourrait-elle avoir conservés? L'amour maternel lui-même paraît en être banni. Tantôt une mère craignant de mettre au monde un être aussi malheureux qu'elle-même, et qui sera pour elle une lourde charge pendant plusieurs années, le détruit avant de lui avoir donné le jour. Tantôt les petits enfants, privés de soins, meurent des maladies causées par les brusques variations de l'atmosphère, ou bien, gardés sans nulle précaution, ils roulent la nuit dans les brasiers autour desquels dorment leurs parents. Combien d'autres dangers menacent leur fragile existence! Souvent lorsque la disette vient décimer cette population imprévoyante, leurs mères exténuées par la faim et ne pouvant plus les porter, les délaissent mourants dans les bois. Ajouterai-je, pour terminer ce triste tableau des misères de notre espèce, que si une femme succombe à ses souffrances avant que son enfant soit assez fort pour se passer de ses soins, on le descend avec elle dans la même fosse, et qu'au moment de la combler, les premières pierres, jetées par le père lui-même, font succéder tout à coup le silence de la mort aux pleurs et aux vagissements?

Tant de barbarie envers un sexe pour lequel la vengeance n'est pas toujours sans charmes, amène nécessairement quelques représailles; on prétend du moins que le poison, cette arme du faible, ne venge que trop souvent l'épouse des cruautés de son mari, dont les caprices en amour, en excitant, qui le croirait? la jalousie de sa compagne, sont le motif ordinaire de ces crimes.

Dans nos contrées civilisées, la femme jeune et belle s'empresse de jouir d'un pouvoir que les années ne viendront que trop tôt affaiblir; à la Nouvelle-Hollande, au contraire, les fatales rides, la décrépitude même deviennent des titres au commandement que les vieilles femmes exercent sur leurs compatriotes. En effet, ces espèces de sorcières composent la moitié de l'aréopage qui, dans chaque tribu, délibère sur les affaires publiques et punit les méfaits; aréopage extrêmement jaloux de ses attributions, et qui conserve avec un soin intéressé les traditions superstitieuses. Semblables aux druidesses des anciens Gaulois, elles haranguent les guerriers avant le combat, soit pour exciter leur courage, soit pour leur inspirer des dispositions pacifiques; les plus intrépides chefs courbent la tête devant elles, et reçoivent de leur main, sans murmurer, de violents coups de casse-tête, pour se concilier, en s'humiliant ainsi, leur faveur et leur bienveillance, et obtenir qu'elles prennent soin de tanner et de fumer leur peau, s'ils périssent dans la mêlée. Ce sont elles encore qui célèbrent par leurs gémissements, et par les nombreuses égratignures qu'elles font à leurs membres décharnés, les funérailles des personnages marquants, dont l'usage veut que les corps soient consumés sur un bûcher.

Chez les peuplades que leur éloignement de la mer et des rivières expose plus souvent que celles de l'intérieur à manquer de vivres, les sibylles ont encore à remplir un autre genre de fonctions : quand la famine se met dans le pays, elles désignent les victimes qui, dévouées au mauvais génie, seront sacrifiées pendant leur sommeil, et serviront de pâture à leurs compagnons affamés.

Ces horribles sacrifices, que l'on trouve usités dans presque toutes les îles de la Polynésie, et qui jadis furent connus de la plupart des peuples de l'ancien monde, comme l'attestent leurs annales, le sont également des Nouveaux-Hollandais, qui les pratiquent aux obsèques de leurs chefs, afin de rendre favorable aux mânes du défunt le génie du mal, seule divinité qu'ils aient inventée, et qu'ils représentent sous la forme d'un énorme crocodile, ou d'un quadrupède monstrueux, rôdant toute la nuit autour des huttes pour dévorer les enfants et les hommes endormis. Cette croyance et cent autres aussi grossières, auxquelles se rattachent encore les maléfices et les sorts, rendent très-redoutable la puissance des vieilles femmes, et doivent servir à cacher bien des meurtres parmi des sauvages dont le sommeil est extraordinairement profond.

Malgré leurs coutumes atroces et leur caractère violent et vindicatif, malgré la manière cruelle dont ils traitent leurs compagnes, les naturels de la Nouvelle-Galles du Sud se sont montrés généralement assez paisibles dans leurs relations avec les Européens, et rarement inhospitaliers envers les naufragés. Ils paraissent ouverts, éloignés du mensonge, et non moins sensibles à un bon procédé qu'à une offense. Je ne parle ici que des peuplades indigènes campées autour des établissements britanniques en Australie; car un continent aussi étendu et qui embrasse tant de climats divers, renferme probablement bien des nations différentes de mœurs et d'habitudes.

Il est tout simple que cette contrée éclairée par un soleil brillant qui lui assure constamment une température douce et agréable; que cette baie Botanique si bien abritée de tous les vents, aient semblé des lieux enchantés aux compagnons de Cook, à peine échappés aux glaces du pôle S. et aux terribles mauvais temps de Van-Diémen. Le repos, la tranquillité qu'ils y goûtèrent et dont ils avaient tant besoin, cet enthousiasme si naturel chez les voyageurs pour les pays qu'ils découvrent, embellirent à leurs yeux des côtes arides ou rocailleuses, et de sombres forêts qui renferment dans leur sein des marais impraticables; la façon amicale dont les naturels les accueillirent acheva de les séduire et de leur persuader qu'ils venaient de donner un trésor à la Grande-Bretagne. Dès lors leur orgueil national calcula tout ce que pouvaient enfanter de prodiges, dans cet heureux pays, l'industrie et l'esprit d'émigration de leurs concitoyens. L'événement a confirmé ces nobles prévisions, mais on ne saurait nier que les circonstances n'aient beaucoup contribué à leur accomplissement.

En effet, lorsque les entraînantes relations des Banks et des Solander, dont les noms sont aujourd'hui aussi célèbres que celui de leur illustre capitaine, parvinrent en Angleterre, l'Amérique du Nord venait de proclamer son indépendance, et repoussait avec horreur loin de ses rivages les criminels que la Grande-Bretagne y déportait tous les ans. Le gouvernement se voyait déjà fort embarrassé pour se décharger d'un si pesant fardeau.

Cet embarras lui fit considérer la découverte de la Nouvelle-Galles du Sud comme un bienfait inespéré du ciel; et dans l'empressement que l'on mit à en profiter, on adopta, sans trop l'approfondir, le nouveau système de déportation que j'ai précédemment expliqué, et dont je vais essayer d'exposer les conséquences en traçant à grands traits l'histoire de l'Australie.

La tâche que j'entreprends est difficile ; j'aurai à peindre une population formée d'éléments hétérogènes, et qui, établie depuis un demi-siècle seulement sur des bords à peine connus, est cependant déjà aux prises avec les maladies morales contre lesquelles se débat l'ordre social chez la plupart des peuples européens. A côté de la prospérité agricole, de l'activité commerciale et de l'accroissement prodigieux de la population, je montrerai l'esprit inquiet et turbulent des rangs supérieurs de la société, et leur mépris pour les classes inférieures, dont la démoralisation ne justifie que trop, on doit l'avouer, les préjugés déshonorants qui les écrasent, et trahit la source impure d'où elles sont sorties. Cette tâche, je le répète, est très-difficile; je crains qu'elle ne soit remplie par moi qu'imparfaitement : mais si je parviens seulement à soulever un coin du voile trompeur dont les partisans de la déportation se sont efforcés chez nous de couvrir l'état des colonies pénales de la Grande-Bretagne, je croirai avoir bien servi les intérêts du pays, et avoir acquis un véritable titre à l'indulgence de mes lecteurs.

L'année 1788 vit sortir des ports d'Angleterre la petite flotte destinée à prendre possession de la Nouvelle-

Galles du Sud : cette flotte, composée de treize bâtiments de moyen tonnage frétés à des armateurs, d'un transport et d'une corvette de l'état, portait cinq cents hommes convicts, cent quatre femmes, trois cents soldats environ, et le colonel Arthur Phillip, nommé gouverneur du futur établissement.

Après une heureuse traversée, cette petite troupe arriva à Botany-Bay, où, d'après les rapports des navigateurs, devait être fondé le chef-lieu de la Nouvelle-Galles du Sud. Dès lors commença pour les exilés une suite de désappointements qu'un examen préparatoire aurait en partie prévenus.

Le triste aspect des lieux leur fit d'abord reconnaître combien les relations qui leur servaient de guides étaient exagérées. Au lieu de campagnes verdoyantes, arrosées par mille ruisseaux, ils ne virent qu'une terre sablonneuse, stérile et garnie de bois touffus; au lieu de sources fraîches et limpides, ils ne trouvèrent que des marais produits par la mer et les pluies. Un événement excita surtout leurs murmures, auxquels le chef de l'expédition opposa la patience et la fermeté : les bestiaux apportés d'Europe furent à peine débarqués sur le rivage qu'ils s'enfoncèrent presque tous dans les bois où ils disparurent. Cet événement, qui pouvait avoir les plus désastreuses conséquences, devint, s'il faut ajouter foi aux chroniques de la colonie, la première cause de sa splendeur. On raconte qu'un sergent envoyé à la poursuite des fuyards parvint jusqu'à un golfe très-étroit mais profond, et qui, avant de recevoir les eaux d'une petite rivière dont le cours se terminait assez loin dans les terres, au pied d'une belle colline, formait dans sa tortueuse direction plusieurs baies spacieuses, parfaitement garanties du mauvais temps : ce golfe était Port-Jackson, où n'avaient pas osé pénétrer les canots de Cook, arrêtés sans doute par la ligne de rochers qui semble, au premier abord, fermer entièrement le canal à un mille environ de l'entrée dont j'ai déjà fait la description. Le sergent revint aussitôt rendre compte de sa découverte ; on envoya des officiers pour vérifier l'exactitude de son récit, et telles furent la célérité et l'heureuse issue de leurs recherches, que le 25 janvier 1786, c'est-à-dire cinq jours seulement après l'arrivée de la flotte à Botany-Bay, les bâtiments remirent à la voile, entrèrent dans Port-Jackson, et jetèrent l'ancre au milieu d'une belle anse auprès de laquelle fut bâtie la ville de Sidney, maintenant métropole des possessions britanniques dans l'Océan austral.

Cependant le nouvel emplacement était encore bien au-dessous des pompeuses descriptions que la relation de Cook avait données de cette partie de la Nouvelle-Galles du Sud. Port-Jackson pouvait, à la vérité, contenir toutes les flottes du monde ; *Sidney-Cove* (ainsi fut nommée l'anse devant la ville) offrait un bassin naturel où les plus gros navires pouvaient se réparer en sûreté ; mais de toutes parts les yeux ne rencontraient sur les rivages que des rochers arides ou couverts de broussailles, et vers l'intérieur, qu'une forêt impénétrable, qui s'étendait à perte de vue sur les deux côtés de la rivière, à laquelle les Anglais conservèrent son nom primitif de *Paramatta*.

Tous ces obstacles et cent autres encore inhérents aux localités, ou provenant de la saison, étaient peu de chose en comparaison de ceux qu'avaient eus à surmonter les premiers colons de l'Amérique du nord et des autres contrées où les Européens ont transplanté leur race et leur industrie ; mais le gouverneur Phillip n'avait pas à sa disposition, pour les vaincre, des hommes laborieux et persévérants, comme les puritains de l'état de New-York, ou comme les quakers de la Pensylvanie. Il se trouvait exilé à une distance immense de sa patrie, dans une région à peine explorée, au milieu d'une troupe de bandits recrutés dans les bagnes et les prisons des trois royaumes, et qu'une garnison trop faible ne parvenait à comprimer que difficilement. Par bonheur pour la Grande-Bretagne, son gouvernement avait su choisir un homme qui réunissait toutes les qualités nécessaires pour remplir une aussi épineuse mission. De pareils hommes sont rares chez toutes les nations, mais plus rares encore sont les souverains qui savent les distinguer et les récompenser.

Le fondateur de Sidney déploya cette persévérance, cette prudente énergie, cette abnégation de tout intérêt personnel, qui seules pouvaient assurer le succès d'une pareille entreprise et faire de chaque fonctionnaire un instrument utile et dévoué au bien général. La tribu maîtresse des bords de la rivière de Paramatta était guerrière et puissante ; traitée avec douceur et générosité par les blancs, elle leur céda sa propriété et vécut en paix avec eux. Les convicts, qu'enhardissaient leur grand nombre et l'indulgence des juges, se livrèrent plusieurs fois à la révolte, au pillage, et commirent une foule de meurtres : on les réprima sévèrement ; les plus coupables périrent sur l'échafaud, et les autres allèrent, pour expier leurs nouveaux méfaits, cultiver l'île Norfolk, située à deux cents lieues au large des côtes de la Nouvelle-Galles du Sud, par 30° de latitude, et dont le sol plus fertile et moins boisé que celui des environs de Sidney promettait des récoltes plus prochaines. L'événement prouva que cette mesure n'était pas inutile ; car bientôt, par suite du naufrage d'un bâtiment expédié d'Angleterre pour le nouvel établissement, et plus encore par l'incurie du ministère anglais, la famine vint se joindre à toutes les misères qui affligeaient la colonie. La mauvaise nourriture occasionna des maladies épidémiques, dont beaucoup de convicts et d'indigènes furent les victimes ; les vivres manquèrent même entièrement. La mer et les forêts y suppléèrent en partie ; mais le relâchement qu'un tel état de choses devait amener dans la discipline ne tarda pas à faire sentir ses fâcheux effets. Les chasseurs insultèrent les naturels des tribus de l'intérieur ; ceux-ci usèrent de représailles, et excités par la soif de la vengeance ou du pillage, ils exercèrent sur les habitations isolées de terribles déprédations dont les funestes exemples se renouvellent encore aujourd'hui. Les déportés profitant de cette mésintelligence, qui força de diminuer momentanément les précautions prises pour les contenir, recommencèrent leurs désordres et parvinrent même à y entraîner quelques soldats de la garnison. Mais la fermeté et la vigilance du colonel Phillip rétablirent encore une fois la tranquillité. Enfin des vivres arrivèrent d'Europe, les inquiétudes cessèrent, et le gouverneur put alors s'occuper d'une manière suivie de l'administration et du bien-être de la colonie, que plusieurs arrivages successifs de condamnés avaient considérablement augmentée. Les chétives cases et les abris temporaires élevés à la hâte au moment de l'arrivée cédèrent peu à peu la place à des maisons de bois ou de briques. On construisit au chef-lieu des prisons que la turbulence des convicts, la dégoûtante dépravation des femmes déportées, et chez les uns et les autres un penchant incorrigible au crime, exigeaient impérieusement. Les tribunaux tinrent leurs séances dans un local plus convenable que celui qui leur avait servi jusque-là, et animés d'un bon esprit, chose malheureusement bien rare dans les établissements d'outre-mer, ils secondèrent franchement le gouverneur dans ses efforts pour faire réussir les projets du ministère britannique.

Le principe que l'on avait adopté dans leur composition était nouveau comme le système de colonisation qu'il s'agissait de soutenir. Un juge, remplissant les fonctions de nos procureurs du roi, et six officiers de terre ou de mer, formaient le tribunal criminel, qui jugeait d'après les lois d'Angleterre les crimes commis dans la colonie. Le sort de l'accusé s'y décidait à la simple majorité des voix, quand il n'était pas coupable d'un crime emportant la peine de mort ; car autrement l'adhésion de cinq juges devenait nécessaire pour le condamner, et encore dans ce cas le verdict ne pouvait-il recevoir son exécution que revêtu de l'approbation du gouverneur.

La cour civile, moins nombreuse, ne comptait que trois membres : le procureur du roi et deux colons ; la signature du premier suffisait pour rendre les jugements de la cour exécutables. Mais les parties pouvaient toujours en appeler au gouverneur, et même au roi en son conseil, quand la somme en litige dépassait 300 livres sterling (7,500 francs).

Une semblable jurisprudence se ressentait visiblement de l'espèce d'hommes à qui elle était destinée. Aussi, lorsque plus tard des colons libres vinrent peupler une terre que, dans l'origine, les condamnés devaient seuls défricher, et que l'Australie prit un accroissement auquel, sans doute, l'Angleterre ne s'attendait pas, cette même jurisprudence parut incomplète, arbitraire, et devint alors, comme elle l'est encore aujourd'hui malgré des améliorations fort importantes, un sujet de réclamations de la part des émigrants. Cependant, il faut le dire à l'honneur des états-majors de tous les régiments qui ont tenu garnison à Sidney et à Hobart-Town, les officiers appelés à remplir à tour de rôle les fonctions de juge ont toujours mérité, par leur droiture et leur indépendance, l'estime et l'approbation de leurs concitoyens ; suffrage d'autant plus honorable pour eux que, pendant longtemps, les gouverneurs eurent le pouvoir de nommer à toutes les places, et de commuer ou même de remettre tout à fait les peines des déportés. Ce pouvoir était trop étendu, aussi plus tard fut-il restreint ; mais le colonel Phillip n'en abusa jamais ; et lorsqu'en 1792 sa santé, fortement altérée par tant de fatigues, le contraignit de retourner en Europe, il emporta les vifs regrets de tous ses administrés.

A cette époque, les plus grands obstacles à la formation de la colonie avaient été surmontés; les défrichements prenaient chaque jour plus d'extension; les terres concédées aux soldats licenciés ou aux convicts libérés, commençaient à produire des légumes et des grains; enfin, l'emplacement de la ville de Paramatta venait d'être choisi au pied de la belle colline dont j'ai déjà parlé, et qui fut nommée *Rose-Hill* par les employés civils et militaires qui vinrent s'y établir, et qui se créèrent dans ce canton de belles propriétés aux dépens des bois voisins, avec l'aide d'un certain nombre de convicts que leur accorda le gouvernement.

Les résultats favorables que semblait promettre ce brillant début, ne se réalisèrent pas cependant aussi promptement qu'on l'avait espéré. Après le départ de son fondateur, la colonie ne fit plus que de lents progrès : le bon accord qui avait régné jusque-là entre les autorités civiles et militaires s'évanouit; la plupart des gouverneurs qui se succédèrent en peu de temps furent trop absolus ou trop indulgents dans l'exercice de leurs fonctions. L'un d'eux, le capitaine Blight, marin distingué, mais administrateur passionné, dur et irascible, se vit arrêté par les colons et renvoyé en Europe sur un bâtiment marchand, sans que les troupes prissent sa défense. Un de ses successeurs destitua tous les magistrats, et les remplaça par des officiers de la garnison. Des troubles aussi graves devaient nécessairement détendre les ressorts du gouvernement de la colonie et avoir des conséquences funestes. Dans une seule mauvaise saison, cent soixante individus moururent à l'hôpital. Les sauvages, profitant de l'inaction à laquelle des maladies épidémiques meurtrières condamnaient les soldats et les habitants, commirent d'horribles déprédations. Les convicts, que ne pouvaient plus nourrir les magasins de l'état, dont le naufrage de plusieurs transports expédiés d'Angleterre et les inondations ou les sécheresses qui détruisirent toutes les récoltes, avaient suspendu l'approvisionnement, les convicts, dis-je, déployèrent plus d'audace que jamais. Des bandes de maraudeurs (*bush-rangers*) s'organisèrent dans les bois, rançonnèrent, assassinèrent les cultivateurs, et dérobèrent le bétail, dont la plupart du temps les gardiens étaient leurs espions ou leurs complices. Les grandes routes, les environs même du chef-lieu devinrent si dangereux la nuit que le magistrat chargé de la police défendit de voyager après le coucher du soleil.

D'un autre côté, les convicts restés sous le joug ne montraient pas de meilleures dispositions ; ils accueillirent avidement la fable absurde qu'un pays peuplé de blancs, et où ils pourraient vivre sans travailler, existait à peu de distance dans le S. O. de Sidney. Une semblable perspective ne pouvait manquer de séduire des misérables à qui le travail et la tranquillité étaient également insupportables ; aussi la fermentation s'accrut à un tel point parmi eux que le gouverneur se vit obligé de condescendre à leurs désirs, et de permettre à quelques-uns des plus exaltés d'aller, accompagnés de guides et de soldats, à la recherche du nouvel Eldorado. Ces coquins s'étaient à peine mis en route qu'ils tramèrent l'infernal complot d'égorger l'escorte et de s'emparer des armes, complot qui fut heureusement découvert, et ils n'arrivèrent qu'après des fatigues inouïes au pied des Montagnes Bleues, d'où ils revinrent au chef-lieu à moitié morts de misère et de faim.

Cette espèce d'émeute était à peine calmée, et les principaux auteurs du désordre exilés à l'île Norfolk, que les magistrats eurent à lutter contre un danger beaucoup plus imminent. Les convicts irlandais, plus superstitieux encore et plus indomptables que leurs compagnons anglais ou écossais, se soulèvent subitement à la voix d'une vieille sorcière catholique qui leur prédit que les Français vont arriver pour conquérir la colonie; ils s'arment de pelles, de pioches, de haches, et marchent contre la garnison en proférant des cris de mort et de liberté. Mais que pouvaient des malheureux sans accord et sans ordre, contre des troupes disciplinées? On les mit en déroute, et leurs chefs subirent le dernier supplice. Une autre maladie, presque aussi funeste que la superstition et l'esprit de révolte, exerçait en même temps ses ravages sur cette épouvantable population: c'était la passion des liqueurs fortes, portée à un excès ignoré même des plus basses classes dans nos villes de France; à Sidney comme à Hobart-Town, hommes et femmes, libres ou convicts, s'y livraient avec une fureur inconcevable; et quand il s'agissait de la satisfaire, les meurtres, le vol, la dissolution la plus effrénée n'avaient rien d'effrayant pour eux. En vain les gouverneurs prohibèrent l'introduction des liqueurs fortes sous des peines très-sévères; les capitaines et les matelots des navires mouillés sur les rades du Port-Jackson en débarquaient furtivement sur la côte des quantités considérables, et se procuraient ainsi des gains énormes aux dépens des habitants, qui ne pouvaient plus se passer, ni pour eux ni pour leurs domestiques, de cette perfide boisson. Aussi vit-on, en peu de temps, un grand nombre de cultivateurs arriérés dans leurs payements et forcés de livrer à vil prix leurs récoltes aux marchands de Sidney, qui s'étaient emparés non-seulement du commerce du rhum, mais encore de celui de toutes les marchandises d'Europe, dont les prix exorbitants achevèrent la ruine de plusieurs colons. Ces marchands toutefois n'en faisaient pas pour cela de meilleures spéculations ; car, malgré les louables intentions du gouverneur, qui permit plusieurs fois à des bâtiments étrangers de débarquer leurs cargaisons à Sidney, et malgré les envois de numéraire que fit la métropole pour rendre les transactions commerciales plus faciles dans la colonie, les affaires y étaient presque nulles.

Il est vrai qu'à cette époque la cour de Londres, engagée dans une lutte sanglante contre nous, semblait avoir oublié l'Australie. Peut-être aussi comprenait-elle déjà que son système de déportation était essentiellement vicieux, et ne produirait jamais de bons résultats. Il est certain du moins qu'il s'élevait déjà contre ce système une foule de plaintes, et les renseignements que le ministère recevait de la Nouvelle-Galles du Sud présentaient tant de différences entre eux, qu'il lui était impossible de discerner l'état réel des choses. Les voyageurs et les négociants qui revenaient de cette colonie, la dépeignaient comme un cloaque de crimes et de vices qu'il faudrait renoncer à nettoyer, à moins qu'une population libre n'y vînt imposer pour ainsi dire ses mœurs régulières et son goût pour le travail aux déportés de l'un et l'autre sexe, et corriger ainsi leur hideuse démoralisation.

Nous avons vu, à propos de Van-Diémen, combien était exact le tableau que je viens de reproduire ici; mais la vérité ne put percer le voile dont l'avaient entourée les gens intéressés à la tenir dans l'ombre : aussi la cour de Londres n'attribua-t-elle ces représentations, faites par des hommes étrangers à l'administration de ses nouveaux établissements, qu'à une envie mal déguisée, ou au désir de partager les avantages dont jouissaient ses employés en Australie. De leur côté ceux-ci, qui possédaient tous les honneurs et tous les priviléges dans la colonie, où ils formaient une véritable aristocratie, peu nombreuse encore, mais animée d'un même esprit, repoussaient de toutes leurs forces des prétentions qui ne tendaient à rien moins qu'à diminuer leur influence et leur richesse, en amenant de nouveaux compétiteurs.

Cependant, au milieu de tant d'obscurités et d'incertitudes, il paraît que le ministère anglais entrevit enfin la réalité; car il envoya plusieurs fois, aux frais de l'état, et notamment en 1808, des émigrants à la Nouvelle-Galles du Sud. Mais ceux-ci, toujours clair-semés, et d'ailleurs recrutés pour la plupart dans le bas peuple des villes, ne se montrèrent ni moins immoraux, ni moins paresseux que les déportés, auxquels pourtant il n'avait jamais été aussi opportun d'offrir de bons exemples; car ils composaient, en 1808, les trois quarts au moins d'une population de quinze mille âmes; encore même les émancipés, c'est-à-dire les convicts libérés ou graciés, formaient-ils une bonne partie du reste.

Tel était l'état des choses lorsque, par un de ces hasards heureux qui décident du sort des grandes entreprises, le colonel Lachlan Macquarie fut choisi pour gouverner l'Australie. Arthur Phillip était parvenu, à force de patience et de fermeté, à fonder Sidney avec l'écume des prisons de la Grande-Bretagne; Macquarie consolida l'édifice de son illustre prédécesseur au moment où il chancelait sur ses fondements, et donna à l'Angleterre, on pourrait dire au monde, de nouvelles provinces, une nouvelle nation, qui respectera éternellement sa mémoire.

En effet, jamais magistrat ne posséda à un plus haut degré l'affabilité, la bienfaisance, la modération, et ne parut plus exempt de ces préventions si contraires à la conversion de l'espèce d'hommes que le colonel Macquarie était appelé à gouverner, et qu'il tenta, mais en vain, de soustraire, pour les rendre meilleurs, aux préjugés dont le joug d'airain les écrasait et s'opposait à leur retour au bien. Sous son administration vigoureuse et éclairée, la colonie secoua pour ainsi dire les langes de l'enfance, et entra dans la carrière de prospérité qu'elle a parcourue depuis avec tant de succès. Sidney n'avait été jusque-là qu'une réunion irrégulière de petites constructions, bâties suivant la fantaisie ou la commodité de chaque propriétaire; des rues larges et tirées au cordeau traversèrent la ville dans tous les sens et se garnirent de belles maisons et de boutiques, où beaucoup d'habitants vinrent se loger, après avoir abandonné leurs anciennes demeures construites au sommet des monticules escarpés qui dominent la partie occidentale de Sidney-Cove. De tous côtés s'élevèrent des monuments d'utilité publique; des forts et des batteries couvrirent les pointes voisines du mouillage, ou couronnèrent les collines les plus élevées des environs. Paramatta eut aussi part à ces embellissements; et s'il ne put rivaliser avec Sidney de population et d'étendue, il eut du moins l'avantage de servir pendant plusieurs mois de séjour aux autorités et aux principaux négociants, qui allèrent chaque année passer la saison des chaleurs dans les charmantes maisons de campagne distribuées sur le penchant de Rose-Hill, et parmi lesquelles se fait remarquer celle du gouverneur, par sa gracieuse architecture, ses beaux jardins et son admirable exposition.

Jusqu'alors les communications entre les deux villes n'avaient eu lieu que par la rivière, dont les mauvais temps et les marées rendent la navigation précaire et quelquefois même impossible. Bientôt une belle route, ornée de ponts et de chaussées, permit aux habitants de voyager facilement dans les principaux cantons de la colonie et de transporter les produits de leurs terres jusqu'aux rivages de la mer. Cet ouvrage augmenta notablement la valeur des concessions situées dans l'intérieur, en procurant aux colons les moyens de pénétrer plus aisément au centre des forêts, d'y fonder successivement plusieurs bourgs, et de pousser peu à peu leurs défrichements jusqu'aux Montagnes Bleues. Ils ne s'arrêtèrent pas au pied de ces remparts de granit, que les Européens avaient considérés pendant vingt-huit ans comme la frontière naturelle et inaccessible de la Nouvelle-Galles du Sud; après bien des tentatives infructueuses, ils les franchirent en 1814, et cet événement fixa, pour ainsi dire, les destinées de l'Australie. En effet, on découvrit de l'autre côté de ces montagnes des plaines presque sans bornes, riches en excellents pâturages, où les troupeaux de moutons se multiplièrent en peu de temps d'une manière incroyable, et formèrent dès lors une des principales richesses de la colonie. Les émigrants s'y portèrent en foule; et quelques années s'étaient à peine écoulées depuis que le pavillon anglais avait flotté pour la première fois sur l'emplacement de la ville de Bathurst, que déjà celle-ci donnait son nom à un comté populeux.

Les résultats de cette vigoureuse impulsion, qui devait faire monter l'Australie à un si haut point de prospérité agricole, ne se firent pas sentir aux seuls cantons limitrophes des Montagnes Bleues. Celui d'Argyle, dont les vastes plaines, si renommées par leurs pâturages, s'étendent dans le S. O. du chef-lieu, se peupla rapidement. Broken-Bay, situé à quelques lieues seulement au N. du Port-Jackson, et où se jette la rivière d'Hawkesbury, après avoir, dans ses nombreuses sinuosités, baigné les environs de Paramatta; Port-Hunter, formé plus au N. par un enfoncement impraticable pour les navires de fort tonnage, mais dont les fertiles bords produisent sans peine tous les végétaux de notre Provence, et renferment les mines de charbon qui fournissent ce précieux combustible à la colonie; Port-Stephens plus favorisé que son voisin sous le rapport de la navigation, mais qui voit fréquemment ses campagnes, naturellement sablonneuses, dévorées par des sécheresses de longue durée; plus près encore du tropique du Capricorne, par 31° 20′ de latitude S., Port-Macquarie, où poussent à l'envi les productions des pays chauds; enfin plusieurs autres points maritimes moins importants, devinrent successivement les centres de nouveaux établissements, après avoir servi de lieux de punition pour les plus intraitables convicts.

A cette époque tout semblait concourir à l'accomplissement des grandes vues du colonel Macquarie pour la prospérité de la Nouvelle-Galles du Sud. La détresse où le blocus continental avait réduit les manufactures de la Grande-Bretagne, poussait les classes ouvrières de ce royaume à se mettre en contravention aux lois en brisant les métiers et les mécaniques, et les tribunaux condamnèrent à la déportation des centaines d'individus industrieux et habitués au travail; d'un autre côté, la gêne qu'éprouva dans ces mêmes circonstances le commerce d'Angleterre, et l'énormité des taxes, déterminèrent beaucoup de familles à s'embarquer avec leur fortune et leurs pénates pour l'Australie, dont la cour de Londres venait d'ouvrir les portes à tous les émigrants, sans aucune exception. Et telle fut alors l'affluence de ces derniers, sortis généralement de cette classe moyenne, chez laquelle on rencontre ordinairement l'aisance unie à l'activité, qu'ils composaient déjà en 1817 le tiers des vingt mille âmes répandues dans les différentes parties de la Nouvelle-Galles du Sud. Ainsi donc le principe qui avait présidé à la fondation des établissements pénitentiaires, s'il n'était pas entièrement abandonné, avait du moins subi des modifications essentielles; et le gouvernement anglais, après des dépenses énormes, voyait, sans pouvoir l'empêcher, ses possessions australiennes envahies par une multitude d'hommes libres, qui renverseraient immanquablement tous ses projets. Car il ne pouvait se flatter de recueillir, en suivant cette nouvelle route, des avantages semblables à ceux dont l'avait privé l'émancipation de l'Amérique du nord.

Dans cette dernière contrée, habitée depuis longtemps à l'époque où l'on y envoya les premiers convicts, ceux-ci trouvaient en arrivant une population laborieuse, de mœurs rigides, au milieu de laquelle on les disséminait. A la Nouvelle-Galles du Sud, au contraire, c'étaient eux qui présentaient aux émigrants une masse compacte, dont les membres, liés par des intérêts communs, ne se montraient que fort peu disposés à suivre des leçons de travail et de vertu. Le mélange des habitants d'origine libre et des déportés, qui avait réussi aux États-Unis, ne pouvait donc s'opérer que bien difficilement à Sidney. Aussi les deux partis ne tardèrent-ils pas à se trouver en présence, mais avec des forces bien inégales; d'un côté étaient les richesses, la considération, la haute main dans les affaires publiques; de l'autre, l'avilissement, l'immoralité, ou de fâcheux antécédents que rien ne pouvait effacer. Le repos de la colonie aurait exigé un rapprochement; mais pour y parvenir il aurait fallu plus de titres à l'estime publique chez les émancipés, et moins de hauteur chez leurs orgueilleux rivaux. Le succès était impossible, puisque le colonel Macquarie échoua dans ses tentatives pour l'obtenir.

Dès son arrivée à Sidney, ce gouverneur trouva l'espèce d'aristocratie, dont j'ai déjà parlé, maîtresse des terres les plus considérables, exerçant sur l'administration une influence illimitée, et affectant le plus profond mépris pour la classe des émancipés. La position de ces derniers était intolérable sous beaucoup de rapports : on les repoussait de toutes les fonctions publiques; leur témoignage n'était reçu qu'avec difficulté devant les tribunaux; enfin, leurs enfants partageaient la réprobation qui les flétrissait. Ainsi tombaient, démentis par les faits, tous les calculs des philanthropes : ils avaient promis que les criminels, transportés sur des plages éloignées du théâtre de leurs méfaits, deviendraient honnêtes gens; mais, ce qu'un peu plus de réflexion eût pu leur indiquer d'avance, il était avenu là-bas précisément ce qui avient dans nos bagnes et nos maisons de correction : les déportés, réunis sur un même point, avaient complétement abjuré tous les sentiments d'honneur et de probité. Et comment pouvait-il en être autrement, lorsque ces malheureux, rendus à la liberté, se voyaient rejetés avec horreur par leurs compatriotes des hautes classes, qui, dans leurs préventions iniques, les confondaient, eux et leurs descendants, avec la tourbe des convicts, dont le nombre augmentait ainsi, au lieu de diminuer? Plusieurs émancipés cependant étaient parvenus par une bonne conduite et par leur active industrie, sous la protection de quelque habitant considéré, à l'opulence et à une sorte de réhabilitation. Ce fut de ceux-ci que le colonel Macquarie se servit, mais inutilement, pour opérer un rapprochement entre les deux partis. Il les appela aux emplois publics et aux fonctions de la magistrature, et il est juste d'avouer qu'en général ils répondirent à sa confiance. Il les approcha de sa personne, écouta leurs avis, et prit toutes les mesures que la prudence et l'amour du bien lui dictèrent, pour réveiller en eux ce désir de considération, qu'un long avilissement semblait avoir entièrement effacé.

En même temps que le gouverneur cherchait à rétablir un parti dans ses droits politiques, il faisait tous ses efforts pour atténuer la trop grande influence de l'autre sur les décisions de l'autorité et sur les affaires commerciales. D'abord il secoua tout à fait l'espèce de tutelle où l'aristocratie de Sidney avait tenu ses prédécesseurs; puis, au moment que, sur sa demande, la cour de Londres accordait l'entrée du Port-Jackson à tous les navires nationaux, il défendit aux employés de l'état de s'occuper d'un trafic quelconque, et leur enleva ainsi un monopole, dont ils ne partageaient les énormes bénéfices qu'avec fort peu de marchands. Ces mesures, qui lésaient la classe supérieure dans ce qu'elle avait de plus cher, ses préjugés et ses intérêts, éprouvèrent de sa part une vive opposition, que les émigrants, qui accouraient en foule d'Angleterre, vinrent fortifier chaque année de leur assentiment. Sous le prétexte que la présence des émancipés chez le gouverneur était un affront pour eux, les notables habitants et la plupart des officiers civils ou militaires refusèrent de paraître à sa table et à ses assemblées. Tout ce que les mauvaises passions peuvent suggérer de récriminations et de calomnies fut mis en œuvre auprès du ministère anglais, afin d'empoisonner les intentions du colonel Macquarie, et de noircir les hommes dont il s'était déclaré le défenseur. Malheureusement pour la colonie, les événements donnèrent à ces récriminations une apparence de vérité.

La paix de 1814 venait de rendre la tranquillité à l'Europe, et l'Angleterre avait enfin le loisir de s'occuper de ses finances, qu'une longue guerre avait mises en bien mauvais état. Elle reconnut qu'il ne lui était possible de les rétablir qu'à force d'économie, et la Nouvelle-Galles du Sud fut nécessairement un des premiers points sur lesquels se porta le sévère examen du ministère britannique. Il s'aperçut alors clairement que son système de déportation était fort onéreux et ne produirait jamais les avantages que ses partisans avaient annoncés. Peut-être l'aurait-il abandonné dès cette époque, si l'effrayante progression qu'avait suivie dans la Grande-Bretagne le nombre des criminels condamnés annuellement par les tribunaux, ne l'eût forcé d'y persister; et, comme on ne le voit que trop souvent, même chez les gouvernements les plus sages, celui d'Angleterre eut recours, pour diminuer les dépenses des possessions australiennes, à des moyens extrêmes qui auraient tout perdu, si le puissant commerce maritime d'Angleterre et la fièvre d'émigration, toujours régnante chez les classes moyennes de ce pays, n'eussent réparé le mal en partie.

Les mesures d'économie les plus désastreuses furent commandées au colonel Macquarie, auquel on reprocha en même temps les beaux et utiles travaux entrepris pour la prospérité de l'Australie. Ce gouverneur se vit donc obligé, pour satisfaire aux exigences des ministres, d'exécuter dans le personnel de l'administration et dans les dépenses publiques de nombreuses réductions qui lui suscitèrent de nouveaux adversaires. D'un autre côté, la quantité de convicts que la nécessité de réduire les charges de l'état avait fait libérer prématurément se portèrent aux plus grands excès, pillèrent les habitations, infestèrent les grandes routes, et justifièrent ainsi toutes les préventions que les ennemis des émancipés s'étaient efforcés d'inspirer contre eux. Ces derniers événements, dont les mécontents dissimulèrent avec soin les véritables causes, et les dénonciations sans cesse renouvelées, entraînèrent enfin la cour de Londres dans une démarche qui eut les plus malheureuses conséquences : elle envoya à Sidney un commissaire chargé de connaître des griefs que chaque parti alléguait contre le parti opposé. Ce que l'on aurait dû prévoir arriva : les passions jalouses et haineuses de l'aristocratie se groupèrent autour du délégué, dont l'amour-propre ne put résister au désir de faire sentir son pouvoir au gouverneur, qui dès ce moment vit ses moindres actes, passés ou présents, épluchés avec la plus minutieuse malveillance. Les principaux membres de la classe des émancipés furent abreuvés de dégoûts, et soumis, relativement à leur origine et à celle de leur fortune, aux enquêtes les plus outrageantes, dont les résultats, consignés dans les rapports officiels, devinrent en quelque sorte des archives de déshonneur pour beaucoup de familles de la colonie.

Ce scandaleux état de choses dura deux ans : tant de déboires, tant d'injustices découragèrent le colonel Macquarie, et altérèrent sa santé. Cet administrateur éclairé et véritablement philanthrope, ne pouvant plus faire le bien dans la Nouvelle-Galles du Sud, retourna en Europe à la fin de 1821, emportant la noble espérance que le gouvernement anglais finirait par l'apprécier, et que la population de l'Australie rendrait justice tôt ou tard à l'élévation de ses vues et à la pureté de ses intentions. Cette espérance s'est réalisée : chaque année, en effet, depuis le départ de ce gouverneur, a vu son souvenir entouré d'une nouvelle vénération, et son nom est invoqué aujourd'hui aussi bien par les publicistes de Sidney que par les opprimés et les malheureux.

Pendant la courte administration du général Brisbane, qui succéda au colonel Macquarie, les émancipés retombèrent dans la triste situation d'où le dernier gouverneur avait essayé de les tirer. Une fatale parcimonie empêcha non-seulement d'entreprendre les travaux que le bien public sollicitait, mais encore d'entretenir ceux qui avaient été achevés précédemment. Des droits onéreux et des prohibitions établies dans le seul objet de favoriser le commerce de la métropole, gênèrent le petit nombre de branches d'exportation qu'exploitaient les colons, dont ces mesures criantes ne contribuèrent pas faiblement à augmenter l'esprit turbulent et l'éloignement pour le joug de la mère patrie.

Cependant les dissensions qui divisaient les diverses classes d'habitants de la Nouvelle-Galles du Sud ne tardèrent pas, en fixant l'attention de la cour de Londres, à provoquer des changements importants dans les institutions qui régissaient l'Australie depuis 1786, et contre lesquelles les émigrés élevaient alors comme aujourd'hui de vives et continuelles réclamations.

En vertu d'un acte du parlement rendu en 1823, un conseil de cinq membres au moins et de sept au plus partagea l'autorité du gouverneur, qui jusqu'alors avait été à peu près absolue. Il était dit, par le même acte, que l'assentiment de la majorité de ce conseil, en partie composé de propriétaires et de négociants, serait dorénavant nécessaire pour la mise en vigueur des règlements que la sûreté ou l'administration de la colonie pourraient exiger, pourvu cependant qu'ils ne fussent pas contraires aux lois de la Grande-Bretagne, ce qu'aurait à décider le grand-juge, qui, avec deux autres magistrats subalternes, formait la cour suprême, dont les attributions pouvaient être comparées à celles des hautes cours d'Angleterre.

Ces améliorations étaient considérables, et cependant les colons, qu'animait un désir immodéré de liberté, ne s'en montrèrent nullement satisfaits : ils trouvèrent que l'acte du parlement avait laissé trop de pouvoir au gouverneur, en lui conférant le droit non-seulement de choisir les membres du conseil colonial, mais encore de mettre à exécution, en attendant la décision du roi, les ordonnances que ces derniers refusaient d'approuver. Par ce même acte, qui n'était valable que pour quatre ans, le gouvernement britannique se réservait la faculté d'introduire, quand il le jugerait à propos, l'institution du jury dans ses établissements de la Nouvelle-Hollande. Cette espèce de promesse parut bien vague, bien éloignée aux habitants; aussi excita-t-elle leurs plaintes et principalement celles des publicistes de Sidney, à qui la liberté de la presse ne donne que trop la facilité de répandre leurs principes d'opposition et de dénigrer systématiquement les hauts fonctionnaires de la colonie.

La population de la Nouvelle-Galles du Sud était dans cet état de fermentation quand le général Darling vint en 1823 remplacer le gouverneur Brisbane, que des circonstances difficiles et des tracasseries sans cesse renaissantes avaient porté à solliciter son rappel, et qui partit estimé généralement de ses administrés, pour la droiture de son caractère et la variété de ses connaissances, mais non exempt du reproche qu'on lui fit de s'être trop isolé des partis, et d'avoir laissé prendre à ses alentours une trop grande part aux affaires publiques. Son successeur, que des instructions secrètes engageaient sans doute à se conduire autrement, prit une route tout opposée, et ne s'en vit pas moins bientôt en butte aux dénonciations et aux violentes attaques de ces mêmes hommes qui avaient amèrement censuré la conduite de ses prédécesseurs.

Le général Darling avait une tâche d'autant plus épineuse à remplir que les changements survenus depuis peu dans l'état politique intérieur de la colonie opposaient de nouveaux obstacles à la marche du gouvernement. Le colonel Macquarie avait eu à réprimer, il est vrai, l'ambition des grands propriétaires, que liait étroitement la défense de leurs priviléges et de leurs préjugés : mais il jouissait d'un pouvoir presque absolu ; ses adversaires étaient en petit nombre, et obligés eux-mêmes de résister aux émancipés, qui, malgré leur abaissement, pouvaient prêter quelque appui au gouverneur. En 1826, les choses avaient bien changé : il s'était organisé un troisième parti tenant le milieu entre les deux autres, moins puissant, moins riche que le premier, plus remuant, plus ambitieux que le dernier, et formé d'hommes généralement instruits, d'une imagination ardente, et possédés de cet amour des nouveautés qui, en Angleterre comme en France, agite les classes moyennes. Ce troisième parti, qu'ont fait naître la hauteur et les dédains de l'aristocratie australienne, se compose principalement d'hommes de loi et d'avocats, auxquels l'habitude de parler et d'écrire donne à Sidney, comme dans tous les pays civilisés, beaucoup d'empire sur la multitude. Aussi exercent-ils sur la nombreuse classe des petits propriétaires et des marchands une grande influence qui s'est étendue jusque sur les émancipés, dont ils affectent de prendre la défense, pour se ménager des auxiliaires contre leurs rivaux. Ceux-ci, malgré cette défection qui a fort éclairci leurs rangs, ne s'en croient pas moins destinés de droit à remplir le principal rôle en Australie, c'est-à-dire à profiter de toutes les faveurs du pouvoir, à s'attribuer le monopole de toutes les places, à diriger la marche du gouvernement, enfin à tenir dans leur dépendance le tiers état et les émancipés. Rien ne leur manque, il faut en convenir, pour soutenir ces prétentions exorbitantes : le haut commerce, les plus belles propriétés sont entre leurs mains; ils comptent parmi eux des gens aussi distingués par leurs talents que par leurs noms, dont l'illustration historique ne les a pourtant pas mis en Europe à l'abri de l'inégal partage des biens et de l'expatriation, sa conséquence presque nécessaire. Également froissés dans leur amour-propre et leurs intérêts par les institutions de leur pays natal, ils espèrent en appelant la Nouvelle-Galles du Sud à la liberté, s'y assurer les mêmes avantages qu'ont leurs aînés en Angleterre. Mais l'ancienneté, ce prestige qui entoure encore la noblesse féodale chez quelques nations de l'Europe, ne brille que bien faiblement sur les bords de la Nouvelle-Hollande, surtout aux yeux de la masse d'individus dont j'ai parlé plus haut, et qui forment à Sidney une espèce de tiers' état.

En effet, comment des hommes doués d'une assez grande énergie pour abandonner avec leurs familles le sol qui les vit naître, moins pour échapper à la pauvreté que pour courir après l'opulence; comment, dis-je, de pareils hommes consentiraient-ils à laisser rééditier sur une terre nouvelle l'antique édifice des priviléges qui n'existe plus en France, et qui chez nos voisins s'écroule de toutes parts? Ils s'y montrent si peu disposés, qu'au contraire ils s'opposent de toutes leurs forces aux prétentions de l'aristocratie australienne, et demandent sans cesse, bien moins peut-être dans l'intérêt général que pour abaisser la puissance et l'orgueil de cette caste, toutes les institutions dont leurs compatriotes jouissent en Angleterre, c'est-à-dire la liberté illimitée de la presse, le jugement par jury, et une assemblée législative.

Une semblable cause peut paraître belle sans doute; mais malheureusement, à la Nouvelle-Galles du Sud comme en Europe, elle est souvent ternie par la violence et de coupables prétentions. Ses apôtres ne rougissent point d'user des plus indignes moyens pour avilir les premiers fonctionnaires : ils se livrent contre eux à des attaques calomnieuses, à des critiques remplies d'amertume et dénuées de fondement. Ces ambitieux ne craignent pas d'exciter contre le gouvernement et les hautes classes de la société, par des écrits incendiaires, la haine et la jalousie des émancipés. Heureusement pour la tranquillité de la colonie, ces derniers n'ont jusqu'ici prêté que peu ou point l'oreille à de si dangereuses insinuations : l'obscurité où ils sont retombés depuis le départ du gouverneur Macquarie semble leur convenir, et ils témoignent pour leurs droits politiques une indifférence qui excite journellement l'indignation des journalistes de Sidney. Cette indifférence est pourtant facile à comprendre; car les émancipés enrichis, qui ont pour la plupart amassé leur fortune sous le patronage de quelque membre de l'aristocratie, n'ont garde de se déclarer contre une caste où leur plus grand désir est de se faire admettre; et ceux qui, en bien plus grand nombre, exercent le petit commerce ou composent la classe ouvrière et domestique du chef-lieu, ayant également besoin de la protection des riches, sont forcés de se conformer à leur opinion politique et de paraître au moins penser comme eux. D'ailleurs, quel autre sentiment que l'amour du gain, et du gain illicite, peut germer chez des individus habitués à la honte et qui se voient méprisés même de leurs prétendus défenseurs? Quel intérêt pour les affaires publiques doit-on attendre de malheureux qu'un préjugé inexorable poursuit sans cesse et a marqués du sceau de l'infamie? Il n'est plus pour eux d'espérance de regagner cette considération si flatteuse aux yeux des honnêtes gens, et par conséquent ils sont forcés de rester toute leur vie accolés aux misérables parmi lesquels on s'obstine toujours à les classer. Aussi n'existe-t-il pas de pays au monde où la populace soit aussi dépravée qu'à la Nouvelle-Galles du Sud. Le libertinage, une passion effrénée pour les liqueurs fortes, et les désordres qui en sont les suites ordinaires, tels que les rixes, le vol, l'assassinat, font annuellement rentrer dans les fers ou monter sur l'échafaud un grand nombre de déportés. En vain l'on chercherait chez la plupart des petits trafiquants et des artisans cette bonhomie, cette probité instinctive que l'on rencontre souvent en Europe dans le bas peuple; à Sidney, la confiance, même dans les plus petites transactions, est regardée comme une duperie ; et si le nom injurieux de *convict*, donné au vendeur par l'acheteur mécontent, est puni d'une amende, celui-ci peut du moins témoigner impunément au boutiquier une méfiance et des soupçons qui révolteraient le plus petit marchand de nos cités.

Après avoir tracé le portrait des convicts, ferai-je celui des femmes leurs collègues? de ces femmes que des philanthropes, séduits ou trompés, nous représentent comme régénérées moralement sous le ciel de l'Australie, et pratiquant sur cette nouvelle terre toutes les vertus qu'elles avaient oubliées dans les mauvais lieux des villes de la Grande-Bretagne. J'ai cherché ces vertueuses mères de famille, ces filles qui rachètent par une sagesse exemplaire leurs erreurs passées, et qui promettent d'être les compagnes fidèles des criminels devenus honnêtes gens. Je n'ai pas plus entendu parler à Sidney qu'à Hobart-Town de filles ou de femmes repenties. J'ai vu d'indignes créatures, que ni les lois ni les châtiments les plus sévères ne peuvent empêcher de s'abandonner au larcin, à l'ivrognerie et à la prostitution. Elles remplissent les prisons, d'où elles sortent pires qu'auparavant, et odieuses même à leurs maris, qui, malgré les prescriptions de la loi, refusent de les reprendre avec eux.

On se laissera aller pourtant à un sentiment de compassion en faveur de ces créatures, tout avilies qu'elles sont, si l'on réfléchit que leur sexe, pour lequel une première faute est presque toujours le prélude des derniers excès, avait non-seulement à subir à la Nouvelle-Galles du Sud l'influence d'un faux système, mais encore à se défendre contre toutes les séductions qui doivent naturellement circonvenir de pauvres femmes, dans un pays où leur nombre est à peine le tiers de celui des hommes, et où les classes supérieures elles-mêmes montrent, sous le rapport des mœurs, des principes un peu relâchés.

J'ai voulu esquisser à grands traits la position des différents partis qui se partageaient les habitants de l'Australie au moment du passage de *la Favorite* au Port-Jackson, afin de donner au lecteur une idée des difficultés que le général Darling éprouva dans l'exécution des mesures ordonnées par le ministère pour réduire les dépenses excessives de la colonie et assurer sa tranquillité, mesures qui ne pouvaient manquer d'exaspérer contre le gouverneur ses remuants administrés. En effet, on prit texte d'abord de l'interruption des grands travaux, fort utiles sans doute, mais qui avaient coûté déjà des sommes exorbitantes à la métropole, pour lui imputer le dessein d'entraver dans leur cours les prospérités du pays. La ferme intention qu'il manifesta de réprimer les prétentions de l'aristocratie, fit crier à l'arbitraire; enfin, ses tentatives pour refréner la démoralisation des émancipés et mettre un terme aux crimes des convicts, furent appelées de la tyrannie. Pendant quelque temps, il espéra trouver un soutien parmi les membres du tiers état, qui voyaient avec plaisir le pouvoir de leurs rivaux décliner chaque jour; mais bientôt ces alliés devinrent exigeants. Le ministère ayant de nouveau refusé, en 1827, époque du renouvellement du bill pour l'administration de la Nouvelle-Galles du Sud, non-seulement d'accorder le jugement par jury et une chambre législative, mais encore d'abolir certains droits de douanes, ainsi que le règlement relatif à la vente des terres (24), ce refus les aliéna d'autant plus, qu'il rejetait à une époque fort éloignée leurs espérances ambitieuses. Dès lors, le général Darling vit la presse déchaînée contre lui et contre les membres du conseil, dont elle critiqua les actes amèrement, et à qui elle adressa les personnalités les plus offensantes. Le mot de *liberté* retentit journellement dans les gazettes du chef-lieu, et trouva de l'écho dans les rangs élevés de la société, dont les meneurs commencèrent à alléguer contre la métropole, et probablement dans l'espoir d'arriver à un résultat semblable, les mêmes griefs qui ont causé la séparation de l'Amérique du nord.

N'est-il pas, jusqu'à un certain point, excusable, l'homme d'état qui, malgré tous ses efforts pour faire le bien, se voyant en butte à tant d'attaques injustes, s'est laissé entraîner dans une voie de répression sur laquelle il est bien malaisé, même au fonctionnaire le plus sage et le plus maître de lui, de s'arrêter et de ne pas sacrifier quelquefois la légalité à l'honneur cruellement blessé? Sans doute que le général Darling, craignant cet esprit d'indépendance qui s'exalte de plus en plus parmi les colons, aura voulu, en entrant lui-même dans tous les détails des administrations civile et judiciaire, leur rendre l'énergie qu'elles avaient perdue sous son prédécesseur : sans doute aussi qu'il aura senti la nécessité de mettre un frein à cette licence de la presse, interprète de toutes les mauvaises passions, et si redoutable au milieu d'une population composée d'individus, les uns ambitieux et désireux de changements, les autres entreprenants et dépourvus de toute espèce de moralité. Mais il aura blessé peut-être la vanité ou les prétentions de quelques personnes : et comment pouvait-il éviter cette faute, dans la position difficile où le plaçaient les discords de la métropole et de ses administrés?

Au milieu des débats de la Grande-Bretagne avec ses colonies australiennes, il est presque impossible de débarrasser la vérité des voiles dont les écrivains s'efforcent de l'envelopper pour améliorer leur cause. Les ennemis de la cour, se considérant comme destinés à jouer un rôle important dans les affaires publiques de la Nouvelle-Galles du Sud, si elle parvient à s'affranchir, représentent constamment à leurs concitoyens comme un despotisme intolérable, les précautions que prend l'Angleterre pour s'assurer quelques dédommagements de tant de trésors dépensés; ils la dépeignent comme une marâtre qui cherche à tenir le plus longtemps qu'elle peut ses enfants dans la dépendance, afin de profiter du fruit de leurs travaux, et qui les prive injustement de leurs droits, de peur qu'ils ne secouent un joug trop pesant. De leur côté, les partisans de la métropole soutiennent leur opinion par une suite d'arguments difficiles à réfuter. Ils disent que la couronne, en prenant possession de la Nouvelle-Galles du Sud, et en y déportant à ses frais les criminels des trois royaumes, puis en y admettant de son plein gré les émigrants, était incontestablement maîtresse d'imposer à ces derniers les conditions qu'elle jugerait les plus favorables aux intérêts de la Grande-Bretagne, et qu'elle avait le droit de concéder les terres gratuitement où non, de fixer le tarif des douanes de la colonie, et de régir cette dernière par des règlements particuliers.

Après toutes les concessions que la cour de Londres a faites depuis 1814, on lui en a demandé, comme nous venons de le voir, deux autres bien plus importantes, et qui semblent justes et raisonnables au premier abord; mais, en y réfléchissant, on reconnaîtra qu'elle ne peut consentir à cette nouvelle demande sans compromettre sa puissance dans ces pays lointains.

De quoi s'agissait-il en effet? De modifier le code colonial de telle sorte, que tous les crimes justiciables des cours d'assises en Angleterre, fussent jugés par un jury à la Nouvelle-Galles du Sud et à Van-Diémen, et d'octroyer à la colonie une assemblée législative : changement qui, je l'avouerai, pouvait paraître d'autant plus convenable aux publicistes de Sidney, qu'ils comptaient bien exclure les émancipés des fonctions de juré, et se servir de la tribune pour remuer les passions populaires, mettre les différents partis aux prises, prêcher la révolte contre la mère patrie ; enfin pour se créer, à la faveur du désordre, une brillante position. Mais le ministère ne devait-il pas craindre de rallumer, entre les émancipés et leurs rivaux, les mêmes discordes qui avaient causé le départ du colonel Macquarie? Pouvait-il, dans l'état d'effervescence où ils sont les uns et les autres, s'exposer, en leur accordant une chambre législative, au danger presque certain de les voir bientôt lui refuser obéissance? Ne serait-il pas accusé, avec raison, d'aveuglement, si, après l'expérience de la révolution de l'Amérique du nord, il fournissait bénévolement à des hommes turbulents un centre de réunion, un point d'appui pour soulever ses colonies et lui enlever à la fois un immense débouché toujours ouvert aux produits des manufactures britanniques, et les moyens de se délivrer de ses criminels, deux avantages que certainement il a payés assez cher?

Cependant, la Grande-Bretagne n'est pas non plus exempte de torts envers ses sujets australiens; et parmi les plaintes que ceux-ci exhalent contre elle, il en est plusieurs qui paraissent fondées. Elle a dépensé, il est vrai, des sommes prodigieuses pour ses colonies pénales; mais est-il bien juste que les émigrants à qui elle a permis d'aller peupler ces mêmes colonies, soient solidaires de ses fautes, et tenus de suppléer aux dépenses qu'elle ne veut plus allouer, en pourvoyant eux-mêmes à l'entretien d'une administration aussi nombreuse que richement rétribuée (25), et à celui des déportés, dont le chiffre augmente tous les ans? De plus, l'accroissement extraordinaire qu'a pris, depuis 1820, la population libre de la Nouvelle-Galles du Sud, n'autorise-t-il pas les colons à réclamer les institutions anglaises, et principalement une assemblée législative qui ait seule le droit de disposer des revenus de la colonie, et de les employer à la construction des monuments d'utilité publique, ainsi qu'à la conservation de ceux auxquels le sage Macquarie attacha son nom? Les députés élus par chaque canton, connaissant mieux que les bureaux de Londres les véritables besoins du pays, lèveraient les entraves qui gênent son commerce, et ouvriraient des routes plus sûres à cette aventureuse activité des colons, qui, faute d'une bonne direction, devient en partie inutile et même contraire à sa prospérité. Si une pareille surveillance eût existé dès l'origine, une foule d'émigrants n'auraient pas perdu leur fortune et la vie dans ces petits établissements situés sur les côtes occidentales de la Nouvelle-Hollande, tels que celui de l'île Melville, qui devait, au dire des premiers explorateurs, attirer tout le commerce des îles à l'E. de Timor, et que l'abandon, la famine et les maladies ont dépeuplé en peu de temps; celui de la rivière des Cygnes, où les malheureux colons ont à combattre, non-seulement la stérilité d'un sol privé d'eau douce et tourmenté constamment par les vents d'O., mais encore plusieurs tribus de naturels rusés et méchants. Combien d'autres essais non moins malheureux ne pourrais-je pas citer! En vérité, lorsqu'on voit l'Angleterre disséminer ainsi sur les plages de la Nouvelle-Hollande des hommes et des capitaux qui auraient été si précieux pour Van-Diémen et la Nouvelle-Galles du Sud, on serait tenté de croire qu'elle n'a voulu que s'emparer de tous les points accessibles de ce continent, de peur qu'ils ne tombassent au pouvoir de la France (26).

Tels sont les principaux arguments que les publicistes de Sidney mettent en avant pour justifier leurs prétentions aux institutions libérales qu'ils réclament si vivement. Ces arguments devraient paraître sans réplique au ministère anglais; mais il est clair que les deux partis dissimulent, l'un ses craintes, l'autre ses véritables projets, en les voilant, comme il arrive presque toujours, du prétexte spécieux du bien général.

Cet état d'irritation et de défiance réciproques n'a pas dû réchauffer la sollicitude de la métropole pour la Nouvelle-Galles du Sud, ni l'engager beaucoup à se relâcher du système d'économie qu'elle suit à son égard. On conçoit aisément, d'après cela, l'indifférence de l'administration pour les entreprises dont le but serait d'acquérir une connaissance moins imparfaite de la Nouvelle-Hollande, ou de créer des débouchés pour les productions de la partie de ce continent cultivée par les Européens. Ces deux conditions sont pourtant bien nécessaires à la splendeur future de la colonie, et la seconde surtout devrait fixer toute l'attention du gouvernement britannique; car, dès à présent, les habitants de la Nouvelle-Galles du Sud commencent à comprendre la vérité de ce principe, qu'un pays agricole n'est riche qu'autant que sa population consomme elle-même ses récoltes, ou qu'elles lui servent à payer les marchandises qu'il tire des autres contrées; or, l'Australie ne se trouve ni dans l'un ni dans l'autre cas. A l'époque de la fondation de Sidney, les premiers arrivants dirigèrent naturellement leur industrie vers la culture des céréales et la multiplication des troupeaux, seuls moyens d'échapper aux fréquentes disettes qui assaillirent l'enfance de la colonie. Tant que les cultivateurs furent en petit nombre, ils vendirent facilement leur blé et leur maïs aux habitants du chef-lieu, ou à l'état pour la subsistance de ses convicts; mais lorsque les émigrants accoururent en foule, et étendirent outre mesure les défrichements, les produits excédèrent la consommation, et restèrent en grande partie dans les greniers. Cette surabondance faisait déjà sentir, en 1826, ses funestes effets, lorsqu'une sécheresse, qui dura trois ans, rétablit d'abord l'équilibre, en forçant les colons à consommer les grains des moissons précédentes, puis leur fit éprouver des pertes si fortes que beaucoup d'entre eux ne purent les supporter. Quand le fléau eut terminé son cours, le haut prix des farines et des bestiaux ranima de nouveau l'agriculture et en soutint le mouvement progressif, jusqu'à ce que l'abondance étant revenue, la colonie retomba dans le même embarras qu'auparavant. Telle était sa triste situation quand je la visitai en 1831, et l'avenir ne lui présageait rien d'heureux. Cependant plusieurs habitants avaient réussi à se tirer de cette position difficile. Les uns, imitant les Américains du Nord, mettaient en barils la fleur de farine, et la vendaient avec bénéfice aux bâtiments mouillés sur la rade du Port-Jackson. Les autres préparaient, pour les mêmes acheteurs, des salaisons de bœuf. Mais ces deux branches de commerce, qui constituent la principale richesse des États-Unis, n'ont pris jusqu'ici et ne prendront jamais, suivant toute apparence, qu'une extension très-limitée à la Nouvelle-Galles du Sud, soit à cause du prix élevé des salaisons et de la difficulté de conserver longtemps les grains d'Australie, soit encore à cause de l'immense éloignement où est la Nouvelle-Hollande de tous les pays qui ont besoin de ses denrées. Les armateurs de Sidney et d'Hobart-Town iront-ils, secondés par les vents d'O., chercher un débouché au Chili, contrée dont les vastes plaines fournissent en quantité des bestiaux et du blé qui sont transportés sur tous les points des côtes occidentales d'Amérique? Trouveront-ils plus de facilité à placer leurs cargaisons chez les peuples du grand archipel d'Asie, qui ne vivent que de riz, et ont, pour la plupart, la chair de bœuf et de porc en horreur? Il ne restera donc à leur commerce extérieur que des routes peu importantes et même dangereuses; car le petit nombre de leurs bâtiments qui vont porter aux Européens établis à l'île Maurice, sur les rivages indiens et dans l'archipel de la Sonde, des bois de construction et de mâture, des fromages, des moutons, des volailles, un peu de farine et quelques barils de viandes salées, ne parviennent à ces diverses destinations qu'en franchissant le périlleux détroit de Torrès, ou qu'après avoir lutté, souvent en vain, pendant plusieurs semaines, contre des gros temps continuels, soit pour passer le détroit de Bass, soit pour doubler l'extrémité méridionale de Van-Diémen (27).

Un jour, probablement, la Nouvelle-Hollande tout entière sera envahie par la race blanche, et les habitants de ses différentes parties échangeront entre eux les denrées de leurs climats divers; alors les négociants de ce pays se déferont aisément de leurs marchandises, et les cultivateurs ne seront plus obligés de mettre en pâturages, comme ils le font aujourd'hui, des terres à blé dont le défrichement a coûté tant de peines et de dépenses. Ces pâturages, du reste, ne sont pas restés inutiles, car les toisons des brebis qu'ils nourrissent forment à peu près la seule branche lucrative d'exportation que possède maintenant la colonie.

Avant que les émigrants eussent franchi la chaîne des Montagnes Bleues, Sidney n'envoyait en Europe que très-peu de laine, et encore était-elle d'une qualité inférieure; mais quand ils eurent découvert les cantons de Bathurst et de Wellington-Valley; lorsque, au milieu de belles plaines et sous un climat délicieux, leurs moutons se multiplièrent à l'infini, alors ils sentirent tout le parti qu'ils pouvaient tirer de ces animaux. Honneur à Mac-Arthur, qui le premier fit venir d'Espagne, de France et de Saxe des béliers de race pure! car il ouvrit à ses compatriotes émigrés la voie de fortune dans laquelle ils ont marché depuis avec tant de bonheur. C'est à lui qu'ils doivent l'avantage inappréciable de pouvoir fournir maintenant les plus fines toisons du monde aux manufactures de la Grande-Bretagne, qui les a payées jusqu'ici un prix assez élevé pour compenser les frais d'un long voyage.

Cette branche de commerce est considérable, et prendra peut-être encore une plus grande extension. Mais la colonie aura-t-elle beaucoup à s'en applaudir? A Bathurst, par exemple, où les terrains n'ont eu jusqu'à présent qu'une valeur minime, le propriétaire de moutons se plaint déjà de la réduction de ses bénéfices; et quoique ses dépenses se bornent à peu près à l'entretien des bergers et des bergeries, il est certain que la vente de ses laines, soit qu'elle ait lieu à Sidney, soit qu'elle s'opère à Londres par l'entremise d'un correspondant, comme l'usage commence à s'en établir, ne le rembourse pas toujours de ses avances : comment fera-t-il donc, si l'affluence des émigrants continue de faire augmenter la valeur des concessions? Car il arrivera nécessairement une époque où les propriétaires de moutons seront obligés, pour éviter une ruine totale, de hausser le prix de leurs laines, ou de conduire leurs troupeaux dans les cantons les plus éloignés du chef-lieu. Dans cette dernière hypothèse, et en admettant, ce qui est douteux d'après les rapports des derniers voyageurs, que ces cantons soient aussi favorables à la multiplication des bestiaux que ceux de Bathurst et d'Argyle, le transport jusqu'au lieu de l'embarquement deviendra fort dispendieux. Ainsi, de toute manière, il sera d'abord extrêmement difficile, et plus tard impossible, aux négociants de Sidney de soutenir la concurrence sur les marchés d'Angleterre.

Je ne me dissimule pas que beaucoup de personnes regarderont mes prévisions comme bien précoces; mais peut-être les partageront-elles, si je leur apprends que l'Australie, qui n'avait tout au plus que treize mille habitants en 1803, en comptait trente-sept mille un quart de siècle après, nombre que le dernier recensement porte à quelques milliers de plus, tant cette population s'accroît rapidement aux dépens de celle de la Grande-Bretagne.

Le danger qui menace le commerce des laines à la Nouvelle-Galles du Sud ne saurait atteindre un genre d'industrie auquel l'activité des armateurs et l'audace des marins de Sidney a donné depuis le commencement du siècle un développement remarquable ; je veux parler de la pêche de la baleine, dont l'exploitation occupe trente-cinq navires qui parcourent toutes les mers de l'hémisphère antarctique, depuis les régions glacées du pôle jusqu'aux parages tranquilles de l'équateur, et y récoltent des milliers de tonnes d'huile, ainsi qu'une quantité énorme de ce *sperma ceti* avec quoi on fabrique les bougies diaphanes dont l'usage est si répandu à présent chez les nations de l'Europe civilisée. Telle est l'école où se forment au métier de matelot, si pénible dans cet Océan orageux, les hommes intrépides qui vont ensuite, sur les caboteurs, acheter le bois de sandal aux insulaires des archipels de la Polynésie, ou troquer, avec les anthropophages de la Nouvelle-Zélande, de la poudre et des fusils contre du phormium et des bois de construction.

J'ai cité les principaux objets d'exportation de la Nouvelle-Galles du Sud ; il en est encore plusieurs autres, parmi lesquels il faut compter les peaux de bœufs, les barbes de baleine, et une écorce d'arbre que l'on emploie à la préparation des cuirs. Mais ces objets d'importation, qui ne conviennent pas à tous les pays, n'ont pu jusqu'ici établir la balance du commerce d'une manière favorable à Sidney, qui voit en conséquence les bâtiments venus des autres colonies britanniques emporter chaque année, à son grand détriment, de fortes quantités de numéraire en échange de leurs cargaisons de sucre et de café. Un tel état de choses lui est très-préjudiciable et causerait bientôt sa ruine, si l'Australie ne parvenait à payer avec ses produits la majeure partie des marchandises qu'elle reçoit de la métropole, à qui elle offre, pour ses manufactures, un débouché qui ne peut manquer de s'agrandir avec le temps.

Pour une puissance essentiellement commerçante et maritime, ce dernier avantage est capital, et l'Angleterre doit y tenir d'autant plus que, vraisemblablement, ce sera peut-être le seul qu'elle retirera désormais de ses possessions australiennes; car si elle leur accorde une chambre représentative, elle doit s'attendre qu'à l'imitation de l'Amérique du nord, un des premiers actes de cette assemblée sera le refus de recevoir dorénavant l'écume des prisons d'Angleterre, ces convicts qui entretiennent par leur mauvais exemple la plus effrayante démoralisation parmi la population de Sidney, empêchent les arrivants d'origine libre d'exercer leur industrie, et troublent la tranquillité publique par leurs méfaits continuels.

La cour de Londres aura-t-elle beaucoup à gémir de ce dernier coup porté à son système de déportation? Je ne le pense pas. Elle regrettera sans doute tant de trésors inutilement dépensés, et les philanthropes verront avec douleur le renversement de leurs utopies. Mais que ceux-ci obtiennent des lois criminelles moins sévères; qu'ils indiquent des châtiments plus moraux que celui des bagnes, moins illusoires que la déportation, alors cette dernière peine deviendra inutile, et la Grande-Bretagne trouvera le dédommagement de ses sacrifices passés, non-seulement dans l'avantage si précieux pour elle de pouvoir offrir une nouvelle patrie à ces hommes que leur esprit remuant ou leur amour-propre froissé par des institutions vieillies poussent au désordre et à l'expatriation, mais encore dans l'impulsion que donneront à son commerce Van-Diémen et l'Australie.

Il n'est même pas à craindre pour l'Angleterre que ses colonies de la Nouvelle-Hollande, si elles se déclarent libres, puissent de longtemps se soustraire à son influence; car cette influence, basée sur la similitude de langage, de goûts, de coutumes entre les habitants des deux pays, doit être bien puissante, puisque les Américains des États-Unis, malgré la haine profonde qu'ils portent à leurs anciens maîtres, n'en payent pas moins aux manufactures britanniques un tribut considérable.

Plusieurs économistes anglais distingués vont encore plus loin que moi, et n'hésitent pas d'affirmer que la Nouvelle-Galles du Sud et Van-Diémen sont un lourd fardeau pour la métropole, qui ferait bien de s'en débarrasser en leur donnant la liberté. Pour soutenir cette assertion, ils prétendent que la Grande-Bretagne, une fois dégagée de leur onéreux entretien, n'en retiendrait pas moins le monopole de leur commerce; car, ajoutent-ils et avec raison, quoique les lois de douanes promulguées en 1830 permettent aux navires de toutes les nations d'entrer à Sidney et à Hobart-Town et d'y introduire leurs chargements, moyennant des droits assez modérés, il ne s'y est pas encore présenté un seul pavillon étranger.

L'avenir, cependant, pourrait bien démentir leur sécurité; car leurs compatriotes, subissant peu à peu l'action d'un climat à peu près semblable à celui de la

France méridionale, commencent à rechercher les produits de notre industrie et de notre sol. Pourquoi donc nos armateurs ne leur apportent-ils pas nos meubles si gracieux, nos papiers peints, nos étoffes de soie, nos toiles imprimées, toutes marchandises dont le débit procurerait un gros bénéfice? Les bals, les festins qui aux deux chefs-lieux se succèdent presque journellement, assureraient la défaite des objets de mode et des comestibles dont Paris, Bordeaux et Marseille approvisionnent le monde entier. Malheureusement nos eaux-de-vie et nos vins sont prohibés dans les deux colonies (28); mais, outre les articles que je viens d'énumérer, il y en a cent autres qui pourraient compléter les cargaisons des navires, dont les capitaines prendraient en retour de l'huile de baleine et des laines communes, deux matières que nos manufactures demandent à l'étranger. Mais pour que notre commerce maritime puisse exploiter cette nouvelle mine de richesses, il faut qu'il ne soit plus sacrifié au commerce intérieur et que l'on modifie les droits de douanes; il faut que nos marchands se montrent plus entreprenants, moins avides de lucre, et surtout qu'ils mettent plus de bonne foi dans leurs transactions; autrement, reçus avec empressement au Port-Jackson à leur premier voyage, ils en seront repoussés au second, comme ils l'ont été jusqu'ici de presque tous les pays d'outre-mer.

Ce malheur serait d'autant plus à déplorer que jamais peut-être contrée n'offrit aux spéculateurs français plus d'avantages que la Nouvelle-Galles du Sud et Van-Diémen : ces deux colonies touchent presque à leur émancipation, et seront bientôt un marché ouvert à la concurrence de toutes les nations; mais nos armateurs ne doivent pas attendre cette révolution pour entamer des relations avec l'Australie, ils doivent au contraire se presser de les établir, afin d'exciter le goût que les colons ont pris déjà pour nos marchandises et de se tenir prêts à mettre à profit toutes les circonstances heureuses qui pourraient survenir. Mais, je le répète encore, il faut que notre gouvernement vienne à leur secours, en ne frappant que d'un droit modéré les laines communes et les huiles de poisson importées de la Nouvelle-Galles du Sud et de Van-Diémen par nos bâtiments, et que notre marine militaire, qui jusqu'ici n'a visité cette dernière qu'en courant et comme par hasard, y fasse de fréquentes et longues apparitions, afin d'en frayer la route aux navires marchands, dont elle protégera en même temps les opérations.

Je termine ici le court exposé de l'histoire des colonies pénales anglaises, et les considérations générales que j'ai crues indispensables pour faire connaître leur état présent; je les ai suivies dans leurs progrès si lents depuis leur naissance jusqu'à l'époque où les émigrants y furent admis sans exception; et l'on a pu se convaincre qu'elles sont aujourd'hui à la veille, non-seulement de repousser loin de leurs bords les convicts que leur envoie l'Angleterre, mais même de se rendre indépendantes de la mère patrie. Ces résultats sont-ils assez brillants pour que la France vise à les obtenir par les mêmes moyens? peut-elle espérer d'être plus heureuse que sa voisine? ses hommes d'état s'entendront-ils mieux que ceux de la Grande-Bretagne à fonder des établissements pénitentiaires? auront-ils à leur disposition plus de ressources pour y parvenir? C'est ce dont, je crois, douteront tous les lecteurs impartiaux : et la cour de Londres a commis cependant des fautes bien graves; fautes dont une seule aurait suffi pour renverser de fond en comble un pareil édifice, si c'était nous qui l'eussions élevé, parce que nous ne possédons pas comme les Anglais les éléments nécessaires pour coloniser avec succès, ni surtout ce commerce immense d'où dépend pour ainsi dire l'existence même du gouvernement britannique, qu'il force bientôt de rentrer dans la voie favorable à ses prospérités, toutes les fois que l'impéritie ou l'inexpérience d'un ministre l'en a fait dévier. Que la France ne songe donc plus à exiler ses criminels; qu'elle se défie des utopies philanthropiques; car les philanthropes, comme tous les faiseurs de systèmes, sont sujets à compromettre les plus grands intérêts de leur pays, pour la vaniteuse satisfaction de voir leur opinion adoptée de préférence à celle de leurs rivaux. La forme de notre gouvernement, l'état de nos finances, ne nous permettent pas, je le répète encore, de tenter d'aussi dispendieux essais, dont les conséquences probables seraient, comme chez nos voisins, l'anéantissement de cette crainte du déshonneur que les dernières classes même de notre population ont heureusement conservée jusqu'ici. N'allons pas encourager les crimes par la déportation, au moment où, grâce à des lois plus douces et à l'instruction qui se répand peu à peu parmi le peuple, ils diminuent considérablement chaque année. Que des moyens de répression plus analogues à la civilisation actuelle soient substitués au hideux régime des bagnes et des maisons de correction ; puis, si nos ministres tournent les yeux vers les Terres Australes, que ce ne soit que dans l'intention d'ouvrir dès à présent, en faveur de notre malheureux commerce maritime, des relations avec la Nouvelle-Galles du Sud ainsi qu'avec la Tasmanie, et de ménager ainsi à nos armateurs des chances favorables pour l'époque où ces contrées secoueront le joug de la métropole.

CHAPITRE XX.

DESCRIPTION DE SIDNEY ET DE SES ENVIRONS.

Pour le voyageur qui, après une traversée longue et fatigante, arrive à la Nouvelle-Galles du Sud et va jeter l'ancre devant Sidney, l'aspect enchanteur de cette ville est d'autant plus frappant que rien ne l'y a préparé. En abordant au Port-Jackson, il n'aperçoit d'abord que des falaises arides; puis, en entrant dans le canal, il longe des rivages rocailleux et déserts; et quand il a dépassé le phare, le seul objet qui attire ses regards, c'est la demeure abandonnée d'un ancien capitaine de port qui exerçait autrefois envers les marins une magnifique hospitalité, et dont les jardins, qui ont coûté des sommes énormes, sont redevenus le séjour des ronces et des broussailles; la maison elle-même n'a conservé de sa beauté première que son exposition à l'extrémité d'une pointe élevée, au pied de laquelle passent les bâtiments qui prennent la mer ou arrivent sur la rade du chef-lieu. Mais lorsqu'il est parvenu à un vaste bassin parsemé d'îles, où se décharge la rivière de Paramatta, il commence à reconnaître l'approche d'une grande cité. Sur sa gauche s'étendent des champs cultivés, et de distance en distance paraissent des fermes entourées de bois qui protégent de leur ombre, dans la saison des plus fortes chaleurs, l'eau fraîche et limpide de plusieurs ruisseaux. Du côté opposé, des jardins, des vergers, des terrasses, embellissent des habitations charmantes que s'empressent d'accoster une foule de bateaux de plaisance. (Pl. 64.) Plus loin se présente *Farme-Cove* (l'Anse de la Ferme), avec ses parterres de fleurs adossés à un jardin botanique et à un parc entrecoupé de superbes allées, qui servent de rendez-vous, dans les beaux jours, aux élégants équipages de la ville. C'est quand il a laissé derrière lui ce paysage délicieux, et qu'il a doublé la pointe septentrionale de Farme-Cove, que Sidney lui apparaît dans toute sa splendeur. (Pl. 63.)

Comment peindre l'admirable coup d'œil de l'étroit et profond bassin de Sidney-Cove, rempli de navires dont les mâts, couronnés de pavillons doucement agités par la brise, semblent une forêt mouvante, qui d'un côté cache à demi la plaine où s'étend la nouvelle ville, et que dominent de l'autre les anciens quartiers, bâtis en amphithéâtre sur le revers d'une presqu'île? Si, revenu de sa surprise, le nouvel arrivant laisse errer ses regards au delà du bassin, que d'objets se disputent son attention! Devant lui s'élève le fort Macquarie construit sur un plateau de roches, au bout de la presqu'île qui sépare Farme-Cove du port de Sidney. Ses blanches murailles, et la tour qui les surmonte, composent le premier plan d'un tableau dans le fond duquel paraît, à travers les arbres du parc, un vaste édifice d'architecture gothique, que ses créneaux et ses ouvertures découpées en ogives feraient prendre plutôt pour une forteresse du moyen âge que pour des écuries. La destination de ce bizarre édifice est d'autant plus difficile à deviner que la demeure du gouverneur, dont il est une dépendance, n'a rien de remarquable que sa position au sommet d'un monticule, ses pelouses, ses bosquets et ses plates-bandes de fleurs qui descendent par une pente douce jusqu'au rivage. Dans cette partie de Sidney-Cove, tout est riant et rappelle les sites pittoresques des Antilles : une petite chaussée, bordée par le léger treillis à claire-voie qui clôt le jardin du gouverneur, et où abordent sans cesse des canots pleins de promeneurs ou de matelots sortis des navires mouillés près de là, conduit, en suivant les sinuosités de la plage, jusqu'à un nouveau quartier occupé par les premiers fonctionnaires et les plus riches négociants.

Mais autant ce côté de Sidney-Cove est paisible et champêtre, autant l'autre est bruyant et animé : ici, des hangars abritent une foule de marchands et d'ouvriers ; là, un canal porte les bateaux chargés de vivres et de munitions jusqu'au pied des magasins de l'état; plus loin, un étroit passage donne entrée dans le modeste arsenal où se radoubent les navires de la marine royale ; enfin, chaque inégalité du rivage est un havre toujours encombré d'embarcations, venues de tous les cantons de la colonie. Cette prodigieuse activité règne également au milieu de Sidney-Cove, où sont réunis tous les navires que la Grande-Bretagne expédie à la Nouvelle-Galles du Sud. Les uns, après avoir mis à terre plusieurs centaines de convicts apportés d'Angleterre, débarquent leurs cargaisons; les autres, arrivés précédemment, remplissent leurs larges flancs de tonnes d'huile et de ballots de laine : tous semblent disputer de diligence dans leurs préparatifs pour reprendre la mer (29.) En vain j'ai cherché parmi tant de navires ces espèces de corvettes aux formes fines et élancées, aux grandes voiles, aux mâtures effilées, monuments de la folie ou de la vanité des armateurs du Havre et de Bordeaux; je n'ai vu que des bâtiments d'une humble apparence, mais solidement construits : leurs façons ont été arrondies, calculées pour contenir le plus de marchandises possible, et non pour sillonner rapidement la mer; leurs mâtures sont courtes et massives, leurs voiles sont exiguës. Ces navires, pourtant, franchissent en trois ou quatre mois l'espace immense qui sépare l'Angleterre de la Nouvelle-Hollande, doublent sans crainte le cap Horn, et font rarement des avaries. Le port de Sidney, quoique très-creux dans presque toute son étendue, peut à peine suffire à un pareil mouvement maritime : aussi les caboteurs se dirigent-ils sur un autre point; et si la rive orientale de la presqu'île donne une haute idée des liens qui unissent l'Australie à sa métropole, celle de l'O., que borde pendant un mille environ, du N. au S., le havre Darling, offre l'image non moins admirable de la prospérité commerciale intérieure de la Nouvelle-Galles du Sud.

Une foule agissante se presse à toute heure le long

de cette rive, autour des usines, des magasins et des débarcadères, sur lesquels de nombreux bateaux entassent, depuis le lever du soleil jusqu'à son coucher, des volailles, du beurre, des fruits et des légumes fournis par les villages voisins du chef-lieu, ou par Hunter-Bay, Port-Stephens et les autres établissements situés au N. et au S. du Port-Jackson. A peu de distance de ces débarcadères s'avancent dans la mer deux môles, où des alléges viennent déposer des marchandises apportées de toutes les régions du globe par les navires mouillés sur la rade devant le fort Macquarie, ou du charbon tiré des mines du Newcastle australien, charbon qui doit servir à alimenter plusieurs forges dont les marteaux se font entendre au loin, ainsi que des moulins à vapeur que signalent de noires colonnes de fumée. Enfin, de toutes parts les regards rencontrent des preuves de l'industrie et de la civilisation la plus avancée.

Le savant qui voyage aux campagnes romaines ou dans les déserts sablonneux de l'Égypte, va puiser au milieu des ruines de philosophiques inspirations sur la grandeur et la décadence de nations dont le souvenir est à peine arrivé jusqu'à nous. Oh! qu'il en trouverait de plus douces pour lui, de plus utiles du moins pour l'humanité, s'il parcourait la capitale de l'Australie, cette cité populeuse qui s'élève majestueusement aux lieux mêmes où d'épaisses forêts projetaient naguère leurs masses ténébreuses. Au lieu de ces palais, de ces puissantes basiliques qui font gémir la terre sous leur poids et ont coûté tant de travaux aux peuples, sans avoir contribué à leur bonheur, il verrait des monuments bien simples, mais parfaitement disposés pour leur emploi; il visiterait avec plaisir l'hôpital militaire, grand bâtiment sans colonnes, sans péristyle, et pourtant suffisamment aéré. Auprès de cet hôpital est le fort Phillip, situé à l'extrémité de la presqu'île, qu'il défend du côté de la mer contre toute agression. De ce point, où plusieurs fois mes nouvelles connaissances me conduisirent, pour me faire admirer Sidney et ses alentours, je découvrais un superbe panorama. Derrière moi se développait le bassin formé par l'embouchure de la Paramatta et la côte septentrionale du Port-Jackson. Sur la droite je dominais le havre Darling, dont toute la circonférence est déjà parsemée d'habitations; sur la gauche se dessinait le fort Macquarie, puis, sur un plan moins éloigné, Sidney-Cove, qui n'était séparé de moi que par des monticules rocailleux et couverts de baraques de bois et de briques, qu'à leur chétive apparence, au pêlemêle de leur position, je reconnaissais facilement pour les premiers abris que dressèrent les Anglais sur le sol de la Nouvelle-Hollande. Mais si, regardant devant moi, c'est-à-dire vers le S., je portais mes regards sur la ville, je distinguais facilement les progrès qu'elle a faits dans cette direction. Aux baraques qui m'entouraient succédaient peu à peu des maisons de pierre de mieux en mieux coordonnées entre elles, à mesure que le terrain devenait moins raboteux et qu'elles se rapprochaient de la plaine au milieu de laquelle est bâtie la moderne Sidney. J'apercevais, s'allongeant en lignes droites à peu près parallèles, des rues parmi lesquelles *George-street* se fait remarquer par sa longueur, qui est environ d'une lieue, ainsi que par les constructions publiques ou privées qui la bordent. Mes yeux pouvaient la suivre dès sa naissance, lorsque étroite et tortueuse encore, elle serpente à travers les inégalités de la presqu'île, jusqu'à l'arsenal de marine et aux magasins du gouvernement, dont j'ai déjà décrit la position auprès du port; mais là elle grandit tout à coup et se dirige directement vers le S.

L'observateur qui entre, à son débarquement, dans cette magnifique rue, véritable marché de la colonie, conçoit une bien haute idée de l'état présent et des destinées à venir du chef-lieu de la Nouvelle-Galles du Sud. Il n'a pas encore perdu de vue le fond de Sidney-Cove, et ses chantiers où sont amoncelés, dans une vase protectrice, des approvisionnements considérables de bois, qu'il découvre déjà, au bout de plusieurs rues tirées au cordeau et aboutissant presque toutes à l'hôtel du gouverneur, non-seulement les demeures des principaux fonctionnaires, que surmonte le feuillage du parc et du jardin botanique, mais encore un plateau pittoresque, situé auprès de Farme-Cove, et où plusieurs opulents bourgeois ont choisi l'emplacement de leurs habitations, afin de résider hors de la ville, qui à leur grand chagrin ne tardera pas à gagner jusque-là. En effet, du côté de ce plateau des bâtisses récentes commencent à marquer les limites d'un large emplacement planté de jeunes arbres, qui lui donneront peut-être un jour, quand ils auront acquis toute leur croissance, quelque ressemblance avec Hyde-Park de Londres, dont il a reçu le nom imposant. Parmi les monuments qui embellissent déjà cette future promenade, je citerai l'hôpital des convicts, qui porte sur sa façade, écrit en gros caractères au-dessus du cadran d'une horloge, le nom de son fondateur le colonel Macquarie ; le temple protestant, le palais de justice, et un collége dans lequel les enfants des colons, ainsi que ceux qu'on y envoie des comptoirs britanniques de l'Inde, reçoivent une excellente éducation. Tous ces monuments, bâtis de pierre et de briques, sont plus recommandables par leur destination que par leur structure, qui perd beaucoup à être comparée avec celle de l'église catholique, véritable cathédrale aux voûtes et aux fenêtres en ogive, dont la vaste enceinte et le haut clocher, quoique non encore achevés, ne témoignent que trop dès à présent de l'orgueil d'un prêtre qui, afin de lutter d'importance et de faste avec les ministres anglicans, n'a pas honte d'abuser de son influence sur les malheureux convicts irlandais papistes pour leur faire consacrer journellement plusieurs heures de travail et une partie de leur salaire à l'édification de cette somptueuse église. Mais les travaux, malgré tous ses efforts, ne seraient encore que fort peu avancés, si les protestants eux-mêmes, dans l'intention probablement de donner une leçon de tolérance au fanatique prélat, ou peut-être aussi de contribuer à l'ornement de ce quartier de Sidney, n'avaient subvenu jusqu'ici par des collectes annuelles à la majeure partie des frais.

Auprès de cette église et du collége, qui sont tout à fait isolés sur la lisière orientale de Hyde-Park, le promeneur jouit d'un calme parfait; mais si, les laissant sur la gauche, et après avoir longé quelques habitations clair-semées qui bornent la promenade au midi, comme l'hôpital des convicts la termine au N., il parvient jusqu'au côté O., alors il retrouve la foule et le bruit. Ce côté, en effet, est garni d'une rangée de jolies maisons que divisent en îlots des rues larges et droites, les unes menant directement au havre Darling, dont on aperçoit au loin la surface bleuâtre, les autres courant parallèlement à George-street, qui traverse la ville par le milieu.

Si l'on prend cette belle rue à l'extrémité de Sidney-Cove, et qu'on la remonte du N. au S., on rencontre d'abord la prison, l'hôtel du commandant de la place et le trésor, édifices dont l'ensemble a une certaine apparence, malgré le peu de développement de leurs dimensions, puis enfin la caserne, qui ne laisse rien à désirer sous le double rapport de l'exposition et de l'architecture. A travers une longue grille, qui prolonge George-street, les yeux peuvent parcourir une spacieuse esplanade qu'entourent des bâtiments de pierre à un seul étage, et entretenus avec un soin minutieux. C'est là que dans des salles bien aérées et garanties du soleil ainsi que de la pluie par de larges toits, logent les troupes de la garnison, dont les états-majors occupent de fort commodes pavillons construits aux deux extrémités du principal corps de logis. Lorsque je visitai ce dernier, je fus frappé de l'ordre, de l'excessive propreté et surtout de l'air de confortable qui y régnaient et que l'on chercherait inutilement dans nos casernes. En Angleterre, le militaire est non-seulement considéré, mais noblement traité. Si les soldats y sont soumis à une discipline beaucoup plus sévère qu'en France, ils y éprouvent du moins bien plus que chez nous la sollicitude de la patrie : ils ont une bonne solde qui les fait vivre à l'aise pendant qu'ils sont jeunes et vigoureux; et lorsque l'âge ou les blessures les forcent au repos, une pension convenable les met à l'abri de la misère et du besoin. Leurs officiers trouvent également, dans la chambre des communes, une bienveillante protection; tandis que nous, bien moins favorisés, nous voyons les députés de la nation attaquer ou ménager nos droits, suivant que les circonstances rendent les services de l'armée plus ou moins nécessaires. Nous voyons nos faibles appointements, ou nos pensions de retraite plus faibles encore, prix de notre sang, seule espérance de nos vieux jours, soumis durant chaque session à des discussions humiliantes, auxquelles la parcimonie a peut-être moins de part encore qu'une secrète et honteuse jalousie.

Un peu plus loin vers le S. et sur le même alignement que cette caserne, est situé l'hôtel des postes, où souvent j'assistai au départ des malles-postes qui transportent journellement les dépêches et les voyageurs dans tous les cantons de la colonie. Ce spectacle me semblait merveilleux, et je ne pouvais me défendre d'un sentiment d'admiration quand je songeais qu'à la place des superbes routes, des bourgs et des villages florissants à travers lesquels ces voitures si frêles, si légèrement suspendues, allaient rapidement circuler jusqu'à cent trente milles du chef-lieu, s'étendaient, il y a moins de trente ans, d'épaisses et sombres forêts.

Je n'aurais jamais fini si j'énumérais toutes les constructions qui ornent George-street. De chaque côté sont de belles maisons dont le rez-de-chaussée est occupé par des boutiques où l'on voit étalées les marchandises du monde entier. Le brillant aspect de ces boutiques qu'annoncent aux chalands des enseignes peintes avec goût et originalité par les artistes australiens, les voitures élégantes et les lourdes charrettes se croisant dans toutes les directions, enfin la foule des passants, forment une suite de scènes plus gaies, plus singulières les unes que les autres, et qui feraient croire à l'émigrant débarqué depuis peu qu'il n'a pas quitté l'Angleterre, si la pureté de l'air et l'ardeur du soleil ne lui rappelaient bientôt qu'il est sous l'heureux ciel de l'Australie.

Malgré tout cet éclat, cependant, Sidney souffre d'un inconvénient bien fâcheux, surtout dans les contrées tropicales; elle manque d'eau douce; quelques sources jaillissent à peine de son territoire rocailleux et aride, et encore tarissent-elles presque toutes en été, époque de l'année où la sécheresse est continuelle, et où le vent d'E., qui souffle sans interruption, non-seulement rend la chaleur étouffante, mais de plus fait lever dans les rues des tourbillons d'une poussière fine et blanchâtre, qui aveugle les hommes ainsi que les animaux, et pénètre, malgré toutes les précautions, jusqu'au fond des appartements. C'est pour échapper à de pareilles incommodités, que les riches habitants se retirent, durant cette saison, à leurs maisons de plaisance ou dans leurs propriétés de l'intérieur.

A l'époque de notre arrivée à Sidney, l'hiver était encore éloigné de sa fin; les pluies rafraîchissaient souvent l'atmosphère, et cependant les inconvénients que je viens de signaler se faisaient déjà sentir : aussi plusieurs de mes connaissances se disposaient à partir pour leurs terres, et toutes voulaient m'emmener avec elles. Le besoin de soigner ma santé toujours un peu chancelante, et dont les festins auxquels j'assistais chaque soir retardaient le rétablissement, le désir de voir de plus près mille détails relatifs à l'état de la colonie, me décidèrent à profiter d'aussi aimables invitations, et j'acceptai avec empressement celle que me fit sir John Jamison, un des plus opulents et des plus considérés colons de la Nouvelle-Galles du Sud, d'aller, avec plusieurs officiers de *la Favorite*, passer quelques jours à son habitation, située à quarante milles du chef-lieu, sur les bords de la Nepean.

Accompagné de MM. de Boissieu et Serval, je sortis de Sidney le 12 août, sous la conduite de sir John Jamison, dans une bonne berline tirée par quatre chevaux fringants; et comme nous suivîmes George-street jusqu'à son extrémité méridionale, il me fut aisé, malgré la rapidité de notre course, d'observer tout ce que ces quartiers renferment de monuments utiles ou curieux. Je remarquai aussi le marché, qui réunit tous les produits de l'Australie. Au delà de ce point, et toujours sur la droite, des murs épais et à peine élevés au-dessus du sol me désignèrent l'emplacement de l'église protestante de Saint-André, dont on m'avait plusieurs fois vanté le plan magnifique. Plus loin encore, mais du côté opposé, et lorsque nous touchions déjà aux limites de Sidney, mon obligeant compagnon de voyage me montra le parc fréquenté par les colons, qui viennent, à des époques fixes, y vendre leurs bestiaux, ou acheter des béliers de race. Proche de ce parc sont des hangars sous lesquels les fermiers remisent, les jours de marché, leurs charrettes et leurs attelages ; et à quelque distance de là se trouve le nouveau cimetière, lequel a remplacé l'ancien qu'ont envahi les quartiers récemment bâtis. Cette enceinte funèbre, où j'ai été maintes fois promener mes rêveries, renferme les sépultures des croyants de toutes les religions : là, une simple barrière sépare les tombes des catholiques, des juifs et des protestants, qui tous, de leur vivant, ont choisi pour patrie cette terre d'exil, et qui, après s'y être vraisemblablement détestés et tracassés pendant leur vie, y dorment à présent ensemble du sommeil éternel. Là gisent, oubliés, les restes de bien des jeunes femmes victimes de l'atmosphère enflammée de l'Indostan. Le climat délicieux de l'Australie n'a pu ranimer leur poitrine desséchée. Une pierre ou un marbre couvert de pompeuses inscriptions, rappelle leurs noms et la date de leur décès ; mais les larmes d'un ami ne viennent jamais les mouiller.

Ces tristes réflexions m'occupaient encore que déjà Sidney, ses rues bruyantes et ses modernes édifices étaient loin derrière nous. Notre voiture volait sur un chemin parfaitement uni et qu'une petite pluie humectait légèrement. J'apercevais enfin des bois, des prairies ; leur verdure délassait mes yeux fatigués de la blancheur éclatante des maisons de la ville. J'éprouvais une agréable surprise en voyant ces fermes avec leurs abat-vent, leurs toits coniques et leurs boulingrins, que l'on croirait transportées comme par enchantement de la brumeuse Angleterre sous le soleil radieux de l'Australie, au milieu des forêts antarctiques dont les arbres gigantesques, pareils à des montagnes de feuillage, les dominaient de toutes parts. Mais je sentais en même temps que ces divers objets contrastaient d'une manière bizarre. Dans chaque contrée de l'ancien monde, non-seulement le caractère et les usages nationaux de la population sont analogues au climat du pays, mais les ouvrages d'art et surtout d'architecture présentent un genre de beauté particulier qui semble inhérent à l'état habituel de l'atmosphère. On pourra donc copier dans les capitales du nord de l'Europe, presque toujours obscurcies de brouillards, les colonnades et les dômes aériens qui décorent les monuments de Rome et d'Athènes; mais ces copies manqueront de ce qui est nécessaire pour faire briller leurs admirables proportions, c'est-à-dire du ciel pur et brillant de l'Italie ou de la Grèce; de même que les flèches effilées et les portails de nos cathédrales gothiques perdraient, sous ce climat riant et voluptueux, ce qu'ils ont de sérieux et d'imposant.

Ce défaut d'harmonie entre les ouvrages de la nature et les travaux de l'art, qui nous avait d'abord frappés dans cette partie de la route, se reproduisait presque à chaque pas. Tantôt, au faîte d'une colline revêtue d'une pelouse où paissaient des troupeaux de moutons, nous apercevions une jolie ferme environnée de vergers sur lesquels nous laissions errer nos regards à l'aventure, jusqu'à ce que les bouquets d'arbres indigènes qui bordaient la chaussée de distance en distance nous les cachassent entièrement. Tantôt nos yeux suivaient jusqu'à l'horizon les palissades qui, en Australie comme à Van-Diémen, servent de limites aux concessions, et empêchent les bestiaux de se mêler entre eux ou de s'avancer sur les chemins. Ces campagnes ressemblaient parfaitement à celles d'Angleterre pour la manière dont elles étaient cultivées et le genre de leurs productions; mais je ne voyais pas dans l'air ces vapeurs humides, je n'entendais pas le murmure des eaux courantes qui donnent en tout temps aux champs de la Grande-Bretagne leur admirable fraîcheur; les pluies seules de l'hiver avaient entretenu jusqu'alors cette verdure qui récréait notre vue, et que devaient bientôt flétrir les ardeurs de l'été.

Nous arrivâmes vers le milieu de la journée à Paramatta. Cette ville a vu singulièrement réduire sa population et son commerce par la force d'attraction qu'exerce Sidney sur ses alentours, et par la formation récente de plusieurs comtés au S. et à l'O. des Montagnes Bleues. Dans l'origine de la colonie, elle était le centre des cantons agricoles; mais aujourd'hui que les Anglais ont poussé les défrichements fort loin dans l'intérieur, elle n'est plus qu'un bourg où les hauts fonctionnaires ne résident que de temps à autre. Cependant, outre la maison de plaisance des gouverneurs, elle possède un établissement public qui lui assure une certaine importance, la prison des femmes convicts, où cinq à six cents coquines expient dans la reclusion et sous une discipline extrêmement dure, tous les genres de crime et de dépravation. Ces malheureuses femmes ne connaissent ni la honte, ni le repentir : à peine sont-elles sorties de captivité, qu'elles y rentrent pour de nouveaux méfaits. Je les ai vues, j'ai passé au milieu d'elles, et je n'ai ressenti aucune pitié. Leurs traits fanés par la débauche et leurs physionomies effrontées n'offraient plus aucune trace de ces charmes, de cette modestie, dont l'empire est bien plus assuré que celui de la force et du courage. J'aurais désiré découvrir chez ces infortunées quelque chose qui m'intéressât à leur triste sort; mais l'ivrognerie et la dissolution les avaient abruties. L'aspect d'un bagne froisse l'âme et inspire la terreur; celui d'une maison de correction de femmes navre le cœur et lui fait éprouver des émotions déchirantes. L'établissement m'a paru parfaitement tenu; seulement j'ai trouvé la toilette des recluses un peu trop négligée. Je demandai pourquoi bon nombre d'entre elles avaient la tête rasée en tout ou en partie; et j'appris, non sans étonnement, que ces méchantes créatures, à qui les châtiments les plus sévères sont à peu près indifférents, considéraient la perte de leur chevelure comme une cruelle punition. La coquetterie aurait-elle donc survécu dans leurs cœurs gangrénés à tous les sentiments de pudeur et de retenue? Les moins intraitables passent leur temps à faire des chemises et à tisser des étoffes de laine pour l'habillement des convicts du gouvernement, dans des salles qu'inspectent nuit et jour des surveillantes dont le ton brusque et l'air rébarbatif imposent à peine aux babillardes travailleuses. Les autres sont employées, en plein air, à casser des pierres par petits morceaux, qui servent à macadamiser les routes. La prison se compose de quatre corps de logis d'une structure assez agréable, donnant, à l'intérieur, sur une cour carrée, et à l'extérieur, sur un jardin où l'on cultive des légumes et des fruits pour la consommation de la communauté. Malgré cela, l'ensemble de l'édifice est triste, sombre, et annonce suffisamment sa destination. Aussi arrive-t-on avec plaisir, après l'avoir quitté, à la petite place qui occupe le centre de la ville, et que décorent une jolie église, la caserne de la garnison, et d'élégantes maisons où logent les autorités.

En visitant l'intérieur de Paramatta, j'étais enchanté de sa propreté, de sa délicieuse exposition; mais lorsque parvenu au sommet de Rose-Hill, je pus jouir du délicieux paysage que la ville forme avec ses environs, je tombai dans le ravissement. Sur le penchant de la montagne que tapissent des pelouses encloses de treillis faits de lattes ingénieusement entrelacées, s'élève la demeure d'été du gouverneur, dont le faîte dépasse à peine les vieux arbres qui la protégent contre le soleil et le vent. Plus bas, au milieu des vergers et des plantations, se dessine la ville, située auprès de la rivière, dont mes yeux avaient peine à suivre les détours. Ici, ses bords dépouillés de bois laissaient paraître, par intervalles, les embarcations qu'entraînait le courant de la marée. Là, où les rochers et les arbres masquaient ses berges, une longue trace de fumée que laissait dans les airs un bateau à vapeur, indiquait sa direction et prêtait un nouveau charme à ces tableaux enchanteurs. Les regrets que nous éprouvâmes en descendant Rose-Hill pour continuer notre route, s'affaiblirent insensiblement quand au lieu du pays presque sauvage que nous croyions avoir à traverser, nous trouvâmes des campagnes aussi riantes, aussi belles que celles dont nous nous éloignions. Les fermes devenaient plus rares, mais elles étaient plus considérables et attiraient vivement notre curiosité, quoiqu'elles n'eussent pas la brillante apparence des maisons de plaisance voisines de Paramatta. Celles-ci, à la vérité, nous montraient le spectacle de la nature australe tout à fait subjuguée par l'industrie européenne; mais les autres dans leur agreste structure, avec leurs champs nouvellement défrichés, nous en offraient un non moins attachant, celui de cette même nature défendant pour ainsi dire pied à pied ses forêts vierges, contre la marche conquérante de son ennemie. En effet, de quelque côté que je tournasse mes regards, je ne voyais que des bosquets d'eucalyptus et de casuarinas, dont les masses compactes et obscures, séparées par de larges pièces de blé, semblaient les restes d'une armée battue, que le vainqueur presse de tous côtés.

Le chemin était toujours uni, mais nous voyagions dans la solitude. Les habitations, placées au milieu de vastes propriétés, ne nous apparaissaient plus que dans le lointain, tantôt à la crête d'une colline, tantôt groupées au fond d'un vallon, qu'arrosait un ruisseau dont les eaux bienfaisantes entretenaient la verdure de plusieurs prés où paissaient des moutons à peu de distance de leurs bergeries. Les cavaliers et les voitures qui animaient la route entre Sidney et Paramatta, avaient disparu. Nous ne rencontrions plus que de grands chariots pesamment chargés, dont le charronnage soigné et les bons attelages fixaient notre attention. Je ne concevais pas pourquoi leurs roues, qui n'avaient guère plus de largeur que celles de nos charrettes de même dimension, ne détérioraient pas le chemin autant qu'eussent fait ces dernières. Je crus d'abord que cela tenait à la sécheresse du climat; mais en examinant ces roues, je reconnus que les jantes étaient de forme conique, et portaient conséquemment à plat sur le sol, au lieu de le sillonner profondément avec leur bord extérieur, comme elles font quand elles sont cylindriques. Peut-être est-ce là le meilleur moyen d'assurer la durée des routes, moyen que, du reste, les Anglais emploient depuis longtemps.

Cependant, malgré tant de sujets de distraction, je comptais les heures qui s'étaient écoulées depuis notre départ de Sidney, et mes regards se tournaient sans cesse vers les Montagnes Bleues que nous distinguions devant nous, et au pied desquelles devait se terminer notre course. Enfin, nous entrâmes dans une longue avenue et vîmes descendre devant Regentville, superbe maison qui mérite le titre de château non-seulement par son genre d'architecture, car la terrasse, les deux ailes et la cour intérieure, environnée de bâtiments de servitude, rien ne lui manque, mais encore par la manière noble et bienveillante dont le propriétaire, sir John Jamison, en fait les honneurs.

Avec quel empressement j'accourus, après le dîner, respirer le frais sur la terrasse, et goûter le repos d'esprit et de corps dont les soucis me privaient depuis tant de mois! Le calme des champs avait pour mon âme un attrait infini; et tous les objets qui s'offraient à ma vue concouraient à rendre ces émotions encore plus douces. Autour de moi se développait une admirable perspective que le soleil couchant éclairait de ses derniers rayons. Du plateau où est bâtie la demeure de sir John, je planais sur une campagne que les plus belles productions de la France méridionale, les unes encore jeunes, les autres touchant à leur maturité, émaillaient de mille couleurs. Des files de pêchers en fleur semblables à des boules de neige, relevaient le vert foncé de gros arbres indigènes que l'on avait conservés pour garantir les plantations des vents froids du S. Çà et là étaient semées de petites métairies qui formaient autant de taches rougeâtres au milieu de la verdure qui parait la terre. Un moulin, construit sur un coteau, se détachait agréablement de la teinte bleuâtre de l'horizon; la brise du soir faisait tourner lentement ses grandes ailes; j'aurais voulu que ses murs fussent moins blancs, leur structure moins recherchée, il aurait bien mieux retracé à mon souvenir l'humble et rustique moulin du village, vieil ami de notre enfance, et que même à un âge avancé on ne se rappelle jamais sans attendrissement : celui-ci dominait plusieurs hangars baignés par la Nepean, qui, après avoir décrit mille circuits, se dirige vers Broken-Bay pour y creuser son embouchure qu'une chaîne de rochers rend impraticable même pour les bateaux.

Cette rivière, qui coulait autrefois dans la plaine à l'ombre de bois antiques, l'hiver comme un torrent impétueux, et l'été comme un faible ruisseau, promène aujourd'hui ses eaux à travers des bourgs et des plantations; mais plus près des hautes terres et de sa source, elle reprend son aspect primitif et bondit entre deux remparts de granit couronnés par une épaisse forêt qui monte d'étage en étage jusqu'à la cime des Montagnes Bleues.

Le sombre et majestueux rideau que forment ces montagnes me cacha le soleil à son coucher. Le crépuscule dura peu, et bientôt les ombres de la nuit envahirent les sites pittoresques que j'admirais un instant auparavant.

Le lendemain, de très-bonne heure, je commençai à parcourir, sous la conduite de sir John, les campagnes dont la beauté m'avait tant charmé la veille : chaque objet piquait ma curiosité, et mon guide répondait à mes interminables questions, avec une complaisance et une érudition que je m'empressai de mettre à profit pour m'éclairer sur l'état politique, agricole et commercial de la Nouvelle-Galles du Sud. Observateur désintéressé et sans prévention, j'ai cherché la vérité dans la conversation de personnes instruites et attachées à des bannières opposées. Je crois l'avoir trouvée; et si l'ensemble d'observations que je présente ici est très-borné, au moins est-il exempt de toute espèce d'exagération. A Sidney j'avais étudié la marche du gouvernement, les fautes qu'il a commises et la cause des embarras qu'on lui suscite constamment; à Regentville et dans les cantons voisins, j'ai pu apprécier sur les lieux jusqu'à quel point les plaintes des colons contre la métropole étaient fondées, et apprendre comment il fallait considérer la colonie sous le rapport pénitentiaire. Là, j'ai examiné de près ces convicts dont l'état moral et physique est encore un problème pour beaucoup de partisans de la déportation; je les ai suivis dans leurs travaux afin de connaître leur caractère et leurs inclinations, et rien en eux n'a justifié à mes yeux les éloges que les philanthropes et quelques voyageurs se sont plu à leur prodiguer. Moi aussi, lorsque j'arrivai à la Nouvelle-Galles du Sud, je fus d'abord séduit par la tenue décente et l'obéissance empressée des convicts employés comme domestiques auprès des hauts fonctionnaires et des riches particuliers, je crus même que tels étaient tous les condamnés, jusqu'à ce que j'eusse acquis la certitude que la plupart de ces domestiques appartenaient à la classe moyenne de la société, dont les membres reçoivent de l'éducation en Angleterre comme en France, et conservent toujours quelques bons sentiments au fond de l'abîme où souvent une faute légère suffit pour les entraîner. En Australie, du moins, ils s'amendent plus volontiers que les autres criminels, qui se montrent généralement fripons, ivrognes et fainéants : et pourtant l'administration a prévu les besoins des uns et des autres avec une égale sollicitude (30). Ils sont bien nourris, bien vêtus, et travaillent modérément : leurs demeures ne laissent rien à désirer pour la salubrité et la propreté, non plus que pour tous les soins qui peuvent influer sur un coupable et l'amener à faire de sages réflexions. Mais le malheureux locataire y vit seul ; jamais la voix d'une femme ne vient suspendre ses chagrins, adoucir l'amertume de son cœur brisé par l'abandon et le mépris public. Si une compagne et des enfants eussent partagé son exil, il se fût mieux conduit afin d'obtenir sa grâce et d'adoucir la rigueur de leur sort, il serait devenu un bon fermier. C'est ce que le gouvernement britannique a probablement reconnu, car il autorise aujourd'hui assez souvent les condamnés politiques à emmener leurs familles avec eux à la Nouvelle-Hollande; et ne pouvant accorder cette insigne faveur aux hommes convaincus de meurtre ou de vol, il les encourage du moins, par toutes sortes de moyens, à se marier, aussitôt après leur libération, avec les femmes déportées; mais de pareils liens achèveraient de pervertir les moins méchants de ces misérables, qui d'ailleurs répugnent à les contracter.

Ces convicts, à l'air nonchalant, aussi peu sensibles aux reproches qu'aux encouragements, dépourvus tout à fait de bonne volonté, me rappelaient parfaitement nos forçats, avec lesquels du reste ils ont encore d'autres points de ressemblance.

En général, on tire dans nos arsenaux maritimes un bien meilleur parti des galériens condamnés pour longtemps, que de ceux dont la peine est de courte durée. Les uns, pour qui l'avenir est à peu près fermé, se résignent à leur sort, s'efforcent de l'améliorer en s'occupant, et deviennent souvent d'excellents ouvriers. Les autres, au contraire, tout entiers au désir de rentrer dans la société, et de se venger de ce qu'ils appellent ses torts envers eux, supportent impatiemment leur captivité. A la Nouvelle-Galles du Sud il en est de même : les déportés à vie que l'Angleterre envoie dans cette colonie sont plus obéissants, moins paresseux, et témoignent surtout moins d'éloignement que leurs compagnons pour les travaux des champs.

Cet éloignement ne semblera pas extraordinaire, si l'on réfléchit que la plupart de ces criminels proviennent des villes, et qu'habitués dès leur enfance à la paresse, à des occupations sédentaires, ou aux douceurs de la domesticité, ils ne supportent pas sans dégoût les fatigues excessives qu'exigent les défrichements. Est-il étonnant, après cela, qu'à peine mis en liberté ils abandonnent la petite métairie qu'ils tenaient de leur maître et se retirent à Sidney afin d'y exercer quelque coupable industrie, ou même qu'avant cette époque ils brisent leurs chaînes pour s'enfuir dans les bois et se joindre aux *bush-rangers*? Alors, malgré les garnisons répandues dans tous les villages, ils pillent les fermes, dérobent les troupeaux, et obtiennent, des colons effrayés, des vivres, des armes et des munitions. De si dangereux ennemis exercés à courir les forêts, où ils se retirent à la moindre apparence de danger, pour recommencer ensuite leurs déprédations, auraient probablement empêché les cultures de s'étendre, si les indigènes eux-mêmes irrités des vexations de ces coquins, ou excités par les primes de capture accordées par le gouvernement, ne leur faisaient une guerre d'extermination, de concert avec les troupes. Peu de mois encore avant le passage de *la Favorite* au Port-Jackson, ces dernières avaient détruit une nombreuse bande de *bush-rangers* qui portait ses ravages jusqu'aux portes de Sidney, et dont le redoutable chef était tombé sous leurs coups.

Le nom seul de Wamsley inspirait la terreur aux habitants du comté de Cumberland. Doué d'un courage à toute épreuve, d'une agilité et d'une force de corps prodigieuses, cet Irlandais exerçait un pouvoir absolu sur les convicts et sur les émancipés, qui, soumis à l'ascendant de son génie, le considéraient comme sorcier. Son caractère n'avait rien de sanguinaire, aucun assassinat n'est reproché à sa mémoire, il protégea toujours les femmes et les enfants, et secourut, dit-on, souvent les malheureux; mais les fonctionnaires eurent tout à craindre de lui. Longtemps sa bande désola le pays, sans que les magistrats pussent arrêter le cours de ses brigandages : si elle se croyait en force, elle tenait tête aux soldats envoyés à sa poursuite; dans le cas contraire, certaine de trouver des asiles sûrs dans les hôtelleries et les tavernes des routes, tenues généralement par des émancipés, elle se dispersait tout à coup, pour reparaître bientôt sur un autre point, plus terrible qu'auparavant. Enfin, l'appât des récompenses fit ce que la crainte des lois n'avait pu faire. Un jour que le chef des *bush-rangers* et ses deux principaux acolytes se reposaient dans une auberge isolée, dont l'hôte les avait trahis, la force armée cerna la maison. Au premier bruit, les brigands franchissent la porte, mais la fuite était impossible; alors s'engage une lutte désespérée : Wamsley se bat comme un lion, chacun de ses coups renverse un de ses agresseurs; ceux-ci, que l'adresse et la vigueur d'un pareil antagoniste intimident, n'osent le serrer de trop près; il allait encore leur échapper, lorsqu'une balle lui traverse la tête au moment où, caché derrière un arbre, il se découvrait pour ajuster l'officier qui commandait le détachement.

Wamsley, ramené expirant à Sidney, fut exposé comme un trophée à la curiosité publique, et l'on grava son portrait dessiné d'après nature à l'instant qu'il mourut. Sa taille était très-haute, ses traits réguliers ; sa physionomie portait l'empreinte d'une âme de feu. Cet homme se montra toujours généreux, sobre et entreprenant. Placé dans d'autres circonstances, il eût peut-être honoré sa patrie par ses talents : une fois entré dans la carrière du crime, il devint l'effroi de ses concitoyens.

La majeure partie de ses complices étaient nés comme lui en Irlande, contrée qui ne fournit à la déportation que des sujets audacieux et enclins à la révolte, mais bien moins méchants cependant que les convicts écossais, auxquels la haine ou la vengeance font souvent commettre les forfaits les plus atroces : tandis que les Anglais ne paraissent guère devant les tribunaux de Sidney que pour vol ou escroquerie. A quoi faut-il attribuer cette différence ? Est-ce au caractère national ou aux lois ? Je pencherais pour cette dernière opinion ; car l'Écosse étant régie par une jurisprudence criminelle moins sévère que celle du reste des trois royaumes, doit naturellement envoyer à la Nouvelle-Galles les convicts les plus coupables et par conséquent les plus scélérats. Aussi les voit-on se livrer bien plus que les Anglais, et presque autant que les Irlandais, au métier aventureux de *bush-ranger*, et acheter une sauvage indépendance par des misères et des privations tellement cruelles, que parfois, ne pouvant les supporter, ils reviennent prendre leurs fers et implorer un pardon que les magistrats accordent facilement. Mais malheureusement pour le repos de la colonie, il en est un grand nombre parmi eux qui, accusés de meurtre et n'ayant en perspective que l'échafaud ou les horribles prisons de l'île Norfolk, sont contraints de vivre dans les bois, où ils finissent par succomber tôt ou tard aux maladies ou aux embûches des naturels.

Cependant, soit que l'influence de cette liberté, toute sauvage, toute souillée qu'elle est, réveille chez ces hommes féroces quelques principes de justice ; soit que l'aspect continuel des majestueuses beautés de la nature épure leur âme et ranime en elle cette lueur d'équité qui ne s'y éteint jamais entièrement, ils confondent rarement, dans leurs vengeances contre les colons, les innocents et les coupables. Ainsi, le maître qui est juste et compatissant envers ses convicts n'a rien à redouter pour ses propriétés : mais celui qui les traite avec dureté et lésinerie ne jouit d'aucune tranquillité; les gardiens ni les troupes ne peuvent empêcher que ses possessions ne soient dévastées chaque nuit, ses troupeaux enlevés, et qu'il ne tombe enfin lui-même frappé d'un coup mortel.

A Port-Jackson comme à Van-Diémen, c'est principalement parmi les bergers que les *bush-rangers* trouvent des complices et même des recrues qui non-seulement leur laissent prendre les bestiaux, mais encore partagent avec eux les provisions qu'ils reçoivent de l'habitation. Il est facile de concevoir combien les moutons qui parcourent les plaines doivent avoir à souffrir de la négligence et de l'ignorance de semblables gardiens ; aussi, quoique sous le climat sec et doux de l'Australie ils puissent rester nuit et jour en plein air sans inconvénients, leurs toisons sont bien inférieures à celles des brebis renfermées dans les parcs. Tant que cet état de choses subsistera, c'est-à-dire tant que la colonie ne recevra pas d'Angleterre des bergers exercés et intelligents, ses innombrables troupeaux seront mal soignés, et elle ne fournira qu'une très-faible quantité de ces belles laines qui rivalisent avec ce que l'Europe produit en ce genre de plus précieux.

Si du moins les colons trouvaient à placer avantageusement les produits de leurs troupeaux sur les marchés de la Grande-Bretagne, ils pourraient attendre patiemment que le temps et l'émigration aient doté la Nouvelle-Galles du Sud de la population agricole qui lui manque; mais au contraire leurs profits vont toujours en diminuant, parce que les frais d'exploitation augmentent chaque année. Je ne parlerai pas des causes de pertes les plus communes, telles par exemple que la mort des béliers de race choisie, les sécheresses qui flétrissent l'herbe et engendrent parmi les bestiaux des maladies épidémiques, les conditions onéreuses que leur imposent, dans ces fâcheuses circonstances, les marchands du chef-lieu : tous ces malheurs sont momentanés et ne se renouvellent que rarement. Mais il en est un qui, à mon avis, achèvera la ruine de cette branche de commerce, à moins que la métropole ne favorise l'importation des laines d'Australie, au détriment de celles qu'elle tire de l'étranger : c'est, comme je l'ai déjà dit dans le chapitre précédent, la valeur toujours croissante des pâturages, qui force les propriétaires de moutons à hausser le prix de leur denrée, ou à conduire leurs troupeaux loin des cantons habités. Le surhaussement de prix est désastreux ; car dès à présent, les laines exportées de Sidney peuvent à peine soutenir, en Angleterre, la concurrence de celles d'Espagne ou de Saxe. Quant à la transhumance des troupeaux vers l'intérieur du pays, elle ne serait pas moins préjudiciable aux cultivateurs. En effet, lors même qu'à l'O. des comtés de Bathurst et de Wellington-Valley, il y aurait, comme se l'imaginent quelques amateurs de merveilleux, des forêts superbes et un lac immense environné de prairies magnifiques, les laines qu'on expédierait de ce point à un port de mer pour y être embarquées, n'en seraient pas moins grevées des frais d'un voyage long et onéreux. Or, il paraît que l'existence de ces forêts et de ce lac est très-douteuse, car les modernes explorateurs assurent que plus on s'éloigne des Montagnes Bleues vers le couchant, plus on a lieu de s'étonner de la dénudation et de la stérilité du sol. Tantôt il est raboteux, privé entièrement d'eau douce, et formé d'une espèce de terre rouge et friable dans laquelle on rencontre, à une certaine profondeur, des ossements fossiles et des végétaux pétrifiés ; tantôt il est entrecoupé de marais ou d'étangs qui baignent de leurs eaux saumâtres des plaines arides. Les savants de Sidney, dont ces découvertes ne flattent nullement l'amour propre national, prétendent actuellement, que vers le N. où la Nouvelle-Hollande acquiert sa plus grande largeur de l'E. à l'O., il doit y avoir des chaînes de hautes montagnes et de larges rivières bordées de contrées admirables. Si jamais leur supposition se réalise, elle justifiera l'opinion de certains voyageurs, que la Nouvelle-Galles du Sud pourrait bien être la partie du continent austral la moins favorisée de la nature.

Depuis longtemps, me disait sir John Jamison, on aurait résolu cette question importante, si le gouvernement ne montrait une forte répugnance à donner l'autorisation et les fonds nécessaires pour entreprendre de nouvelles explorations. Parmi les habitants, les uns attribuent cette répugnance à l'inquiétude qu'inspire à la métropole l'accroissement extraordinaire de l'Australie ; les autres, au contraire, la considèrent comme provenant d'une sage intention, celle d'empêcher que la colonie ne s'affaiblisse trop par la division de ses forces. Cette dernière opinion paraît la plus plausible, quand on énumère tous les établissements maritimes ou autres que ce gouvernement si sévèrement jugé a fondés au S. et au N. de Port-Jackson. Grâce à l'activité et au zèle des dépositaires de son pouvoir, plusieurs comtés se forment au S. O. de la baie Botanique, et déjà leurs pâturages nourrissent beaucoup de chevaux très-estimés pour leurs formes et leur vigueur. C'est par ses soins encore que Port-Hunter est devenu un des cantons les plus riches et les plus populeux de la Nouvelle-Galles du Sud. Dans ses fertiles campagnes, croissent tous les végétaux des zones torrides et tempérées : la banane, l'orange, la grenade, l'ananas, la canne à sucre mûrissent à côté des meilleurs fruits de la France; le giroflier, le muscadier et l'arbre qui donne la cannelle prêtent l'appui de leurs branches à la vigne bourguignonne ou bordelaise, tandis qu'à peu de distance le gracieux amandier et l'olivier provençal au pâle feuillage, commencent à étendre leurs rameaux et protégent de leur ombre des plantations de tabac et de cotonniers. C'est de la multitude de fermes répandues sur les bords d'une petite rivière qui arrose ce fortuné canton, que sortent les légumes variés, les volailles exquises, les fromages, le beurre dont Sidney reçoit journellement par un bateau à vapeur et par d'innombrables embarcations des quantités prodigieuses.

Si Port-Hunter offrait un bon ancrage aux gros navires, peut-être aurait-il disputé au Port-Jackson l'honneur d'être le centre du commerce de la colonie. Mais les vents d'E., quand ils soufflent avec violence, le rendent dangereux même pour les caboteurs, qui, afin d'éviter un naufrage imminent, sont forcés de remonter la rivière dont je viens de parler. Aussi restera-t-il toujours dans la dépendance du chef-lieu pour la consommation des produits de ses champs et de ses basses-cours, comme pour le débit de ses houilles. Combien d'autres établissements secondaires, tels que Port-Macquarie, Moreton-Bay et Manning-River, situés également sur les côtes de la Nouvelle-Galles du Sud et près du tropique, témoignent de la sollicitude de l'administration, qui depuis quelque temps fait préparer d'avance, par des convicts disséminés sur ces divers points, des terres qu'elle vend ensuite aux émigrants pour un prix modique. En général ces établissements ont parfaitement réussi, tandis que Port-Stephens, concédé, comme je l'ai déjà dit, par la cour à une compagnie de Londres, non-seulement n'a fait aucun progrès, mais encore tend à une ruine complète, malgré tous les avantages que lui assurent sa proximité de Sidney, sa rade où les navires mouillent en sûreté, et l'intérêt que lui porte son gouverneur le capitaine Parry, qui après avoir illustré son nom en explorant les régions voisines du pôle N., consacre aujourd'hui ses talents et son expérience à la prospérité de cette partie des possessions britanniques dans l'hémisphère opposé.

Malheureusement ce gouverneur eut à lutter, dès son entrée en fonction, contre tous les obstacles que les compagnies colonisantes rencontrent ordinairement dans l'exécution de leurs desseins. Trompée par de faux rapports, la compagnie de Londres avait fait l'acquisition de terrains sablonneux, peu propres à la culture des céréales et à l'éducation des bestiaux, et de plus condamnés, par suite du manque de ruisseaux et de sources, à une sécheresse presque continuelle. Quelque fâcheux que fussent ces inconvénients, on pouvait y remédier avec de la patience et de l'industrie. Mais le capitaine Parry ne trouva ni l'une ni l'autre de ces deux qualités dans ses administrés, qui sortis en grande partie de la populace des villes d'Angleterre, et n'ayant aucune habitude des travaux de l'agriculture, à peine arrivés à leur destination, s'empressèrent de gagner Sidney afin de s'y livrer à des occupations plus d'accord avec leur genre de capacité ou avec leur goût pour le libertinage. Port-Stephens aurait donc été bientôt déserté, si la cour n'avait accordé aux actionnaires l'exploitation exclusive des mines de houille de *Newcastle*, dont le revenu est très-considérable, ainsi que la faculté de prendre à son service un dixième des convicts apportés d'Europe à la Nouvelle-Galles du Sud; et encore malgré ce renfort de population, ne comptait-il que six cents habitants libres ou esclaves en 1831.

Un sort pareil semble réservé à la plupart des essais de ce genre que l'on a tentés à la Nouvelle-Hollande. En vain les compagnies ont obtenu des priviléges et dépensé des sommes énormes : leurs plus brillantes espérances, leurs plus beaux projets sont restés sans résultats, parce que les gens employés par elles ne sauraient éprouver ce sentiment d'orgueil et d'indépendance si fortement prononcé chez le colon australien, qui se considère comme appelé à concourir à la splendeur de sa patrie adoptive, et à la création des institutions qui la régissent. Fier d'une aussi noble tâche, il grandit à ses propres yeux, l'estime de ses concitoyens lui devient nécessaire, et le désir de se distinguer excite son zèle et son énergie à l'égal de ses propres intérêts. Sans doute que cette disposition des esprits entrave la marche du gouvernement; sans doute qu'elle pourra causer quelque agitation, peut-être même ébranler la domination de la mère patrie; mais elle n'amènera jamais l'anarchie dans cette colonie, où les rangs supérieurs, comme on l'a déjà vu, composés d'hommes que le désir d'établir convenablement leurs familles, et non la pauvreté ou la crainte des lois, a contraints d'émigrer, offrent aux gouvernants un solide point d'appui pour contenir les classes inférieures.

Jusqu'ici du moins cette disposition n'a enfanté que des prodiges de persévérance et de patriotisme. D'abondantes moissons ont remplacé d'épaisses forêts, et des troupeaux innombrables couvrent les plaines que parcouraient seuls naguère les chiens sauvages et les kanguroos. Quelquefois même de simples particuliers ont devancé le gouvernement dans les grands travaux réclamés par le besoin public. C'est ainsi que longtemps avant qu'une superbe route taillée dans le roc eût frayé un passage à travers les flancs escarpés du mont Vittoria, plusieurs autres chemins, portant les noms des habitants qui les ont ouverts à leurs frais, franchissaient les Montagnes Bleues et conduisaient au comté de Bathurst.

Tels étaient les sujets de conversation qui rendaient si instructives pour moi mes promenades avec sir John Jamison. Tantôt nous nous élevions jusqu'aux plus hautes considérations politiques sur l'état présent et à venir de l'Australie; tantôt nous descendions jusqu'aux moindres détails de l'économie agricole. Alors mon hôte m'expliquait ses nombreuses expériences et les améliorations qu'il en attendait pour ses propriétés (31). Ce moulin dont j'avais remarqué, le jour de mon entrée à Regentville, la charmante exposition, donnait une farine assez pure pour être conservée en barils et servir aux voyages de long cours. Dans les hangars placés auprès du moulin, on transformait, par des procédés économiques et sûrs, la chair de bœuf en salaisons. J'eus plus d'une fois occasion de goûter ces viandes salées, et je les trouvai très-bonnes sous le double rapport de l'apparence et de la qualité ; mais comme le sel que l'on emploie à leur confection vient d'Angleterre, coûte assez cher et augmente beaucoup leur valeur, il est à craindre que de longtemps elles ne puissent convenir à l'exportation : quant à présent, elles se consomment dans les établissements pénitentiaires et à bord des bâtiments qui fréquentent Sidney.

Sur cette magnifique propriété, à peine ma curiosité était-elle satisfaite d'un côté, que cent objets intéressants l'attiraient autre part. Un jour que nous étions montés au sommet d'un coteau revêtu d'une couche de pierres calcaires, mon guide sourit de la surprise que je témoignai en apercevant à mes pieds de longues files de vignes au feuillage vert et touffu, que soutenaient des échalas parfaitement alignés, d'après le mode suivi dans nos provinces septentrionales. Ce souvenir de notre heureuse France me causa une émotion que l'exilé seul peut comprendre. Ces beaux ceps me semblaient des compatriotes : comme moi, ils étaient transplantés loin de leur pays natal ; et j'examinais avec une sorte de jouissance leurs vigoureux bourgeons. Ils avaient déjà porté des fruits plusieurs fois sous le ciel de l'Australie : mais quoique tirés de nos crus les plus renommés, ils n'ont donné jusqu'à présent qu'un vin léger, à peu près semblable à celui que fournissent les vignobles riverains de la Loire. Mon digne hôte se promettait pour l'avenir un meilleur succès, et paraissait désirer vivement que j'approuvasse son espoir ; mais l'amour-propre national l'emporta chez moi sur toute autre considération, et après lui avoir accordé que la Nouvelle-Galles du Sud produira peut-être un jour, de même que l'Amérique et le cap de Bonne-Espérance, des vins d'une espèce très-recherchée, je lui prédis qu'elle ne pourra jamais se passer des nôtres, et que les habitants de l'Australie demanderont toujours ces vins de France si généreux et tellement sains, que, malgré l'abus qu'ils en font, jamais leur santé n'en est altérée. En attendant que les années justifient ma prédiction, les propriétaires de vignobles, à l'imitation de sir John Jamison, brûlent leurs vins pour en faire de l'eau-de-vie qui ne vaut guère mieux, et dont, à la faveur des droits excessifs imposés sur les esprits étrangers, ils trouvent le débouché dans la colonie. Ce débouché, toutefois, ne peut être considérable, car les gens riches ne consomment que nos eaux-de-vie, et les pauvres aiment mieux le rhum, comme plus fort, ou les eaux-de-vie de pêche et de grain, comme moins chères.

Du coteau que nous venions de gravir, nous découvrions de vastes pièces de blé occupant à la fois le creux des vallons et les flancs des collines. J'exprimai mon étonnement de voir des terrains si différents employés de la même manière : sir John m'apprit alors que jusqu'à l'époque où l'expérience eut appris à se défier des inondations, non moins fréquentes que les sécheresses, les fermiers australiens avaient préféré, pour semer du grain, les bas-fonds aux croupes des montagnes; mais qu'aujourd'hui les deux genres de culture sont généralement adoptés, et souvent réussissent également bien dans la même année. A combien d'autres désastres cependant ne sont-ils pas exposés! On croirait, en vérité, que la sauvage nature australe cherche à défendre son empire par des prodiges effrayants. Quelquefois, dans l'après-midi d'un jour de septembre ou d'octobre, le ciel se couvre d'une brume tellement épaisse que le soleil ne peut la percer; l'horizon est enflammé : tout à coup au milieu du calme le plus profond, le vent de N. O. s'élève par tourbillons qu'on dirait échappés d'une fournaise ardente; il souffle ainsi durant plusieurs heures, puis il tombe entièrement, et l'atmosphère revient à son état habituel. Mais ce court intervalle de temps a suffi pour détruire toutes les espérances des cultivateurs : les arbres n'ont plus de fleurs ni de feuillage, les pâturages sont flétris, et les moissons desséchées jonchent de leurs débris le sol qu'elles paraient peu d'instants auparavant. D'où peut provenir ce terrible phénomène? L'air embrasé que la proximité de l'équateur entretient sur la partie septentrionale de la Nouvelle-Hollande, attiré par quelque changement inaccoutumé dans la température de l'atmosphère, s'est-il précipité, comme un torrent, vers le S. de ce continent? ou bien faut-il croire avec le vulgaire que les incendies allumés dans les forêts, soit par la foudre, soit par les sauvages, causent ces chaleurs excessives?

Un autre fléau, non moins destructeur que le vent de N. O., sort de ces immenses régions septentrionales, qui, enveloppées jusqu'ici d'un voile impénétrable, servent de texte aux contes merveilleux des habitants de l'Australie. Souvent, à la suite d'un hiver doux et pluvieux, apparaissent d'innombrables légions de gros vers blancs. Aucune barrière ne peut arrêter leur marche vers le S.; elles franchissent les ruisseaux, les rivières, et infectent de leurs débris les eaux stagnantes. Toute la verdure disparaît devant elles, et c'est principalement sur les productions exotiques que ces insectes exercent leurs ravages : ils dévorent les feuilles des arbres fruitiers, rongent les ceps de vigne, et finissent heureusement par trouver leur tombeau dans les sillons qu'ils ont complétement dépouillés.

De quelle force de caractère, de quelle patience les colons n'ont-ils pas eu besoin pour vaincre tant de difficultés, et pour se créer des demeures commodes au centre des forêts! Aussi étais-je pénétré d'une sorte de vénération pour ceux dont mon hôte me menait fréquemment visiter en voiture les possessions. Quel coup d'œil vraiment magique s'offrait à nos regards, lorsqu'après avoir traversé un bois sombre et solitaire, nous arrivions par de jolis chemins, qui circulaient au milieu de champs et de prairies enclos de palissades, devant une charmante maison où nous attendait toujours une réception cordiale! Le petit édifice n'était qu'à un seul étage. Ses murs de pierres et de briques n'avaient pas la solidité de nos bâtisses d'Europe; mais son toit avancé, sa façade d'un blanc éclatant, ses fenêtres garnies de contrevents verts, la porte d'entrée décorée de cuivres brillants que l'on apercevait du dehors à travers les arbustes d'un parterre flanqué, à droite et à gauche, de vieux eucalyptus, composaient un ensemble tout à fait séduisant. L'intérieur répondait à l'extérieur; même simplicité, même arrangement. Le luxe cependant n'en était pas entièrement banni. L'assortiment des meubles du salon, une harpe ou un piano, les livres étalés sur une table de bois précieux, déposaient en faveur des goûts et des habitudes des maîtres du logis. Chez le mari, des traits brunis par l'air des champs, une physionomie grave et sérieuse, dénotaient un homme accoutumé à la vie retirée et aux occupations de la campagne. Chez la femme, que nous surprenions ordinairement entourée de ses petits enfants, un air doux et avenant, quoique très-réservé, me retraçait plutôt la tenue gracieuse de mes compatriotes que les manières généralement froides et compassées des Anglaises. Elle m'expliquait avec une aimable obligeance les divers détails confiés à ses soins, et qui pouvaient piquer mon insatiable curiosité. Tantôt je parcourais avec elle les salles destinées à la préparation du beurre et des fromages rouges ou blancs, qu'elle envoyait au marché de Sidney. Les barattes de formes ingénieuses, les grands vases de faïence où le lait subissait ses différentes transformations, et tous les instruments de la laiterie, me plaisaient par cette excessive netteté qui rend intéressants les détails même les plus communs d'une ferme. Tantôt elle me conduisait aux celliers où l'on conservait les provisions d'hiver; je ne me lassais pas d'admirer la prévoyance et l'économie qui avaient présidé à leur collection. Là, je pouvais juger jusqu'où allaient les ressources que les colons australiens étaient parvenus à obtenir d'un sol nouveau, pour s'assurer aussi loin de leur patrie une existence confortable. Enfin, au milieu de ces cantons à demi conquis par la civilisation, j'observais partout un ordre, une activité inconnus dans les plus riches provinces de France. Pourquoi n'avouerais-je pas que cette comparaison m'inspirait un secret dépit, surtout quand mes nouvelles connaissances me racontaient avec orgueil les peines que leur avait coûté le sort heureux dont elles jouissaient? Il y a moins de trois années, me disait un colon, qu'à la place de ma riante demeure, des champs et des prés qui l'environnent, s'élevaient des arbres aussi anciens que le monde et aussi durs que le fer : il fallut des semaines entières et le secours simultané de la hache et du feu pour détruire chacun de ces gigantesques végétaux, dont vous voyez d'ici les troncs, noircis par les flammes et semblables à des squelettes menaçants, figurer au milieu des nappes de verdure; bientôt ils crouleront de vétusté, et il ne restera plus d'autres vestiges de leur puissance séculaire, que les palissades dont leurs plus grosses branches, livrées à la scie, ont fourni les matériaux.

Au premier abord, le sacrifice de tant de grands arbres inspire des regrets; on craint qu'un jour les habitants de la Nouvelle-Galles du Sud ne gémissent de l'incurie avec laquelle on abat les bois autour des cantons qui se forment de toutes parts. Mais ces arbres, malgré leur beauté apparente, ne méritent pas d'être regrettés; car, pressés par une masse de plantes parasites qui intercepte la circulation de l'air, ils sont presque tous gâtés au cœur et rarement d'une belle venue. C'est donc sur les baliveaux que les propriétaires prévoyants dirigent tous leurs soins; ils les sauvent de la destruction générale; et leurs protégés, pouvant alors respirer librement, croissent exempts de maladies et de défauts.

Malheureusement tous les colons ne prennent pas ces sages précautions, et l'on peut prédire, sans crainte de se tromper, que dans peu de temps les espèces indigènes, recherchées pour la solidité de leur bois ou pour leurs vives couleurs, ne se trouveront plus qu'au fond des forêts de l'intérieur. Déjà le cèdre blanc et plusieurs sortes d'eucalyptus ont disparu des côtes, où ils étaient autrefois fort communs. Cette perte, néanmoins, sera facilement suppléée, si on continue à planter en Australie des peupliers, des chênes, des noyers, et d'autres arbres aussi utiles que les cultivateurs tirent de nos provinces et qui se naturalisent parfaitement à la Nouvelle-Hollande.

J'ai vu peu de propriétés où je n'aie remarqué quelques végétaux originaires de France. Je reconnaissais le figuier, le câprier, le muscat de Provence, la garance du Dauphiné, le chanvre, le lin de Bretagne, enfin le colza, dont l'huile enrichit nos départements du Nord. Ce n'étaient encore que des essais; mais la plupart avaient réussi et promettaient de favorables résultats pour un avenir peu éloigné.

C'est ainsi que, saisissant toutes les occasions de m'instruire, je glanais, pour ainsi dire en courant, quelques-unes des observations dont ces pays curieux offrent une moisson si abondante, que des volumes entiers pourraient à peine les contenir ; aussi n'ai-je voulu qu'associer le lecteur aux impressions fugitives que tant d'objets divers m'ont laissées, et je m'estimerai fort heureux si je suis parvenu à les lui faire partager.

Après avoir examiné les travaux merveilleux que les Anglais ont accomplis aux Terres Australes, je devais naturellement souhaiter de contempler celles-ci dans leur splendeur primitive. Sir John Jamison devinant mon désir, me proposa de remonter la Nepean jusqu'au pied des Montagnes Bleues.

Un matin, peu d'instants après le lever du soleil, nous nous embarquâmes, les deux officiers de *la Favorite*, mon hôte et moi, dans un léger bateau conduit par quatre vigoureux convicts. Dès que nous eûmes quitté le petit débarcadère situé au pied du moulin, nous commençâmes à lutter contre un courant rapide. La rivière, encore gonflée par les pluies de l'hiver, roulait ses eaux profondes entre deux rives escarpées, auprès desquelles nous allions alternativement chercher des chances moins contraires à notre navigation. Sur la gauche, nous laissions Regentville, dont les plantations s'avançaient jusqu'à la crête des falaises, qu'un troupeau de bœufs descendait lentement et avec précaution, pour venir boire au bord de l'eau. De ce côté, tout annonçait une prise de possession déjà ancienne; de l'autre, au contraire, tout paraissait nouveau : ce canton venait d'être concédé à des employés de l'état, à qui le voisinage de la Nepean et la faculté d'obtenir aisément des convicts donnaient l'espérance de faire valoir des terrains que l'on avait dédaignés jusque-là à cause de leur mauvaise qualité.

En effet, chaque concession est déjà changée en un jardin garni de fleurs et de légumes, dont les plates-bandes entourent la maisonnette où, en attendant qu'il ait fait construire une demeure plus digne de lui, le propriétaire vient le dimanche se reposer de ses fatigues administratives. C'est ainsi que les fonctionnaires, devenus possesseurs de terres obtenues à des conditions ordinairement très-avantageuses, s'occupent beaucoup plus de leurs intérêts présents et à venir que de ceux de la métropole. Décidés, pour la plupart, à s'établir en Australie ou à Van-Diémen, comment oseraient-ils défendre franchement le pouvoir contre des colons turbulents? Comment des hommes qui sont destinés à retomber dans l'obscurité, s'ils retournent en Europe à l'expiration de leur charge, manqueraient-ils l'occasion de faire leur fortune aux dépens d'un gouvernement qui semble les encourager à l'abandonner? Doit-on s'étonner, après cela, que le gouverneur rencontre tant de difficultés dans l'exercice de ses fonctions? Il a souvent pour adversaires les gens qui, la veille encore, étaient ses conseillers, et dont l'opposition est en raison directe du besoin qu'ils éprouvent de se faire pardonner par les habitants leur autorité passée.

La cour de Londres, si prudente ordinairement, paraît avoir oublié, dans cette circonstance, qu'aux colonies plus qu'en Europe peut-être, les dépositaires de son autorité doivent non-seulement être intègres, désintéressés, et ne viser qu'à servir loyalement leur pays, mais encore occuper une position tellement indépendante de toute espèce d'influence de la part des administrés, que jamais aucun motif particulier ne puisse les porter à trahir la cause du gouvernement.

Pendant que ces considérations intéressantes servaient de texte à nos discours, champs, maisonnettes et jardins étaient restés derrière nous ; les bords de la rivière avaient pris un tout autre aspect, et nous naviguions au milieu d'une sauvage et imposante solitude. Tantôt des arbres liés entre eux par d'épaisses lianes, formaient un rempart impénétrable sur les rochers noirâtres et coupés à pic qui, suspendus au-dessus de nos têtes, semblaient toujours au moment de nous écraser dans leur chute ; tantôt le courant, après avoir heurté avec fureur contre des blocs énormes de granit, s'épanchait en bouillonnant sur la couche de cailloux et de sable dont la Nepean avait revêtu ses grèves quelques jours auparavant : ces débris, arrachés par les torrents aux Montagnes Bleues, présentent aux minéralogistes une mine féconde à exploiter, et où l'on a déjà recueilli des preuves irrécusables que la Nouvelle-Hollande n'est pas d'une formation moins antique que les autres parties du globe. Nous entendions dans les bois le ramage confus d'une foule d'oiseaux dont les bandes légères apparaissaient de temps en temps. Au bruit des coups de fusil que répercutaient mille fois les rochers, de gros kakatoës blancs à l'aigrette jaune, des bouvreuils au plumage rouge, des volées de jolies mésanges à collier bleu, s'échappaient des massifs de feuillage ; tandis que des légions d'oiseaux-mouches tout resplendissants d'or et d'azur se jouaient parmi des bouquets d'arbustes dont les baies servent à leur nourriture. Ces baies, que les émigrants désignent par des noms empruntés à nos fruits d'Europe, sont peu variées et généralement d'un goût acide et désagréable; cependant les cultivateurs pauvres les emploient aux usages domestiques: de l'une, espèce de groseille de couleur jaunâtre, ils tirent une sorte de cidre; avec une autre, dont les grappes sont écarlates, ils font des confitures; enfin, ils conservent pour l'hiver le petit fruit rose du cerisier australien, dont le feuillage pend par touffes assez semblables à des queues de cheval.

Nous avions assigné pour but à notre excursion un vallon situé sur la rive gauche de la Nepean; mais quoique ce lieu ne soit qu'à douze milles de Regentville, nous n'en mîmes pas moins cinq grandes heures à l'atteindre, tant le courant était rapide aux endroits où les rochers resserraient les eaux; mais en arrivant, un excellent déjeuner, servi sur l'herbe, nous fit bientôt oublier les fatigues de la matinée. Le champêtre festin n'était pas encore terminé, que nous reçûmes la visite d'un sauvage, accompagné de sa femme et de ses enfants. J'avais beaucoup souhaité une rencontre de ce genre, mais la vue de ces misérables créatures eut bientôt rassasié ma curiosité. Le mari n'avait pour tout vêtement qu'une étroite ceinture, à laquelle pendait par derrière un hachot de fer. Sa peau noire, enduite de graisse et de crasse; son ventre ballonné, contrastant d'une manière désagréable avec la gracilité de ses membres et les larges dimensions de leurs extrémités; ses cheveux ébouriffés, ses grandes oreilles, et ses yeux enfoncés qui lançaient des regards avides et farouches, lui donnaient l'air plutôt d'une bête de proie que d'un homme. Il se jeta gloutonnement sur les restes du repas, que lui abandonnèrent les canotiers; et sans la précaution que nous prîmes d'en soustraire quelques bribes à sa voracité, pour en gratifier sa compagne, cette malheureuse n'aurait rien eu. Elle se tenait accroupie sur ses talons, à quelques pas de nous, veillant sur ses négrillons, qui se cachaient en hurlant entre ses jambes, aussitôt que nous faisions mine de les approcher. Ni les cadeaux ni les attentions ne purent l'arracher à l'indifférence dont tous ses traits portaient l'empreinte. Une figure ignoble et grossière, des formes maigres et flétries, que couvraient à peine un morceau de peau de kanguroo attaché autour des reins, et une poche fixée sur le dos où dormait paisiblement un enfant nouveau-né; des mamelles flasques et pendantes, sillonnées de longues cicatrices, tristes résultats des corrections conjugales; enfin, une malpropreté dégoûtante, faisaient de cette infortunée une image vivante de l'esclavage et de l'abrutissement. Ses yeux ternes et abattus observaient avec anxiété les moindres mouvements de son maître, qui, tout entier au désir d'obtenir des présents, ne s'inquiéta d'elle que lorsque, pressé par nous de montrer son adresse et son agilité, il lui remit à garder les produits de notre munificence.

A la demande de sir John Jamison, dont il avait plus d'une fois éprouvé la générosité, il se mit en quête des opossums, espèce de marmotte qui vit dans les trous des arbres, se nourrit de fruits ou de racines, et ne sort que la nuit. Ce quadrupède paraît très-inoffensif; cependant la femelle défend ses petits avec un courage incroyable, quand, prise au dépourvu, elle n'a pas eu le temps de les faire rentrer dans la poche qu'elle a sous le ventre, et d'où on ne peut les arracher que lorsqu'elle a rendu le dernier soupir.

Nous nous amusâmes beaucoup de la façon singulière dont notre sauvage examina et flaira les arbres les uns après les autres, jusqu'à ce que, ayant découvert quelques poils engagés dans l'écorce d'un grand cèdre, il le fit résonner sous les coups de son hachot, qui lui servit ensuite à pratiquer le long du tronc des entailles au moyen desquelles il atteignit avec une promptitude surprenante les plus hautes branches; et là, ayant introduit son bras dans une cavité profonde, il en retira un opossum à demi mort de peur. Mais l'agonie du pauvre animal dura peu : car des mains du capteur il passa dans celles de sa femme, qui l'étouffa incontinent; et sa fourrure épaisse et moelleuse me fut présentée, quelques minutes après, dans un parfait état de conservation.

Plusieurs fois le chasseur renouvela ses recherches avec le même succès; puis jugeant qu'il n'avait plus rien à espérer de nous, il donna le signal du départ à sa compagne, qui se hâta de jeter pêle-mêle nos présents, les corps des opossums dépouillés et ses ustensiles de ménage au fond d'un grand panier de jonc, qu'elle suspendit sur son dos en plaçant le milieu de l'anse autour de son front; puis elle prit ses enfants par la main, et suivit son mari au fond du bois.

Naguère, dans ces cantons, on ne rencontrait les natifs que par tribus nombreuses; aujourd'hui on y découvre à peine quelques familles, et encore l'usage immodéré des liqueurs fortes et les maladies épidémiques apportées de l'ancien monde les auront bientôt tout à fait anéanties. Les armes britanniques ne sont pour rien dans l'effrayante diminution de cette malheureuse race : le gouvernement de Sidney, au contraire, a mis en œuvre tous les moyens possibles de l'apprivoiser et de lui inculquer les premières notions d'agriculture, afin d'assurer son existence; mais ses tentatives n'ont pas réussi. Il paraît même que le voisinage des habitations, où les naturels sont toujours accueillis avec humanité, loin de leur inspirer le goût du travail et de la vie sédentaire, produit sur eux un tout autre effet, et en leur procurant des secours contre la disette et les froids de l'hiver, les rend encore plus paresseux et augmente leur aversion pour tout genre de dépendance. Aussi est-il très-rare qu'ils dégradent les plantations; ils se prêtent même à tous les désirs des colons, afin d'obtenir des vivres, des couvertures de laine et surtout du rhum et du tabac; ils ramènent les convicts déserteurs ou les bestiaux égarés, apportent des peaux de kanguroo et d'opossum, et servent de guides dans les forêts.

Sur les frontières de la colonie, où la surveillance des magistrats chargés d'empêcher les émigrants d'opprimer les naturels ne peut être bien efficace, ces derniers ne se montrent pas aussi paisibles; parfois même ils ont égorgé des cultivateurs et incendié des fermes : mais l'exemple terrible que les Anglais firent dernièrement d'une tribu belliqueuse, qui fut détruite presque entièrement pour s'être livrée, malgré les traités, à de sanglantes déprédations, et plus encore les dons que l'administration de Sidney distribue sans cesse parmi les chefs nouveaux-hollandais, semblent avoir assuré la tranquillité pour longtemps.

L'aspect solitaire des lieux où le désir de suivre la chasse du sauvage nous avait entraînés ; la vue des vieux arbres renversés, dont l'écorce pourrie et revêtue d'une foule de plantes entrelacées cédait à chaque instant sous nos pieds, tandis que les puissants eucalyptus répandaient au-dessus de nos têtes une ombre mystérieuse ; le spectacle imposant des masses granitiques qui commençaient à monter par gradins pour former la chaîne des Montagnes Bleues ; enfin, le bruit sourd de la rivière bondissant de rochers en rochers, me pénétraient d'un sentiment indéfinissable de recueillement et d'effroi. Je sentais combien l'homme policé, quand il est seul et privé des secours de l'art et de l'industrie, est faible en présence de ces grands ouvrages de la nature, qu'envisage sans crainte le sauvage, habitué à ne chercher d'appui que dans son courage et son instinct. Les *bush-rangers*, il est vrai, hantent également ces forêts profondes ; mais ils ne s'y maintiennent qu'en pillant les habitations et les troupeaux : encore aiment-ils mieux souvent reprendre leur ancien esclavage que de continuer la vie errante qu'ils y mènent. Comment, en effet, pourraient-ils exister longtemps au milieu de ces ténébreuses solitudes où le voyageur égaré risque de mourir de soif pendant les chaleurs de l'été, de s'engloutir à chaque pas, durant l'hiver, dans les marais formés par les pluies, et où il ne rencontre que le dangereux *devil-dog*, le kanguroo si prompt à fuir, le triste casoar, des serpents dont la piqûre est mortelle, et des myriades d'insectes venimeux? Je pus juger de la manière dont ces malheureux préparent leurs grossiers aliments; car, lorsque côtoyant la Nepean pour regagner notre canot, nous passâmes à travers une clairière tapissée de cailloux charriés par les eaux, une mare de sang et les entrailles d'un bœuf nous firent reconnaître l'endroit où quelques-uns d'entre eux venaient de camper la nuit précédente : nous trouvâmes bien encore debout et liées ensemble au sommet, les deux perches qui avaient servi à suspendre les quartiers de viande au-dessus d'un large brasier à l'entour duquel avait eu lieu le banquet, comme l'indiquaient suffisamment les pierres rangées en rond et les os dispersés çà et là ; mais nul vestige des convives : ils étaient partis vraisemblablement dès le point du jour, afin d'échapper à l'espionnage des naturels ou aux recherches des soldats, que la lueur des feux pouvait avoir mis sur leurs traces.

Ces impressions pénibles se dissipèrent à mesure que notre embarcation, emportée par le courant, nous ramena auprès des cantons habités. Fatigués de la perspective monotone des Montagnes Bleues et des bois qui en bordent le pied, nous revîmes avec plaisir les jolis paysages qui nous avaient charmés le matin. Les troupeaux couchés sur l'herbe, à l'ombre des arbres garnis de fleurs ou de fruits ; les moissons naissantes, les maisonnettes des fermiers, dont l'eau baignait les petites possessions, et Regentville dans le lointain, me firent sentir, comme je l'avais déjà éprouvé aux Philippines et à Java, que le spectacle de la nature vierge peut étonner et même exalter l'âme, mais que l'agréable coup d'œil de campagnes bien cultivées et parsemées d'habitations riantes la détend et la remplit de douces émotions.

De retour au château, nous terminâmes la journée par une soirée dansante, qu'embellirent la plupart des dames dont nous avions fait la connaissance dans nos visites sur les propriétés environnantes ; et le lendemain, de très-bonne heure, toujours de compagnie avec notre hôte, nous prîmes la route de Sidney, où m'attendaient des festins et des bals, distractions pour lesquelles je venais de faire ample provision de repos et de santé.

La route était couverte de gens attirés des villages voisins par une course de chevaux. Pour satisfaire ma curiosité, mon guide fit arrêter la voiture à la porte d'une belle auberge, qu'assiégeait une foule d'individus dont la majeure partie me parut avoir oublié les premiers principes de la tempérance : ils décidaient bruyamment du plus ou du moins de légèreté que déployaient les coursiers qui passaient devant eux. Ces coursiers n'avaient rien de remarquable, ni pour les formes, ni pour les qualités ; leur galop, que hâtaient à grands coups de talon des cavaliers à moitié ivres, était lourd et sans grâces. Un pareil assemblage de bêtes et de gens me fit entrevoir une vérité que sir John Jamison me révéla un instant après. Ces réunions, me dit-il, mauvaises copies de celles du même genre qui ont lieu dans les provinces d'Angleterre, sont le fléau de la colonie, et une cause de perdition pour la basse classe des cultivateurs. Ces hommes que vous voyez autour de nous, et dont la conduite et les manières jurent avec la propreté de leur habillement, sont des convicts libérés, propriétaires ou fermiers de quelque métairie. En travaillant, ils pourraient vivre dans l'abondance et assurer l'existence à venir de leurs enfants; mais ils aiment mieux passer le temps dans la débauche et dans l'oisiveté. Si parmi eux il en est un qui se comporte mieux que les autres, il rencontre à ces fêtes d'anciennes connaissances, se laisse séduire par le mauvais exemple, et bientôt il est perdu à jamais.

Combien ne voit-on pas, le long des routes, de chaumières désertes et en ruine! Le terrain qui les environne, dès longtemps défriché, nourrissait naguère des familles nombreuses, et il n'attend, pour produire encore, que des bras laborieux : mais les propriétaires ont abandonné leurs travaux pour se livrer à l'ivrognerie; et après avoir épuisé toutes leurs ressources, ils se sont retirés à Sidney, où probablement quelque nouveau crime les aura fait condamner à finir leur vie dans l'île Norfolk ou dans les mines de charbon de Port-Hunter. Il faut attribuer ce mal, qui empire plutôt qu'il ne diminue, au peu de vigueur et de fixité apporté à l'exécution des règlements concernant les convicts; car à Van-Diémen où le même système de police régit une population formée des mêmes éléments, de pareils désordres ont rarement lieu. Là, les émancipés cultivent leurs terres; les crimes sont rares, même chez les convicts. Mais il faut dire aussi que dans les premières années qui suivirent la fondation de cette colonie, beaucoup de coupables moururent sur l'échafaud, et que maintenant encore le malfaiteur ne doit espérer aucune pitié : tandis qu'à la Nouvelle-Galles, parmi la foule de misérables que le meurtre, le viol, le vol domestique ou à main armée amènent chaque année devant les tribunaux, il y en a fort peu qui subissent la peine capitale.

Cette dissemblance entre les deux colonies provient encore de ce que les magistrats d'Hobart-Town, instruits, par l'expérience, des inconvénients où entraîne une trop grande indulgence envers les déportés, ne font grâce qu'à ceux dont ils ont lieu d'attendre quelque amendement.

L'oubli de cette précaution est, je crois, la principale cause de la maladie morale qui dévore les basses classes de la population australienne, et qui tôt ou tard pénétrera jusqu'à Van-Diémen, parce que les mesures au moyen desquelles on y a contenu jusqu'ici les convicts et les émancipés se relâcheront, comme il est arrivé à Sidney, à mesure que s'accroîtra le nombre des déportés et des émigrants.

Les effets de cette maladie ne frappent pas d'abord le nouveau débarqué : la vue de ce peuple bien vêtu, l'absence totale de mendiants, le mouvement qui règne dans les rues de Sidney, le portent même à faire une comparaison peu avantageuse à nos villes d'Europe. Mais bientôt l'insigne friponnerie des petits marchands, que les plaintes ou les reproches n'émeuvent seulement pas; la démoralisation des deux sexes parmi les rangs inférieurs; le manque absolu de cette humanité pratique qui, au sein de nos grandes cités, établit des liens de bienfaisance et d'attachement entre les riches et les pauvres, et que ne sauraient remplacer les pompeuses associations philanthropiques, aussi communes à la Nouvelle-Galles du Sud (32) qu'en Angleterre, viennent dessiller ses yeux et modifier ses premières impressions.

Pendant notre station à l'auberge, le ciel, si clair le matin, s'était chargé de nuages, et la pluie commençait lorsque nous remontâmes en voiture. Dans l'après-midi, le temps devint si mauvais que sir John Jamison se décida à demander l'hospitalité à un de ses amis, M. Blaxland, dont l'habitation n'était pas éloignée de la route conduisant de Paramatta au chef-lieu; et vers cinq heures du soir nous nous trouvâmes, à notre grande satisfaction, au milieu d'une charmante famille qui nous combla d'attentions. Le dîner, la conversation, et une mutuelle envie de profiter de l'occasion de s'amuser, eurent bientôt amené une sorte d'intimité entre mes officiers et les quatre jolies demoiselles de la maison; aussi la soirée se passa-t-elle fort gaiement au gré des deux partis. Quant à moi, toujours condamné au rôle d'observateur, je le remplis du moins cette fois avec agrément; et après avoir payé en contredanses mon tribut comme danseur, titre presque inhérent à celui de Français dans les pays étrangers, je m'attachai à découvrir chez nos gracieuses partners les différences que le climat et un tout autre genre de vie ont dû naturellement établir, sous le double rapport du physique et du moral, entre les Anglais venus d'Europe et la génération blanche née en Australie : mais je sentis combien il était difficile d'aborder un sujet aussi délicat, sans se laisser influencer par des préventions favorables; et dans ce moment même où, pour y parvenir, j'appelle à mon secours le souvenir des bals et des fêtes auxquels j'ai assisté à Sidney, je ne sais pas encore vraiment si je parlerai en observateur désintéressé.

Pourquoi une température délicieuse, un air pur et un ciel presque toujours serein n'exerceraient-ils pas sur notre espèce la même influence que sur les animaux? Si les chevaux, les bœufs et les moutons apportés de la Grande-Bretagne ont acquis à la Nouvelle-Galles du Sud de plus belles formes et une plus grande vigueur, serait-il donc étonnant que les Anglais y eussent échangé leur complexion lymphatique, leur teint blanc, leurs cheveux blonds, leur humeur flegmatique, contre les formes élancées et flexibles, le teint animé, les yeux noirs, la chevelure brune et le caractère ardent qui font reconnaître aisément l'habitant des contrées d'où le soleil chasse de bonne heure les frimas? Les jeunes gens nés à la Nouvelle-Hollande sont généralement d'une taille élevée, bien prise, peu chargée d'embonpoint; leurs traits prononcés, et leur physionomie mobile, annoncent un naturel hardi et bienveillant. Mais c'est principalement parmi les femmes que ces changements sont remarquables : je les ai trouvées presque toutes grandes et bien faites, comme le sont les Anglaises; mais à ces agréments elles en joignent d'autres que ne possède pas également le beau sexe britannique ; je veux parler de cette tournure aisée et voluptueuse, de ces pieds mignons et bien tournés, de ces yeux expressifs, de cette bouche fraîche et meublée de blanches dents, enfin de cette variété dans les figures qui fait pardonner aux dames de Sidney, comme aux Parisiennes, ce qu'il y a souvent de trop exigu chez elles dans les appas dont on admire chez les dames du Nord la volumineuse rotondité.

A ces charmes séduisants, à la gaieté, au goût des plaisirs, qui les font ressembler beaucoup aux Françaises, les jeunes Australiennes joignent cette force de volonté, ce dévouement dont les Anglaises donnent une si admirable preuve, en abandonnant leurs parents et les douceurs de l'aisance, pour accompagner leurs maris aux Indes, à la Chine ou au milieu des forêts antarctiques. Combien de fois n'ai-je pas été étonné de l'air d'indifférence avec lequel les dames de Sidney ou d'Hobart-Town me parlaient de leur prochain départ pour l'Europe, d'où elles comptaient revenir après moins d'une année d'absence! Et pourtant ce voyage était le tour du monde; elles avaient à doubler le cap Horn et celui de Bonne-Espérance, parages redoutés même des marins. A l'idée seule d'une semblable traversée, une Française mourrait de peur; l'Anglaise s'embarque sans témoigner la moindre inquiétude, prend possession de sa cabine, reste entièrement étrangère à tout ce qui se passe à bord, s'occupe de ses enfants, d'elle-même, et nullement des autres passagers. J'ai vu fréquemment de très-jeunes ladys, appartenant par leur naissance et leur fortune aux sommités de la société britannique, entreprendre ainsi toutes seules les plus longues traversées. Il est vrai que, suivant les usages reçus, elles sont alors confiées à la responsabilité du capitaine, qui, dans ce cas, exerce sur elles une espèce de surveillance que l'étiquette observée sur la plupart des forts navires marchands rend assez facile. Ainsi par exemple les femmes ne paraissent guère qu'au dîner; et encore durant les courts instants qu'elles y restent, elles ne peuvent être que fort peu l'objet des attentions des hommes ; car à leur Mentor seul appartient le droit de les leur présenter (formalité qui, chez les Anglais, précède le commencement de toute liaison), et il se montre, comme on s'en doute bien, extrêmement avare de cette faveur. C'est principalement à bord des vaisseaux de la compagnie des Indes, dont les commandants jouissent à juste titre de la confiance des pères et des maris de leurs jolies compatriotes, que cette coutume, qui révolterait bientôt nos vives et expansives Françaises, est suivie avec une rigidité que nous comprendrions difficilement. Un officier supérieur du régiment des dragons de la reine, en garnison à Madras, m'a raconté que, parti de Londres pour Calcutta sur un de ces vaisseaux, avec une dame et ses filles, dont une lui était promise en mariage, il ne put avoir avec elles aucune relation penpant la traversée, parce que le capitaine jugea convenable de ne faire aucune présentation, afin de maintenir plus facilement le bon ordre parmi ses nombreux passagers.

De pareilles précautions sembleront bien extraordinaires; mais quand on apprendra que des troupes de demoiselles sans fortune vont ainsi dans l'Inde, sous la garde des capitaines de la compagnie, et ne tardent pas à s'y marier, on approuvera la prudence de ces derniers, et l'on sera même disposé à souhaiter que nos capitaines du commerce veuillent imiter, du moins en partie, un exemple aussi sage.

Il est probable cependant que cette sévérité de principes, qui du reste n'est qu'apparente et s'accorde assez bien avec le froid maintien et les habitudes de nos voisins, ne régnera pas longtemps en Australie ; car les mœurs des habitants y ont déjà subi de notables modifications qui tendent à les rapprocher des nôtres. Ainsi l'usage des parties de plaisir et des réunions, auxquelles engage un climat délicieux, commence à établir entre les deux sexes des rapports plus suivis, et par suite le goût de la société intime dont presque partout ailleurs les Anglais ignorent les douceurs. J'ai remarqué qu'à Sidney les hommes des hautes classes sont plus tempérants que ceux d'Angleterre, qu'ils ont meilleur ton auprès du beau sexe, et qu'ils n'ont pas coutume, après le repas, de chasser les femmes de table, pour y passer des heures entières à s'enivrer. J'ai remarqué de plus que si parfois, comme on le voit fréquemment aux colonies britanniques, quelques jeunes officiers de la garnison se présentaient au bal dans un équilibre peu rassurant pour leurs danseuses, l'amphitryon au lieu de trouver cela tout naturel, en témoignait hautement son mécontentement. Une autre amélioration plus précieuse encore s'est introduite dans l'intérieur des familles : les relations entre parents m'ont paru plus tendres, plus affectueuses en Australie qu'en Angleterre, où la nécessité de pourvoir à l'existence de nombreux enfants contraint les pères et mères à s'en séparer de bonne heure ; tandis qu'à la Nouvelle-Hollande, où les terres sont pour ainsi dire au premier occupant, le bonheur d'un père est de fixer ses fils auprès de lui.

Mais ce principe de l'agglomération des individus remplit-il le but de la nature? Il faut croire que non, puisque les plus savants naturalistes prétendent que notre espèce est destinée, comme celles des autres animaux, à se disperser sur la surface du globe afin de la peupler. Dans ce cas, on doit convenir qu'aucune nation ne réunit à un degré plus éminent que les Anglais, les qualités nécessaires pour remplir cette importante obligation; chez eux l'attachement réciproque des parents et des enfants est tout à fait exempt de cet égoïsme d'affection si commun en France au sein des familles, et ils se soumettent aux plus longues séparations avec une philosophie et une résignation vraiment inconcevables pour nous autres Français qui sommes généralement idolâtres du toit paternel.

Cette idolâtrie, qui peut-être aussi est trop exclusive puisqu'elle s'oppose à ce que notre pays étende sa puissance au delà des mers, se réveilla surtout en moi chez M. Blaxland, quand je remarquai la touchante amitié que se témoignaient tous les membres de sa famille: combien de doux souvenirs vinrent dans ce moment occuper ma pensée! Et cependant, lorsqu'à la fin de la soirée les quatre demoiselles de la maison se groupèrent derrière leur mère assise à un clavecin, et unirent leurs voix fraîches et sonores pour chanter la prière du soir, je compris comment sur cette terre lointaine bien des voyageurs avaient pu oublier leur patrie.

Le lendemain matin, avant de quitter nos aimables hôtes, nous parcourûmes les environs de leur habitation, qui, d'un côté, est séparée de la route par une lisière de bois, et de l'autre domine la rivière de Paramatta, à peine éloignée d'un tiers de lieue. L'exposition de Newington n'est ni aussi belle ni aussi romantique que celle de Regentville : les terres y sont sablonneuses ; et les salines qu'on y a établies, bien qu'elles soient d'un meilleur rapport que des vergers et des champs de blé, exigent de trop fortes dépenses. En effet, soit que l'eau de la rivière, quoique prise à marée haute, renferme encore trop de parties douces ; soit qu'elle tienne en dissolution des substances qui empêchent sa complète évaporation, le fait est que le sel demeure au fond des bassins sous la forme d'une pâte molle que l'on ne peut conduire à l'état de cristallisation qu'en la soumettant, dans des chaudières, à l'action d'un feu ardent et continu.

Le sel obtenu par ce procédé est bon, et se vend assez avantageusement à Sidney ; mais il est à craindre qu'il ne puisse soutenir longtemps la concurrence de celui d'Europe : car tandis que le prix de l'un augmente par suite de la difficulté qu'éprouvent les sauniers à se procurer le bois qui leur sert de combustible et dont la rareté se fait de plus en plus sentir sur les bords de la mer, celui de l'autre baisse en raison de l'activité toujours croissante des relations de l'Australie avec sa métropole.

Toutefois, M. Blaxland tire de ses marais salants un gros revenu, qui, joint à celui de plusieurs autres propriétés situées à l'O. des Montagnes Bleues, le rend un des plus opulents colons de la Nouvelle-Galles du Sud. Sa probité et son expérience l'ont fait choisir pour siéger au grand conseil, et ses compatriotes le comptent au nombre de ceux d'entre eux qui, par un généreux empressement à tenter des essais dans toutes les branches de l'agriculture, et en apportant des capitaux d'Angleterre, ont le plus contribué à la prospérité de la colonie.

A la fin de notre promenade, que dirigeaient madame Blaxland et ses filles, et au moment de retourner au logis pour monter en voiture, nous gravîmes au sommet d'un monticule d'où l'on jouit d'une superbe vue de la Paramatta. Devant Newington, elle est beaucoup plus large, plus creuse que près de Rose-Hill; mais ses rives n'offrent, au lieu de vallées fertiles, que des rochers abruptes et dépourvus de végétation, et cette différence devient de plus en plus sensible à mesure que l'on approche de l'embouchure. Cependant, partout où le sol est un peu susceptible de culture, les habitants de Sidney ont construit des maisons de plaisance ou des fermes qui, placées les unes à l'extrémité de pointes escarpées, que contourne en murmurant un courant rapide, les autres au fond de petites anses, fréquentées par une multitude de canots, forment des paysages très-pittoresques. Ce qui attira surtout notre attention, ce furent les bateaux de toute dimension, soit à voiles, soit à rames, soit mus par la vapeur, qui sillonnaient la surface paisible de la rivière, dont le cours sinueux les cachait et les laissait apparaître alternativement à nos regards. Pesamment chargés de marchandises et de passagers, ils refoulaient péniblement le courant afin de gagner Paramatta; ou bien, suivant le fil de l'eau, ils manœuvraient avec précaution pour éviter les bancs de sable et arriver sains et saufs à Sidney, où nous entrâmes nous-mêmes, dans l'après-midi, après un court voyage qu'avaient précédé un très-bon déjeuner, les adieux affectueux de nos charmantes hôtesses, et une invitation de revenir, à laquelle, comme on le pense bien, nous n'eûmes garde de manquer.

A peine étais-je de retour au chef-lieu, que les premiers fonctionnaires civils ou militaires de la colonie et les principaux bourgeois, avec le capitaine et l'état-major de la corvette anglaise, s'empressèrent de nous fêter, les officiers de *la Favorite* et moi. Les courses en voiture, les banquets et les bals se partagèrent notre temps. Durant le jour, nous faisions des parties de campagne dans les jolies propriétés qui entourent Farme-Cove et Elisabeth-Bay, ou nous visitions le jardin botanique, enclos immense qui renferme déjà les arbres fruitiers et les plantes utiles des deux hémisphères. Là, auprès de fontaines jaillissantes, et sous des couverts touffus d'où s'élancent des pins de l'île Norfolk, au feuillage pyramidal, nous trouvions de frais abris contre la chaleur de midi. D'autres fois, cherchant des lieux plus vivants, nous circulions en calèche, au milieu d'une foule d'équipages, dans les allées du parc public; puis, mettant pied à terre à l'entrée des jardins du gouverneur, nous nous rendions à la demeure du général Darling, toujours disposé à nous bien recevoir. Les soirées n'étaient pas moins agréablement employées; car, à l'exception des jeudis que je m'étais réservés pour traiter à bord mes connaissances, chacun des autres jours de la semaine finissait par un festin ordinairement suivi d'un bal, que donnaient à tour de rôle, en l'honneur des Français, les riches particuliers et les autorités de Sidney.

Dans ces grandes assemblées, les dames étaient mises

avec goût et suivant les plus nouvelles modes de Paris. J'avouerai pourtant que leurs toilettes me frappèrent beaucoup moins que leur gaieté et leur entraînement au plaisir ; car la roideur et la froide étiquette britanniques me semblèrent furieusement négligées. Les contredanses françaises, les valses, voire même le moderne galop, se succédaient sans interruption jusqu'à une heure très-avancée de la nuit, et les danseurs ne quittaient leurs danseuses qu'après force engagements pour la soirée du lendemain. Si mes liaisons de société, auxquelles notre prochain départ donnait le privilége de l'ancienneté, ne m'eussent procuré quelqu'une de ces confidences dont les femmes sont rarement avares, trompé par d'aussi séduisantes apparences, j'aurais cru que le chef-lieu de l'Australie était exempt de cet esprit cancanier qui désole, à ce qu'il paraît, toutes les villes du monde civilisé. Mais il n'en est rien; et à Sidney, de même qu'à Hobart-Town, les jalousies, les rivalités, suspendues seulement par l'arrivée de *la Favorite*, devaient reprendre leur cours après son départ. Un nouveau gouverneur était prochainement attendu ; ce changement capital mettait bien des existences en problème, bien des intérêts en mouvement; aussi imprimait-il une nouvelle activité aux tracasseries qui avaient de tout temps agité la société de Sidney.

Restés neutres au milieu de ces tracasseries, et sourds à toutes les récriminations, à toutes les calomnies dont, suivant l'usage, le pouvoir déchu était l'objet, nous profitions de la trêve conclue en notre faveur, ainsi que des fêtes auxquelles nous conviaient tour à tour les partis opposés, et que mon état-major, aussi généreux dans cette relâche que dans toutes les autres, reconnaissait avec une grandeur que j'aurais voulu en vain surpasser. Pour clore dignement cette lutte et laisser à la plus belle moitié de la population de Sidney un dernier souvenir du passage de *la Favorite*, je donnai un bal auquel je priai les familles qui avaient eu pour nous des attentions. Grâce à l'aimable complaisance des officiers et des élèves, le pont de la corvette fut transformé en un vaste salon ; les pavillons de signaux, décorés de guirlandes de feuilles et de fleurs, formèrent la légère tenture qui intercepta les rayons du soleil et servit à dissimuler ce que l'aspect d'un bâtiment de guerre pouvait avoir de trop sérieux. Les canons cédèrent leurs places à des banquettes improvisées, mais commodes et fort décentes. Enfin, lorsqu'à deux heures de l'après-midi les dames arrivèrent, *la Favorite*, disposée avec autant de simplicité que de goût, se trouva prête à les recevoir. Comme la curiosité leur imposait, heureusement pour moi, l'obligation d'oublier, du moins pour quelques heures, les querelles de leurs coteries, j'eus réunion nombreuse et très-gaie. La danse, dont l'état-major de *la Favorite* fit les frais d'une manière très-brillante, ne fut interrompue que pendant le souper, et finit assez tard : alors un feu d'artifice, tiré du bord au moment où tous les invités retournaient à terre dans nos embarcations, termina les plaisirs de la journée.

Après tant de festins et tant de bals, le repos était devenu nécessaire pour nos amis de Sidney comme pour nous : un plus long séjour ne pouvait qu'affaiblir de part et d'autre d'aussi favorables impressions ; j'annonçai donc le départ. Aux adieux se mêlèrent bien des regrets mutuels : moi-même j'éprouvai un vif sentiment de peine en me séparant des hôtes qui m'avaient donné tant de témoignages de bienveillance et d'intérêt (33). Mais il fallait continuer notre campagne ; et, le 21 septembre dans la matinée, après avoir salué de vingt et un coups de canon le chef-lieu de la Nouvelle-Galles du Sud, dont les habitants assemblés sur le rivage faisaient des vœux pour notre heureux retour en Europe, *la Favorite* mit sous voiles, quitta Port-Jackson, et le soir même, avant le coucher du soleil, le phare et les côtes de la Nouvelle-Hollande avaient disparu à nos yeux sous l'horizon.

IDOLE DES NOUVEAUX-ZÉLANDAIS.

NOTES.

Note 1, page 28.

La direction des plantations de thé et des autres cultures a été confiée à M. Diard, un de ces Français qui, dévorés du désir de s'instruire et d'étendre les bornes des connaissances humaines, vont parcourir les quatre parties du monde, n'ayant pour tout moyen d'existence qu'une modique pension du gouvernement. Les uns finissent par succomber aux fatigues et aux maladies qu'ils ont bravées avec une persévérance et un courage admirables ; les autres reviennent en Europe, apportant le fruit de leurs recherches, et n'y trouvent le plus souvent, pour récompense, que l'abandon et le besoin.

Partout où je les ai rencontrés dans mes voyages, je les ai vus estimés, admirés des habitants, et considérés comme de véritables apôtres des sciences : titre qu'ils méritaient par leurs vastes connaissances, leur dévouement, et surtout par leur noble désintéressement.

Combien de fois les principaux administrateurs des possessions européennes en Asie ne m'ont-ils pas témoigné leur étonnement de l'espèce de dénûment où la France laisse des hommes aussi précieux, lorsque l'Angleterre, l'Allemagne, la parcimonieuse Hollande elle-même, les recherchent avec soin et les comblent de bienfaits et d'honneurs ! Leurs questions sur ce sujet m'embarrassaient extrêmement. Pouvais-je leur répondre que notre patrie gaspille, pour ainsi dire, les talents et le génie de ses enfants, qu'elle les laisse, avec une inconcevable indifférence, porter à ses voisins des découvertes utiles, dont elle cherche ensuite, mais trop tard, à revendiquer la possession ? Pouvais-je avouer que chez nous la médiocrité et souvent même l'indigence sont l'unique partage de la science pérégrinante; que le savant voyageur ne doit nullement attendre de ses concitoyens cette brillante et fructueuse considération dont il aurait été entouré dans les autres pays, et qu'enfin il n'obtiendra jamais de l'état que des secours calculés avec une avilissante parcimonie ? Du reste, comment pourrait-il en être autrement, quand chaque année, et sans presque aucun examen, les chambres refusent aux ministres les allocations demandées pour assurer de misérables pensions, je ne dirai pas à de vieux soldats couverts de blessures reçues à la défense de la patrie (depuis longtemps de pareils services ne sont plus reconnus), mais à des hommes dont les veilles et les travaux font prospérer nos manufactures ou notre commerce, améliorent la culture des terres, et maintiennent le nom de notre nation au rang honorable où il est placé ? Quels ont été les résultats de ce déplorable système ? Il est facile de les deviner; les étrangers, profitant de notre négligence ou de notre ingratitude, attirent chez eux, en leur assurant une existence convenable, nos jeunes savants, dont ils font servir les connaissances à la prospérité de leur pays. C'est ainsi que le gouvernement de Java, en employant M. Diard, que ses voyages en Cochinchine, aux Philippines et dans plusieurs autres parties de l'Asie ont rendu célèbre, est parvenu à établir plusieurs genres de cultures qui promettent une nouvelle mine de richesses aux Pays-Bas.

Note 2, page 84.

NAVIGATION DE LA FAVORITE DANS LES DÉTROITS DE MADURÉ ET DE BALY.

Le 10 mai, ayant reçu le pilote qui devait conduire la corvette jusqu'à Passarouang, nous appareillâmes à onze heures du matin et commençâmes à louvoyer; mais comme la brise de S. E. soufflait mollement, nous eûmes quelque peine à nous tirer du milieu des navires qui remplissaient la rade : à six heures du soir, nous

nous trouvions, par dix-sept pieds d'eau, dans la partie la plus étroite du passage; nous y mouillâmes pour attendre le jour. Le lendemain, je fis lever l'ancre; mais le calme me força bientôt de la laisser retomber, afin de ne pas dériver sur les bancs qui nous entouraient: précaution d'autant plus sage, qu'à basse mer la corvette échoua sur de la vase, par treize pieds d'eau, et y resta jusqu'à la marée suivante; une légère brise d'O. s'étant alors élevée, nous franchîmes rapidement les obstacles qui arrêtent souvent les marins pendant des semaines entières.

En effet, ce détroit est très-difficile dans cette partie, non-seulement parce que les terres de Maduré et de Java paraissant à peine ne peuvent servir d'amers aux pratiques, mais encore parce que les fondations du fort commencé sous l'administration du général Dændels le partagent en deux canaux, dont l'un, celui du N., a été bouché avec des pierres, afin d'obliger les bâtiments à passer par l'autre, qu'un immense banc de sable, qui se prolonge jusqu'à la côte de Java, rétrécit considérablement.

Si, comme tout porte à le croire, ce port, outre son utilité comme point de défense, était destiné à servir de remarque aux pilotes, on ne saurait disconvenir qu'il ne remplisse très-bien, sous ce dernier rapport, les vues de son fondateur; car lorsque les blocs de rochers, qui font reconnaître son emplacement, sont à sec, ils désignent la bonne route aux marins; et lorsque la marée les recouvre, ils indiquent, d'une manière positive, qu'il y a au moins trois brasses d'eau dans les passes, deux avantages importants pour les capitaines engagés dans cette pénible navigation.

Dès que l'on a perdu de vue cette espèce d'amer, une petite île boisée s'aperçoit dans l'E., et la sonde rapporte six brasses; alors, comme il n'y a plus de dangers à craindre, les pilotes vous quittent, et l'on peut prolonger ses bords de chaque côté du détroit jusque par cinq brasses, fond de vase. Ce n'est pourtant pas la méthode usitée parmi les Hollandais allant aux Moluques ou aux détroits: ils s'empressent au contraire de gagner la côte de Java, afin de profiter des brises de terre, qui prennent ordinairement vers le soir après le calme. Je me conformai à cette coutume avec d'autant moins de répugnance, que je voulais toucher à Bézuki, dans l'intention d'y demander un pilote pour Baly. Aussi, dès que la corvette fut en dehors des bancs, et que la brise du S. E. s'éleva, nous prîmes bâbord amures et gouvernâmes sur Java. Dans l'après-midi, nous eûmes connaissance de Passarouang, gros bourg où se tiennent les pilotes qui conduisent à Sourabaya les navires venant du S.

Le calme et le courant contraire nous contraignirent à mouiller l'ancre à jet à deux milles du rivage. Le lendemain matin, avant quatre heures, la brise de terre s'éleva, et nous continuâmes à longer la côte jusqu'au moment où les vents de S. E. ayant repris, nous louvoyâmes de nouveau.

Aux environs de Passarouang il existe plusieurs plateaux de roches très-accores et que rien n'annonce; aussi ne hante-t-on ce côté du détroit qu'avec précaution, surtout pendant l'obscurité.

Nous passâmes les journées du 13 et du 14, comme celle du 12, à lutter contre les vents du S. E., qui remplaçaient la brise de terre fort peu d'instants après le lever du soleil; et comme ces vents cessaient avant son coucher, nous mouillions dans ce moment l'ancre à jet, de peur que le courant ne nous fît perdre, en nous entraînant au N., ce que nous avions gagné vers le S. avec tant de peine.

C'est ainsi que nous dépassâmes Probolingo, village considérable où abordaient une foule de *pros*.

Toute cette partie de la côte septentrionale de Java est généralement saine : les sondes y varient régulièrement de seize à dix-sept brasses et augmentent progressivement à mesure que l'on court au N. : cependant il n'en faut pas approcher au-dessous de neuf brasses, à cause des bancs de vase dure qui la bordent dans certains endroits, et auprès desquels le plomb ne rapporte pas moins de quarante pieds. Du reste, la navigation n'y présente aucun risque pendant la mousson de l'E. : la mer est toujours belle, le ciel clair, les brises assez réglées et rarement très-fortes. Mais il n'en est pas de même pendant l'autre mousson : dans cette saison, la pluie ne discontinue pas, l'horizon se charge de nuages, enfin les vents d'O. et de N. O. soufflent avec une telle violence et font lever des lames si fortes, que les caboteurs coulent au large ou se brisent sur les plages. Il paraît pourtant que les gros navires, pourvus d'amarres solides, n'ont que peu ou point à redouter de pareils malheurs.

Entre Probolingo et Bézuki, on rencontre l'île aux Crabes, rocher accore et garni d'arbres. Le canal qu'elle forme avec la terre ferme, et que nous passâmes de nuit, est profond et sans aucun danger.

Dès le 15 au matin, nous distinguions parfaitement les montagnes qui dominent Bézuki : les plus hautes renferment des volcans dont la fumée montait dans les airs ; les autres descendent en ondulant jusqu'à la mer, où elles finissent par une grosse pointe arrondie à son extrémité et par un morne rougeâtre, qu'à une certaine distance on prendrait facilement pour une île.

Quelques heures de bon vent auraient suffi pour nous conduire à notre destination ; mais nous devions éprouver ce jour-là les mêmes contrariétés que la veille, c'est-à-dire forte brise de S. E. depuis dix heures jusqu'à quatre heures de l'après-midi, et du calme pendant le reste du temps. Nous passâmes donc encore cette nuit à l'ancre et ne parvînmes que le lendemain, à trois heures du soir, devant Bézuki, où nous mouillâmes à un mille du rivage par huit brasses, fond de vase, relevant le mât de pavillon au S. 2° E., la pointe orientale au N. 68° E., et celle de l'ouest au S. 87° O. La rade de Bézuki, quoiqu'en pleine côte, est très-sûre durant la mousson d'E. ; et si quelquefois cette dernière, quand elle est fraîche, y fait lever un peu de houle, le calme du soir rend d'autant plus aisément à la mer sa tranquillité accoutumée, que les courants sont faibles et inégaux.

Durant notre séjour dans cette relâche, le temps a été constamment clair et très-chaud, mais principalement le jour ; car durant la nuit, des rosées abondantes rafraîchissaient l'atmosphère. La brise du large prenait assez ordinairement vers les neuf heures du matin, et soufflait fortement à l'E. et au N. O. tout l'après-midi ; puis le calme s'établissait jusqu'à quatre heures, et la brise de terre s'élevait pour quelques instants.

J'espérais trouver à Bézuki des pilotes pour Baly; mais j'appris que depuis quelques années ils résident, d'après les ordres du gouverneur, au bourg de Banjoewangy, et que, prévenus d'avance par la voie de terre de l'arrivée des bâtiments qui réclament leurs services, ils viennent au-devant d'eux jusqu'à l'entrée du détroit.

Les frais de navigation sont très-lourds à Java; ainsi, par exemple, je payai 284 francs au pilote qui conduisit la corvette depuis Panka jusqu'à Sourabaya, et 302 francs à celui dont j'eus besoin pour l'amener de ce dernier port à Passarouang. J'entre ici dans ces détails afin qu'ils servent de renseignements aux capitaines des navires qui suivront les traces de *la Favorite*.

Le 21, à huit heures du soir, nous appareillâmes pour Soumanap avec une petite brise de terre, et nous prolongeâmes la côte; mais comme au point du jour nous n'avions fait que fort peu de chemin quand le vent de S. E. se déclara, le lieutenant de vaisseau hollandais, qui voulait bien nous servir de guide, renonçant à l'intention où il était d'abord de s'élever dans l'E., afin d'attraper plus sûrement à la bordée l'extrémité orientale de Maduré, fit prendre tribord amures et forcer de voiles. Cette hardiesse lui réussit d'autant mieux que la brise se fixa à l'E. S. E. bon frais, et nous donnâmes le soir même dans la vaste baie de Soumanap, favorisés par un beau clair de lune; mais quand la sonde ne rapporta plus que six brasses, je laissai tomber l'ancre pour attendre le jour. A six heures, je remis sous voiles et mouillai la corvette par cinq brasses, fond de vase, à une lieue du rivage, et vis-à-vis le bourg de Soumanap.

La baie de Soumanap est formée à l'O. par la côte de Maduré que ceint un large banc de vase; au N. E. et à l'E. par l'île Longue, dont les rivages, surtout celui du S. auprès duquel mouillent les bâtiments européens, peuvent être approchés en toute sécurité jusque par cinq brasses. Cette île qui gît S. E. et N. O., est séparée de la grande terre par un canal où l'on trouve d'abord beaucoup d'eau, mais qu'interceptent un peu plus loin, vers le N., des lignes de rochers. Son extrémité orientale, que les marins reconnaissent aisément de loin à un bouquet de trois arbres isolés, projette au large des récifs qu'il faut arrondir à grande distance.

La baie n'est pas aussi saine vers le S. O.; les trois îles qui la ferment dans cette partie, sont hérissées de brisants et forment entre elles des canaux impraticables pour les gros bâtiments. L'un qui longe Maduré, ne peut servir, malgré sa largeur apparente, qu'aux caboteurs; l'autre qui est resserré entre l'île du Sud-Est et celle du Rossignol, n'a que quatorze pieds de profondeur; enfin, les pratiques recommandent non-seulement de ne pas prendre le troisième, que borde à l'O. l'île du Rossignol et à l'E. la petite île de la Tortue, laquelle termine ce côté de la baie, probablement à cause des coraux dont il est parsemé, mais encore de ne hanter ces parages qu'avec beaucoup de précaution, et jamais au-dessous de neuf brasses. Ces recommandations doivent être d'autant plus soigneusement observées, que toutes les cartes de cet archipel sont fort inexactes et dressées sur des renseignements donnés par les pratiques indigènes, la plupart du temps ignorants ou inhabiles à se faire comprendre.

Ainsi environnée de terres, la rade de Soumanap est à l'abri des moussons. Celle d'E. y entre pourtant quelquefois, et favorise la sortie des bâtiments. Les marées y sont faibles et inégales, plus fortes le matin que le soir, et font monter la mer de sept à huit pieds environ.

De mai en septembre, le temps est toujours serein à Soumanap, et d'autant plus chaud, que le calme dure toute la nuit et même une partie de la matinée, car le vent de N. E. ne commence ordinairement que vers les dix ou onze heures. Nous attendîmes ce moment, le 27 mai, pour lever l'ancre et gouverner sur Banjoe-wangy, établissement hollandais situé dans le détroit de Baly; mais comme la brise resta très-molle, nous ne parvînmes à doubler la Tortue qu'à deux heures : alors nous mîmes le cap au S. O. 1/2 O., la sonde rapportant cinquante-quatre brasses. Vers minuit, la corvette était à petite distance de Java, et reçut une petite brise de l'O. dont nous profitâmes pour aller prendre connaissance du cap Sandana, que nous aperçûmes dès l'aurore, à plusieurs lieues dans l'E. La corvette le dépassa vers les deux heures, à la faveur d'une brise fraîche du N. O., et le détroit de Baly apparut devant nous.

Auprès du cap Sandana est une haute montagne, située sur le bord de la mer, et qui, vue du N., présente deux pitons taillés d'une façon bizarre; mais quand on approche, on reconnaît qu'elle se compose de trois mornes groupés, et formant une espèce d'entonnoir, ancien cratère rempli d'eau.

Ce groupe rend le double service de faire reconnaître le cap, que sans cela on confondrait avec les pointes basses qui l'avoisinent, et d'indiquer la position d'un plateau de récifs très-dangereux, gisant à deux lieues au N. du cap Sandana. Il n'y a pas d'autres dangers, si ce n'est des brisants assez forts qu'on distingue le long de la plage.

Du cap à l'ouverture du détroit on compte sept lieues; pour les franchir, nous gouvernâmes au S. 33° E. et côtoyâmes Java. Bientôt nous vîmes l'île aux Pigeons, banc de sable d'un demi-mille de long, auprès duquel les pilotes accostent les navires; elle divise le canal en deux parties également profondes, dont la plus large, celle d'O., est généralement préférée durant la mousson d'E., parce que la marée y porte sur Java. Nous n'y sentîmes pas d'abord toute la violence du courant; mais aussitôt que nous eûmes dépassé l'île aux Pigeons, il nous emporta avec une effrayante vitesse. Le pilote conduisit d'abord la corvette auprès de Baly; puis, lorsque nous fûmes au point le plus étroit du canal, il se rapprocha de la rive opposée de Java, afin, me dit-il, d'éviter des rochers qui bordent la côte d'O. Dans ce moment, la brise devint contraire, et nous louvoyâmes en serrant la côte de Java. Malheureusement il faisait nuit, et quoique le détroit eût à peine un mille de large, il me fut absolument impossible de continuer mes remarques; seulement je m'aperçus que le courant au S. E. était plus fort sous Baly que sous Java, où nous ressentions par moments des remous de marée qui nous ramenaient dans le N. Il paraît que l'inverse arrive durant l'autre saison; à cette époque le courant au N. O. est plus rapide près de Java, et les remous de marée ont lieu près de Baly. Du reste, ces anomalies dans les courants, comme celles que nous observâmes dans les brises pendant notre navigation au milieu de cet archipel, où souvent, en moins de quelques heures, la corvette mouillée soit au large, soit à toucher le rivage, évitait brusquement plusieurs fois, et où les vents tournaient dans la même journée du N. au S. par l'E., ces anomalies, dis-je, ne se présentent probablement qu'au début des moussons; car les pratiques m'ont assuré que lorsque ces dernières sont bien établies, les courants ne varient plus et suivent la direction des vents généraux, qui règnent alors avec une telle intensité, et soulèvent des vagues si fortes, que les bâtiments de guerre même ne peuvent lutter contre de pareils obstacles, et se trouvent dans la nécessité d'aller chercher les détroits d'Assas et de Lombok, moins difficiles à franchir que celui de Baly.

Par bonheur, nous n'éprouvâmes pas ces terribles contrariétés, et le calme seul nous empêcha d'arriver avant neuf heures du soir à Banjoewangy, où la corvette mouilla par sept brasses, fond de vase, relevant à l'E. la plus haute montagne de Baly et à l'O. le mât de pavillon du fort.

Pendant cette relâche, nous eûmes des jours extrêmement chauds et des nuits fraîches et humides. Les vents du N. soufflaient chaque après-midi; aussi éprouvions-nous une houle très-fatigante. Le 1ᵉʳ juin, nous partîmes de Banjoewangy vers une heure, comptant sur la brise du N. pour refouler le flot; mais elle ne dura que deux heures et nous laissa à la merci du courant contraire. Un peu avant le coucher du soleil, le jusant prit à son tour et nous porta rapidement jusqu'à l'ouvert d'une baie spacieuse située sur la côte de Java, et où les Anglais, lorsqu'ils possédaient cette île, tentèrent de fonder un établissement qui ne tarda pas à crouler, les maladies en ayant dévoré la population. Le pilote nous quitta, et nous continuâmes à louvoyer contre la petite brise de S. E. qui avait succédé à celle du N. Durant la nuit, nous avançâmes un peu, aidés par la marée plutôt que par le vent, qui ne cessant de varier, nous obligea d'aller alternativement du rivage de Java à celui de Baly, auprès duquel la sonde donna plusieurs fois vingt-trois brasses, quoique les cartes n'y marquent pas de fond. A la pointe du jour, la brise s'étant élevée du N. E., nous pûmes sortir du détroit et perdre l'abri des terres; en effet, à mesure que nous courions au large, l'horizon s'embrumait, les hautes montagnes de Baly s'enveloppaient de nuages, et la mer devenait de plus en plus houleuse; enfin, nous atteignîmes les vents généraux du S. E., je donnai la route au S. S. O., et nous entrâmes dans l'Océan du Sud.

Note 3, page 101.

Voici comme un auteur anglais très-estimé, sir Thomas Stamford-Raffles, ancien gouverneur de Batavia, décrit la dernière éruption du volcan le plus redouté des Javanais. Que sont, auprès de ces grands bouleversements, les catastrophes d'Herculanum et de Pompeïa!

« Toute la longueur de Java est formée par une suite de montagnes dont plusieurs sont des volcans brûlants.

« L'élévation des montagnes du premier rang varie de 5000 à 11,000 pieds anglais au-dessus du niveau de la mer. La première chaîne commence à l'O. dans le Bantam. On l'aperçoit de l'Océan Indien, quoique l'élévation du Gounoung-Karang, la principale d'entre elles, ne soit que de 5263 pieds anglais.

« La seconde chaîne est celle du Salak. Les marins l'appellent les *Montagnes Bleues*.

« La troisième chaîne est celle du Gedé ou Pangorango dont plusieurs cimes sont volcaniques : une branche se dirige vers le S., l'autre vers l'E. On voit de Batavia le mont Salak et le mont Gedé. Il y a dans cette chaîne deux montagnes qui portent le nom des *Deux Frères*.

« A l'orient il y a trois énormes volcans; savoir, l'Ung'arang, le Merbabu et le Merapi. Plus à l'orient encore, se trouve le volcan qu'on nomme Japara, dont les cimes ont une conformation tellement irrégulière qu'elles ne ressemblent en rien aux autres montagnes de Java.

« Toutes ces chaînes forment trente-huit montagnes bien distinctes; elles sont recouvertes de la plus brillante et de la plus antique végétation; elles offrent les traces bien reconnaissables de volcans éteints : quelques cratères seulement brûlent encore çà et là sur la surface de l'île. Cet immense territoire paraît être sorti du sein des mers par d'horribles mouvements convulsifs.

« Il y a beaucoup de montagnes secondaires au pied de ces monts volcaniques : leur direction varie dans tous les sens; plusieurs d'entre elles sont calcaires.

« Le savant M. Horsfield qui a séjourné pendant dix-huit ans aux Indes orientales, a examiné dans les plus grands détails la conformation géologique de plusieurs volcans de Java; voici la description qu'il fait du Tankuban-Prahou :

« Ce volcan, dont le cratère, dit-il, est le plus large de ceux de «l'île, est ainsi appelé parce qu'il ressemble à une praue ou «barque renversée. Le cratère est en forme d'entonnoir, d'un «mille anglais de circonférence : le limbe extérieur est très-irré-«gulier.

« Je descendis par le côté du S. à une profondeur de 250 pieds; «je me tins à des cordes que j'avais attachées à des arbrisseaux qui «croissent entre les parois du cratère; la lave y est en petits frag-«ments. A environ un tiers de cette profondeur, le cratère se «courbe très-obliquement. La partie inférieure est composée d'é-«normes piliers de roc, d'où jaillissent des ruisseaux d'eau vive qui «ont creusé un large canal. Le côté de l'E. se termine à la moitié «de sa profondeur par de grosses masses de rochers perpendicu-«laires : le côté du N. est moins escarpé; il est couvert de végé-«taux. Le côté de l'O. ressemble à celui du N.

« Le noyau de la montagne est un amas de basaltes disposés en «tuyaux d'orgue, au milieu desquels l'ouverture volcanique s'est «formée.

« La surface de l'intérieur est complétement calcinée, de cou-«leur blanche qui varie quelquefois au gris et au jaune; les laves «adhèrent en plusieurs endroits aux roches basaltiques, qui sont «différentes en conformation et en couleurs. Le cratère est percé «en plusieurs endroits par des sillons que des courants d'eaux ont

« tracés, et qui se précipitent à une profondeur énorme. Le fond du
« cratère a un diamètre de 300 yards anglais.

« Près du centre, mais un peu vers l'O., il y a un lac de
« forme ovale irrégulière, dont le grand diamètre a environ
« 100 yards; il s'épanche en plusieurs endroits : l'eau en est blanche
« comme du lait; elle bout à gros bouillons, principalement dans
« la partie orientale. Sa chaleur est de 112° de Fahrenheit, son
« odeur est sulfureuse, son goût est astringent et salin. Son air
« fixe renfermé dans une bouteille, fait explosion avec violence
« lorsqu'il sort. Les bords du lac, à une certaine distance, sont cou-
« verts de lignes de terre alumineuse, très-légère, d'une finesse
« impalpable, ce qui empêche que l'on approche de l'eau : je vou-
« lais en examiner la température et en recueillir pour l'analyser,
« lorsque j'enfonçai dans la terre, à une profondeur assez grande,
« et je dus placer de gros fragments de basalte pour marcher dessus.
« Cette terre contient de l'alumine des laves, mise en dissolution
« par les vapeurs sulfureuses du cratère; elle est extrêmement pure
« et d'une divisibilité au delà de toute imagination.

« A l'extrémité orientale de ce lac, on voit les issues des feux sou-
« terrains; elles consistent en plusieurs ouvertures dont s'exhalent
« perpétuellement des vapeurs sulfureuses. Deux à trois de ces
« ouvertures sont plus larges que les autres, et distantes entre elles
« de quelques pieds : elles sont irrégulières, oblongues et couvertes
« de cristaux de soufre brut, qui s'attachent aux parois d'alumine et
« ont une grande variété de configuration; la vapeur sort avec une
« force incroyable; on entend un violent bruit souterrain qui res-
« semble au bouillonnement d'une immense chaudière, dans les en-
« trailles de la montagne. On ne peut approcher de ces ouvertures
« sans danger, de sorte qu'il n'est pas possible de découvrir l'étendue
« intérieure du volcan L'argile qui les entoure est extrêmement
« cassante : la plus grande ouverture est d'environ douze pouces
« de diamètre.

« De grandes quantités de cette substance argileuse ont été jetées
« à différentes époques par les anciens cratères.

« J'ai vu une semblable substance à la montagne de Klut, dans

« le mois de juin 18**. La terre, semblable à de la cendre, était si
« impalpable et si légère, que le vent de la mousson la transporta
« de cette montagne, située à la longitude de Sourabaya, jusqu'à
« Batavia, vers l'O. : elle possède toutes les qualités de l'argile la
« plus pure, et se mêle entièrement avec l'eau, de manière qu'on
« en peut faire facilement de la poterie. Les Javanais n'ignorent
« pas cette propriété, puisque les orfévres rassemblent ces cendres
« pour faire les moules de leurs plus fins ouvrages. »

« Les éruptions volcaniques boueuses sont fréquentes dans le district de Grabogan. Voici la description d'un de ces phénomènes, qui a lieu perpétuellement, presqu'au centre d'une vaste plaine entourée de cratères ignés.

« On aperçoit de loin des tourbillons de fumée, l'on croit entendre le bruit confus du tonnerre; lorsqu'on s'approche, on voit s'élever à une hauteur de 20 à 30 pieds, par une force de répulsion provenant de l'intérieur de la montagne, une large masse hémisphérique d'environ seize pieds de diamètre. Chaque explosion est suivie d'un bruit sourd, ce qui prouve la profondeur de la colonne; elles se répètent à des intervalles de deux à cinq secondes et continuent sans cesse. La substance boueuse se répand dans une plaine parfaitement unie, dont la circonférence est d'environ un demi-mille anglais; elle n'est remplie que de particules terreuses mêlées d'eau salée. On conduit cette boue par des rigoles étroites, pour la rassembler de manière à en faire évaporer l'eau et cristalliser le sel.

« Une odeur sulfureuse se fait sentir au moment de l'explosion; la boue lancée du volcan est plus chaude que l'atmosphère. Pendant la saison pluvieuse, les explosions sont plus violentes, plus hautes, et le bruit en est plus considérable.

« Les descriptions des tremblements de terre de Naples, de la Sicile et de l'Islande, sont peu de chose en comparaison de la plupart de ceux des îles de l'archipel Indien. Nous citerons entre autres les tremblements de terre qui eurent lieu depuis le 5 jusqu'au 17 avril 1815 dans l'île de Sumbawa.

« Les commotions furent senties à Java, à Bornéo et à Célèbes, dans une circonférence d'un millier de milles géographiques. A l'E. de Java, c'est-à-dire à 300 milles du théâtre de cette catastrophe, le ciel fut couvert de nuages et de cendres pendant plusieurs journées. Le bruit de l'éruption ressemblait tellement à celui du canon, que des officiers croyaient qu'un navire était attaqué sur la côte par des pirates.

« Dans la malheureuse île de Sumbawa, où se trouve le volcan, toutes les récoltes furent détruites : la famine fut si grande, que la fille du rayah de Sang'ir mourut d'inanition ; des villages entiers disparurent. Le rayah de Sang'ir, spectateur de l'éruption, raconta que, depuis le 7 jusqu'au 10 avril, trois colonnes de flammes sortirent de la montagne de Tomboro, à une hauteur prodigieuse, et se mêlèrent à leur extrémité. La montagne entière avait l'aspect d'un corps liquide enflammé : pendant la journée du 8, un amas de substances opaques lui cacha le feu et obscurcit l'atmosphère. Des pierres grosses comme les deux poings tombaient sur le village de Sang'ir.

« Une pluie de cendres tomba dans la nuit du 9 au 10 ; des tourbillons de vent emportaient les toits des maisons ; les arbres déracinés étaient jetés à la mer; des hommes, des bœufs et des chevaux étaient enlevés. La mer se gonfla d'environ douze pieds, inonda des rizières et détruisit des maisons. Cette horrible tourmente dura une heure entière. Le bruit des explosions cessa jusqu'au 11 avril ; elles recommencèrent alors vers minuit et durèrent sans interruption pendant environ douze heures. Leur violence se modéra dans l'après-midi, et elles cessèrent entièrement le 15. Douze mille personnes furent victimes de cette épouvantable éruption.

« Le Papandayang, situé dans la partie occidentale du district de Chéribon, était autrefois l'un des plus énormes volcans de Java : la plus grande partie de la montagne fut engouffrée dans la terre, en 1772, pendant une très-courte mais épouvantable éruption. Voici comment cet événement arriva : Vers le milieu de la nuit du 11 au 12 août, un nuage lumineux d'un aspect extraordinaire enveloppa toute la montagne. L'alarme se répandit, les habitants du voisinage s'enfuirent, mais une grande partie d'entre eux ne purent s'éloigner avec assez de rapidité : la montagne s'enfonça tout à coup ; on entendit un bruit semblable à la plus horrible décharge d'artillerie ; des débris volcaniques furent lancés à plusieurs milles de distance. Tout le sol sur 15 milles anglais de long et 6 milles de large fut bouleversé ; 40 villages disparurent en grande partie ; 2957 habitants périrent ; toutes les cultures furent détruites. »

Note 4, page 106.

Les bornes de cet ouvrage ne me permettaient pas de remonter plus haut que le commencement du siècle, dans l'histoire des progrès de la puissance hollandaise à Java ; mais comme les événements antérieurs à cette époque ont pu influencer mon opinion sur la conduite actuelle des maîtres de Batavia, je crois devoir donner ici aux lecteurs un court précis de leurs guerres, et principalement de leurs transactions diplomatiques avec les princes malais, depuis qu'ils se sont établis dans les îles de la Sonde.

(Extrait de l'Histoire de Java, par sir Thomas Stamford-Raffles.)

« En 1596 de l'ère vulgaire, les Hollandais, conduits par Houtman, parurent à Bantam, au déclin de la puissance des Portugais, qui y possédaient une factorerie. Le roi était alors à une expédition contre Palembang. Les Hollandais quittèrent Bantam, qui était alors un port fréquenté par un grand nombre de Chinois, d'Arabes, de Persans, de Maures, de Turcs, de Malais et de Péguans ; quatre années plus tard, ils y vinrent former un établissement ; dans l'année suivante, ils eurent la permission d'y construire un édifice permanent ; en 1609, ils avaient un agent à *Grissée;* en 1612, ils firent une convention avec le prince de Jakatra. Le 19 janvier 1619, ils firent un nouveau traité avec le même prince, qui ratifiait la construction d'un fort. De nouveaux secours arrivèrent d'Europe sous les ordres de l'amiral Coen ; la ville de Jakatra fut réduite en cendres, parce que le prince avait arrêté et fait conduire dans l'intérieur plusieurs prisonniers hollandais, et la ville de Batavia fût construite sur ses ruines.

« Le sultan de Matarem avait voulu vivre en bonne intelligence avec les Hollandais; mais ayant appris ce qui s'était passé à Jakatra, il envoya contre eux deux armées, qui furent successivement battues avec une perte d'environ 10000 hommes.

« En l'année 1629 de l'ère vulgaire, une seconde armée de Matarem se présenta devant la ville de Batavia. Le siége et les assauts furent meurtriers. Les événements de la guerre étaient si désastreux pour les Javanais, qu'ils furent repoussés trois fois et perdirent la moitié d'une armée de 120000 hommes : enfin les Hollandais envoyèrent un ambassadeur avec des présents, et la paix se fit.

« Pendant le reste du règne du sultan Agoung, l'empire fut tranquille, à l'exception de deux révoltes. Ce prince mourut en 1646; les Hollandais disaient de lui que c'était un prince instruit : il avait établi sa domination sur l'île entière, excepté à Jakatra.

« Aria Prabou, son fils, lui succéda sous le nom de sultan *Aroum*; ce fut un des monarques les plus cruels de Java. Le 24 septembre 1646, ce prince fit avec la compagnie hollandaise un traité écrit, dont les principaux articles étaient que le Sousouhounan fût informé annuellement, par un ambassadeur, des curiosités arrivées d'Europe; que les prêtres javanais et autres personnes qui seraient envoyées dans les pays étrangers pourraient disposer des navires de la compagnie; que tout fugitif pour dettes ou autres motifs serait réciproquement rendu; que la compagnie et le Sousouhounan s'engageraient à s'entr'aider dans toutes les guerres; que les navires du Sousouhounan pourraient trafiquer dans tous les établissements de la compagnie, excepté à Amboine, à Banda et à Ternate; que les navires expédiés pour Malacca et les autres places du N. relâcheraient à Batavia.

« Le 10 juillet 1659, la compagnie fit un traité avec le sultan de Bantam, pour l'extradition réciproque des déserteurs.

« Une conjuration s'était formée contre le féroce sultan de Matarem par les troupes, qui voulaient mettre en sa place Alit, son jeune frère; elle fut découverte, et les têtes des chefs furent apportées au prince, qui dit à Alit : « Voici la récompense de ceux qui veulent « attenter à mon autorité. » Quelque temps après, ce jeune homme fut assassiné par un homme qui avait voulu l'arrêter, et contre lequel il avait levé le kris. Le sultan, désolé de la mort de son frère, fit inscrire le nom de tous les prêtres de la capitale, soupçonnant qu'un d'entre eux avait instigué ce meurtre; il les fit rassembler sur l'Alun alun ; ces malheureux, au nombre de plus de six mille, périrent à coups de canon.

« La première reine avait un oiseau né d'une poule sauvage et d'un coq domestique. Le Sousounan s'imagina que c'était un présage que son fils régnerait aussitôt qu'il serait suffisamment âgé : il fit réunir soixante personnes de sa famille sous un arbre de va reigner et les fit massacrer ; ils appelaient Dieu et le prophète à témoin de leur innocence. Son fils se maria sans son aveu : il fit venir les deux époux, voulut que la jeune personne fût mise à mort avec toute sa famille, au nombre de quarante individus ; le jeune prince fut banni.

« On raconte parmi les atrocités de ce monarque, qu'il viola sa fille ; enfin il devint si odieux, que les grands de l'empire supplièrent son fils de prendre les rênes du gouvernement. Une conspiration se forma ; une révolte devait éclater à Madura, tandis que le jeune prince resterait à la cour. Une armée vint de Macassar, en l'année 1675 de l'ère vulgaire, pour aider les rebelles. Deux armées du Sousounan furent défaites successivement : les Hollandais le secoururent avec quatre navires ; les Macassarais furent battus et leurs chefs tués. Le sultan forma une troisième armée, et en donna le commandement à son fils.

« Cependant le chef des conjurés de Madura, appelé *Trouna Jaya,* voulut se placer lui-même sur le trône de Matarem ; il avait remporté plusieurs victoires dans les districts de l'E., avait pris possession de Sourabaya et s'avançait vers Japara.

« L'amiral Speelman partit de Batavia en décembre 1676, pour secourir le Sousounan, et il soumit toute la côte jusqu'à Japara.

Un traité entre la compagnie et le Sousounan fut le résultat de ces succès. On stipula que la juridiction de Batavia s'étendrait jusqu'à la rivière de Krawang; que les marchandises de la compagnie seraient exportées franches de droits; que les Macassarais, les Malais et les Maures ne pourraient faire le commerce dans les états du Sousounan, s'ils n'avaient point de passe-ports hollandais; que ce prince payerait 250000 dollars et verserait 3000 lastes de riz pour les frais de la guerre, etc. etc.

« Au mois de mai suivant, les flottes combinées de Speelman et du Sousounan remportèrent une victoire décisive sur Trouna Jaya, qui s'enfuit en laissant derrière lui 100 pièces de canon. Les révoltés remportèrent ensuite plusieurs succès sur terre; enfin, au mois de juin 1677, ils entrèrent à Matarem. Le monarque forcé de fuir de sa capitale, se retira avec son fils dans les montagnes de Kendang; il y succomba bientôt à une maladie, et au moment de mourir il dit à son fils : « Vous devez régner sur Java, « dont la souveraineté vous vient de vos ancêtres : soyez l'ami des « Hollandais, vous pourrez réduire par leur assistance les pro- « vinces de l'Est.... »

« Cependant les rebelles trouvèrent dans le palais la couronne de Majapahit, deux filles du roi et des trésors immenses : la perte des habitants de Matarem fut de 15000 hommes, les Madurais n'en perdirent guère moins. Le jeune et malheureux prince Mengkourat Ier, appelé *Sida Tagal Aroun*, retiré à Tagal, avait pris d'abord la résolution de partir pour la Mecque, et de devenir un *hadji*; il se décida, après un songe mystique, à demander du secours à Batavia. Lorsque les troupes arrivèrent, le chef de la province de Tagal s'offensa de ce que les officiers hollandais étaient debout et le chapeau à la main devant le jeune monarque, tandis que les Javanais doivent être assis; il fut très-étonné d'apprendre que c'est un signe de respect en Europe.

« Le Sousounan s'informa ensuite du nom du commandant; et lorsqu'il sut qu'il avait le rang d'amiral, il s'approcha de lui. Des présents furent ensuite offerts à ce prince, parmi lesquels était un magnifique habit de façon hollandaise; le prince en fut si satisfait qu'il s'en revêtit à l'instant. L'amiral se dirigea ensuite par mer vers Japara, tandis qu'une division hollandaise se dirigeait par terre, avec le prince, vers Pakalongan.

« Quand l'amiral arriva à Japara, il y trouva un vaisseau anglais et un vaisseau français en détresse, qui firent savoir qu'ils avaient assisté les Hollandais, lorsque les rebelles attaquaient Japara. L'amiral en remercia les équipages et leur fit présent de 10000 dollars, en ordonnant qu'on les ramenât dans leur pays sur un de ses navires.

« Les troupes s'avancèrent ensuite vers Kediri; la place fut assiégée pendant cinquante jours et prise d'assaut. Les Macassarais auxiliaires des rebelles avaient fui; Trouna Jaya avait aussi disparu. On trouva dans la place beaucoup d'or, une grande quantité de piastres d'Espagne, et la fameuse couronne de Majapahit; mais les pierres précieuses en étaient enlevées. Le 9 décembre, neuf chefs macassarais obtinrent leur grâce.

« Cependant Trouna Jaya avait rassemblé de nouvelles troupes; il manœuvra dans la plaine, mais son armée fut saisie d'une terreur panique à la vue des troupes combinées des Hollandais et des Javanais. Alors le beau-frère de Trouna Jaya lui donna le conseil d'aller implorer la clémence du prince, qui probablement lui pardonnerait. Trouna, après un moment de réflexion, se décida à suivre son beau-frère, en se faisant accompagner de ses femmes et de ses serviteurs. Ils prirent tous la route de Kediri, le 25 décembre 1679; ils se jetèrent aux pieds du Sousounan, en implorant la grâce de Trouna. Ce malheureux n'avait point de kris; un *chindi* était roulé autour de son corps, comme s'il était prisonnier. « C'est « bien, Trouna Jaya, dit le monarque, je vous pardonne. Sortez « pour vous habiller selon votre rang et revenez ensuite; je vous « ferai présent d'un *kris*, et je vous installerai en qualité de mon « ministre. » Trouna publie, en sortant, la clémence du prince : il revient; le Sousounan ordonne à sa femme de lui donner le kris appelé *Kiai Belabar,* qui était tiré hors du fourreau. « Apprends, « Trouna Jaya, dit le monarque, que j'ai juré de ne tirer cette arme « de son fourreau que pour la plonger dans ton corps : reçois la

« mort en punition de tes offenses. » En effet le malheureux Trouna venait de recevoir le coup fatal ; sa tête fut ensuite tranchée, son corps fut traîné dans les immondices et jeté dans une fosse.

« Valentyn raconte cet événement avec d'autres circonstances ; mais M. Raffles doute des récits de cet écrivain, dont l'exactitude est souvent suspectée.

« La tranquillité fut rétablie; le Sousounan retourna à Samarang, et pour témoigner sa reconnaissance aux Hollandais, il leur y accorda assez de terrain pour construire un fort, et il espéra dans leurs secours lorsque de nouvelles occasions se présentaient.

« Les Javanais croient qu'une fois que le malheur s'est étendu sur une place, la prospérité n'y revient jamais : cette idée superstitieuse fut la cause que le Sousounan résolut d'abandonner Matarem. Il voulut fixer sa résidence à Samarang; mais il se décida ensuite à l'établir dans le district de Pajang, au milieu de la forêt Wana Kerta, et la nouvelle capitale fut appelée *Kerta Soura ;* les murs en existent encore sur la route de Soura Kerta, capitale actuelle du Sousounan. En l'année 1605 de Java (1682 de l'ère v.), le Sousounan Mangkourat mourut : on blâma son successeur Amangkou Nagara, appelé vulgairement *Mangkourat Mas,* parce qu'il s'était hâté de prendre les rênes du gouvernement avant que les honneurs funèbres eussent été rendus au monarque défunt. La compagnie l'invita à confirmer l'acte du 28 février précédent, qui cédait en toute souveraineté aux Hollandais le royaume de Jakatra, entre les rivières d'Untoung Jawa et de Krawang, et à accorder, en reconnaissance des services de l'amiral Speelmann pendant la révolte de Trouna Jaya, tout le pays entre les rivières de Krawang et de Panaroukan. Nous dirons ici qu'une charte du 15 janvier 1678, octroyée par le Sousounan précédent, plaça le commerce du sucre de Japara entre les mains des Hollandais; que la compagnie acquit de nouveaux droits sur Samarang; et que, par un traité du 17 avril 1684, la frontière entre le royaume hollandais de Jakatra et les états du roi de Bantam fut déterminée sur le cours entier de la rivière de *Tang'ran* ou Untoung Jawa; qu'un autre traité du 6 janvier 1684, entre la compagnie et le sultan de Chéribon, assurait l'amitié de ce prince et autorisait une factorerie à Chéribon.

« Cent jours après la mort du sultan Mengkourat Ier, on célébra les funérailles selon l'usage. Pendant la cérémonie, le Sousounan conçut une passion pour la femme de l'Adipati de Madura ; il voulut lui faire violence, mais elle s'échappa. Son mari se réfugia à Samarang, invita Pangeran Pugar, oncle du Sousounan, à prendre la couronne et à se placer sous la protection des Hollandais. Le Sousounan voulut faire mettre à mort le fils du Pangeran ; mais deux éruptions du Merapi, volcan énorme de cette île, l'effrayèrent au point qu'il pensa que le ciel favorisait le Pangeran : il accorda la vie à son fils et lui donna 1000 *chachas*. Il envoya un régent en ambassade à Batavia, dans le même temps que le Pangeran y envoyait aussi une ambassade. La compagnie répondit au chargé d'affaires du Sousounan, que l'on traita comme un simple messager, qu'elle ne pouvait reconnaître son maître pour monarque, 1° parce qu'il était un tyran, qu'il avait excité son père contre les Hollandais ; 2° parce que l'ambassade au lieu de consister en princes ou ministres, selon l'usage, n'était composée que de deux régents ; 3° parce qu'en informant de son avénement, il n'avait pas proposé le renouvellement des traités ; 4° parce que des lettres interceptées faisaient connaître qu'il invitait le prince de Madura à se joindre à lui contre les Hollandais, qu'il voulait chasser de Java.

« La compagnie fit proposer à Pangeran Pugar la cession de Demak, Japara et Tagal, pour prix de son assistance. Pugar, craignant de déplaire aux Hollandais en refusant de céder ces trois places, leur offrit de payer tous les frais de la guerre. Ces propositions étant acceptées, la compagnie fit mettre en mouvement les troupes européennes, le 18 mars 1704 ; elles arrivèrent à Samarang au mois d'avril.

« Le 19 juin, le Pangeran Pugar fut reconnu souverain à Samarang par les Hollandais, qui prirent aussitôt possession des districts de Demak, Grabogan, Sisela, et du territoire de Samarang jusqu'à Un'garang. Les troupes de Mengkourat Mas furent forcées de se retirer vers Kerta Soura.

« Avant de se mettre en marche, les chefs hollandais traitèrent avec Jaya Dennigral, chef des troupes de Kerta Soura, et prirent possession des portes fortifiées de Pedakpayang, Ung'arang et Salatiga. L'ennemi avait environ 40000 hommes près de cette dernière place ; alors Mengkourat Mas s'enfuit de sa capitale, après avoir fait étrangler le fils de Pangeran Pugar. Son règne fut court ; il était âgé de trente-quatre ans : on lui donnait le surnom de *Pinchang,* parce qu'il était boiteux.

« Pangeran Pugar, âgé de cinquante-six ans, monta sur le trône de Java (1705) : on l'appela *Pakabouana*.

« Le 5 octobre 1705, ce prince fit un traité avec les Hollandais : l'article 1er confirmait tout ce qui avait été stipulé antérieurement, et entre autres les traités de 1640 et 1677. L'art. 2 concédait à la compagnie le district de Jebang. Art. 3, le Sousounan reconnaissait l'indépendance de Chéribon, d'après le traité de 1680. Art. 4, les territoires de Sumanap et Pamakasan passèrent sous la protection de la compagnie. L'art. 5 confirmait la cession de Samarang et Kaligawe, selon le transfert de 1678 : les ports de Torbaya et Toumoulak y étaient ajoutés ; les droits de douane et péage furent fixés. L'art. 7 autorise les Hollandais à établir des factoreries dans quelles parties des états du Sousounan qu'ils le voudraient ; ils seront réputés sujets de la compagnie et francs de capitation aussi longtemps que la compagnie les emploiera. Par l'art. 8, le prince promettait d'approvisionner les Hollandais en riz, au prix des mercuriales. Par l'art. 9, les ports macassarais, bougis et balians restaient fermés aux sujets du Sousounan, selon l'acte précédent de 1677. Par l'art. 10, le monopole de l'opium et du drap était conservé à la compagnie et à ses agents. Par l'art. 11, les prises faites par les croisières de la compagnie étaient vendues au profit des saisissants. Par l'art. 12, les sujets du Sousounan ne pouvaient trafiquer qu'avec des passe-ports de la compagnie, à l'E., à Bali et Lumbok ; au N., à Bornéo et Banjarmassing ; à l'O., à Bantam, Lampong, Jambi, Indragiri, Johor et Malacca, excepté, à l'E., à

Bouton, Timor, Bima, etc. etc., sous peine de confiscation des navires et chargements. Par l'art. 13, plusieurs soldes de comptes dus par le Sousounan étaient acquittés, à condition que le présent traité fût loyalement observé.

« Le 11 du même mois (octobre 1705), un autre traité fut rédigé par M. Dewilde : le prince promettait de supporter l'entretien d'un détachement de deux cents hommes de troupes hollandaises pour sa sûreté, à Kerta Soura, montant à 1300 piastres d'Espagne par mois.

« Après ce traité, Mengkourat Mas fut poursuivi de place en place pendant deux ans. Enfin, en 1708, il se rendit à un représentant de la compagnie appelé *Knol,* qui le reçut à Sourabaya le 17 juillet, et le fit embarquer pour Batavia avec sa femme, ses concubines et ses serviteurs. Lorsqu'il fut arrivé dans cette grande ville, on le conduisit au château devant le gouverneur général (M. Van Hoorn) : le monarque se prosterna à ses pieds, en lui présentant son kris. Le gouverneur lui rendit son kris, le traita avec humanité et l'envoya à Ceylan.

« La fameuse *Makota* ou couronne de Majapahit, fut perdue pour toujours pendant la guerre qui causa la perte de Mengkourat Mas.

« Parmi les événements malheureux de ce règne, on peut citer la révolte de Sourapati qui commença en 1683 et qui ne fut étouffée qu'en 1699.

« Pakabouana Ier mourut l'an 1648 de Java (1722 de l'ère v.), son règne fut presque toujours troublé par des révoltes : les Hollandais furent ses alliés et perdirent beaucoup de troupes dans plusieurs actions, mais la compagnie acquit pendant cette époque la suprématie sur l'île de Java ; le Sousounan ne fut plus que son pupille. Il avait écrit à la compagnie pour la prier de choisir son successeur parmi ses trois fils, Prabou, Amangkou, Nagara : l'aîné fut choisi. Le plus jeune se révolta, s'empara de Matarem ; les Hollandais envoyèrent des troupes à Sourabaya, et rétablirent l'ordre dans le temps que ce jeune prince mourait d'une très-courte maladie dans le village de Kali Gangsa. Un des chefs de la rébellion fut exilé au cap de Bonne-Espérance.

« En l'année 1657 de Java (1713 de l'ère v.), Pakabouana II, âgé d'environ quatorze ans, succéda à son père. Denou Raja, premier ministre du feu Sousounan, fut chargé du gouvernement jusqu'à ce que le jeune monarque fût en état de régner.

« En 1737 de l'ère vulgaire, eut lieu la révolte des Chinois à Batavia. Un grand nombre de mécontents de cette nation sortirent clandestinement de Batavia, et se rassemblèrent à Gandaria, village peu éloigné de cette capitale. L'on raconte de diverses manières la cause de cette révolte : les uns disent que les Chinois étaient souvent molestés par les esclaves des Européens, et qu'ils ne purent obtenir justice; d'autres, que la protection spéciale accordée aux Chinois par le général Valkenaar excita la jalousie parmi les autres nations. Un Chinois, nommé Liu Chu, informa le gouvernement de ce qui se passait à Gandaria et servit d'espion. Les rebelles s'approchèrent de la ville; Sing Seh commandait tous les révoltés : ferma les portes, on les reçut à coups de canon; plusieurs d'entre eux perdirent la vie; ils se retirèrent dans le plus grand désordre à Gading Melati.

« Le lendemain, l'on fit débarquer tous les marins; l'ordre fut donné aux Chinois de s'enfermer dans leurs maisons. La population chrétienne et indigène eut l'autorisation de faire main basse sur tous les Chinois qu'on rencontrerait. Sur environ neuf mille individus de cette nation, cent cinquante seulement échappèrent au carnage, et parvinrent à fuir jusqu'au Kampong Melati. Les propriétés chinoises furent pillées.

« Après cela, le général baron Van Imhoff, à la tête de 8000 hommes de troupes européennes et 2000 hommes de troupes javanaises, s'avança vers Melati où les Chinois s'étaient retranchés sous le commandement de Si Panjoung; ils furent chassés de cette position et se retirèrent à Paning'garan, où ils furent défaits. Les Hollandais perdirent dans cette affaire quatre cent cinquante hommes et les Chinois huit cents.

« Lorsque la nouvelle de cette révolte parvint à Kerta Soura, les ministres se concertèrent pour décider s'il fallait se déclarer en faveur des Hollandais et chasser les Chinois, ou pour ces derniers, qui ne sont que de simples marchands, tandis que les Hollandais sont des souverains. Le Sousounan décida qu'il fallait encourager la révolte, et il renvoya Merta Pura, Toumoung Goung de Grabogan, à son poste, pour faire part de cette décision aux Chinois, et pour leur promettre secrètement l'assistance du prince et entrer en correspondance avec leurs chefs; ils en firent part à Sing Seh.

« Merta Pura demanda des munitions au commandant hollandais, pour attaquer les Chinois à Tanjoung Walahan, par ordre du prince. Cet officier fut la dupe de Merta Pura, qui fit de fausses attaques; les Adipatis de Pati, de Demak et de Kedou en firent de même.

« Les Chinois assiégèrent Samarang et détruisirent Rembang. Les troupes de la compagnie abandonnèrent Jawana et Demak.

« Le Sousounan découvrit qu'un des fils de Mengkourat Mas, revenu de Ceylan après la mort de ce malheureux prince, intriguait avec le commandant du fort de Kerta Soura. Il résolut d'en massacrer la garnison. Ses troupes se présentèrent devant le fort, sous le prétexte de marcher contre les Chinois; après deux attaques, la garnison dut se rendre. Les chefs furent massacrés de sang-froid; le reste de la troupe, ainsi que les femmes et les enfants, furent prisonniers et distribués parmi les Javanais; plusieurs soldats furent circoncis et forcés de se faire mahométans.

« Alors les Hollandais de Samarang ouvrirent les yeux; ils décrétèrent que le Pangeran de Madura était affranchi de l'alliance du Sousounan. Le Pangeran fit périr tous les Chinois de son île, équipa des navires, et s'empara de Sidayou Touban et d'autres places.

« Les Chinois, appuyés par le Sousounan, parcoururent le pays et mirent le siége devant les établissements maritimes, depuis Tagal jusqu'à Pasourouan.

« Cependant le Sousounan craignit bientôt que les Hollandais se vengeassent cruellement; il désavoua son ministre Nata Kasouma, qu'il prétendit être l'auteur de tout ce qui était arrivé, et il fit avec la compagnie un traité par lequel il lui cédait Madura, la côte et Sourabaya.

« Les Chinois de Pati et de Jawana avaient choisi pour Sousounan le petit-fils de Mengkourat Mas, connu sous le nom de *Kouming*. Ils marchèrent vers Kerta Soura, y entrèrent et pillèrent le palais. Pakabouana s'était enfui; il fut rejoint par les troupes hollandaises et maduraises, et il pardonna à plusieurs chefs javanais qui se soumirent, mais il ne voulut accorder aucune grâce aux Chinois. Après quatre mois, le prince de Madura entra dans Kerta Soura; l'usurpateur avait fui à son tour.

« En novembre 1742, les Chinois furent battus à Asem, et se retirèrent à Brambanan. Le Pangeran de Madura avait voulu placer le frère de Pakabouana sur le trône. Deux mois plus tard, une amnistie générale fut publiée; l'usurpateur se rendit aux Hollandais de Sourabaya, qui l'exilèrent à Ceylan.

« Quelques mois après, le siége du gouvernement fut transféré, selon l'usage superstitieux, de Kerta Soura au village de Solo, à six milles anglais de cette ville. La capitale est appelée Soura Kerta; c'est là que le Sousounan (l'empereur) réside actuellement.

« Le Pangeran de Madura refusa obstinément de se soumettre : après avoir commis les plus grands désordres à Sourabaya et sur la côte, il fut forcé de fuir; les Hollandais le poursuivirent et s'emparèrent de l'île entière de Madura.

« Toutes ces révoltes ébranlèrent l'autorité du Sousounan; un des plus jeunes frères de ce prince, appelé *Pangeran Mangkouboumi*, se révolta aussi. Il avait appris l'art de la guerre pendant les années précédentes, en prenant une part très-active aux événements. Merta Pura, et un ministre de l'usurpateur Kouming, lui promirent de l'aider : le Sousounan, pour avoir la tranquillité, lui donna le gouvernement indépendant de Soukawari. Bientôt après on veut l'en dépouiller; il fuit de la cour pendant la nuit. L'époque de cette fuite, qui est appelée *la guerre de Java*, eut lieu en l'année 1671 de Java (1745 de l'ère v.). Mangkouboumi protesta de son attachement au gouverneur général et demanda que son fils fût proclamé *Pangeran Adipati Matarem* (héritier présomptif);

cette condition ne fut pas accueillie. Sur ces entrefaites, le Sousounan mourut. Le 11 décembre 1749, à son lit de mort, « il abdiqua « pour lui et ses héritiers, en faveur de la compagnie hollandaise « des Indes orientales, et en laissant à la disposition de celle-ci, « pour l'avenir, le choix de la personne qui régnerait pour l'avan- « tage de la compagnie et de Java. »

« Après sa mort, Mangkouboumi se fit proclamer souverain devant une nombreuse assemblée; il envoya des ambassadeurs au gouverneur général pour l'assurer de son alliance; mais on préféra le fils de Pakabouana, enfant de neuf ans, qui fut appelé Pakabouana III.

« Les deux partis en vinrent aux hostilités : Mangkouboumi fut défait et repoussé à l'O.; mais bientôt il reprit de nouvelles forces, battit les Hollandais à Janar, village de Baglen, et à Tidar, près la montagne de Kedou. Après une troisième victoire, il marcha sur Pakalong'an qu'il livra au pillage, s'avança même une fois jusqu'aux portes de Solo; cette capitale ne fut sauvée que par la vénération des Javanais pour le canon appelé *Niai Stomi*, qu'on transporta sur l'Alun alun au-devant des rebelles, qui s'enfuirent.

« Enfin, après plusieurs années de marches pénibles et de contre-marches, les Hollandais se prévalant de l'abdication du feu Sousounan, écoutèrent les propositions de Mangkouboumi : un traité fut signé à Ginganti, village voisin de Soura Kerta; et pendant l'année 1755 de l'ère vulgaire, Mangkouboumi fut solennellement proclamé par le gouverneur général, sous le titre de sultan Amangkou Bouana, etc.

« Le sultan établit sa capitale à quelques milles de l'ancienne ville de Matarem, à Yougya Kerta (*Djocjo Carta*), où résident actuellement les sultans. Amangkou Bouana mourut l'an 1718 de Java (1792 de l'ère v.). Son fils lui succéda sous le titre d'Amangkou Bouana II; il fut déposé en 1812 par les Anglais : son fils Amangkou Bouana III lui succéda, et mourut en 1815; un enfant de neuf ans, son autre fils, succéda sous le nom de sultan Amangkou Bouana IV.

« Quant au Sousounan ou empereur, il continua de résider à Solo; il mourut l'an 1714 de Java (1788 de l'ère v.).

« Nous terminerons ici l'histoire de Java. Les événements qui se lient à la révolution française, et les actes importants du gouvernement de Daendels, tiendront un jour une place distinguée dans les annales de l'Europe et des Indes; mais, selon les expressions d'un de nos meilleurs historiens (M. Dewez, Hist. de Liége, t. II, p. 328), *les faits sont trop récents et les opinions trop partagées.... Lorsque l'esprit de parti peut n'être pas encore éteint, comment l'historien peut-il donner une juste idée.....* L'exemple de Tacite nous autorise au silence. D'ailleurs, nous n'avons que l'intention de faire connaître les ressources immenses que notre industrieuse patrie peut retirer de nos établissements d'outre-mer. Si nous avons écarté les diatribes de MM. Raffles et Crawfurd, ce n'est point pour entrer dans des discussions polémiques. »

Note 5, page 117.

A combien de débats n'ont pas donné lieu, parmi les savants européens, les analogies plus ou moins concluantes qui existent entre les religions des différents peuples de l'Asie et de son grand archipel! Pour moi, qui ne puis avoir d'opinion sur ce sujet, je n'ai fait que répéter ce que j'ai lu dans sir Thomas Raffles, et je transcris ici, pour mes lecteurs, le chapitre de son livre où il traite cette question.

« Nous allons donner quelques détails sur les diverses religions qui ont dominé à Java et dans d'autres îles de l'archipel Indien. Le culte de Siwa et de Dourga, du Linga et du Yoni, joint au bouddhisme, dominèrent à Java; mais la décence des sculptures et des ornements prouve qu'il y subit une réformation considérable. Les fragments des anciens écrits nous démontrent la suprématie de celui de Siwa sur celui de Bouddha dans les anciens temps; celui de Bouddha ne domina que dans des siècles plus modernes. L'invocation suivante, qui est à la tête d'un petit traité de morale assez ancien, en est la preuve: « Je te salue, *Hati* (Siwa);

« je t'invoque, parce que tu es *le seigneur des dieux et des hommes!*
« Je t'invoque, *Kesawa* (Wishnou), parce que tu éclaires l'enten-
« dement! Je t'invoque, *Sounan* (Sourya), parce que tu éclaires le
« monde ! »

« Plusieurs épithètes données à Siwa par les anciens Javanais païens, et qui sont familières à leur postérité musulmane, démontrent la prééminence de Siwa. Il est appelé *Mahadewa* (le grand dieu), *Jagat Nata* (le seigneur de l'univers), *Ywang Wanang* (le tout-puissant). C'est le personnage principal des romans malais et javanais, sous la dénomination de *Gourou* (l'instructeur) *Batara,* expression qui ne signifie pas le dieu incarné, comme parmi les Indous, mais seulement une divinité ; ce nom même a été donné quelquefois en signe d'apothéose aux meilleurs rois de Java.

« Les Javanais n'attachent à présent aucune idée distincte au mot *bouddha*, qu'ils prononcent *bouda*, selon leur orthographe alphabétique : ce mot signifie à peu près chez eux ce que le mot *païen* signifie parmi nous ; de manière que si on leur demande de quelle religion étaient leurs ancêtres avant la conversion au mahométisme, ils répondent qu'ils professaient *Agama Bouda*, la foi de Bouda.

« M. Crawfurd présume qu'une colonie d'Indiens du continent apporta le culte de Bouddha, et que des colons de cette nation bâtirent les temples magnifiques de Boro Bodo que nous avons décrits, parce qu'on y retrouve tous les caractères de l'architecture des Indous ; tandis que les monuments sacrés de la montagne de Lawou furent construits par les anciens habitants aborigènes, parce qu'on y voit peu de caractère d'une architecture étrangère.

« Outre le culte de Siwa et de Bouddha, celui de Wishnou fut suivi à Chéribon, selon que le démontre un ancien manuscrit cité par M. Raffles.

« Les Javanais ne désignent dans tout le continent de l'Inde que le seul pays de Kaling ou Kalinga ou Telinga par son véritable nom ; c'est de là qu'ils assurent que leur est venue la religion de leurs ancêtres ; le témoignage des Bramines de Bali confirme cette vérité.

« Les Javanais connaissent plusieurs génies ; leurs noms ont été transmis jusqu'à ce jour. Les *Banaspati* sont de mauvais génies qui habitent les grands arbres et errent pendant la nuit. Les *Barkasahan* sont d'autres mauvais génies qui habitent l'air et n'ont jamais de demeure fixe. Les *Damnit* sont de bons génies, sous la forme humaine ; ils protégent les maisons et les villages. Les *Prayangan* sont de beaux génies de forme féminine, qui ensorcellent les hommes et les rendent furieux ; elles habitent les arbres et le bord des rivières. Les *Kabo Kamale* sont de mauvais génies, qui prennent ordinairement la forme de buffle et souvent aussi celle des maris pour tromper les femmes ; ils sont les protecteurs des voleurs et des malfaiteurs. Les *Wewe* sont des esprits malins ; ils ont la forme de grandes femmes et prennent les enfants. Les *Dadoungawou* protégent les animaux sauvages des forêts et sont les patrons des chasseurs.

« A Bali, la masse du peuple s'imagine que tous les éléments, les montagnes, les forêts, les états et les provinces ont des divinités tutélaires spéciales, auxquelles ils élèvent des temples. Sans doute l'ancienne religion de Java avait des dieux semblables.

« Il y a des objets purs et impurs. Le *Niti Sastra* recommande aux personnes de distinction de ne point manger de chiens, de rats, de serpents, de lézards ni de chenilles.

« Les anciens Javanais croyaient à la transmigration des âmes, et par conséquent aux récompenses et aux peines d'une vie future ; mais, de tous les principes de la religion des Indous, les pénitences, les austérités et le sacrifice de la veuve sur le bûcher de son mari, sont les seuls que les anciens Javanais paraissent avoir portés à l'excès.

« L'île de Bali est la seule où le culte de l'Inde se soit conservé : la masse de la nation est de la secte de Siwa ; il y a peu de Bouddhistes parmi eux. Les sectateurs de Siwa sont divisés, comme dans l'Inde occidentale, en quatre grandes castes : les prêtres, les soldats, les marchands et les esclaves; ces castes sont appelées respectivement *Brahmana, Satriya, Wisiya* et *Soudra*.

« Les Bramines disent que le dieu Brahma produisit les Brahmana de sa bouche et leur donna sa sagesse, les Satriya de sa poitrine et leur donna sa force, les Wisiya de son ventre et leur donna les moyens d'alimenter la société, et les Soudra de ses pieds pour les destiner à la servitude et à l'obéissance. Les institutions des castes sont appelées *Chatour-Jalma*. Les individus des castes supérieures peuvent avoir des concubines nées dans les classes inférieures, mais le contraire est défendu. Ces unions forment, comme dans l'Inde, des variétés de nouvelles castes ; il ne peut y avoir de mariage légal qu'entre les personnes d'une même caste. Il y a en outre une classe appelée *Chandala*, nom provenant de l'Inde : elle est impure et habite l'extérieur des villages. Les potiers, les teinturiers, les marchands de cuir, les distillateurs et les vendeurs de liqueurs fortes sont de cette classe.

« Les Bramines de Bali peuvent être considérés comme de véritables Indous. Le peuple est adonné à la superstition ; il adore les éléments personnifiés et les objets les plus remarquables qui l'entourent. Chaque nation de Bali a ses dieux tutélaires des villages, des montagnes, des forêts, des rivières et même des personnes. Ces divinités ont des temples que les Wisiyas et les Soudras fréquentent, et dans lesquels les Bramines n'officient jamais. Les prêtres de ces temples inférieurs sont appelés *Mamangkou*, c'est-à-dire gardiens.

« Les Brahama déclarèrent à M. Crawfurd qu'ils n'adorent aucune idole de la mythologie indienne. Ils sont traités avec le plus grand respect ; ils ont l'administration de la justice civile et criminelle : cet usage est contraire à ce qui se pratique dans l'Inde, où la caste militaire occupe la magistrature. Les princes et les chefs sont ordinairement de la caste militaire ; mais cela n'est pas invariable, puisque la caste mercantile a produit les princes de la famille de Karang-asam, les plus puissants de l'île, qui firent récemment la conquête de l'île mahométane de Lombok.

« Les Balinais sectateurs de Siwa adorent Mahadewa sous le

nom de *Prama Siwa* (seigneur Siwa), et sous les noms indiens de *Kala, Antapati, Nilakanta, Jagat-nata,* et ils disent : *ong Siwa Chatour Benja* (adoration à Siwa aux quatre bras).

« Il paraît qu'il n'y a point de religieux mendiants à Bali. Les actes ridicules et extravagants de mortification, si communs dans l'Inde, sont inconnus aux dévots de Bali; leurs pénitences consistent dans l'abstinence de certaines nourritures, dans l'éloignement de toute société humaine en se retirant dans des cavernes et dans des forêts, et quelquefois en vivant dans le célibat; mais cette dernière pénitence est fort rare. »

Note 6, page 120.

Le passage suivant donnera au lecteur une notion plus détaillée de ces sacrifices, dont je n'ai parlé que succinctement.

(Extrait de l'Histoire de Java, par Raffles.)

« L'usage de sacrifier la veuve sur le bûcher de son mari a lieu dans l'île de Bali avec des excès inconnus dans l'Inde même. Les femmes, les concubines, les esclaves et autres serviteurs se sacrifient, surtout dans les castes militaires et mercantiles; rarement dans la caste servile, et, ce qui est étonnant, jamais dans la caste sacrée. Le raja de Blelling raconta à M. Crawfurd qu'au moment où le corps de son père, le chef de la famille de Karang-asam, fut brûlé, soixante et quatorze femmes furent immolées. En l'année 1813, il y eut vingt femmes qui se sacrifièrent volontairement sur le bûcher de Wayahan Jalanteg, autre prince de la même famille.

« Un Hollandais qui était à Bali en 1633, raconte qu'arrivé chez le prince de Gelgel, qui paraît avoir été à cette époque le seul souverain de l'île, il le trouva dans la désolation, à cause d'une épidémie qui avait fait périr ses deux fils : la reine en mourut après son arrivée; son corps fut brûlé hors de la ville, avec vingt-deux de ses esclaves femelles. Voici les détails de cette horrible cérémonie. Le corps fut porté hors du palais par une ouverture faite à la muraille, à la droite de la porte, dans la crainte superstitieuse du *diable*, qui se place dans l'endroit par lequel le mort est sorti. Les esclaves femelles qui étaient destinées à accompagner l'âme de la reine, marchaient en avant selon leur rang; elles étaient soutenues chacune par une vieille femme et portées sur des litières de bambou. Après qu'elles eurent été placées en cercle, cinq hommes et une à deux femmes s'approchèrent d'elles, leur ôtèrent les fleurs dont elles étaient ornées : de temps en temps on faisait voler des pigeons et d'autres oiseaux, pour marquer que leurs âmes allaient bientôt prendre leur essor vers le séjour de la félicité.

« Alors elles furent dépouillées de tous leurs vêtements, excepté de leurs ceintures : quatre hommes s'emparèrent de chaque victime ; deux leur tenaient les bras étendus et deux autres tenaient les pieds, tandis qu'un cinquième se préparait à l'exécution.

« Quelques-unes des plus courageuses demandèrent elles-mêmes le poignard, le reçurent de la main droite, le passèrent à la main gauche en l'embrassant ; elles se blessèrent le bras droit, en sucèrent le sang, en teignirent leurs lèvres, et se firent avec le bout du doigt une marque sanglante sur le front : elles rendirent l'arme aux exécuteurs, reçurent le premier coup entre les fausses côtes et le second sous l'os de l'épaule, l'arme étant dirigée de manière à se porter vers le cœur. Lorsque les horreurs de la mort furent visibles, on leur permit de se mettre à terre ; elles furent dépouillées de leurs derniers vêtements et laissées totalement nues. Leurs corps furent ensuite lavés, recouverts de bois, mais la tête seule était restée visible, et l'on mit le feu au bûcher.

« Le corps de la reine arriva ; il était placé sur un magnifique *badi* de forme pyramidale, consistant en onze étages, et porté par un grand nombre de personnes d'un haut rang. De chaque côté du corps il y avait deux femmes, l'une tenant un parasol et l'autre un éventail pour chasser les insectes. Deux prêtres précédaient le badi, dans des chars d'une forme particulière, tenant dans une main des cordes qui étaient attachées au badi, pour faire entendre qu'ils conduisaient la défunte au ciel, et dans l'autre main une sonnette, tandis que les gongs, les tambours, les flûtes et les autres instruments donnaient à la procession plutôt un air de fête que de funérailles.

« Lorsque le corps de la reine eut passé devant les bûchers qui étaient sur la route, on le déposa sur celui qui lui était préparé et qui fut aussitôt enflammé; on y brûla la chaise, le lit et généralement tous les meubles dont la défunte avait fait usage.

« Les assistants firent ensuite une fête, tandis que les musiciens exécutaient une mélodie qui n'était pas tout à fait désagréable à entendre. On se retira le soir, lorsque les corps eurent été consumés, et on plaça des gardes pour conserver les ossements.

« Le lendemain les os de la reine furent reportés à son habitation avec une cérémonie égale à la pompe du jour précédent. On y porta chaque jour un grand nombre de vases d'argent, de cuivre et de terre, remplis d'eau ; une bande de musiciens et de piqueurs escortait les porteurs, précédée de deux jeunes garçons tenant des rameaux verts, et d'autres qui portaient le miroir, la veste, la boîte de bétel et d'autres effets mobiliers de la défunte. Les os furent lavés pendant un mois et sept jours ; on les plaça alors sur une litière ; on les transporta avec les mêmes égards que si c'était le corps entier ; on les déposa dans un endroit appelé Labec, où ils furent brûlés avec soin, recueillis dans une urne, et jetés en cérémonie dans la mer à une certaine distance de la côte.

« Lors de la mort du monarque, ses femmes et ses concubines, au nombre d'environ cent cinquante personnes, se dévouèrent aux flammes.

« Les habitants de Bali font embaumer les corps des personnes qui viennent de mourir, et attendent le jour que leurs Bramines désignent pour les brûler ; ce jour vient quelquefois un an après le décès. »

Note 7, page 127.

En traitant ce sujet, je me suis conformé, suivant ma coutume, au jugement des hommes instruits que j'ai consultés sur les lieux; mais comme tous les savants ne s'accordent pas sur les propriétés du *boon-upas*, la justice me semble exiger que je donne également l'opinion de ceux d'entre eux qui assurent le contraire de ce que j'avance.

(Extrait de l'Histoire de Java, par Raffles.)

« Parmi ces végétaux, le *bohon oupas* (arbre à poison) est celui qui a le plus exercé l'imagination des voyageurs du XVIIe et du XVIIIe siècle. Foersch, chirurgien de la compagnie des Indes à Samarang, en publia une histoire tellement fabuleuse, lorsqu'il revint en Hollande en 1780, que plusieurs savants se sont empressés de la réfuter. Le septième volume des Actes de la société de Batavia, imprimé en 1814, contient un mémoire sur l'arbre à poison; tous les détails qu'on peut désirer s'y trouvent réunis. Ce mémoire est composé d'après les observations de MM. de Leschenault et Horsfield; voici ce qu'il renferme :

« Il y a beaucoup de plantes vénéneuses à Java; mais deux d'entre elles donnent un poison tellement subtil, que les habitants n'osent même y toucher qu'avec les plus grandes précautions.

« L'une est l'*arbor toxicaria* de Rumphius, appelé *antschar* à Java; il croît dans la partie orientale de l'île, à Bornéo et à Célèbes; il appartient à la monoécie: la fleur mâle a un calice écailleux, embriqué, point de corolle, plusieurs filaments courts en étamines, et couverts par les écailles du réceptacle, qui a la forme conique, oblongue, un peu arrondie à son extrémité; la fleur femelle n'a point de corolle, un seul germe ovoïde, élevé, deux styles longs, un seul stigmate aigu; feuilles alternes, oblongues. C'est un des plus grands végétaux de Java; sa tige, nue, cylindrique et perpendiculaire, s'élève jusqu'à quatre-vingts pieds; l'écorce est d'un pouce et demi d'épaisseur dans sa partie inférieure; lorsqu'on y fait une piqûre ou une incision, il en découle une liqueur jaunâtre qui est le poison. Cette liqueur est plus dangereuse au simple toucher que le *rhus radicans* d'Europe : le livret est tellement filamenteux qu'il pourrait remplacer le *morus papyrifera*.

« L'autre arbre à poison est le *tschettik*. L'auteur de l'ouvrage intitulé *le Monde maritime*, publié à Paris en 1818, dit (t. III,

p. 208) que ce poison provient d'une racine dont la plante est inconnue. Ce fait n'est pas exact, car le mémoire dont nous avons extrait ces détails porte ces mots : *The fructification of the tshittik is still unknown; after all possible research in the district where it grows, I have not been able to find it in a flowering state.* « La fruc-
« tification du tschettik est encore inconnue ; d'après toutes les
« recherches possibles dans le district où il croît, je n'ai pas été
« capable de le trouver en état de floraison. » Le même mémoire donne ensuite la description de ses racines, qui sont traçantes quoique la principale s'enfonce en terre; de sa tige, qui est en buisson : elle grimpe jusqu'au sommet des arbres les plus élevés, elle est d'environ un pouce et demi de diamètre, parfaitement cylindrique; son écorce est de couleur brune rougeâtre; la liqueur que cette écorce contient est de la même couleur, âcre et un peu nauséabonde ; cette liqueur est le poison. Le branches terminales sont opposées; les feuilles sont pinnées en deux ou trois paires, ovales, un peu lancéolées, entières, terminées par une pointe ; elles sont complétement lisses en dessus, ayant quelques veines parallèles en dessous ; les pétioles sont courts et quelquefois recourbés. Le tschettik rampe à l'ombre, mais l'antschar couvre tout le voisinage ; il est faux que ce grand arbre fasse périr les végétaux des environs.

« Le suc vénéneux de ces deux plantes sert principalement à empoisonner des flèches très-minces de bambou, qu'on lance avec des sarbacanes.

« Le mémoire dont nous avons extrait ces détails cite vingt-six expériences faites avec ces deux poisons. Un chien mourut une heure après en avoir été frappé, une souris en dix minutes, un singe en sept minutes, des poules en dix minutes, un chat en quinze minutes, un buffle énorme en deux heures dix minutes.

« Les animaux tués par l'antschar ont été disséqués. Les grands vaisseaux du thorax, l'aorte et la veine cave étaient très-affectés ; les viscères voisins des sources de la circulation et surtout les poumons étaient engorgés, mais le cerveau ne se trouvait que peu ou point attaqué.

« Les effets mortels du tschettik opèrent d'une manière totalement différente : les viscères du thorax et de l'abdomen n'offrent que les symptômes d'une mort occasionnée par les poisons ordinaires ; le cerveau et la dure-mère sont tellement affectés, tellement rouges et enflammés, que l'animal paraît avoir reçu une violente contusion. Le tschettik est le plus terrible des poisons connus. L'animal tué par l'un de ces deux poisons peut servir de nourriture aux hommes lorsqu'on en a extrait les parties attaquées par la substance vénéneuse. »

Note 8, page 140.

En payant un juste tribut de louanges aux talents de M. Beautemps-Beaupré, je n'ai nullement prétendu m'acquitter envers lui d'une dette de reconnaissance pour les témoignages d'amitié dont il m'a comblé, mais seulement faire mention de ses utiles travaux avec la sévère impartialité qui m'a guidé dans tout le cours de cet ouvrage ; c'est le même esprit d'impartialité qui exige encore que je cite ici le passage suivant du voyage de Péron, où ce savant distingué parle des cartes faites durant l'expédition du contre-amiral d'Entrecasteaux.

« Ainsi que M. Freycinet le fera mieux observer dans une autre partie de ce voyage, les travaux géographiques de l'amiral d'Entrecasteaux à la terre de Diémen sont d'une perfection si grande, qu'il serait peut-être impossible de trouver ailleurs rien de supérieur en ce genre ; et M. Beautemps-Beaupré, leur auteur principal, s'est acquis par là des droits incontestables à l'estime de ses compatriotes, à la reconnaissance des navigateurs de tous les pays. Partout où les circonstances permirent à cet habile ingénieur de faire des recherches suffisantes, il ne laissa à ses successeurs aucune lacune à remplir. Le canal d'Entrecasteaux, les baies et les ports nombreux qui s'y rattachent, sont surtout dans ce cas. »

(*Voyage aux Terres Australes*, tom. II, liv. III, pag. 58.)

Note 9, page 142.

Les deux hommes qui succombèrent à l'épidémie, et qui expirèrent les yeux tournés vers cette terre où ils espéraient recouvrer la santé, se nommaient, l'un Pierre-Marie Cheminant, l'autre Ferdinand Ricci. Le premier, matelot de première classe, avait gagné, par sa douceur, l'amitié de ses camarades et des officiers ; le second, maître coq, était un homme avancé en âge et d'une constitution fatiguée.

Note 10, page 151.

Avant de donner ma manière de voir sur un pareil sujet, j'ai consulté quelques hommes dont l'expérience et les talents pouvaient m'éclairer. Je citerai entre autres M. Appert, qui, sous les ministères de 1819 à 1830, pour lesquels toute innovation était un crime, éleva le premier la voix contre le système pénitentiaire suivi en France jusqu'alors, et osa même se déclarer, dans le *Journal des Prisons,* l'avocat de l'humanité et des malheureux.

Honneur au citoyen qui, pour une si noble cause, n'a pas craint d'exciter le mécontentement du pouvoir, ni de s'exposer aux attaques de la méchanceté et de l'envie. Il a vu critiquer toutes ses démarches et noircir ses meilleures intentions ; mais le temps fera justice des calomnies, et les nombreuses améliorations introduites par lui dans le régime des prisons, resteront comme un monument de sa courageuse persévérance. Voici comment M. Appert s'exprime au sujet de l'expatriation, dans un ouvrage encore inédit :

« Depuis quelques années, la manie des voyages lointains s'introduit parmi les classes qui, avant la multitude et la facilité des moyens de communication, ne songeaient pas même à visiter le chef-lieu de leur arrondissement ; les campagnards surtout n'abandonnaient pas la cloche du village sans avoir de fortes raisons, et parfois ils préféraient laisser souffrir leurs affaires plutôt que d'entreprendre un voyage de vingt-cinq à trente lieues. Aujourd'hui, il faut se féliciter du progrès des idées sous ce rapport, et reconnaître que cette puérile habitude de ne sortir, pour ainsi dire, que pour aller dans son champ, était on ne peut plus nuisible à la propagation de l'instruction nécessaire à tous, et à cet esprit d'association qui produit de si heureux résultats. Mais au milieu de ces fréquents voyages, dont plusieurs ont un but raisonnable, se glissent souvent d'aventureuses entreprises, et c'est principalement dans la Lorraine allemande que cet inconvénient se fait remarquer.

« Là de pauvres et nombreuses familles vendent leur modeste patrimoine pour courir les chances si incertaines de l'émigration ; ils se réunissent trente ou quarante, et louent un grand chariot, qui, moyennant un prix convenu, les conduit au Havre, où des bâtiments marchands les reçoivent pour les transporter aux États-Unis ou dans toute autre partie du nouveau monde. Parmi ces malheureux voyageurs se trouvent souvent de ces mauvais sujets demi-savants, qui regardent comme au-dessous d'eux les travaux de la terre ou d'industrie, et qui, ayant absorbé l'héritage de leurs pères, la dot de leurs femmes, n'ont plus de crédit, de considération, ni de moyens d'existence. Ces intrigants s'emparent de l'esprit des paysans, assez simples pour croire à tous leurs mensonges ; ils vivent à leurs crochets pendant la traversée, promettant toujours la réussite de beaux projets dont la réalisation est impossible, et pour lesquels leur concours est indispensable. Les fatigues de la route avant l'arrivée au Havre, les privations de tout genre que supportent les femmes et leurs nombreux enfants, le chagrin qu'on éprouve toujours en quittant le toit paternel, l'inquiétude de réussir après le débarquement, sont autant de motifs qui portent dans l'esprit de nos émigrants un malaise dont leur santé s'affecte bientôt. Les regrets avant de mettre les pieds dans le vaisseau font naître quelques brouilles dans les ménages. Celui qui le premier a proposé de partir reçoit des reproches des autres, l'harmonie cesse déjà de régner ; les intrigants dont j'ai parlé profitent de cette désunion pour augmenter leur importance, et nos pauvres paysans commencent à être dupes et à reconnaître l'erreur de leurs espérances ; mais que faire ? La bourse est à moitié vidée ; l'amour-propre, ce puissant ennemi de tous les hommes, exerce son empire, et pour rien au monde on n'oserait retourner dans le village et avouer ce désenchantement. Il faut donc quitter quoiqu'à regret les rivages de la France, et s'apprêter à de nouvelles privations, à de nouvelles maladies, à de nouvelles misères ! Une fois en mer, la tristesse augmente à mesure qu'on s'éloigne ; le chagrin et le climat font mourir quelques-uns des plus vieux et des plus jeunes passagers : c'est alors que les douleurs sont vives et qu'elles pénètrent jusqu'au fond du cœur ; c'est alors que nos intéressantes familles pleurent et gémissent de leur excessive et imprévoyante confiance ! Leur situation au débarquement, en supposant même que le navire arrive sans accident, ne sera guère meilleure ; car le peu d'argent qu'ils ont conservé, ne pourrait suffire pour acheter un bien susceptible de pourvoir de suite aux besoins d'une grande famille ; et en admettant que l'acquisition fût possible, avec quoi fera-t-on produire ce bien, et comment vivra-t-on en attendant la première récolte ? D'un autre côté, la culture ne sera plus la même qu'en Alsace ; chaque sol, chaque climat, demandent des procédés particuliers, et l'expérience, si utile à un bon cultivateur, ne s'acquiert qu'avec le temps et l'étude. Si nous considérons ensuite l'ignorance ordinaire de nos paysans, l'éloignement qu'ils ont à adopter les nouvelles méthodes ou les nouveaux instruments, nous verrons que tout s'oppose à leurs succès, surtout sur une terre étrangère, dont ils ne connaissent par conséquent ni les ressources ni les productions. Ajoutons à ces graves inconvénients l'absence des capitaux nécessaires pour attendre les époques favorables à la vente des grains ou des bestiaux, et certes on sera convaincu de l'impuissance de nos pauvres cultivateurs. Il ne leur restera donc que la possibilité d'aller travailler à la journée chez les fermiers riches du pays ; et dans ce cas, je le demande, n'étaient-ils pas cent fois mieux en France, au milieu de leurs parents, de leurs amis, et travaillant sur le petit patrimoine de leurs ancêtres ! Je ne parle pas du changement d'habitudes, de la nourriture, des vêtements, de la société qu'ils auront; et c'est pourtant pour la vie quelque chose que ces considérations, dont on souffre à chaque instant du jour. Lors de mes fréquents voyages en Lorraine, j'ai souvent été consulté par d'honnêtes gens du village que j'habite sur les avantages qu'ils pourraient retirer d'aller aux colonies, et je me félicite de les avoir détournés de partir; car j'ai l'intime conviction que nul pays du monde ne vaut mieux que la France pour les petits propriétaires qui sont laborieux et assez intelligents pour profiter des découvertes dont chaque jour l'agriculture s'enrichit.

« Je n'ai pas voulu parler des manœuvres au moyen desquelles les paresseux et les mauvais sujets qui s'expatrient se rendent fréquemment maîtres des faibles ressources de nos malheureux mais honnêtes émigrants : c'est encore une chance fâcheuse qu'il faut ajouter à toutes celles que je n'ai fait qu'esquisser; bien heureux si ce peu de lignes parvient à ceux que la manie de l'expatriation pourrait égarer ! Puissent-ils entendre les conseils d'un ami qui désire avant tout leur bonheur et leur prospérité ! »

Note 11, page 153.

Voyons de quelle manière, d'après M. Appert, il faut répandre l'instruction parmi les dernières classes de la population, afin de les rendre meilleures sous le double rapport de l'éducation et de la moralité.

« Bien souvent on confond l'*instruction* et l'*éducation*, et de cette erreur naissent une foule de discussions où les adversaires ne s'entendent plus, quoiqu'ayant tous les meilleures vues, les plus libérales intentions pour éclairer raisonnablement le peuple.

« L'*instruction élémentaire*, qui est utile à tous les hommes, doit comprendre la lecture, l'écriture, l'arithmétique, les premières notions de français, de dessin linéaire, et peut-être du code. Au-dessus ce serait trop, au-dessous ce ne serait pas assez, suivant moi, pour tous ceux qui se livrent au commerce, à l'industrie, à l'agriculture. C'est pour appliquer cette idée que j'ai pensé, en 1816, à provoquer et organiser les écoles régimentaires, celles des prisons et des hospices d'enfants trouvés.

« Dans mon opinion, donner cette instruction à la masse était non-seulement utile, mais devenait un devoir sacré pour le gouvernement.

« Depuis 1816, un nombre considérable d'écoles se sont formées. Les leçons du jour sont suivies par des milliers d'enfants, celles du soir par des centaines d'ouvriers qui trouvent dans ces bienfaisantes institutions un moral délassement aux fatigues de la journée. Ce que gagne l'école est enlevé au cabaret; les économies portées aux caisses d'épargne diminuent les produits de la loterie; les monts-de-piété, pour ne pas les nommer monts-d'usure, reçoivent plus rarement le samedi les modestes effets qu'on déposait pour aller le dimanche s'enivrer aux barrières.

« Ces intéressants résultats ne sont pas seulement dus à l'*instruction*, mais aussi à l'*éducation*.

« L'intérieur des ménages du laborieux ouvrier n'est plus dangereux pour ses enfants. La mère est mieux traitée par le mari. L'élève de l'école est plus soumis envers ses parents; et comme la misère, ce premier principe de toute discorde chez le pauvre, est moins grande, que les loisirs sont mieux employés par chacun, la pauvreté est moins dure à supporter, et ce qu'on puise à l'école n'est plus de l'instruction seulement, c'est aussi de l'éducation. Pénétré de l'importance des fonctions d'instituteur, je voudrais les voir honorer et encourager largement par le gouvernement; je voudrais que des témoignages d'estime et de considération fussent accordés par le souverain à ceux des instituteurs qui auraient le mieux répandu les bienfaits de l'étude dans les classes pauvres de la société. En relevant ainsi des fonctions si pénibles, si fatigantes, on appellerait à elles des hommes de mérite et capables d'étudier le cœur et l'esprit de leurs élèves, grands ou petits, jeunes ou vieux : alors, comme je l'ai dit, les leçons renfermeraient plus que de l'instruction; elles donneraient de salutaires avis pour la conduite journalière de chacun, suivant sa profession et l'aisance où le sort les a placés. Les beautés du christianisme; la lecture des évangiles (sans commentaire des hommes), deviendraient alors la base de cette *éducation*, sans laquelle toute instruction ne produit rien de grand, de généreux, d'utile. Voilà comment j'entendrais répandre les premières connaissances, et comment je crois qu'elles deviendraient une source inépuisable d'améliorations sociales et de félicité pour les hommes favorisés de la fortune ou de la naissance.

« L'évangile trace d'une manière divine les devoirs du riche et du pauvre, du puissant et du faible : l'avenir, avec ses immortels principes, est pour tous le même ; la conduite seule dans cette vie le détermine, il reste au-dessus de toute influence terrestre. Le livre de Dieu est l'égalité suprême, c'est le véritable code de l'homme : il promet à chacun suivant ses œuvres ; il rend humain dans la prospérité, patient dans l'adversité, et toujours bon envers son prochain ; que faut-il de plus pour savoir se contenter en ce monde ? L'*éducation* dont je souhaite que l'*instruction* ne se sépare jamais est celle-ci : rien de plus, rien de moins.

« Si je voulais citer des anecdotes à l'appui de mon opinion, je dirais que, dans mes nombreuses visites aux bagnes et aux prisons, chaque fois que j'ai rencontré un homme instruit, il m'avouait toujours que son *éducation* avait été négligée dans son enfance. A cet égard, je dirai franchement que si je devais choisir entre l'*instruction* ou l'*éducation* pour le peuple, je ne balancerais pas à préférer cette dernière ; car on se conduit toujours mieux avec de l'éducation sans instruction, qu'avec de l'instruction sans éducation. Cette vérité se comprendra par l'examen de ce qui se passe tous les jours autour de nous. Je puis citer les criminels Saint-Hélène, Contrafatto, Fort, Mingrat, Fossard, Daumas-Dupin, Benoist, Castaing, qui certes ne manquaient pas d'instruction, mais qui dans leur jeunesse n'avaient reçu aucune *éducation morale*, et je pourrais nommer, si je n'étais forcé au silence, plusieurs malheureux sans instruction, mais dont les parents avaient soigné l'éducation, qui, malgré une excessive misère, ont refusé de commettre des crimes de complicité avec de célèbres voleurs fort instruits, mais sans éducation. Parlerai-je des faussaires, des escrocs de tout genre dont Paris est empoisonné ? de ces hommes parlant pourtant plusieurs langues, contrefaisant toutes les signatures, et prenant à loisir la tournure, les manières de tous les étrangers. Certes l'instruction ne leur manque pas, et c'est l'absence de toute bonne éducation qui les précipite tour à tour dans les mauvaises compagnies et les folles dépenses qu'elles occasionnent. L'avilissement dans lequel ils sont tombés, l'abus qu'ils ont fait de tout ce qui mène au mal et à la captivité n'était arrêté par aucun principe de religion ni de morale; leur instruction devient alors un moyen de plus d'employer leur rare intelligence à faire des dupes et souvent à commettre des crimes. On dit quelquefois, en parlant des enfants de criminels, qu'ils ont un *mauvais sang*; c'est une déplorable erreur: ce sont les dangereux exemples des parents, les scènes affligeantes dont ils sont témoins dans la maison paternelle, qui commencent leur corruption. Je pourrais en donner pour preuve beaucoup d'enfants de condamnés à mort, qu'une auguste bienfaisance m'a ordonné de recueillir et de placer; et l'on verrait que ces pauvres créatures n'ont pas un *mauvais sang*, qu'ils s'instruisent, apprennent bien des états, et que leur conduite est exemplaire. Que ce préjugé tombe donc devant l'évidence; qu'on s'occupe, à l'exemple d'une royale et si touchante bonté, des enfants des condamnés; qu'on leur procure surtout une éducation morale et religieuse, et l'on verra que la Providence ne rend pas le fils successeur-né de l'immoralité de son père. »

Note 12, page 155.

J'engage le lecteur à revoir la note 4 du premier volume; il y trouvera le précis des opérations de la compagnie coloniale philanthropique qui voulut, en 1817, coloniser la presqu'île du cap Vert.

Note 13, page 159.

Pour faire prospérer une colonie, il ne suffit pas, comme on paraît l'avoir cru jusqu'ici en France, d'y entretenir une nombreuse administration. Il faut, de plus, que cette administration soit composée, non de sujets pris au hasard dans les diverses classes de la société, où ils ne jouissent pas toujours de la considération publique, mais d'hommes recommandables par d'anciens et loyaux services dans des corps civils organisés, corps plus astreints que les simples individus à de certaines règles de conduite, et dont chaque membre considère l'estime de ses collègues comme faisant partie nécessaire de son existence politique. Il faut encore qu'on tienne éloignés des fonctions un peu importantes ces gens d'une réputation équivoque, que le désir de rétablir leurs affaires, et non celui de se distinguer pour obtenir de l'avancement, détermine à briguer des places aux colonies. Il faut que le gouvernement montre une sévérité inexorable pour les plus légères concussions, quels que soient le titre ou le rang du coupable ; autrement une indigne tolérance s'établira entre les chefs et les inférieurs, aux dépens des administrés plus encore qu'aux siens propres, et les sacrifices de la France n'auront servi qu'à enrichir des fripons. Cette prévoyance doit s'étendre jusqu'au choix des troupes, et surtout de leurs principaux officiers, dont la tenue physique et morale a bien plus d'influence qu'on ne le pense généralement sur l'esprit des colons. Car si les chefs militaires ne sont pas entièrement sourds aux séductions de l'intérêt, jusqu'où les concussions n'iront-elles pas, et quelle barrière pourra les arrêter ? On verra toute droiture bannie des affaires publiques ou privées ; une commune soif du gain réduira au même niveau les fonctionnaires et les particuliers ; et les soldats eux-mêmes, contraints de coopérer à des spéculations particulières colorées du prétexte du bien général, seront assujettis à des travaux pénibles, désastreux pour leur discipline et leur santé.

L'Angleterre a su préserver ses colonies d'une partie de ces inconvénients, auxquels nous soustrairons aussi les nôtres si nous suivons la même route ; mais malheureusement nous nous en écartons bien souvent ; ainsi, par exemple, la France, toujours aveuglée par ce déplorable principe, que ses possessions d'outre-mer sont faites pour servir d'exutoire à sa population et à l'armée, n'a pas renoncé, comme sa voisine, à l'usage d'y envoyer les militaires condamnés au boulet. Ces criminels, que les préjugés populaires absolvent, et qui n'en sont pas moins redoutables par leurs mauvais principes, y forment un foyer d'immoralité aussi dangereux pour la garnison que pour les habitants.

Imitons donc la Grande-Bretagne dans le soin qu'elle prend de bien choisir les administrateurs et les garnisons de ses colonies; ne nommons, comme elle, pour gouverneurs, que des hommes dont la réputation soit à l'abri des traits de la malignité; et la France pourra tirer parti des conquêtes qu'il est de son honneur de conserver.

Note 14, page 160.

Depuis vingt ans, on a vu bon nombre de capitalistes acheter, dans nos départements les plus mal cultivés, des terrains à peu près en friche, qu'ils ont transformés en propriétés magnifiques, et ramener ainsi l'abondance au sein de cantons misérables et presque déserts. Mais par malheur, cet exemple n'est pas suivi, et généralement bien peu de gens riches se décident à quitter les grandes villes et à conduire leurs familles au fond de quelque province sur un bien négligé souvent depuis longues années.

Si parfois un opulent citadin, ayant pour l'agriculture un goût qu'ont fait naître la lecture des ouvrages d'agronomie ou de fréquents séjours à la campagne, surmonte cette répugnance et veut mettre ses études en pratique, il cherche à acheter non pas un domaine peu étendu, et qu'il puisse augmenter à mesure que ses essais réussiront, mais une terre vaste et surtout décorée d'un nom féodal; pour satisfaire sa vanité il paye fort cher et contracte même d'onéreux engagements. Qu'arrive-t-il? Notre nouveau châtelain a déjà dépensé la majeure partie de ses capitaux quand il s'établit sur ses possessions, au plaisir de les parcourir en maître succède l'embarras de les exploiter; les premiers frais sont fort onéreux et les résultats tardifs. Enfin, en peu de temps il se trouve complétement ruiné et contraint par ses créanciers de vendre son acquisition à un autre agronome, qui probablement ne sera ni plus sage ni plus heureux que lui.

En Angleterre, les choses se passent autrement; l'exploitation des terres est traitée comme une affaire de commerce. Le capitaliste qui croit employer ses fonds d'une manière lucrative dans ce genre de spéculation, afferme une propriété pour cinquante, soixante et même quatre-vingts ans: dès ce moment il la considère comme sienne; il s'y fixe pour toujours, et fait des dépenses considérables pour bonifier le sol et en accroître les produits. S'il meurt, son fils aîné continue le bail, et le renouvelle la plupart du temps à son expiration.

C'est ainsi que dans ce pays, l'agriculture, soutenue de capitaux immenses et exercée par des hommes intelligents, a fait des progrès étonnants depuis un siècle, et est parvenue à un point de perfection que nous ne soupçonnons seulement pas. Là, pas un sentier qui ne soit parfaitement entretenu, pas un champ qui ne produise tout ce qu'il peut produire; tandis que chez nous, des provinces restent pour ainsi dire incultes faute de routes, et parce qu'elles manquent de bras. Ce rapprochement, il faut en convenir, a quelque chose d'humiliant pour notre patrie; mais d'un autre côté il est à craindre que lorsque l'agriculture sera devenue chez nous, comme chez nos voisins, un véritable commerce, cette bienfaisance, cette humanité pratique qui se sont réfugiées des villes dans les campagnes, ne disparaissent tout à fait pour faire place à l'égoïsme et à la dureté : alors les dernières classes de laboureurs deviendront aussi misérables que le sont les paysans en Angleterre, où le riche exploite le pauvre sans témoigner pour lui aucune commisération.

La philanthropie ne doit-elle pas redouter des améliorations de ce genre, quelque avantageuses qu'elles puissent être pour la richesse du pays, dont la prospérité ne saurait d'ailleurs être réelle et durable, qu'autant que les basses classes de la population agricole la partageront, et malheureusement le sort de ces classes a été jusqu'ici bien négligé ! Car on ne peut se dissimuler qu'elles n'ont rien gagné aux révolutions, si fructueuses pour les rangs moyens de la société. En effet, qu'importe à ces pauvres gens l'abolition des priviléges de l'aristocratie, la liberté de la presse, et même l'instruction primaire? Leur premier besoin, c'est du pain, ou bien le travail qui le leur fait gagner. Or, maintenant que la plupart des propriétés sont morcelées et cultivées par leurs possesseurs eux-mêmes, ou bien tombées aux mains d'hommes enrichis qui ne tiennent nullement à la représentation, et n'ont aucun intérêt à soutenir l'éclat d'un nom à peine connu dans le canton, le paysan, dans les provinces éloignées de la capitale, doit regretter et regrette en effet ses anciens protecteurs, ces familles opulentes sous la protection desquelles ses pères avaient trouvé leur subsistance de chaque jour, des secours dans la détresse et des soins dans leurs maladies.

Espérons que le gouvernement avisera enfin aux moyens d'améliorer la condition des journaliers, condition si malheureuse dans la plupart de nos départements, et que cette réaction de la population des villes sur les campagnes, en affermissant de plus en plus la tranquillité publique, aura un autre résultat que celui d'augmenter la masse énorme de ces pauvres gens dont le sort est déjà si digne de pitié.

Note 15, page 166.

J'emprunte encore ici à l'ouvrage inédit de M. Appert le tableau suivant des prisons de la capitale et des provinces.

BAGNES, PRISONS, CONDAMNÉS.

« Qu'elle serait curieuse l'histoire de ces établissements et des malheureux qu'ils renferment! Combien de maux, de crimes, de misères, d'infortunes diverses prennent leur source dans des causes que la société pourrait détruire!...

« Le nombre des hommes renfermés dans les bagnes et les prisons varie entre quarante-cinq à cinquante-cinq mille, et l'on peut affirmer que notre système de détention n'en ramène pas *mille* au bien chaque année.

« Ce triste résultat est produit par le *manque d'éducation morale et religieuse des prisonniers; les vices de l'organisation de toutes nos prisons, et la situation des hommes libérés après avoir subi leur condamnation.*

« Nous ne nous dissimulons pas que les remèdes à tant de maux sont nombreux et difficiles à appliquer; qu'ils exigent de grands sacrifices d'argent et des soins continuels de la part des honnêtes gens; mais aussi combien l'amélioration des misérables qui chaque jour commettent de nouveaux crimes n'est-elle pas importante, et l'on peut dire nécessaire à la moralisation générale du pays! Qu'on n'oublie donc pas, comme on le fait souvent, que les condamnations sont la plupart temporaires; qu'elles rejettent, un peu plus tôt, un peu plus tard, les hommes qui en sont frappés au sein des villes, des villages et des manufactures, et qu'alors les vices qui restent aux libérés se propagent avec un succès bien dangereux parmi les classes pauvres de la société. Malgré l'horreur que m'inspire la peine de mort, je la comprendrais plutôt utile à la société que ces peines qui achèvent de perdre le coupable, pour en faire, lors de sa mise en liberté, un ardent et excellent moniteur de tous les vices, de toutes les débauches. Si je pouvais, dans cet article, développer, indiquer tout ce que j'ai appris depuis vingt ans en visitant les bagnes et les prisons, on ne s'étonnerait pas des crimes commis chaque année, mais de ceux qui pourraient se commettre, si malheureusement il était possible de s'associer, de s'entendre pour le mal, comme on le fait, quoique avec beaucoup de difficultés, pour le bien.

« En donnant ici la description de deux ou trois prisons, prises au hasard, les faits parleront plus haut que tous mes discours.

BICÊTRE, PRÈS PARIS.

« Le bâtiment peut contenir neuf cents à mille prisonniers. Sa force principale est le chemin de ronde qui entoure intérieurement les trois côtés qui joignent la façade. Neuf guérites sont occupées par des factionnaires appartenant à la compagnie des sous-officiers sédentaires.

« Le personnel se compose d'un aumônier, d'un directeur, de

deux commis greffiers, d'un pharmacien, d'un gardien chef et de dix autres.

« Le directeur, M. Becquerel, s'occupe, avec le zèle le plus honorable, des détenus confiés à sa garde. Son expérience éclairée, une solide instruction, un cœur excellent joint à une fermeté bien entendue, en font un directeur précieux que l'autorité devrait encourager et consulter lorsqu'elle désire améliorer le régime des prisons.

INFIRMERIE.

« Au premier, salle des fiévreux (Saint-Roch); contient cinquante-quatre lits. Pour le coucher, une paillasse, deux matelas, un traversin de plume et des draps changés aussitôt que leur malpropreté l'exige. Un détenu a l'inspection de la salle.

« Au deuxième, salle des blessés (Saint-Denis); cinquante-six lits. Cette salle n'est pas aussi commode que la précédente; moins haute, elle est encore gênée par deux rangs de piliers.

« Salle des galeux (Bellevue); seize lits. Le genre de traitement de cette maladie empêche la propreté et le renouvellement de l'air; aussi ces malades sont-ils beaucoup moins bien, en apparence, que les autres. Au sujet de cette salle, nous devons indiquer un stratagème qu'emploient souvent les détenus pour rester à l'infirmerie: il consiste à se piquer avec une épingle noircie à la chandelle, et ce moyen produit tout à fait les mêmes signes extérieurs que ceux de la gale.

BATIMENTS DIVISÉS EN VIEUX ET NEUFS.

« N° 1. Corridor de la chaussée, dallé, très-humide et sombre. Trente cabanons (chambres de 12 pieds sur 10). Chaque bois de lit est garni d'une paillasse, d'un traversin de laine et d'une couverture de laine brune.

« Ce corridor est réservé pour les condamnés aux fers.

« N° 2. *Derrière,* en retour d'équerre. Ce corridor, qui a douze cabanons, sert à loger les condamnés à des peines capitales.

« N° 3. *Derrière*, mêmes localités, sert aux détenus *administrativement*.

« N° 4. Bâtiment neuf, au-dessus de la chaussée, moins humide, habité par les travailleurs, qui ont un matelas et des draps de plus que les oisifs.

« N° 5. Devant. Les croisées de ce corridor forment la façade de la prison sur la cour de l'hospice.

« N° 6. *Derrière*, au-dessus du troisième, même distribution.

« N° 7. Troisième. *Bâtiment neuf*, au-dessus du deuxième bâtiment neuf.

« N° 8. Quatrième. *Devant*, au-dessus du troisième, devant.

« N° 9. Cinquième. *Derrière*, au-dessus du quatrième, derrière.

« N° 10. Quatrième. *Bâtiment neuf*, au-dessus du troisième bâtiment neuf.

« N° 11. Cinquième. *Devant*, au-dessous du quatrième, devant.

« N° 12. *La Huchette*, au-dessus du cinquième, devant.

« N° 13. Cinquième. *Bâtiment neuf* (autrefois pistole).

« Les chambres que l'on appelle cabanons sont tenues avec propreté : les fenêtres sont garnies de barreaux ; l'air circule librement.

CACHOTS.

« Les cachots, au niveau de la cour de l'hospice, reçoivent l'air par dix fenêtres de quatre pieds carrés. En sortant du corridor n° 1 on a vingt-six marches à descendre pour y arriver ; ils sont moins grands que les cabanons et construits en pierre.

« Ils font face aux fenêtres ; le corridor qui les sépare est interrompu par des portes construites entre chaque cachot. Deux gros verrous et une forte serrure les assujettissent solidement. Les cachots du derrière seraient comme les cabanons s'ils étaient moins obscurs. Souvent on y place les condamnés aux fers venant des départements et les condamnés à mort.

« *Salle Saint-Léger*. Reçoit les condamnés à perpétuité ou à de longues peines, des départements et de Paris. Cette chambre est la plus solide de la maison ; les barreaux sont tellement croisés que les deux poings auraient de la peine à passer. D'énormes piliers soutiennent la voûte, faite en caveau; les deux lits de camp peuvent chacun recevoir vingt hommes. Au fond de la salle, deux cabinets sont construits dans l'avancement du mur. L'un est destiné à l'approvisionnement des eaux, l'autre sert de lieux d'aisances.

« Il n'est pas rare, à l'approche des départs de chaîne, de porter l'effectif de cette localité à quatre-vingt-dix.

« Sa composition morale offre un tableau effrayant. L'air est infect pendant la nuit, et les gardiens de ronde assurent qu'en y entrant ils sont repoussés par la puanteur, résultat naturel de la transpiration des malheureux renfermés dans cette salle, et augmentée encore par l'exhalaison des latrines.

« Saint-Léger contient souvent :

« 1° Le forçat à vie évadé, que l'on reconduit;

« 2° Le même, à son deuxième voyage;

« 3° Le vagabond habitué au crime, déjà repris de justice;

« 4° Le pilier des chambres correctionnelles, qui cette fois a vu les assises;

« 5° Le soldat condamné pour vol;

« 6° Le même, condamné aux fers à perpétuité pour voies de fait;

« 7° Le même, pour insubordination. Ce dernier ne part pas avec la grande chaîne : il est conduit par brigade.

« Les conversations de cette horrible réunion de criminels sont épouvantables. Chacun met une espèce d'honneur à raconter ses forfaits : les uns avouent avoir assassiné à coups de couteau; d'autres avoir volé sur les grands chemins en tuant les voyageurs qui osaient leur résister. Des jeunes gens de vingt à vingt-cinq ans, condamnés à perpétuité, avouent qu'ils regrettent de n'avoir pu achever leurs victimes. J'en ai vu un qui disait tranquillement à ses camarades : « Lorsque je parviendrai à m'évader, « si je rencontre ma mère ou mon père je les tuerai, car ils ne « m'envoient pas tout l'argent que je leur demande !... » On frémit à de tels récits, et je ne visite jamais cette salle sans éprouver la crainte que de jeunes condamnés n'y puisent les derniers conseils qui en feraient d'audacieux assassins.

« Ces hommes sont tellement redoutables que, plusieurs jours avant leur départ, le surveillant ne couche point parmi eux. La salle reste alors au pouvoir de ces furieux, qui se battent à outrance. La plume ne peut retracer les horreurs qui se commettent pendant la nuit.

« Ces malheureux, en proie à l'oisiveté, reçoivent chaque jour vingt-quatre onces de pain blanc; à dix heures, se distribue le bouillon maigre, et souvent à cette heure tous ont dévoré leur ration. Ils doivent alors attendre vingt-quatre heures pour satisfaire la même voracité.

« Comme je viens de le dire, rien n'est plus affligeant que les conversations de ces criminels.

« L'un accuse de barbarie des juges influencés; l'autre, au contraire, se flatte de les avoir trompés : celui-ci doit la réduction de sa peine à des révélations importantes, cet autre est la victime d'une machination infernale.

« Le vrai coupable se rit de la condamnation, et l'homme qu'une première faute y amène n'ose pas exprimer le moindre repentir; il passerait pour un lâche.

« Assez souvent ceux pour qui le crime est une occupation familière commettent leurs forfaits sous des noms supposés. Tantôt ils se nomment Pierre, tantôt ils se font appeler Jacques, en sorte que le crime de Pierre ne peut être reproché à Jacques. Par conséquent, Jacques ne reçoit que la punition d'un délit; Pierre est recherché, et certes quand Jacques est en prison, Pierre est fort tranquille.

« Un jeune homme du département de l'Eure, domicilié à Évreux, puis à Gisors, ensuite aux Andelys, avait commencé dès l'âge de huit ans le métier de voleur. Garçon de ferme, aujourd'hui chez tel laboureur, demain chez tel autre, *Auvray* avait soin d'alléger la bourse de ses maîtres. Ses nombreuses infidélités reconnues, et quelquefois punies par un renvoi, ne l'étaient le plus souvent pas. Enhardi par la réussite qu'il obtenait, *Auvray* continuait le métier : livré à tous les excès, guidé par tous les vices qu'enfantent la paresse et l'ignorance, il ne tarda pas à retomber au pouvoir de la justice. Un grand nombre de crimes pesaient sur lui ; mais ses noms, qu'il avait su changer, éloignèrent une multitude d'accusations....

« Un autre disait à ses camarades qu'aussitôt sa peine finie, il se proposait de venir chez son père, honnête cultivateur, auquel il connaissait une réserve, et qu'en cas de refus il lui couperait la gorge. « Certainement, ajoutait-il, nous autres voleurs, nous ne « connaissons personne, pas même nos parents, qui doivent au « contraire être les premiers à payer. »

« Ces criminels parlent d'assassinats avec un sang-froid étonnant. C'est un bonheur pour eux d'être cités comme intrépides dans ces sortes d'exécution.

« Pour ne pas être victimes de la scélératesse de ces hommes entièrement perdus, de timides coupables s'efforcent de dire comme eux. La continuelle habitude de fixer son esprit sur des choses qui font frémir, la nécessité de suivre ces principes pendant le temps de la condamnation, achèvent la perte de l'homme chez lequel un retour à la vertu serait souvent possible.

« Pour l'éloigner d'une seconde faute, la loi frappe de la peine des fers un homme encore vertueux ; mais s'il est placé avec des scélérats, sa perte est évidemment certaine, et le remède est plus dangereux que le mal. Dans le monde, on prédit une mauvaise fin à un jeune homme qui fréquente des gens vicieux : que sera-ce donc quand ils sont attachés à ses côtés ?

« Cet infortuné regrette l'instruction qu'il a reçue, les principes qui lui ont été donnés ; il cherche à empoisonner son cœur pour s'affranchir des souffrances morales : voir le vice sans cesse autour de lui est une horrible torture. En effet, quoi de plus barbare que cette cohabitation avec des êtres perdus dans le crime ? Pourquoi ne point classer chacun selon ses œuvres et ses principes ? Ah ! combien de milliers d'individus se laissent emporter par le désespoir, et qui, bannis de la société, en deviennent le fléau par cette injuste réunion !

« Punissez le malfaiteur habitué aux forfaits; mais ne frappez pas également l'homme repentant : c'est détruire l'équilibre de la loi, c'est accabler d'un triple fardeau l'homme trois fois moins robuste. Est-il juste que le voleur de grands chemins n'ait qu'une peine médiocre en réparation de ses crimes, et que l'homme coupable d'une première faute soit frappé d'une punition mille fois plus terrible, de la torture morale!.... S'il existait une école à Bicêtre, tous les hommes y travailleraient avec ardeur : les uns pour apprendre, afin d'occuper un emploi dans les bagnes; les autres pour se perfectionner dans ce qu'ils ont appris.

« On en a entendu qui disaient : « Si j'avais su lire et écrire, je
« n'aurais pas souffert pendant quatorze ans aux galères... »

« Les mauvais sujets même désirent avoir un commencement d'état qu'ils n'ont jamais voulu suivre à Paris. « Avec un état,
« disent-ils, je m'exempterais d'aller à la fatigue; et si j'y prends
« goût, je me convertirai; je renoncerai aux habitudes qui me
« coûtent cinq années d'esclavage. »

« Et ces malheureux soldats condamnés à cinq ans de fers pour avoir donné un démenti à leurs supérieurs, à un caporal peut-être! Ils sont avec les forçats à vie, avec les assassins et les incendiaires! quelle horrible injustice!

« A *Saint-Léger*, la même couverture les enveloppe, la vermine se promène sur tous deux; la maladie de l'un gagne le corps de l'autre. Quelle excuse donnerait l'autorité ?

« Il faut souvent que la victime d'une loi trop sévère écrive l'énumération des forfaits du galérien; il faut même qu'elle donne son approbation à de telles horreurs. Laisse-t-elle apercevoir la moindre répugnance à entendre ces exécrables récits, on l'insulte par les sarcasmes les plus dégoûtants.

« Chacun de ces criminels rançonne le pauvre diable. Son pain passe dans leurs mains, son argent est enlevé de sa poche; on rit de sa faiblesse, et s'il veut se plaindre, on le frappe. Sachant que si justice lui est rendue, ces brigands pour se venger le maltraiteront encore davantage, il garde le silence et traîne péniblement sa triste vie.

« La veille du départ de la chaîne, ces malheureux passent la nuit à hurler, à casser les carreaux, à briser tout ce qu'ils rencontrent, et vont tendre ensuite le cou au fer qui doit peser sur eux avant et après leur arrivée dans les bagnes.

« Si après Bicêtre nous prenons au hasard les prisons de Lille, on sera surpris qu'une aussi belle ville ne possède pas d'établissements de charité mieux organisés. La construction de la prison de Saint-Pierre (pour les soldats) s'oppose à ce que les détenus y soient bien. Ces malheureux sont couchés tous ensemble sur des lits de camp. La malpropreté des chambres est extrême; l'air ne s'y renouvelle qu'avec peine. Les cachots de la prison de Saint-Pierre sont abominables : on trouve encore celui qui servait à la torture des accusés. Des chaînes énormes les attachaient à un poteau qui était le centre d'un plafond couvert de clous et qui pouvait descendre ou monter à la volonté des bourreaux. On conçoit l'horreur de cette invention, puisque, suivant les réponses du patient, les planchers se rapprochaient assez pour que les clous lui entrassent dans le corps.

« Aujourd'hui, le plafond ne descend plus et n'a plus de clous; mais le poteau existe et sert à attacher par de gros anneaux les prisonniers condamnés ou contre lesquels on croit devoir prendre cette mesure.

« *Prison des femmes condamnées.* Les dortoirs de cette prison sont bien. Les condamnées s'occupent, mais avec peu de fruit; et la plupart ayant beaucoup de temps à faire, on pourrait établir des ateliers de couture ou de passementerie. Du reste, la malpropreté et le désordre s'y font remarquer.

« *Prison de la ville.* Cette prison est plus affreuse, s'il est possible, que la prison de Saint-Pierre. J'ai vu plus de vingt enfants au-dessous de dix-huit ans, repris pour contrebande, confondus avec les hommes condamnés aux fers. Les chambres sont très-petites et très-étouffées : les détenus couchent tous ensemble sur des lits de camp, couverts de vieilles paillasses. L'air est infect; le teint des prisonniers est jaune; leurs vêtements sont en morceaux et d'une malpropreté qui fait honte. Les cours sont pleines de fumier, les cachots humides et souterrains. L'atelier, fréquenté par quelques hommes, est sale et mal situé; on n'y monte qu'avec difficulté par une échelle. Le chauffoir est empoisonné par la fumée et l'haleine du grand nombre de détenus qu'il contient. C'est dans ces lieux que des enfants de dix, douze et quinze ans sont obligés de vivre et de coucher avec des galériens et des criminels. Qui pourrait être insensible à une immoralité aussi coupable?......

« Si de Lille nous allons à Douai, voici ce que nous avons à dire pour être également juste.

MAISON DE JUSTICE.

« J'ai visité cette maison avec M. Blocaille, lieutenant-colonel de la gendarmerie. Soixante et dix-neuf prisonniers étaient dans plusieurs chambres; et quoique le bâtiment permette la division si nécessaire des *prévenus* et des *condamnés* pour délits, des *hommes jugés à la reclusion* et de ceux *jugés aux travaux forcés* ou *à mort*, on a la douleur de retrouver ce vice dangereux. J'ai vu, dans une même chambre, plusieurs jeunes gens condamnés à un emprisonnement par le tribunal correctionnel, des hommes de différents âges attendant la chaîne pour partir aux galères, et un homme condamné à mort pour assassinat. Les uns avaient les fers aux pieds depuis trois semaines, d'autres depuis plusieurs jours : j'ai touché ces lourdes chaînes et acquis la certitude que les malheureux qui les portaient souffraient beaucoup par le gonflement qu'elles avaient provoqué......

« L'homme qui était condamné à mort demanda à me parler en particulier; le commandant de la gendarmerie ne me refusa pas cette satisfaction. « J'attends le moment de mon exécution, me dit « ce condamné; et puisque vous êtes le *premier* qui nous visitez, « j'ai besoin de vous donner ma confiance et de ne rien vous cacher « Je suis coupable du crime pour lequel on m'a condamné : j'ai tué « et volé. Dès mon enfance mes parents m'ont négligé; j'ai eu de « mauvaises fréquentations, et l'habitude du vol l'a emporté sur « l'envie que j'avais de me corriger. *J'ai achevé de me perdre dans les* « *maisons de détention;* et, aujourd'hui, j'attends l'instant d'expier

« toutes mes fautes. Parmi les hommes que vous voyez dans notre
« chambre, il en est qui sont âgés de dix-sept, dix-huit et dix-neuf
« ans ; je les vois avec *peine* se former pour commettre de nouveaux
« crimes lorsque leur temps sera fini. Ne pourriez-vous pas les faire
« transférer dans une chambre à part ? Ce serait, monsieur, le plus
« grand bien que vous puissiez leur faire. »

« J'écoutais avec une telle attention cette conversation, que j'avais oublié que M. Blocaille m'attendait. Ce détenu s'en aperçut et me dit : « Maintenant, il faut que je renonce au plaisir d'être auprès
« de vous ; car si nous restions plus longtemps ensemble, le con-
« cierge, croyant que je vous dénonce les abus dont nous gémissons,
« me ferait mettre au cachot après votre départ. » Le sang-froid, l'espèce de moralité de ce malheureux qui voyait arriver sans frémir l'instant de monter sur l'échafaud, me firent regretter de le quitter si vite ; j'aurais voulu le consoler, puisque j'étais assez heureux pour adoucir ses maux par ma présence. Cette conversation a fait sur moi une impression que je n'oublierai jamais.....

« Je n'en finirais pas si je voulais citer toutes les observations qui prouvent combien est vicieux l'emprisonnement en France. Qui croirait, par exemple, qu'on est beaucoup mieux dans les bagnes que dans les maisons centrales, et beaucoup mieux dans ces dernières que dans les maisons d'arrêt ?

« Et pourtant les bagnes contiennent les plus grands criminels, et les maisons d'arrêt les prévenus seulement !

« Ce que nous avons dit jusqu'à présent prouve évidemment l'utilité d'une réforme générale de notre système d'emprisonnement en France ; reste donc à choisir le meilleur moyen de rendre toute punition morale et utile. Des esprits également éclairés demandent la *colonisation* ou le *régime pénitentiaire*, et voici bien franchement notre avis sur ces deux moyens, qui, dans tous les cas, font honneur à leurs propagateurs :

« Les auteurs des publications faites en France sur la *colonisation* veulent absolument prouver que ce qui est bon en Angleterre doit être excellent en France. C'est une grave erreur, car il en est des punitions comme des récompenses : les unes et les autres doivent, pour remplir leur but, être en rapport avec l'instruction, les habitudes, les mœurs, les besoins du peuple sur lequel on veut agir. On ne peut donc raisonnablement adopter pour base de la *colonisation* en France, ce qui s'est déjà fait, en supposant même un succès complet, dans ces divers pays, ce qui est souvent même contesté. Ainsi, pour résoudre la question de colonisation en France, il faudrait étudier avec conscience le régime de nos prisons et des bagnes ; il faudrait se rendre compte du résultat de ces deux sortes d'emprisonnement, et savoir alors s'ils peuvent être remplacés avec avantage pour la société et pour les condamnés. Nous ne parlons pas de la question d'argent ; elle serait, dans tous les cas, un faible obstacle qui céderait devant une amélioration bien constatée.

« Nous ne pouvons donner ici tous les motifs qui rendent la fondation d'une *colonie,* pour les quarante-cinq à cinquante-cinq mille prisonniers que renferment malheureusement nos bagnes et nos prisons, bien difficile, très-coûteuse et peut-être peu efficace ; mais nous pouvons assurer qu'après avoir consacré plus de quinze années à étudier ces diverses questions, nous sommes convaincu qu'il est possible de mieux faire pour les intérêts des honnêtes gens et l'amélioration des malheureux qui ont enfreint les lois du pays.

« Le système pénitentiaire, avec les modifications que nécessiterait son application sur une grande échelle, et surtout avec des hommes qui ont le malheur de n'avoir aucune idée, aucun sentiment religieux, serait, je crois, le seul moyen à employer. Mais que ceux qui auront l'honneur d'être chargés de cette belle mission ne soient pas exclusifs ; qu'ils tirent, autant que possible, parti des prisons actuelles, pour ne pas demander aux contribuables plus de millions qu'il n'en faudrait pour fonder les institutions que réclame la position des honnêtes ouvriers ; que l'administration ne ferme pas l'oreille aux conseils de comités indépendants qui ne veulent que le bien ; qu'on étudie surtout le moral de nos prisonniers, leurs mœurs, leur éducation, leur ignorance, pour en tirer d'utiles leçons ; car, je le répète, ce sont les hommes *ex-*

clusifs, et qui ne veulent jamais trouver bon ce qui n'est pas dans leurs plans, qui perdent les meilleures causes. Ces écrivains, quoique bien intentionnés, sont pour la réforme des prisons ce qu'ont été les jésuites pour la religion ; ils reculent indéfiniment le succès de leurs propres doctrines. La philanthropie est une science qui doit marcher constamment avec les autres bienfaits de la civilisation ; pour réussir, elle ne doit pas oublier les intérêts de ceux qu'une bonne conduite et de laborieuses veilles placent en dehors de ses soins ; et il ne faut jamais qu'on puisse croire que, pour participer à ses généreuses inspirations, le malheureux a besoin d'enfreindre les lois.

« J'appuie d'autant plus sur cette observation qu'elle s'applique à mes premiers écrits ; et j'avoue franchement qu'une longue expérience, de nombreuses visites aux bagnes et aux prisons, m'ont convaincu depuis que souvent le sort du coupable m'avait plus occupé que la situation de l'honnête artisan vivant de privations plutôt que de commettre un délit.

« Ayons donc un bon système pénitentiaire, qui ramène s'il est possible le condamné. Nourrissons-le sainement, mais ne tombons pas dans l'extrême en lui donnant plus que ne reçoit l'ouvrier de son travail ; formons de vastes ateliers dans les prisons, et tâchons que le genre d'industrie appliqué ne nuise pas à la population libre ; réunissons surtout nos efforts pour répandre les préceptes du christianisme dans les classes du peuple : car je le dis avec conviction, sans un sentiment religieux qui retient quand on veut mal faire, qui encourage lorsqu'on est malheureux, qui fait supporter tant de privations, toute espérance de solide amélioration est un rêve qui ne se réalisera jamais. Si j'avais le temps de citer ici mille faits à l'appui de mon opinion, on verrait que tous les condamnés qui ne reviennent pas dans les prisons avaient quelque croyance en Dieu, et qu'au contraire ceux qui n'ont fini leur détention que pour en mériter une nouvelle, sont des hommes sans aucune foi ni aucun principe religieux.

« Si nous voulions parler des bagnes avec détail, il faudrait donner à cet article une étendue qui ne serait plus en rapport avec sa destination. Cependant, un mot sur ces établissements est peut-être indispensable pour bien apprécier la différence qui existe entre les maisons centrales et les bagnes.

« On croit généralement que la peine des galères est plus cruelle que celle de l'emprisonnement, et c'est aussi ce que proclame la loi : pourtant, sans nous plaindre assurément de l'humanité des commissaires chargés de la surveillance des bagnes, nous dirons franchement que les permissions qu'obtiennent les forçats raisonnables pour sortir ou aller travailler en ville, deviennent pour eux un grand soulagement à leur captivité, et les détenus ordinaires sont, dans tous les cas, privés de cette faveur. En supposant même que les galériens ne sortent point, ils sont encore mieux sous le rapport de l'air et du genre de travail actif auquel ils sont contraints. Cette vérité est d'ailleurs certifiée par nombre d'exemples de condamnés à la reclusion, qui ont commis tout exprès, pendant leur séjour dans les prisons, des fautes dont la punition était l'envoi dans un bagne. Je pourrais dire aussi qu'en général l'état sanitaire des maisons centrales est moins satisfaisant que celui des bagnes. Je ne parle pas des inconvénients qui peuvent résulter, pour la morale, des sorties de certains forçats ; ils sont grands, mais ce n'est pas à moi de blâmer ce qui est fait dans le but d'adoucir leur situation.

« Le régime intérieur des bagnes, comme celui des maisons centrales, laisse tout à désirer. Le mélange de tous les genres de condamnés est toujours la principale cause de l'immoralité complète qui règle la conduite de l'immense majorité des prisonniers. Le régime matériel a été amélioré sous le ministère de M. Hyde de Neuville, et même quelques divisions des condamnés par sections et par bagnes ont produit un assez bon résultat pour faire honneur à son administration. A cette occasion, je ne puis m'empêcher de payer un tribut de reconnaissance à M. Hyde de Neuville, pour le bienveillant accueil dont il m'a honoré en donnant des ordres dans tous les ports pour que rien ne gênât mes visites aux bagnes. C'est à ses sentiments vraiment philanthropiques que j'ai dû de pouvoir étudier, sans aucune entrave, ces tristes séjours du crime, du désespoir et de la plus profonde misère. J'ai publié toutes mes observations sur les bagnes, et, si je pouvais en donner un extrait, on verrait ce que sont ces établissements, qui, je l'affirme, ne ramènent pas un homme à la vertu, et qui en perdent plus de six mille chaque année. Il faudrait instituer des écoles élémentaires dans toutes les prisons et les bagnes de France, et ne pas se borner à apprendre à lire et à écrire : car ces connaissances premières ne sont pas seules utiles aux malheureux prisonniers ; ce qui leur manque surtout, c'est une éducation morale. Le plus grand obstacle à leur amélioration est l'absence de tout sentiment religieux ; et, comme je l'ai déjà dit, sans croyance en autre chose qu'aux misères de ce monde, point de retour certain vers le bien. Ce qui confirme ma conviction, c'est que le sentiment exécrable du mal, source de tous les crimes, est pour le plus grand nombre des galériens le puissant moteur de leurs actions ; ce sentiment excite et entretient leurs penchants. Ils respectent ceux qui ont commis les plus horribles crimes ; ils leur accordent une espèce de vénération qui devient souvent un culte. Ce qu'obtient cette religion infâme ne pourrait-il donc s'acquérir par les sublimes préceptes de l'évangile ? Je n'hésite pas à mieux augurer de ces malheureux, et j'assure qu'en s'occupant d'eux avec sollicitude et sans préjugés, le résultat répondrait à ces soins généreux.

« J'aurais mille anecdotes à citer à l'appui de mes justes espérances : on verrait que les galériens possèdent quelquefois de bons cœurs, et que les circonstances extérieures de leur vie entrent pour plus de moitié dans leurs excès. On rencontrerait d'excellents pères, se privant d'une partie de la nourriture, déjà si peu abondante, pour payer les mois de nourrice de leur enfant ou soulager de vieux parents. Là, un malheureux en mourant recommande son fils au compagnon attaché à la même chaîne, et celui-ci aura soin de cet orphelin ; plus loin, c'est un fils qui a pris la place de son père, que la loi eût frappé s'il eût dit un seul mot. Il faut lire la correspondance des dix mille condamnés des bagnes, et l'on verra qu'ils restent attachés à leur femme, à leurs enfants ; qu'ils déplorent leurs erreurs, que l'amour de la liberté domine toutes leurs passions ; et qu'en profitant avec art et persévérance de ces sentiments, il serait possible d'en ramener beaucoup dans une bonne voie......

« Maintenant, si nous parlons des forçats libérés, nous dirons que la réunion d'un grand nombre de ces hommes sur un même lieu, dans les villes surtout, est toujours dangereuse; car le mal, plutôt que le bien, trouve des imitateurs, et parmi les anciens forçats surtout cette contagion devient plus active, plus certaine. Ainsi, dans les prisons et les bagnes même, malgré l'espèce de surveillance des employés, combien d'actions répréhensibles, coupables, monstrueuses ne se commettent-elles pas ! Là le vice est instructeur : ses leçons sont imposées aux jeunes prisonniers, à ceux dont la faute est légère et qu'un même emprisonnement confond malgré toute justice et toute morale. La détention devient alors l'école perfectionnée du mal; les sentiments honnêtes qui peuvent se trouver dans le cœur des jeunes détenus ou des hommes repris pour de simples délits, sont étouffés par d'épouvantables exemples et les conseils les plus perfides. J'ai vu souvent même que les excès les plus honteux étaient forcément imposés aux jeunes gens que la misère ou l'ignorance amenaient dans ces horribles demeures. Je n'oserais écrire tout ce qui se passe dans la plupart des prisons et des bagnes ; il me suffira de dire que, suivant ma conviction, le plus honnête homme, enfermé deux ans en France, soumis pendant ce temps au contact des autres condamnés, serait perdu pour jamais. Quant aux libérés, je réclame pour eux un autre mode de surveillance et des moyens d'existence après qu'ils ont subi leur condamnation. Je voudrais, en changeant le régime des bagnes et des prisons, que ces malheureux trouvassent, avec la liberté, un asile contre la misère et la dépravation ; je voudrais qu'ils fussent de suite occupés à des travaux analogues à ce qu'ils auraient appris pendant leur captivité : je les diviserais autant que possible pour diminuer leur influence s'ils voulaient mal faire, et augmenter en même temps les chances d'amélioration.

« En remontant à la source des crimes qui chaque jour affligent et effraient les gens honnêtes, on est forcé de reconnaître que la misère, l'opprobre et l'abandon dans lesquels les libérés vivent, sont toujours les plus dangereux provocateurs de cette indigne conduite, de ces excès de tout genre dont la société entière souffre et gémit. Mais en reconnaissant les torts des anciens condamnés, je dirai avec la même justice aux honnêtes gens et à l'administration : Que faites-vous pour corriger les maladies intellectuelles de ces malheureux? Leur tendez-vous une main protectrice après l'expiration de la condamnation? Avez-vous fait le moindre sacrifice pour eux? Ont-ils refusé des leçons de morale? Les peines de la captivité ont-elles pu les changer, lorsque placés tous dans un même esclavage, chargés de chaînes, loin de leurs familles, entassés pêle-mêle dans des cachots malsains, et ne rencontrant qu'opprobre et ignominie, ils se sont vus constamment abandonnés au châtiment de la loi? Quels sont vos efforts pour relever leur esprit et réchauffer leur cœur glacé par les souffrances et le repentir?... Je vous le demande, à vous tous, heureux du jour, qu'avez-vous fait? Ah! je le dis avec regret, mais je ne dois rien cacher de ma pensée, combien de gens du monde se conduisent bien parce qu'ils ont les moyens de satisfaire leurs passions, et qui mépriseraient les lois si la misère mettait un frein à leurs penchants vicieux!

« Il est bien facile de rester honnête homme avec de la fortune, lorsqu'on peut toujours vivre suivant ses goûts, ses habitudes ; et, malgré tout cela, on voit souvent des riches commettre des fautes qui feraient rougir une multitude de modestes artisans. Aussi, je crois que le plus ordinaire est de rencontrer la vertu dans les classes moyennes de la société.

« On parle fréquemment aussi d'expatrier les malfaiteurs sans s'occuper du choix du pays qui les recevrait; il semble que c'est pourtant là le premier point à décider. D'abord la loi ne pourrait condamner à cette peine ceux jugés avant sa promulgation, et c'est peut-être pour ces criminels seulement que cette mesure aurait quelque résultat. Pour les condamnés à venir, établissez un bon système d'emprisonnement. Isolez les coupables suivant les divers degrés d'immoralité, et vous n'aurez plus à craindre ces récidives qui affligent le cœur et l'esprit. Ne condamnez plus les libérés à cette surveillance si souvent dangereuse, puisqu'elle devient le prétexte de nouveaux crimes ou un moyen de se soustraire à la honte qu'éprouvent tous les hommes en rentrant dans le lieu de leur naissance, au milieu de leurs familles. Faites que celles-ci, par la crainte de l'espèce de solidarité qui pèserait sur elles si chaque détenu, après sa condamnation, lui était renvoyé, soignent l'*éducation* plutôt que l'*instruction première* de leurs enfants : car ce qui manque aux pauvres est plutôt une éducation morale qu'une instruction suffisante; si la première est utile, la seconde est indispensable à son bonheur et à sa moralité. Réunissons tous nos efforts, nos sacrifices pour amener le gouvernement à changer le système de détention actuel; formons des comités indépendants qui visitent les prisons et les bagnes ; que les libérés trouvent en eux d'humains protecteurs, et l'on verra bientôt que la France peut aussi bien que tous les autres pays régénérer ses condamnés, en diminuer progressivement le nombre, et se passer des exemples tant prônés et si peu applicables à nos mœurs, à nos besoins, à nos lois. »

Note 16, page 172.

Par un déplorable effet de nos préjugés, les forçats libérés forment une classe à part dans la population, qui, au lieu de leur fournir les moyens de se rétablir dans l'opinion publique, les repousse durement de son sein et les condamne à la misère et au désespoir. Si encore ces malheureux, ayant une fois payé le tribut à la justice humaine, pouvaient cacher leur nom, leurs fautes passées, et vivre paisiblement du fruit de leur travail. Mais non, la tourbe des espions de police s'attache à leurs pas, leur fait acheter au poids de l'or chaque instant de tranquillité qu'elle leur laisse, et finit, en trahissant leur secret, par les faire expulser ignominieusement des ateliers où ils avaient trouvé de l'emploi. Que d'essais n'a pas tentés inutilement M. Appert pour alléger ce joug de fer! Que de faits cités par lui je pourrais raconter, au sujet de forçats libérés qui voulaient sortir de l'abîme, et que la nécessité y a fait retomber! Mais j'affaiblirais la teinte de naturel et de sensibilité qui distingue ses écrits; et, dans l'intérêt des lecteurs, j'aime mieux les copier que de chercher à les imiter.

LES FORÇATS ET LES PRISONNIERS LIBÉRÉS.

« Celui qui trouble et offense la société par ses crimes mérite de perdre la liberté; personne n'oserait contester cette vérité; mais la loi qui punit doit également corriger. Le législateur, pour être juste, a besoin, comme un médecin qui veut guérir, d'étudier la maladie morale du coupable : alors seulement le châtiment sera équitable et humain. Lorsque la loi punit sans améliorer, elle perd son plus beau titre au respect des peuples, et n'est plus qu'une espèce de vengeance. Le mérite des bonnes institutions est de prévenir le mal plutôt que de le punir, d'améliorer toujours, et de ne jamais pervertir; je demande donc si le séjour des prisons et des bagnes peut produire ce bienfait social? J'ai déjà écrit quelque part et je ne crains pas de répéter que l'emprisonnement en France n'atteint pas ce but, et que souvent même le détenu sort plus perverti de sa prison qu'il ne l'est en y entrant. Une prison doit être à la fois un hôpital et une maison d'éducation. Le condamné a le moral malade et l'esprit ignorant; il faut guérir l'un et instruire l'autre : on verra en suivant ce système que le nombre des criminels diminuera, et qu'enfin la *médecine intellectuelle*, si on peut s'exprimer ainsi, guérira autant de malades que la science de nos savantes académies.

« On ne confond jamais, dans les hôpitaux, les diverses maladies; d'habiles docteurs visitent tous les jours les malheureux qui s'y trouvent; chacun reçoit le médicament que réclame son état; les maladies contagieuses n'ont aucun moyen de se communiquer; les convalescents sont aussi séparés des malades; des hommes honorables sont à la tête de ces administrations bienfaisantes; les dépenses sont surveillées avec une rigoureuse exactitude; en un mot, tout concourt à la prospérité de ces pieuses demeures du malheureux.

« Si on reconnaît avec moi que les prisons ressemblent aux hôpitaux, comme les détenus ressemblent moralement aux malades, procédons par analogie, et divisons les maladies de l'esprit comme on le fait pour celles du corps : que les directeurs des prisons ou des bagnes soient choisis parmi des hommes instruits et philosophes, qui deviennent pour le coupable de bons et encourageants instituteurs ; que des comités de prisons, semblables aux conseils des hospices, visitent souvent les captifs, et que de sages avis et une bienveillante protection les ramènent dans une voie meilleure. Voilà pour l'intérieur de la prison : mais qu'après la sortie de ce triste esclavage un refuge soit accordé au libéré qui a donné des preuves de repentir sincère ; qu'il puisse trouver de l'ouvrage, et que loin de rendre la *surveillance* prononcée par la loi tracassière et tourmentante, elle devienne toute protectrice et bienfaisante. Que des facilités de réunir le libéré à sa famille soient accordées, lorsque celui-ci pendant sa détention aura donné des garanties suffisantes. Je suis loin assurément d'excuser l'immoralité des hommes qui après de longues et pénibles détentions ne profitent de la liberté que pour commettre de nouveaux crimes ; mais je dirai avec la même franchise que trop souvent l'abandon, la misère dans lesquels sont jetés la plupart des libérés, leur ôtent, pour ainsi dire, la possibilité de rester honnêtes, puisque personne ne veut les employer, et qu'au contraire la défiance qu'ils inspirent est telle que c'est à qui les rebutera et s'en éloignera. Je le demande maintenant : que peuvent faire ces malheureux, ainsi humiliés !!.. Certainement un honnête homme, placé dans la même position, se conduirait comme eux ; car enfin il faut vivre et manger tous les jours. En payant un cautionnement, on peut bien *racheter la surveillance,* et c'est encore là un grave inconvénient ; car j'ai vu plusieurs fois des forçats voler aussitôt leur mise en liberté pour s'en affranchir. Ce n'est pas de l'argent qui devrait exempter de la surveillance ; on ferait beaucoup mieux de déclarer que l'amélioration des mœurs dans le cours de la captivité la réglera seule après la libération. Ce moyen exciterait l'émulation parmi les condamnés ; et en sachant bien profiter de cette heureuse disposition, on obtiendrait d'excellents résultats : la clémence royale, cette noble prérogative du souverain, pourrait aussi devenir une source immense d'améliorations morales pour les condamnés et pour la société tout entière; car la dépravation des libérés est, sous tous les rapports, dangereuse et onéreuse pour elle. Il faudrait que des comités de prisons, composés d'hommes indépendants et vraiment philanthropes, visitassent souvent les détenus ; qu'ils examinassent avec soin leur conduite pendant la détention, et que les rapports qu'ils adresseraient de concert avec l'autorité locale fussent, pour le garde des sceaux, une règle pour les propositions de grâce. Je sais par expérience que de semblables comités s'organiseraient facilement en France, où la bienfaisance et l'humanité exercent dans tous les cœurs leur influence protectrice.

« Mais pour que ces comités produisent tout le bien qu'on peut en attendre, l'administration supérieure doit être confiante envers eux, et éviter cet esprit de tracasserie que malheureusement elle semble affecter envers beaucoup de sociétés de bienfaisance.

« On concevra facilement que les libérés dignes de l'intérêt des membres des comités de prisons en recevraient d'efficaces conseils ; alors ces malheureux, placés sous ce patronage dans des ateliers ou des manufactures, auraient les moyens de vivre en travaillant, et ne seraient plus forcés de mourir de faim ou de reprendre le métier de voleurs.

« Le gouvernement, de son côté, ne pourrait-il pas encourager la fondation de grandes manufactures où les libérés seraient reçus à leur sortie de prison ? Les métiers qu'ils auraient appris pendant la détention seraient les mêmes que ceux introduits dans ces manufactures, pour éviter les lenteurs d'un nouvel apprentissage; ce qui est fort important, car ôter au libéré tout prétexte d'éloignement pour ces établissements est une condition indispensable. L'autorité pourrait ainsi le surveiller facilement, encourager ses bonnes dispositions, l'engager à se marier pour que les liens de la famille, de la paternité, l'attachent à son travail et rendent sa vie plus heureuse, plus tranquille. Des écoles pour les enfants et les parents eux-mêmes, la fondation de caisses d'épargne, deviendraient, j'en ai la conviction, le complément utile de la réforme morale des libérés.

« Si je ne craignais d'étendre trop cet article, je citerais des exemples nombreux, qui prouvent qu'on peut, en s'occupant des condamnés pendant et après la détention, améliorer les mœurs de la plupart d'entre eux.

« Je ne puis cependant résister au désir de citer quelques faits dont je garantis l'exactitude.

« Un condamné sortant du bagne de Toulon, où je l'avais vu en 1827, est mis en liberté après dix ans de captivité ; il arrive à Paris et vient me trouver, pour me demander s'il doit *rentrer* avec sa femme qui pendant sa longue absence s'est livrée au libertinage. Je fais venir chez moi cette femme, et en présence de son mari elle avoue ses fautes et son sincère repentir. Le libéré convient que, le premier, il a donné à sa femme *l'occasion* de se plaindre par sa condamnation ; qu'ainsi il faut de part et d'autre s'excuser, et que désormais ils vivront en bonne harmonie. J'ai visité souvent ce ménage, et toujours je l'ai trouvé en paix et travaillant avec assiduité, et faisant même de petites économies. Peu à peu, V.... m'a rendu ce que j'avais prêté pour l'acquisition d'un modeste mobilier. Cet homme est bon serrurier ; il travaille fêtes et dimanches pour entretenir le ménage et avoir tous les soins possibles de sa femme, dont la santé est très-faible[1].

« Chaque jour, il est vrai, révèle de nouveaux crimes de la part de forçats libérés ou échappés des bagnes ; mais il faut l'avouer, l'administration ne prend aucune mesure efficace pour arrêter ces déplorables succès de la perversité.

« La misère est presque toujours le premier principe qui porte les hommes au mal. Les besoins de la vie se renouvellent sans cesse : la prévoyance, le travail laborieux de celui qui ne possède pour patrimoine que ses bras et son intelligence, ne suffisent que rarement aux besoins d'un modeste ménage, où habite pourtant la vertu......

[1] Depuis que j'ai écrit cet article, le pauvre V.... est venu m'annoncer la mort de sa femme.

« Si nous considérons l'instruction, les relations, les jouissances de l'opulence, nous verrons que les efforts du pauvre pour rester dans la voie du bien sont vraiment son plus bel éloge.

« Maintenant, ajoutons à la misère du simple artisan un penchant vers le crime; la malheureuse expérience d'un emprisonnement qui, loin de le corriger, a achevé de corrompre le coupable; une surveillance qui, par son mode d'action, vient à chaque instant du jour rappeler au malheureux libéré qu'il est à jamais marqué du sceau de l'infamie, et qu'il n'est plus pour lui de société que dans les bagnes ou les prisons; voyons cet homme, repoussé de tous les honnêtes gens, cherchant vainement de l'ouvrage pour obtenir par le travail l'indispensable nécessaire; suivons-le dans ses courses inutiles, rencontrant d'anciens compagnons d'infortune qui, moins disposés à renoncer au vice, lui présentent comme bien préférable le hasard d'une vie licencieuse et criminelle à cette morne recherche d'un gagne-pain qui fuit toujours devant lui; le luxe apparent des boutiques, l'or exposé si inconsidérément chez les agents de change, ces filles impudiques qui excitent ses désirs, voilà, je crois, beaucoup plus de motifs qu'il n'en faut pour entraîner de nouveau celui qui sort d'un esclavage où les plus coupables sentiments l'ont nourri si longtemps de leur poison.

« Ayant été à même depuis longtemps de secourir un grand nombre de libérés des prisons ou des bagnes, qui venaient me confier leurs peines en m'assurant que, s'ils avaient du pain, ils ne voleraient pas, j'ai été assez heureux pour acquérir la certitude que, sur dix individus secourus à temps dans cette position, un seul ne pouvait résister à ses coupables penchants......

« N'en doutons pas, chez le prisonnier, le premier mobile du retour au bien est l'espoir de la liberté; et si, dans le fond des cachots, il est des hommes dont le sentiment est complétement éteint et qui ne désirent cette liberté que pour se livrer de nouveau à tous les excès, il en est aussi, et ceux-là sont en majorité, qui maudissent leur perversité passée, et qui voudraient, par une conduite exemplaire, faire oublier les fautes qu'ils ont commises.

« Certes, ces émotions, ces sentiments se rencontrent dans les malheureux qui gémissent dans les prisons, et souvent c'est un germe qui dépérit en eux faute de pouvoir le cultiver.

« En effet, supposons qu'un jeune homme, éloigné de sa famille et égaré par de mauvais conseils, soit arrêté à Paris et condamné à une longue captivité. Ce prisonnier, dont le cœur n'est pas corrompu, a réfléchi sur sa conduite. Le temps de sa détention n'a pas été perdu pour lui, et dans sa morne retraite il a pensé à sa mère, à ses enfants... en un mot, tout son désir est d'être honnête homme. Mais il est nu, privé d'argent, de toute espèce de secours, et ne vit chaque jour que de la mesquine pitance de la prison. Tout à coup, et au moment où il s'y attend le moins, il apprend que l'on va briser ses chaînes !

« On le rend à la liberté : les premiers élans de son âme sont pour ses parents, pour ce qu'il a de plus cher au monde. Il peut à peine croire à son bonheur.

« Mais, hélas ! le premier élan se passe ; il pense plus froidement ; et la liberté, dont la seule idée venait de faire battre doucement son cœur, se présente à lui comme une nouvelle source de maux.

« Sans pain, sans asile, il me semble le voir errant à l'aventure dans les rues de Paris, et se livrant intérieurement un combat pour persister dans la voie du bien, qu'il s'était promis de suivre quand il était dans les fers.

« Enfin, après avoir longtemps hésité, la faim le presse, et aussitôt sont rompus les derniers liens qui l'éloignaient du vice. Il s'est rappelé en un instant les leçons de ses anciens maîtres de débauche et de corruption : il a commis un vol pour ne pas mourir d'inanition !

« Ce malheureux, était-il perdu sans resource ? était-il incorrigible ? Non, sans doute. Mais qu'il est aisé de parler de vertu et de probité quand on a de quoi se suffire, et qu'il est difficile de rester honnête homme quand on a faim ! Nous avons indiqué en commençant le moyen de faire cesser, du moins en partie, ce déplorable état de choses : on pourrait aussi se cotiser pour donner aux directeurs de chaque maison de détention une certaine somme, dont ils disposeraient en faveur des libérés ayant donné des preuves d'un repentir sincère.

« Certainement, tous n'en feraient pas bon usage. Mais parce qu'il est des êtres qui ne méritent pas notre intérêt, est-ce une raison pour le refuser à ceux qui en sont vraiment dignes ?

« A cette occasion, il ne sera pas hors de propos de citer un fait qui, par les pensées consolantes qu'il doit suggérer, pourrait diminuer l'effroi qu'inspirent trop souvent les malheureux qui sortent des bagnes, et qui se trouvent ainsi placés sous le coup immédiat d'une surveillance active de la part de la police.

« Un forçat libéré, venant de Toulon, demanda un jour à me parler seul. Voici notre conversation :

« J'arrive du bagne, où je vous ai vu lors de votre visite. Je ne « sais que devenir. Je trouverais de l'ouvrage si j'avais un livret ; « mais pour l'obtenir il faut que je paye mon cautionnement à la « police. C'est deux cent dix francs qu'il me faudrait, et comment « les trouver? J'ai bien des connaissances anciennes ; mais si je « les vois, qui sait à quelles conditions elles me prêteront cette « somme? et j'ai juré de mourir plutôt que de mal me conduire. « Cependant je ne puis pas rester chez ma pauvre mère qui n'a « pas trop pour elle, car son petit commerce de vendeuse de fruits « et de légumes ne lui rapporte que tout juste pour du pain et « son loyer : voilà ma position. Vous seul, monsieur, pouvez me « tirer d'affaire. »

« Cet homme, encore jeune, a passé dix ans au bagne, et comme il avait été condamné pour vol, je ne savais trop si je devais me fier à son histoire. Je ne lui donnai aucune réponse positive ; mais je l'engageai à venir avec sa sœur et sa mère, ce qu'il fit le lendemain. Cette femme m'assura que son fils avait maintenant les meilleures intentions, et que sa fille, qui était sur le point de se marier, donnerait volontiers sa petite dot de cent francs, économisée par un travail assidu, pour sauver son frère de la misère. J'observai à cette bonne sœur que son futur époux ne consentirait peut-être plus au mariage, quand il saurait qu'elle n'avait plus de dot et que son frère sortait du bagne. « C'est vrai, monsieur; mais

« mon frère passe avant tout, et je cours faire part de tout cela à
« mon prétendu : d'ailleurs, je ne veux rien lui cacher. » Ils sortirent, et ce jour-là je ne pus encore terminer cette affaire, qui commençait à m'intéresser.

« Le lendemain, de grand matin, le frère et la sœur revinrent ; leur physionomie m'annonça, avant qu'ils eussent parlé, que tout s'arrangerait. Je demandai à la sœur quelle était la réponse de son prétendu. « Ah ! monsieur, me dit-elle, il renonce à la dot pour
« mon frère ; et ce qui est plus beau encore, c'est qu'aussitôt mariés
« nous le prenons chez nous. Je veux qu'il ne me quitte plus, et
« avec ses journées on fera faire des habits et du linge, dont il a le
« plus grand besoin. Mais ce n'est pas tout, monsieur ; il faut en-
« core cent dix francs ; si vous pouviez nous prêter cinquante francs
« et écrire sur un petit morceau de papier que vous portez intérêt
« à mon frère, en expliquant sa position, j'aurais bientôt les autres
« soixante francs, en quêtant auprès de mes camarades, marchan-
« des comme moi au marché. »

« Je consentis aux deux propositions, craignant pourtant que la dernière n'eût pas de succès ; car, inconnu sans doute aux femmes de la halle, elles n'auront, me disais-je, aucun égard à ma recommandation.

« La sœur et le frère partirent fort contents, et trois heures s'étaient à peine écoulées qu'ils revinrent enchantés de leur démarche. La sœur portait dans son tablier une grande quantité de sous, de pièces de six liards et d'autres petites monnaies, complétant, me dit-elle en pleurant de joie, les deux cent dix francs montant du cautionnement. « Je vous ai nommé, j'ai dit ce que vous faites pour les
« malheureux, et pas une ne m'a refusé. Tiens, disait l'une, je con-
« nais bien ce monsieur-là ; c'est lui qu'a fait apprendre à lire à mon
« homme, quand il était soldat à l'école *réglementaire*. Tiens, disait
« l'autre, c'est lui qui distribue des secours pendant l'hiver aux
« pauvres gens, de la part des bonnes princesses d'Orléans. En
« vérité, monsieur, ajouta cette excellente sœur, allez, vous êtes
« bien aimé dans tout le quartier. »

« Je remis les cinquante francs promis, et, voulant donner une preuve de confiance à cette femme et à son frère, je ne voulus pas faire payer moi-même le cautionnement. Ils partirent, et G... s'engagea à venir de temps en temps me voir pour me tenir au courant de ses affaires.

« Depuis ce temps, j'ai reçu ses visites presque tous les dimanches. Il est habillé proprement et gagne de trois à quatre francs par jour. Sa sœur l'a logé et nourri gratuitement jusqu'à l'époque où son travail pouvait lui suffire.

« Un jour, je trouvai sa physionomie sombre et lui en demandai la cause. « J'ai rencontré, il y a quelques jours, d'anciens cama-
« rades du bagne. J'ai tâché de les éviter, mais inutilement. Tu es
« donc bien fier à présent, G...! Allons, viens prendre un verre
« de vin avec nous, et si tu es un bon garçon, me dit à l'oreille
« l'un d'eux, tu ne seras pas fâché de nous avoir vus. Je n'osai
« refuser, et malgré moi j'entrai chez le marchand de vin. Ils de-
« mandèrent une chambre; et lorsque le garçon eut apporté le vin,
« ils refermèrent la porte avec soin. Je tremblais qu'ils n'eussent
« dans leur poche quelques vols et que la police ne vînt à les
« arrêter pendant que j'étais là; car assurément, j'aurais eu beau
« dire que j'étais innocent, on m'aurait pris et condamné comme
« complice aux travaux forcés à perpétuité. J'étais tout occupé de
« cette idée, lorsque l'un me dit : Que fais-tu, que gagnes-tu ? Je
« leur contai comme j'étais hors de peine et que c'était à vous que
« je devais ma tranquillité. Votre nom les frappa, et après un mo-
« ment de silence, ils me dirent : Nous allons te parler franche-
« ment; mais ne dis rien à M. Appert, ça lui ferait de la peine. Veux-
« tu *faire* quelque chose avec nous cette nuit ? Nous avons un bon
« coup de monté; et si la réussite est heureuse, tu ne seras plus
« comme un imbécile à t'épuiser le tempérament pour gagner
« quelques sous : crois-nous, c'est une bêtise de vouloir rester hon-
« nête. On ne veut de nous nulle part. Tiens, quand on a le *cachet*
« sur l'épaule, c'est fini ; il faut faire bande à part ou mourir de
« faim.

« Cette confidence m'effraya, et je n'eus pas la force de la rejeter
« avec horreur. Ils étaient quatre contre moi, et je craignais de leur

« faire soupçonner ma façon de penser ; car l'idée d'être dénoncés
« par moi pouvait leur donner celle de me perdre avec eux s'ils
« étaient pris. Je ne parus pas très-éloigné d'accepter ; mais rap-
« pelant la promesse que je vous avais faite de me bien conduire,
« j'exprimai le désir de réfléchir et de ne rendre réponse que deux
« jours après. L'un d'eux prit alors la parole et dit : Si tu es sûr
« de conserver la protection de M. Appert, je conçois ta raison ;
« mais nous autres, qui ne le connaissons pas assez pour aller lui
« demander du secours, que veux-tu que nous fassions ? Moi, par
« exemple, j'ai cherché de l'ouvrage pendant trois semaines, et j'ai
« vu qu'en disant d'où je viens le patron était de suite éloigné de
« me prendre. Cependant il faut manger. Au reste, pour mon
« compte, je ne veux pas te forcer de te mettre de société avec nous ;
« mais surtout ne vends pas le morceau. Les autres ne savaient
« quel parti prendre ; cependant ils ont consenti à me laisser par-
« tir, après avoir exigé le serment de ma discrétion. Voilà, mon-
« sieur, le motif de ma tristesse. Je tremble que ces malheureux ne
« me compromettent ; ils viennent d'être arrêtés à P..., et on les ac-
« cuse de plusieurs crimes épouvantables. »

« Cette longue conversation me fit un effet que je ne puis définir.
G... s'en aperçut, et prenant un ton de voix plus doux et moins
altéré, il me dit : « Soyez sans crainte, monsieur : je vous ai pro-
« mis de rester honnête homme ; ma pauvre mère, ma sœur et
« mon beau-frère vous ont répondu de moi, jamais je n'oublierai
« le devoir que m'imposent leurs bontés, votre confiance. Plutôt
« mourir cent fois que de retomber dans l'esclavage des galères ! »

« Avant de me quitter, G... voulut absolument me remettre *un franc* pour la petite caisse d'épargne des forçats, m'assurant que chaque mois il tâcherait de contribuer par sa cotisation au bien qu'elle devait nécessairement produire.

« Depuis cette confidence, j'ai reçu plusieurs fois G... ; sa conduite chez ses parents et dans la maison où il travaille me donne la certitude que désormais il restera honnête homme. »

Note 17, page 178.

Écoutons la description qu'un Anglais, observateur spirituel et profond, le capitaine Basil Hall, fait de la principale maison de correction des États-Unis.

« Le 30 mai, nous visitâmes la *prison d'état pénitentiaire*: elle est située sur la rive gauche du fleuve, à trente milles de New-York, dans un endroit appelé Sing-Sing. Aucun établissement de ce genre ne m'a semblé plus remarquable par sa bonne tenue et son admirable discipline. Si la subordination est chose difficile à établir parmi des gens bien disposés, combien ne l'est-elle pas davantage quand il s'agit d'êtres turbulents, et qui ne connaissent aucun frein. Voilà le problème que l'on est parvenu à résoudre en Amérique.

« On m'avait déjà dit que plusieurs centaines de forçats travaillaient à élever des murs qui devaient devenir leur propre prison; mais l'ordre et la soumission qui régnaient dans ces travaux étaient merveilleux. Quoique je fusse déjà préparé à ces prodiges, mon étonnement fut extrême : deux sentinelles seulement se promenaient près des hauteurs qui dominent le lieu où travaillent deux cents forçats. Le capitaine Lynds, surintendant de la maison, nous engagea à descendre, et à reconnaître par nous-mêmes si le récit que l'on nous avait fait était exact.

« Toute la disposition de cet établissement paraissait soumise à une régularité si parfaite, à une autorité si absolue, que le sentiment de la plus complète sécurité s'empara de nous. Sans armes, nous marchions paisibles au milieu d'assassins et de brigands. Le silence profond qui présidait à leurs travaux avait quelque chose de singulier; pendant plusieurs heures que nous passâmes au milieu d'eux, nous n'entendîmes pas un chuchotement, nous ne vîmes pas un regard échangé entre les forçats. Le silence est en effet le principe essentiel, ou plutôt vital, de cette étonnante discipline; et si l'on ajoute au silence un travail assidu, réglé, à heure fixe, la reclusion la plus rigoureuse pendant le reste de la journée, l'isolement complet durant la nuit, on conviendra que jamais machine morale n'a été organisée avec plus de moyens de succès.

« Chaque prisonnier a son dortoir, espèce de cellule qui n'a pas plus de sept pieds de long sur une élévation égale, et d'une largeur de trois pieds et demi seulement ; cette étroite enceinte est fermée par une porte de fer, dans la partie supérieure de laquelle se trouvent des trous plus petits que la main, qui donnent passage à l'air et à la lumière. Pour ventilateur, on a établi dans chaque cachot une espèce de cheminée ou tuyau de trois pouces de diamètre, qui s'élève à la hauteur du toit. Ces cellules sont rangées les unes sur les autres, par rangée de cent cellules : un petit corridor, qui n'a de largeur que pour le passage d'un seul homme, se prolonge sur chaque ligne et en rangée de cellules, et aboutit à un escalier commun. La prison de Sing-Sing, cette immense ruche pénitentiaire, contiendra huit cents cellules quand elle sera terminée : peut-être l'est-elle aujourd'hui. Elle est éclairée par des lampes, et échauffée en hiver par des poêles.

« Dès que les prisonniers sont enfermés pour la nuit, une sentinelle chaussée de lisière commence une surveillance active qui ne peut être trahie par le bruit de ses pas, et qui lui permet d'observer toute tentative que ferait un prisonnier pour communiquer avec son voisin. Une sonnette donne le signal du réveil ; aussitôt un chapelain de l'établissement lit la prière : la position qu'il occupe lui permet de se faire entendre de tous les prisonniers placés du même côté de l'édifice, c'est-à-dire de quatre cents personnes. Après quoi les guichetiers ouvrent les portes ; à un signal donné, chaque prisonnier entre dans le corridor. Ils sortent en ligne, les yeux fixés sur le geôlier, et se rendent ainsi aux ateliers.

« Cependant ils font une station dans la cour, pour se laver les mains et la figure, et pour déposer leurs seaux et leurs cruches que d'autres prisonniers sont chargés de reporter ; ces derniers ont spécialement mission de veiller sur la propreté de l'établissement : d'autres font la cuisine ou blanchissent le linge. Tout l'ouvrage de la maison est confié aux forçats ; les autres, qui forment la masse principale, se rendent au lieu des travaux, où une tâche est assignée à chacun. Pour les uns ce sont des pierres à tailler, pour d'autres du fer à forger; la fabrication de la toile, celle des tonneaux, celle des souliers, font partie des travaux de l'établissement.

« Chaque atelier a pour président un guichetier qui n'est point forçat. C'est un homme digne de toute confiance, et qui doit connaître à fond les métiers qu'il fait exercer. Il exige le silence le plus rigoureux. Il réunit au moins vingt hommes sous ses ordres, jamais plus de trente. Le surintendant de la prison surveille à la fois les prisonniers et les guichetiers; un petit carreau de la largeur d'un pouce, placé à l'extrémité d'un corridor étroit et obscur, lui permet d'examiner l'intérieur des ateliers, sans être vu ni entendu. La pensée qu'ils ont tous qu'un œil vigilant examine leurs travaux les tient toujours sur le qui-vive.

« A huit heures, le son d'une cloche annonce la suspension des travaux; les prisonniers se rangent de nouveau en ligne et sont reconduits à leurs guichets. Chaque prisonnier reste quelques instants sur le seuil de la cellule, les mains placées sur les côtés et immobile comme une statue. Bientôt il reçoit le signal qui lui permet de se baisser, pour prendre le déjeuner déposé sur le plancher du corridor. Vingt minutes après, les prisonniers sont rappelés pour être reconduits au travail, où ils sont retenus jusqu'à midi. Ils reviennent ensuite à leur guichet pour prendre leur dîner, et retournent à leurs travaux. A l'approche de la nuit, les exercices de propreté du matin recommencent; chacun se lave les mains et la figure, et se munit de sa cruche et de son baquet pour rentrer dans le guichet, où se trouve servie la préparation de farine de maïs qui compose le souper. A une heure fixe, la cloche les avertit de se mettre au lit; mais un peu avant le coucher, l'aumônier de l'établissement récite les prières du soir. On ne peut donner trop d'éloges à cette tendance que l'on cherche à donner à l'esprit des forçats vers les pensées religieuses. « Après l'office du dimanche, m'a dit
« M. Barrett, chapelain de Sing-Sing, je passe beaucoup de temps
« dans l'intérieur des guichets; je m'entretiens avec les prison-
« niers, et cette occupation m'intéresse de plus en plus. Je n'ai vu

« personne encore montrer la moindre répugnance à m'entendre.

« J'aurais déjà dû faire observer que la plupart des forçats, en Amérique, sont détenus pour des causes qui, en Angleterre, leur eussent valu l'exil ou la potence. La peine de mort est odieuse en Amérique, mais surtout dans les états du N. et de l'E. Le gouvernement n'a point de colonie qu'il puisse consacrer à la transportation de ses bandits; ce qui l'oblige à retenir en prison une foule de malfaiteurs, dont on aurait su se défaire en Angleterre. On a proposé deux projets pour obvier à cette nécessité dangereuse qui oblige l'Union à nourrir, au sein de l'état, une société permanente de scélérats. J'ai déjà fait connaître un de ces projets, mis en pratique à Sing-Sing. L'autre consisterait à tenir nuit et jour les criminels dans l'état le plus absolu d'isolement, à les bannir non-seulement de leur patrie, mais pour quelque temps du monde entier. Ce dernier projet, habilement mis en pratique, et soumis aux règles d'une discipline morale, trouve de nombreux partisans dans la Pensylvanie. Quelque vicieuses qu'aient été les premières habitudes du forçat avant sa détention, il ne tarde pas à éprouver les effets profitables que cet isolement entraîne : d'abord l'habitude du travail, qui lui laisse pressentir ce qu'il pourrait accomplir par son assiduité; puis la tempérance, vertu qu'il n'avait probablement pas connue auparavant, et dont il peut comprendre les avantages. Après un sommeil plus calme et plus profond, qui ne lui laisse point de lourdeur ni de maux de tête, le travail lui paraît une source de gaieté, de force et même de distraction. L'obéissance lui est devenue facile, il plie sans effort ses mauvais vouloirs à la volonté qui le domine. Il est bon de dire qu'une Bible est placée dans chaque cellule, et que la lecture de ce livre est la seule qui soit permise dans la maison. Comme beaucoup de prisonniers ne savent pas lire, une école a été établie dans la prison d'Auburn, en 1826; cinquante forçats, dont l'âge ne dépassait pas vingt-cinq ans, y furent reçus. Le bienfait de cette faveur fut accueilli avec les démonstrations d'une vive reconnaissance : en 1828, le nombre des étudiants s'était élevé à cent vingt-cinq, sur cinq cent cinquante prisonniers.

« Dans toutes les régions du monde, en Amérique même, et sous l'heureuse influence du régime pénitentiaire, toutes les prisons sont pourvues de certains êtres qui paraissent s'attacher à ce genre de vie, comme par vocation ou par métier; la prison est leur élément: apparemment qu'ils ne peuvent respirer que là. Ont-ils recouvré leur liberté, ils se sentent mal à l'aise, jusqu'à ce qu'ils retombent dans la solitude et sous les verrous. »

Note 18, page 179.

Les observations de M. Appert, sur la manière de traiter les détenus politiques, sont aussi sages que philanthropiques, et je m'empresse de les transcrire ici, quoiqu'elles ne soient pas entièrement conformes à ma manière de voir. Ainsi, par exemple, je crois que ces détenus ne devraient pas être agglomérés dans la capitale, où le contact journalier de leurs complices les tient dans un état perpétuel d'irritation qui, au grand désespoir de leurs familles (car la plupart sont des jeunes gens), empêche leur retour à de bons et sages principes. Je voudrais que les lieux de détention fussent situés loin de Paris, au milieu de cantons sains et isolés. Là, ils seraient traités avec égards et douceur; on leur fournirait les moyens de s'occuper suivant leur capacité; une bibliothèque serait mise à leur disposition, et le produit de leurs travaux manuels ou littéraires servirait à rendre leur condition présente plus supportable et leur sort à venir plus assuré. Si quelques-uns, méconnaissant les bonnes intentions du gouvernement envers eux, se montraient intraitables, on emploierait, pour les ramener à la soumission, la reclusion solitaire et non les mauvais traitements qui exaspèrent toujours les prisonniers. Il faudrait enfin que les détenus politiques n'eussent à regretter que la perte de leur liberté, et qu'on leur facilitât les moyens de puiser dans la réflexion et loin du tumulte des grandes villes, la raison et l'expérience qui leur manquent pour devenir de bons et utiles citoyens.

Voyons maintenant ce que dit M. Appert.

« Quant aux détenus politiques, je pense que dans aucun cas, sous aucun prétexte, ils ne doivent être confondus avec d'autres criminels; car, pour exprimer mon opinion tout entière, je dirai que dans tous les temps, sous tous les règnes, les passions, l'esprit de parti tendent, à l'égard de ces prisonniers, à une rigueur excessive, et par conséquent souvent aveugle. Je demande donc un régime, une prison pour les délits politiques. Ce n'est pas seulement dans l'intérêt de ces prisonniers que je forme ce vœu, c'est aussi pour la société; car les fers, les chaînes, les cachots, la fréquentation de grands coupables, ne peuvent jamais produire le repentir, calmer la pétulance des idées politiques; et une raison encore plus puissante, c'est que les gouvernements, comme les particuliers, juges dans leur propre cause, tendent toujours au despotisme, pour ne pas dire à la tyrannie.

« D'abord, en gouvernant bien, le nombre de ces détenus deviendra chaque jour moins considérable; et si l'autorité supérieure comprend bien le caractère, l'éducation de cette sorte de prisonniers, elle verra qu'un régime humain, moral, salubre et non vexatoire, ramènera bien plus vite que tout autre. Oter même au détenu politique le prétexte de se plaindre, lui montrer que c'est pour ainsi dire à regret qu'on ne lui rend pas la liberté, serait un excellent moyen de calmer son irritation, tout en diminuant ses souffrances morales et physiques. Un gouvernement fort doit être au-dessus des petites tracasseries et de l'arbitraire; plus il sera grand et généreux, plus il ramènera à lui. »

Note 19, page 179.

La mesure que prendrait le gouvernement de renvoyer au département où il est né, pour y subir sa peine, tout individu condamné pour un délit quelconque, me semble offrir beaucoup d'avantages et très-peu d'inconvénients.

Premièrement, la crainte d'expier son crime sous les yeux de ses parents et de ses concitoyens, arrêtera sur le bord de l'abîme beaucoup d'hommes qui, à présent, espèrent, s'ils sont découverts, aller cacher leur honte au loin dans les bagnes et les maisons de correction. Qu'on ne croie pas cette considération sans importance ; elle est au contraire d'une valeur immense et a servi de base dans plusieurs pays à la réforme des mœurs.

Ensuite, en divisant les criminels accumulés dans nos prisons et dans nos arsenaux maritimes, et en les assujettissant au régime pénitentiaire dont j'ai parlé, nul doute qu'on ne parvienne à ramener bon nombre de ces malheureux dans la bonne voie.

Puis enfin, les conseils généraux chercheront naturellement, en s'occupant avec plus de soin de la morale publique, à restreindre le nombre des coupables, dont la multiplicité serait à la fois une charge et une honte pour le département.

Considérée sous le point de vue matériel, cette mesure ne présente pas moins d'avantages.

Car les établissements pénitentiaires étant placés sous l'inspection des magistrats municipaux, intéressés personnellement à ce qu'ils soient bien dirigés, seront soumis à une surveillance continuelle, à laquelle l'amour-propre local donnera chaque année une plus grande extension. Ainsi les dépenses diminueront peu à peu ; et comme en France chaque province a son genre d'industrie, il sera plus facile de tirer du travail des condamnés un revenu suffisant pour les entretenir. Ces derniers, qui d'après le mode actuel sont livrés au scandaleux arbitraire d'un entrepreneur et d'un directeur nommés par l'administration de Paris, auront de plus cet avantage que leurs familles élèveront la voix pour faire valoir leurs plaintes et défendre leurs intérêts, dans le cas où la surveillance des autorités locales serait en défaut.

Ajouterai-je que les agents inférieurs des bagnes et des prisons, si peu faits généralement pour inspirer des sentiments de repentir aux détenus, qu'ils encouragent au contraire aux vices par leur vénalité, ou exaspèrent par leur conduite brutale et leurs grossiers propos, seront choisis avec plus de soin, et rendront de meilleurs services par cette raison-là même qu'ils jouiront d'une plus grande considération ?

Les frais que coûtera la construction des maisons de correction départementales seront considérables sans doute ; mais l'état, que ces établissements débarrasseront de la foule de criminels dont il a aujourd'hui la charge, en supportera une partie ; et les départements pourront aisément faire face au reste, sans augmenter les charges des contribuables, en vendant ces biens communaux qui, au lieu de contribuer, dans les petites villes et dans les villages, au soulagement des pauvres, y sont, pour ainsi dire, l'apanage des plus riches habitants. La vente de ces biens mettrait un terme à bien des dilapidations ; et tandis qu'une partie des sommes qui en proviendraient serait consacrée à l'établissement des prisons, l'autre, placée sur les fonds publics, rapporterait un revenu fixe qu'on emploierait à soutenir les pauvres incapables de gagner leur vie, et à fonder des maisons de travail, seul moyen d'arrêter l'accroissement continuel de ces mendiants qui pullulent dans les campagnes et font trembler les fermiers dont ils incendient souvent les propriétés.

Je crois pourtant que ces maisons de correction n'auront guère d'autre effet que de pallier le mal ; c'est à sa racine qu'il faut l'attaquer, si l'on veut le détruire, et pour cela chercher par toutes sortes de moyens à préserver de la contagion la génération qui commence, soit en formant de ces maisons de refuge où les jeunes enfants sont recueillis et reçoivent une instruction analogue à leur destinée future, pendant que leurs parents vaquent à leurs travaux ; soit en attribuant aux juges de paix le droit de faire enfermer juridiquement, et après une enquête officielle, dans des maisons d'éducation instituées à cet effet, les enfants qui montrent un penchant décidé au mal, et dont les familles sollicitent la reclusion. Aujourd'hui ces petits coupables, enhardis par l'impunité que leur assure le silence de la loi, grandissent dans le vice, paraissent bientôt devant les tribunaux correctionnels ou les cours d'assises, et dès lors ils sont perdus pour toujours.

Le développement d'un pareil système aurait exigé plus de place que ne me permettent de lui en donner les limites étroites de cet ouvrage et surtout d'une note ; je me suis donc borné à quelques idées générales qui, je l'espère, fixeront l'attention des lecteurs sur un sujet aussi important. Je terminerai en disant que ce système, établi aujourd'hui aux États-Unis et en Suisse, où il a parfaitement réussi, ne saurait l'être aussi aisément parmi nous : il faudrait vaincre d'anciennes habitudes, retrancher bien des abus, léser bien des intérêts particuliers. Mais quel projet n'a pas ses difficultés, et quel est l'homme de bien tant soit peu expérimenté qui ne sache combien il faut prendre de peine quelquefois pour être utile à ses semblables ?

Note 20, page 223.

Au moment de traiter une question si importante et aujourd'hui si controversée, je ne saurais trop m'appuyer de l'opinion des hommes qui, ainsi que moi, l'ont étudiée sur les lieux. Je mettrai donc sous les yeux de mes lecteurs celle d'un magistrat recommandable par ses connaissances étendues et la droiture de son caractère, M. Bannister, ancien procureur général à la Nouvelle-Galles du Sud, qui a publié les considérations suivantes dans la *Revue étrangère* (année 1834, novembre, pag. 1).

« En France, les esprits sont divisés sur la question de savoir si les établissements de colonies pénales sont utiles ou nuisibles. Les deux opinions se balancent, et chacun sentant que la théorie ne saurait lutter contre l'évidence, on invoque *de part et d'autre* des faits contradictoires. Il importe donc de constater les faits. Ceux qui, en France, désirent la formation de colonies pénales, se rendront peut-être sans difficulté, si l'idée assez généralement répandue du succès des Anglais dans de pareilles entreprises se trouve combattue et démentie par les résultats. Rien assurément de plus raisonnable que de consulter sur ce sujet l'expérience des Anglais ; mais aussi rien de plus important que de se tenir en garde contre des préoccupations trop favorables, et de ne pas admettre légèrement les chimériques témoignages d'une expérience supposée. Les faits que nous allons exposer auront le double avantage de rectifier quelques erreurs, et de diriger plus utilement l'attention en l'appelant de préférence sur les avantages et les résultats du système pénitentiaire. Ce que nous allons dire sortira des idées communes ; mais la vérité est-elle toujours inhérente aux idées ou aux systèmes du plus grand nombre ?

« Ceux qui penchent en faveur de l'établissement de colonies pénales pour la France, disent que les anciennes colonies de l'Angleterre, aujourd'hui les États-Unis de l'Amérique, n'ont été d'abord que des colonies pénales, et que leur prospérité actuelle n'est due originairement qu'à la seule industrie des criminels. Ils en infèrent que tout pays qui suivra cet exemple pourra espérer un succès pareil. Pour donner plus de poids à leur argumentation, ils ajoutent que les colonies pénales de l'Angleterre en Australie sont aussi dans un état de prospérité morale, et que ce succès devient un argument nouveau en faveur d'une colonie pénale française. Ce raisonnement est spécieux sans doute, mais il n'est que spécieux : les faits viennent renverser tout cet échafaudage. Ces faits attestent:

« 1° Que les anciennes colonies anglaises en Amérique ne furent jamais des colonies pénales, et que leur prospérité est devenue telle que nous la voyons, non pas en raison de l'importation de quelques milliers de criminels qui y ont été transportés, mais malgré cette transportation, qui n'a pu qu'entraver le progrès moral de ces établissements ;

« 2° Que les nouvelles colonies anglaises en Australie, qui sont vraiment des colonies pénales, se trouvent dans une situation morale qui n'est rien moins que satisfaisante.

« Pour l'Amérique septentrionale, il est vrai de dire que quelques milliers de criminels y avaient été transportés avant 1776. Mais les transportés de l'Angleterre ne furent jamais assez nombreux pour égaler la dixième partie des colons. De bonne heure les colons libres s'aperçurent des inconvénients d'une émigration de condamnés (*convicts*) ; et, en 1692, la colonie de Maryland fit une loi qui défendit chez elle l'introduction des criminels. C'est sans doute aussi pour cette raison que le conseil privé du roi Guillaume III donnait à ce sujet, vers le même temps, l'ordre suivant : « Au « palais de Kensington, le 25 novembre 1697. Vu un rapport du

« conseil de commerce sur la transportation des *convicts* en Amé-
« rique, et sur la difficulté de disposer de ces *convicts* dans le pays ;
« nous ordonnons que le conseil de commerce délibère sur la ques-
« tion de savoir de quelle manière et dans quels endroits les *con-
« victs* graciés sous condition d'être transportés peuvent être pla-
« cés, et *quelle serait la punition* qu'on pourrait leur infliger, au
« lieu de la transportation en Amérique[1]. »

« L'Angleterre a toujours eu des hommes qui reconnurent les vices du système de la transportation des criminels ; et, depuis Bacon jusqu'à Bentham, les plus distingués d'entre ces hommes, l'on n'a pas cessé de réclamer l'abolition des lois de transportation. Nous verrons plus tard que la lutte de ces excellents esprits contre ce système surgit au parlement avec beaucoup d'éclat dans l'année 1770, avant l'indépendance des États-Unis ; et c'est un fait incontestable que les anciennes colonies ont presque unanimement prié le gouvernement anglais de ne pas continuer d'y envoyer les condamnés.

« Ces colonies ont échappé tout à fait au fléau d'une classe spéciale de *convicts*, les *militaires* condamnés, parce qu'avant l'indépendance de États-Unis l'armée anglaise était peu considérable. Mais, depuis cette époque, le gouvernement a commis la faute capitale de faire une colonie pénale pour les militaires à Sierra-Leone. D'après le rapport des personnes qui ont examiné l'état de cette colonie, la transportation des *convicts* militaires a été une des causes principales du peu de succès d'un établissement si philanthropique dans son origine, et énormément coûteux dans la suite[2]. La France a déjà commencé à suivre cet exemple, en envoyant les condamnés militaires à Alger, mesure que nous ne pouvons nous dispenser de regarder comme une faute[3].

---

[1] *House of commons papers*, 1831, n° 276, *First report of the Committee on secondary punishments*, pag. 145.

[2] Ibid., 1826, *Report on Sierra-Leone*.

[3] La décadence du pouvoir turc tient beaucoup à une cause fort analogue à la transportation des condamnés militaires. « Après que le gouvernement turc eut pris consistance en Alger, une des causes de sa décadence fut l'envoi à Smyrne de commissaires pour faire des recrutements de soldats. Ces commissaires, au lieu de suivre l'ancien système, qui était de ne prendre que des

NOTES.   465

« Depuis l'indépendance des États-Unis, on y a sérieusement examiné la question. Il s'agissait de décider s'il était convenable de déporter hors du pays les condamnés actuels. Le résultat de cet examen se trouve dans le rapport d'une commission de la législature de Pensylvanie, qui fut fait en 1828. Après avoir envisagé la question sous ses différentes faces, la commission a rejeté la proposition.

« Ainsi, c'est une grave erreur de citer les anciennes colonies de l'Angleterre en faveur de l'établissement de colonies pénales. La législation coloniale du XVIIe siècle, les opinions des colons du XVIIIe siècle, et les recherches des citoyens des États-Unis du XIXe siècle, déposent également contre de tels établissements. L'égoïsme des Anglais militait seul en faveur de l'envoi des condamnés en Amérique, comme c'est encore ce même égoïsme qui a forcé les colons de recevoir des esclaves noirs, malgré leurs vives réclamations.

« L'expérience anglaise en Amérique, comme celle des Russes en Sibérie[1] et celle des Portugais en Afrique[2], fournit mille preuves que les inconvénients de ce genre de punition en dépassent de beaucoup les avantages : et appeler des criminels les fondateurs des colonies américaines, c'est calomnier des hommes qui se distinguaient par leur probité ; considérer les habitants actuels des États-Unis comme les descendants de criminels, c'est méconnaître entièrement l'histoire[3].

« Sans doute les colonies anglaises en Australie sont des établissements d'un tout autre genre. Mais la France a été induite

---

hommes honnêtes et ayant des répondants, enrôlaient même des hommes qui avaient subi des condamnations. De même qu'il ne faut qu'un grain pourri dans un tas de blé pour le gâter entièrement, de même il ne faut qu'un homme corrompu pour entraîner au mal tous ceux qu'il fréquente et qui l'entourent. » (Voy. l'*Aperçu historique sur Alger*, par Sidy Hamden-Ben Othman Khoja, pag. 129.)

[1] Voyez le *Voyage en Sibérie*, par le capitaine Cochrane, publié en 1824.

[2] Voyez dans l'ouvrage américain intitulé *African Repository*, des détails affreux sur Bissao.

[3] Les preuves à ce sujet se trouvent partout ; mais, en 1832, un Anglais, M. Howard Hinton, a publié une histoire des États-Unis, où le point est discuté avec impartialité. En Allemagne, le docteur Brauns a aussi publié (Potsdam, 1833) un ouvrage qui doit être lu par tous ceux qui voudraient connaître l'histoire des États-Unis sur ce point.

en erreur sur l'état actuel des colonies australiennes, de même qu'elle l'avait été relativement à celles de l'Amérique septentrionale. Les beaux ouvrages d'Entrecasteaux et de Péron, et les détails des voyageurs français, qui, étant reçus par les colons comme amis, ne voient, pour la plupart, que le côté riant des choses, et qui, en hôtes aimables, rapportent en Europe tout ce qu'ils ont vu de bon, et oublient bientôt ce qu'ils ont vu de condamnable, ont beaucoup contribué à produire l'erreur que nous signalons. Un auteur français, qui ne peut pas même invoquer cette excuse, a poussé l'exagération un peu plus loin; c'est M. de Blosseville, qui a publié récemment une histoire des colonies pénales de l'Angleterre en Australie. Sous le titre de *résumé de l'état moral de ces colonies*, cet auteur nous dit « que le vol à main armée « y est presque sans exemple; que la justice n'y a le plus souvent « qu'à connaître de délits d'un caractère peu grave, et qu'il est « très-rare que les planteurs soient volés par les *convicts* attachés à « leur service. » Pag. 453.

« Il est fâcheux de s'occuper d'un sujet quand ceux qui le discutent se trouvent dans le cas de nier réciproquement les assertions l'un de l'autre. Mais le respect pour la vérité nous fait un devoir de présenter des preuves irrécusables, qui démontreront jusqu'à quel degré M. de Blosseville, quoique son ouvrage ait été couronné par l'Institut de France, s'est trouvé dans l'erreur sur le point principal de son histoire. Les faits suivants sont basés ou sur des documents officiels et authentiques, à la portée de tout le monde, ou sur l'expérience personnelle de l'auteur, qui les a recueillis durant les années 1824, 1825 et 1826, à Sidney, où il était procureur du roi.

« Sur une population de 36598 âmes, plus de 7000 individus furent, en 1825, condamnés de nouveau pour crimes, délits et contraventions commis dans la colonie; et ce chiffre s'est accru de beaucoup depuis l'année 1825.

« En 1828, la cour suprême de la colonie a condamné 217 personnes pour félonies (crimes), dont 106 à la peine capitale, et 28 furent exécutées. En 1829, la même cour a condamné 266 personnes pour félonies, dont 73 à mort, et 30 furent exécutées. En 1830, les condamnations prononcées par la même cour, pour félonies, s'élevèrent au chiffre de 278, dont 134 sentences de mort, et 49 individus furent exécutés.

« En 1828, les exécutions pour meurtre s'élevèrent à 7; en 1829, à 11; et en 1830, au même nombre de 11.

« Dans les dernières années, les viols ont également augmenté. En 1826, dans le district de Windsor, où la disproportion entre les hommes et les femmes est presque la moindre de tout le pays, dans ce district où la population n'excède pas 5454 âmes, huit enfants au-dessous de 14 ans furent en 6 mois victimes de pareilles violences.

« En 1826, 14 jeunes filles ont été incarcérées à Sidney pour vol.

« En 1829, plus de 600 femmes furent renfermées dans une maison pénitentiaire à Parramatta, les unes par punition, les autres parce que les familles ne voulurent pas les recevoir comme domestiques, même sans salaire, ou enfin parce qu'il ne se trouvait point d'hommes qui voulussent les épouser; et pourtant le peu de femmes qu'on trouve dans le pays aurait dû faciliter à celles qui s'y rencontrent les moyens de se marier.

«Le 9 septembre 1829, une loi fut faite « pour forcer les hom-
« mes mariés à retirer leurs femmes de la maison pénitentiaire de
« Parramatta. » Voici les termes de cet acte législatif: « Attendu que
« les maris dont les femmes ont été condamnées à subir la peine
« d'emprisonnement dans la maison pénitentiaire à Parramatta,
« doivent les recevoir chez eux après l'expiration de la peine, il est
« ordonné que quand les femmes condamnées auront subi leur peine,
« leurs maris seront tenus de les reprendre chez eux, sous peine
« d'une amende de deux schellings et six sous par jour, applicable
« à l'entretien et à la nourriture desdites femmes, pour le temps
« qu'elles restent dans la maison pénitentiaire au delà du terme de
« leur condamnation [1]. » On peut juger par cette loi de l'état et de

---

[1] *House of commons papers*, 1832, n° 163, pag. 8.

la pureté des mœurs des *convicts* de la Nouvelle-Hollande, et si leur vie privée, tant vantée par ceux dont le sentiment est favorable à l'établissement des colonies pénales, peut être invoquée à l'appui de cette opinion. Malheureusement, de telles lois ne remédieront point au mal; et il est nécessaire que le système qui introduit tant d'hommes et si peu de femmes dans ce pays soit changé. Sans cela, on doit s'attendre à voir se multiplier les désordres de toute espèce, inévitables chez une semblable population. Il est impossible d'égaliser la somme respective des deux sexes dans une colonie pénale où l'on envoie les individus condamnés dans la mère patrie, parce que partout le chiffre des condamnations prononcées contre les femmes est moindre que celui des condamnations intervenues contre les hommes. En outre, les *convicts,* par leurs mauvaises habitudes, prennent rarement les mœurs de famille, qui seules font les bons pères et les bonnes mères.

« Dernièrement, une société, en Angleterre, a fait l'expérience d'envoyer en Australie des jeunes filles non condamnées. Cette mesure avait pour but d'éviter les inconvénients attachés à la disproportion du nombre entre les individus des deux sexes : on dit que le résultat a été des plus fâcheux pour ces pauvres filles. Les membres de la société dont nous parlons appartiennent aux familles les plus honorables de Londres, et il est effrayant de penser que de tels hommes aient pu être trompés dans leurs intentions de faire le bien.

« Quelques personnes pensent qu'un changement dans le système d'administration de la Nouvelle-Hollande pourrait obtenir du succès [1]. Mais ces personnes oublient que tous les systèmes possibles ont déjà été essayés, et que tous ont également échoué. Les mêmes personnes espèrent principalement cet heureux effet de la sévérité des mesures; mais il est bien remarquable que le système sévère a été jusqu'ici le plus malheureux de tous. Les tableaux qui suivent présentent cinq essais différents, et leurs résultats démontreront plus que les raisonnements quel succès on peut attendre de pareilles mesures.

[1] *Report of the Committee on secondary punishments,* 1832.

NOTES. 469

I. De 1788 à 1809.
« Discipline et police sévères. Les grâces et bienfaits rarement accordés aux *convicts*. Les lois exécutées strictement, mais avec assez d'égalité. Une forme de gouvernement extrêmement arbitraire. Les deniers du trésor public économisés avec beaucoup de soin.

II. De 1810 à 1820.
« Discipline relâchée. Une police violente envers les individus. Grâces et bienfaits sans bornes accordés aux *convicts*; concessions, soit de terrains, soit de liberté, soit même d'emplois de la magistrature. Le trésor public dépensé sans contrôle. Le gouvernement toujours arbitraire dans les formes et en fait.

III. De 1821 à 1824.
« Discipline et police arbitraires. Grâces et bienfaits accordés rarement, mais avec égalité. Les lois criminelles exécutées avec sévérité. La torture introduite en partie et soutenue par système. Le trésor public épargné. Le gouvernement arbitraire dans les formes et en fait.

IV. De 1824 à 1826.
« Discipline tempérée. Les lois criminelles exécutées avec plus de modération et plus de régularité. La liberté de la presse accordée sans bornes. Point de procès pour libelles. Peu de terres données aux *convicts*. Le trésor public épargné. La forme du gouvernement moins arbitraire que dans les périodes précédentes.

V. De 1826 à 1831.
« Discipline sévère. Police illégale. Bienfaits rarement accordés aux *convicts*. L'exécution des lois criminelles extrêmement sanguinaire. Nouvelle espèce de collier de fer, pour les prisonniers, introduite de l'île Maurice. Les journaux soumis à la censure et à des procès fréquents. Le trésor public épargné. Le gouvernement moins arbitraire dans les formes, mais plus arbitraire en fait.

« Sous l'influence de ces cinq systèmes, on vit la discorde civile augmenter et les crimes s'accroître, mais toujours avec cette coïncidence remarquable, que plus l'administration devenait sévère, plus aussi les criminels se multipliaient. Cette expérience est très-précieuse; nous pourrions même dire que nulle part les erreurs de l'administration ne sont moins pardonnables que dans l'Australie, parce que nulle part l'effet d'une mauvaise administration ne s'est manifesté plus promptement et plus ostensiblement par l'état moral de la population. Dans les pays ordinaires, surtout dans les colonies fondées avec sagesse, les criminels sont, après tout, peu nombreux relativement à la masse. Mais dans l'Australie et dans toute colonie pénale, tant de gens sont enclins aux crimes, que les nouvelles mesures qui les concernent influent d'une manière très-rapide; on pourrait même dire que l'influence est instantanée et immédiate. Une statistique *complète* de l'état moral de l'Australie depuis son établissement, en 1788, accompagnée d'une collection des diverses lois de ce pays, serait un document des plus importants pour l'étude du cœur de l'homme[1].

« Tel doit être *nécessairement* l'état des choses dans toute colonie pénale. Les habitants ont en effet cédé aux penchants criminels quand ils étaient entourés des préservatifs que peut offrir une société saine, et quand ils étaient sous les yeux mêmes de leurs amis et de leurs parents. Dans la nouvelle société, où la morale est généralement en rapport avec la condition des habitants, comment des sentiments élevés pourraient-ils germer dans les cœurs déjà flétris et dégradés? quels motifs pourraient porter les habitants à s'amender? Durant le temps de leur captivité, ils sont dénués de toute espèce de propriété. Pour la plupart, ils sont nécessairement *à jamais* sans femmes, sans enfants, sans liaison aucune de famille; méprisés par les colons libres, suspects à leurs camarades plus encore qu'au gouvernement, est-il étonnant qu'ils s'abandonnent aux vices de tout genre et que tous les actes de leur vie privée soient déréglés? Ils n'ont devant eux que des espéran-

---

[1] On pourrait trouver les matériaux nécessaires pour la rédaction d'un pareil ouvrage dans les rapports du parlement anglais, que possède la chambre des députés de France, en y ajoutant les gazettes et journaux de Sidney.

NOTES. 471

ces bien vagues. Leur avenir dépend des individus obscurs préposés au gouvernement de telles colonies, et le système du gouvernement à leur égard change trop souvent pour que ce système puisse produire un effet permanent sur des hommes placés dans cette position.

« Sous le rapport politique, la colonie pénale anglaise est aussi nécessairement exceptée du régime constitutionnel, qui autrefois exerçait une influence si marquée sur le bonheur des colons anglais. Les impôts sont fixés, perçus et dépensés sans le consentement ou le contrôle des contribuables. Les lois sont l'œuvre d'hommes nommés par le roi, au lieu d'être rendues après les débats d'une législature représentative. L'administration dépend tout à fait de la libre volonté d'un ministre à Londres. Ce régime inconstitutionnel n'a pu heureusement influer beaucoup sur la pêche de la baleine, ou sur la multiplication des moutons qui produisent de la laine fine ; et c'est de ces deux objets que provient le succès des colonies anglaises en Australie. L'activité des commerçants et des matelots anglais a su profiter du premier de ces avantages, et le second tient à un sol magnifique, à un délicieux climat, et au génie d'un seul homme[1]. Le hasard a beaucoup fait en faveur de la colonisation pénale des Anglais ; jusqu'ici les ministres de l'Angleterre, autant qu'il leur a été possible, ont contribué aux succès matériels de l'établissement, sans songer à ses résultats moraux.

« A la chambre des députés de France, M. Mauguin a soulevé un argument à ce sujet, qui mérite un examen spécial. « Je sais « très-bien, dit ce savant législateur à propos d'Alger, qu'en Angle- « terre, *à présent*, quelques écrivains attaquent les colonies ; qu'ils « se plaignent surtout des établissements qui ont été faits dans la « Nouvelle-Hollande ; mais il faut toujours distinguer, en Angle- « terre, ce qu'écrivent certains *économistes,* qui veulent influencer « l'opinion continentale, et ce que fait le gouvernement : ce qui « est fort différent. » (*Moniteur*, 4 avril 1833, pag. 964.)

« La distinction faite ici entre le gouvernement qui a fondé les

---

[1] M. Mac-Arthur, le nommé *Arthur,* dans le voyage de Péron, qui s'est rendu célèbre par le succès avec lequel il a utilisé les mérinos.

colonies pénales et ceux qui les condamnent est bien saisie. Mais c'est une erreur de borner ces derniers à « quelques écrivains; » une réponse satisfaisante à l'observation de M. Mauguin ne sera pas difficile. Personne mieux que lui ne sait que souvent, sur certaines questions, les *gouvernements* s'opiniâtrent et persévèrent, malgré l'évidence, dans leurs systèmes vicieux; et que si même les *nations* font pendant de longues années ce qui n'est ni sage ni juste, il serait d'une mauvaise logique de les imiter *parce qu'elles* ne peuvent pas être détournées de leurs systèmes faux et dangereux.

« Il est vrai que le *gouvernement* anglais s'est obstiné à continuer les colonies pénales, et n'a pas cédé aux instances des Howard, des Bentham et des Whateley[1] contre tout système de déportation. Néanmoins la *nation* anglaise, quoique justement solidaire dans sa renommée pour tout ce qu'elle permet, n'a encore exprimé aucune pensée à ce sujet, autrement que par un petit nombre d'organes de la presse[2]. Le peuple n'a pas été dans le cas de se prononcer avec fruit sur de telles questions avant 1832, où un commencement de réforme parlementaire fut adopté. C'est, en outre, une erreur de dire que l'opposition aux colonies pénales se borne aux écrits de *certains économistes* de nos jours. Avant 1776, avant la guerre avec les anciennes colonies, des propositions formelles furent faites dans le parlement, par les hommes les plus distingués, pour substituer à la transportation de meilleures mesures pénales. Particulièrement en 1770, à l'occasion d'une discussion relative à la transportation, sir George Savile présenta une proposition tendante à la réforme générale des lois criminelles[3]. Ses efforts, et ceux de Blackstone et Howard, ont donné lieu à des projets tout à fait contraires aux colonies pénales. Si ces projets

---

[1] Les noms de Bentham et de Howard sont connus; celui de Whateley, archevêque de Dublin, commence à se répandre, et peut-être il est destiné à atteindre une renommée égale.

[2] Parmi les écrivains dont parle M. Mauguin, on peut compter ceux qui sont collaborateurs dans les revues *Quarterly, Westminster, Law-Magazine* et *Jurist*, tous hommes des partis les plus opposés en politique.

[3] *Parliamentary History*, pour l'année 1770, vol. XVI, pag. 924. Cet ouvrage se trouve à la bibliothèque de la chambre des députés à Paris.

ont échoué, leur effet indirect n'a pas été perdu entièrement; au contraire, ils ont porté le gouvernement, jusqu'à l'année 1787, à ne plus penser à établir une nouvelle colonisation pénale. Même en 1784, on a décidé qu'on enverrait les criminels LIBRES en Afrique, au lieu de reproduire ailleurs le système d'esclavage pénal des anciennes colonies[1]. Ce projet était plus funeste encore que celui des colonies pénales; et il fut écarté par les vives réclamations des commerçants qui se trouvaient à la rivière de Gambie. Plus tard, quand la résolution fut prise, en 1787, de faire de nouveaux établissements dans l'Australie, le gouvernement anglais n'avait pas l'intention d'y fonder une colonie pénale : il s'agissait d'une colonie libre. Mais on ne parvint point à déterminer les colons à s'y rendre, tant les bases de la fondation étaient fausses. Toutefois l'établissement pénal imaginé plus tard par lord Sydney, ministre anglais de l'époque, était moins vicieux que celui qui s'est développé sous ses successeurs[2].

« Depuis 1792 jusqu'à 1812, de nouvelles opinions ont acquis un grand ascendant à Londres. Les anciens principes de colonisation libre, qui ont amené l'indépendance heureuse des États-Unis, furent entièrement rejetés. Le parlement, trop occupé des guerres de l'Europe, abandonnait les établissements dans l'Australie, avec toutes les autres possessions coloniales, à la bureaucratie puissante de Downing-street. Des sommes énormes furent dépensées sans contrôle par cette bureaucratie, qui se rattachait à une combinaison commerciale systématique également puissante. Leurs relations communes embrassaient presque tous les rangs un peu élevés de la société; et un tel degré de despotisme s'était établi dans leur système officiel, que si par hasard des individus probes entravaient leurs intrigues, il devenait presque impossible à ces individus d'échapper à leur vengeance. Jusqu'aujourd'hui les efforts de cette bureaucratie ont empêché toute recherche profonde dans le sein du parlement, relativement au système *moderne* des colonies anglaises; on a surtout méconnu le vrai caractère et

---

[1] *Journals of the House of commons*, vol. XL.
[2] *Parliamentary papers on New South Wales, for* 1792.

les inconvénients de la transportation des criminels en Australie. Jusqu'aujourd'hui pas une seule mesure de réforme indispensable n'a été adoptée ni mise à exécution dans l'intérieur de cette administration, même depuis 1830. Les hommes d'autrefois siégent encore dans cette administration : les mêmes principes y prévalent encore. En vain pendant quarante années, depuis 1792 jusqu'à 1832, Bentham a signalé les vices du système des colonies pénales dans ses écrits véritablement prophétiques[1]. Ce ne fut que vers l'année 1812 que sir Samuel Romilly provoqua, à ce sujet, de nouvelles enquêtes parlementaires. Plus tard, l'infortuné Grey Bennet suivit les traces de Bentham et de Romilly, et avec plus de succès. En 1821, 1822 et 1823, les enquêtes du commissaire Bigge[2], homme sans tache, et d'une grande expérience dans toutes les affaires coloniales, ont fourni beaucoup de matériaux propres à éclaircir la question de la transportation pénale, sans cependant en avoir aplani les difficultés. M. Bigge n'avait pas la mission d'y apporter le seul remède efficace et radical, c'est-à-dire, l'abolition entière du système.

« Pendant ces huit dernières années, les plans proposés par M. Bigge ont été exécutés, à quelques exceptions près; et ces changements, joints aux progrès immenses survenus dans les richesses desdites colonies, ont déjà fait beaucoup de bien. Ils ont eu pour résultat l'amélioration de la vie matérielle et l'extension des libertés des colons. Mais il est *impossible* d'arriver dans de telles colonies aux résultats avantageux que présente le système pénitentiaire. De là il suit qu'en Angleterre l'opinion de ceux qui s'occupent de ce dernier système devient de jour en jour plus contraire à la continuation des colonies pénales.

« C'est pourquoi, en 1831 et 1832, la chambre des communes a compris *New South Wales* dans les points confiés au *Committee upon secondary punishments*. Mais le *Committee* n'a fait qu'ébaucher

---

[1] Voyez le chapitre sur la déportation, dans la *Théorie des peines et des récompenses; A plea for the constitution*, et *A letter to lord Pelham*. Ces deux derniers ouvrages sont rares.

[2] Les travaux de M. Bigge ont été appréciés par MM. de Beaumont et de Tocqueville · *Du système pénitentiaire aux États-Unis*, Appendice, ch. 1, 2, 3.

le sujet; le temps lui manquait pour l'examen de la question et pour l'audition des témoins prêts à donner des renseignements d'une grande importance. Le *Committee* ne put suivre la totalité des travaux confiés à ses soins; il avait trop à faire. Il fallait apprécier et discuter une foule d'objets. Aussi à quoi cette enquête a-t-elle abouti ? On a eu des renseignements informes et incomplets, 1° sur les maisons pénitentiaires pour les hommes ; 2° sur celles des femmes ; 3° sur les prisons ordinaires ; 4° sur celles établies sur les pontons ; 5° sur le système pénitentiaire aux États-Unis ; 6° des détails sur l'Inde occidentale ; et 7° sur l'Australie. On dressa à la hâte quelques tableaux statistiques incomplets ; on reçut des dépositions tronquées, ou on les fit écrire par des témoins absents, qui n'avaient pas le temps de bien rédiger leurs opinions. Avec de telles bases de l'enquête parlementaire, on ne doit pas être surpris de voir que le grand remède proposé par le *Committee*, pour guérir les maux avoués par tous les témoins, soit : *plus de sévérité*. Si l'expérience eût été suffisamment consultée, il est impossible qu'on se fût arrêté à cette proposition : car c'est précisément le système sévère qui a le moins réussi.

« Ce fut avec une difficulté extrême qu'on parvint enfin à engager le parlement, en 1831 et 1832 (années de réforme), à faire tout ce qu'il a accompli. Le parlement reçut du ministre une quantité immense de documents sur les criminels dans la Nouvelle-Hollande, rédigés en vertu d'une loi spéciale[1] ; mais il lui fut impossible, faute de temps, de lire ces documents[2], bien moins encore de se livrer à une discussion approfondie.

« Les Anglais les plus instruits attendent avec impatience une occasion de se livrer à un examen complet de la colonisation pénale. Peut-être le retour des commissaires qui sont partis de Londres en février 1833 pour visiter les prisons des États-Unis ; peut-

---

[1] L'acte 4, George IV, chap. 96 (de l'année 1823).
[2] Je parle avec plus de confiance du *Committee on secondary punishments*, et des documents mentionnés dans le texte, parce que j'étais en relation à ce sujet, en 1831 et 1832, avec plusieurs membres de la chambre des communes et de la *prison discipline Society*, qui s'y intéressaient vivement.

être aussi la discussion d'un code criminel, qu'on prépare en Angleterre, présenteront-ils une occasion de reprendre avec fruit ce travail délaissé. Nul doute que les débats futurs sur toutes les branches des lois criminelles n'acquièrent alors un bien plus grand intérêt qu'ils ne l'ont fait jusqu'ici.

« D'après ces observations, on peut juger si l'Australie doit être prise pour un modèle parfait par les nations étrangères. Sans doute, si les discussions qui vont s'ouvrir avaient pour résultat de ne rien changer dans le système des colonies pénales de l'Angleterre, l'exemple de ces colonies deviendrait alors d'un grand poids pour la France, sans cependant trancher tout à fait la question.

« Nous avons présenté des faits qui avaient pour but de montrer, dans l'intérêt de cette question générale, l'état de la nouvelle colonie pénale, et la condition des transportés qui en font partie.

« Il nous reste, pour terminer cette esquisse, à signaler l'influence de cette transportation sur deux autres classes de personnes, dont la position dans la Nouvelle-Hollande est rarement appréciée ; ce sont : 1° les enfants blancs nés dans la colonie, ou qui y accompagnent leurs parents ; 2° les naturels noirs du pays. Ces deux classes n'ont pas le pouvoir de choisir leurs compagnons, et le gouvernement n'a pas le droit de leur en donner de mauvais : cependant il le fait en ne peuplant la colonie que du rebut de la métropole européenne. Il n'est pas difficile de juger quel doit être le résultat de la vie commune des *convicts* avec les enfants presque dépourvus de leurs guides naturels, et avec les pauvres naturels du pays, qui sont même plus enfants qu'eux. Les premiers, n'ayant devant les yeux que des exemples de vices de toute espèce, se corrompent facilement, et prennent, en croissant, des habitudes vicieuses et des mœurs criminelles. Les seconds sont persécutés d'une manière inconnue même aux Indiens des deux Amériques, aux Hottentots et aux Algériens. Si, sous les rapports matériels de commerce, d'agriculture, des arts même, la colonie obtenait des succès, devrait-elle les acheter par l'immoralité et la destruction de ces deux classes faibles ? Quelle idée de grandeur peut-on avoir d'une nation qui voudrait, pour quelques intérêts industriels, flétrir ainsi et stigmatiser du sceau du crime et du malheur deux classes entières d'êtres qui pouvaient être vertueux et heureux ?

« On a souvent exprimé en France des reproches assez sévères contre ceux qui voudraient trop imiter les usages et les institutions de l'Angleterre. Il serait curieux de trouver une banale anglomanie à l'égard d'un établissement, plus qu'aucun autre, honteux pour les Anglais, mais qui heureusement est dans sa décadence. En effet, rien de plus remarquable que l'erreur de ceux qui trouvent dans l'état actuel de la Nouvelle-Galles du Sud un argument favorable au système de la transportation des criminels. Sur tous les points, la morale est flétrie dans ce pays où l'on transporte les criminels; et il est extrêmement probable que, dans le pays d'où on les a transportés, le nombre des criminels s'augmente, par la force des réflexions que fait naître le sort de ceux qui les ont devancés dans la carrière du crime.

« Il est juste de déclarer que l'expérience a prouvé que quelques-uns des transportés prennent les mœurs et les vertus de la société, et deviennent dignes d'y rentrer; mais la question ne peut être résolue par quelques faits isolés, et par des exemples qui ne sont que des exceptions : c'est à l'ensemble des faits qu'il faut s'attacher. Il faut interroger l'expérience; c'est elle qui nous indiquera par quel système un plus grand nombre de criminels est réformé et rendu à la société avec la moindre perte morale[1]. »

Note 21, page 228.

Les ravages que l'habitude des liqueurs fortes cause parmi la population blanche de Van-Diémen seraient incroyables, s'ils n'étaient constatés par plusieurs écrivains dignes de foi, entre autres le docteur Ross, qui a écrit un article sur ce sujet dans

---

[1] Le système de transportation pénale, considéré comme auxiliaire de la colonisation, a été examiné avec beaucoup de soin en 1827, dans les débats du parlement anglais sur l'émigration. La question des laines de la Nouvelle-Hollande a été également discutée dans cette même collection de documents précieux.

l'*Annuaire* d'Hobart-Town, ouvrage périodique qu'il rédige avec un goût et un talent remarquables.

L'auteur, après avoir fait un pompeux éloge du climat doux et sain de la Tasmanie, continue ainsi :

« C'est avec regret, qu'en opposition à tous ces avantages, qui proviennent du beau climat et de l'état florissant de la colonie, je me vois forcé de mettre un affreux contre-poids dans la balance, je veux parler du grand nombre de morts causées par l'ivrognerie. D'après les calculs les plus modérés, la quantité de liqueurs fortes consommée à Van-Diémen ne va pas à moins de 100000 gallons; ce qui, réparti sur toute la population, fait environ cinq gallons par individu, homme, femme ou enfant. Un fait aussi étonnant montre, au premier coup d'œil, dans quels horribles excès doit se plonger une partie des habitants. Cependant, quelque affreux que paraisse le mal, nous sommes heureux de pouvoir affirmer qu'il a beaucoup diminué, en comparaison de ce qu'il était autrefois. La majeure partie des premiers colons qui s'établirent sur les bords de la Derwent, quoique sortis de familles honnêtes et respectables, étaient des ivrognes fieffés, et moururent à la fleur de l'âge. C'est à leur déplorable exemple qu'il faut attribuer les habitudes de dissipation qui ont longtemps affligé la colonie; car les hommes du peuple sont toujours disposés à copier les gens au-dessus d'eux, et surtout dans ce qu'ils font de mal. L'ivrognerie est particulièrement un vice d'imitation, et la nature se défend des premières caresses de cette Sirène, qui ne parvient à enchaîner sa dupe qu'après des attaques longues et réitérées. Comme ce funeste exemple n'est plus donné par des personnes d'une condition un peu élevée, et que tous les vieux ivrognes, sans exception, sont descendus dans la tombe qu'ils ont creusée eux-mêmes, les progrès du mal diminuent chaque année.

« Ce mal a causé aux propriétés un dommage inexprimable; mais je ne veux le considérer ici que sous le point de vue du tort qu'il fait à la vie; il l'attaque de trois manières spéciales : l'une en ruinant graduellement la santé du buveur, qu'il rend incapable d'aucune occupation et qu'il conduit au tombeau; l'autre, en produisant des apoplexies foudroyantes ou d'autres maladies aussi soudaines ; enfin la troisième, en portant au crime, au meurtre et en menant à l'échafaud les ivrognes que la mort avait épargnés jusque-là. La moitié des individus qui meurent à présent dans la colonie sont victimes, directement ou indirectement, de la passion des liqueurs fortes. »

Note 22, page 241.

Que le lecteur qui a bien voulu s'intéresser à la cruelle position où se trouvait *la Favorite* lors de son arrivée à Van-Diémen, me permette de témoigner ici ma reconnaissance aux employés civils et militaires et aux particuliers d'Hobart-Town, qui, dans ces circonstances malheureuses, sont venus à notre secours avec un empressement et une bienveillance que mes officiers et moi nous n'oublierons jamais. Si ces lignes parviennent jusqu'à eux, je désire qu'ils y trouvent la récompense de leurs généreux procédés, et que cette expression de ma gratitude rappelle agréablement le souvenir de *la Favorite* au général Arthur, au colonel et aux officiers du 69ᵉ régiment, dans qui nous avons trouvé des camarades et des amis ; à M. Burnett, secrétaire général ; à MM. Frankland, Montagu et Stephen, l'un ingénieur en chef, l'autre procureur général, et le troisième avocat général, auxquels nous avons dû tant d'agréables soirées ; à M. Lemprière, garde-magasin de l'état, dont la maison fut toujours ouverte à l'état-major de la corvette ; au lieutenant Hill, capitaine de port, qui fit preuve à notre égard d'une obligeance sans bornes ; à M. Sams, dont l'attachement pour moi alla jusqu'à le décider à me confier son fils, charmant enfant qui devint mon compagnon de voyage jusqu'en Europe. Mais je m'arrête, car nous comptions dans cette ville autant d'amis que d'habitants ; puissent-ils savoir que mon souhait le plus ardent est de revoir un pays où j'ai reçu un si doux accueil !

Note 23, page 254.

Le lecteur ne sera pas fâché de trouver ici la relation des circonstances qui accompagnèrent l'échouage du capitaine Cook sur les récifs de la mer *de corail;* relation qui servira en même temps à compléter la mienne, en ajoutant de nouveaux renseignements à ceux que j'ai déjà fournis sur ces contrées.

« Jusqu'ici nous avions navigué sans accident sur cette côte dangereuse, où la mer, dans une étendue de vingt-deux degrés de latitude, c'est-à-dire de plus de treize cents milles, cache partout des bas-fonds qui se projettent brusquement du pied de la côte, et des rochers qui s'élèvent tout à coup du fond en forme de pyramide. Jusque-là aucuns des noms que nous avions donnés aux différentes parties du pays n'étaient des monuments de détresse; mais en cet endroit nous commençâmes à connaître le malheur, et c'est pour cela que nous avons appelé *cap de Tribulation* la pointe la plus éloignée qu'en dernier lieu nous avions aperçue au N.

« Ce cap gît au 16° 6′ de latitude S. et au 214° 39′ de longitude O. Nous gouvernâmes au N. 1/4 N. O. à trois ou quatre lieues le long de la côte, ayant de 14 à 12 et 10 brasses d'eau. Nous découvrîmes au large deux îles situées au 16° de latitude S., à environ six ou sept lieues de la grande terre. A six heures du soir, la terre la plus septentrionale qui fût en vue nous restait au N. 1/4 N. O. 1/2 O., et nous avions au N. 1/2 O. deux îles basses et couvertes de bois, que quelques-uns de nous prirent pour des rochers qui s'élevaient au-dessus de l'eau. Nous diminuâmes alors de voiles, et nous serrâmes le vent au plus près, en voguant à la hauteur de la côte à l'E. N. E. et N. E. 1/4 E.; car c'était mon dessein de tenir le large toute la nuit, non-seulement pour éviter le danger que nous apercevions à l'avant, mais encore pour voir s'il y avait quelques îles en pleine mer, d'autant plus que nous étions très-près de la latitude assignée aux îles découvertes par Quiros, et que des géographes, par des raisons que je ne connais pas, ont cru devoir joindre à cette terre. Nous avions l'avantage d'un bon vent et d'un clair de lune pendant la nuit. En portant au large depuis six jusqu'à près de neuf heures, notre eau devint plus profonde de 14 à 21 brasses; mais pendant que nous étions à souper, elle diminua tout à coup, et retomba à

12, 10 et 8 brasses dans l'espace de quelques minutes. Sur-le-champ j'ordonnai à chacun de se rendre à son poste, et tout était prêt pour virer de bord et mettre à l'ancre ; mais la sonde marquant au jet suivant une eau profonde, nous conclûmes que nous avions passé sur l'extrémité des bas-fonds que nous avions vus au coucher du soleil, et qu'il n'y avait plus de danger. Avant dix heures, nous eûmes 20 et 21 brasses ; comme cette profondeur continuait, les officiers quittèrent le tillac fort tranquillement et allèrent se coucher. A onze heures moins quelques minutes, l'eau baissa tout d'un coup de 20 à 17 brasses, et avant qu'on pût rejeter la sonde, le vaisseau toucha. Il resta immobile, si l'on en excepte le soulèvement que lui donnait la houle en le battant contre le rocher sur lequel il était. En peu de moments tout l'équipage fut sur le tillac, et tous les visages exprimaient avec énergie l'horreur de notre situation. Comme nous avions gouverné au large avec une bonne brise l'espace de trois heures et demie, nous savions que nous ne pouvions pas être très-près de la côte. Nous n'avions que trop de raisons de craindre que nous ne fussions sur un rocher de corail : ces rochers sont plus dangereux que les autres, parce que les pointes en sont aiguës, et que chaque partie de la surface est si raboteuse et si dure, qu'elle brise et rompt tout ce qui s'y frotte, même légèrement. Dans cet état, nous abattîmes sur-le-champ toutes les voiles, et les bateaux furent mis en mer pour sonder autour du vaisseau. Nous découvrîmes bientôt que nos craintes n'avaient point exagéré notre malheur, et que le bâtiment ayant été porté sur une bande de rochers, il était échoué dans un trou qui se trouvait au milieu. Dans quelques endroits il y avait de 3 à 4 brasses d'eau, et dans d'autres il n'y en avait pas quatre pieds. Le vaisseau avait touché le cap au N.E. ; et à environ trente verges à stribord, l'eau avait une profondeur de 8, de 10 et de 12 brasses. Dès que la chaloupe fut en mer, nous abattîmes nos vergues et nos huniers, nous jetâmes l'ancre de toue à stribord, nous mîmes l'ancre d'affourche avec son câble dans le bateau, et on allait la jeter du même côté ; mais en sondant une seconde fois autour du vaisseau, l'eau se trouva plus profonde à l'arrière ; nous portâmes donc l'ancre à la poupe plutôt qu'à l'avant; et après qu'elle eut pris fond, nous travaillâmes de toutes nos forces au cabestan, dans l'espoir de remettre à flot le vaisseau, si nous n'enlevions pas l'ancre ; mais à notre grand regret nous ne pûmes jamais le mouvoir. Pendant tout ce temps, il continua à battre contre le rocher avec beaucoup de violence, de sorte que nous avions de la peine à nous tenir sur nos jambes. Pour accroître notre malheur, nous vîmes à la lueur de la lune flotter autour de nous les planches du doublage de la quille et enfin la fausse quille, et à chaque instant la mer se préparait à nous engloutir. Nous n'avions d'autre ressource que d'alléger le vaisseau, et nous avions perdu l'occasion de tirer de cet expédient le plus grand avantage ; car malheureusement nous échouâmes à la marée haute, et elle était alors considérablement diminuée. Ainsi en allégeant le bâtiment, de manière qu'il tirât autant de pieds d'eau de moins que la marée en avait perdu en tombant, nous ne nous serions trouvés que dans le même état où nous étions au premier instant de l'accident. Le seul avantage que nous procurait cette circonstance, c'est que la marée montante soulevant le vaisseau sur les rochers, il ne battait pas avec autant de violence. Nous avions quelque espoir sur la marée suivante; mais il était incertain que le bâtiment pût tenir jusqu'alors, d'autant plus que le rocher grattait sa quille sous l'épaule du stribord avec une si grande force, qu'on entendait le ratissement de la cale de l'avant ; notre situation ne nous permettait pas de perdre du temps à des conjectures, et nous fîmes tous nos efforts pour opérer notre délivrance, que nous n'osions espérer. Les pompes travaillèrent sur-le-champ ; nous n'avions que six canons sur le tillac ; nous les jetâmes à la mer avec toute la promptitude possible, ainsi que notre lest de fer et de pierres, des futailles, des douves et des cerceaux, des jarres d'huile, de vieilles provisions, et plusieurs autres des matériaux les plus pesants. Chacun se mit au travail avec un empressement qui approchait presque de la gaieté, et sans la moindre marque de murmure ou de mécontentement : nos matelots étaient si fort pénétrés du sentiment de leur situation, qu'on n'entendit pas un seul jurement ; la crainte de se rendre coupable de cette faute, dans un moment où la mort semblait si prochaine, réprima à l'instant cette profane habitude, quelque empire qu'elle eût.

« Enfin la pointe du jour (le 11) parut, et nous vîmes la terre à environ huit lieues de distance, sans apercevoir dans l'espace intermédiaire une seule île sur laquelle les bateaux eussent pu nous conduire pour nous transporter ensuite sur la grande terre, en cas que le vaisseau fût mis en pièces. Le vent tomba pourtant par degrés, et nous eûmes calme tout plat d'assez bonne heure dans la matinée : s'il avait été fort, notre bâtiment aurait infailliblement péri. Nous attendions la marée haute à onze heures du matin ; nous portâmes les ancres en dehors, et nous fîmes tous les autres préparatifs pour tâcher de nouveau de remettre le vaisseau à flot : nous ressentîmes une douleur et une surprise qu'il n'est pas possible d'exprimer, lorsque nous vîmes qu'il ne flottait pas de plus d'un pied et demi, quoique nous l'eussions allégé de près de cinquante tonneaux ; car la marée du jour n'était pas parvenue à une aussi grande hauteur que celle de la nuit. Nous nous mîmes à l'alléger encore davantage, et nous jetâmes à la mer tout ce qui ne nous était point absolument nécessaire. Jusqu'ici le vaisseau n'avait pas fait beaucoup d'eau ; mais à mesure que la marée tombait, l'eau y entrait avec tant de rapidité, que deux pompes, travaillant continuellement, pouvaient à peine nous empêcher de couler à fond : à deux heures, deux ou trois voies d'eau s'ouvrirent à stribord, et la pinasse, qui était sous les épaules, toucha fond. Nous n'avions plus d'espoir que dans la marée de minuit ; et afin de nous y préparer, nous plaçâmes deux ancres d'affourche, l'une à stribord, et l'autre directement à la poupe ; nous mîmes en ordre les cap-moutons et les palans, dont nous devions nous servir pour tirer les câbles peu à peu, et nous attachâmes fortement une des extrémités des câbles à l'arrière, afin que l'effort suivant pût produire quelque effet sur le vaisseau, et qu'en raccourcissant la longueur du câble qui était entre lui et les ancres on pût le remettre au large et le détacher du banc de rochers sur lequel il était. Sur les cinq heures de l'après-midi, nous observâmes que la marée commençait à monter ; mais nous remarquâmes en même temps que la voie d'eau faisait des progrès alarmants, de sorte qu'on monta deux nouvelles pompes; malheureusement il n'y en eut qu'une qui fût en état de travailler: trois pompes manœuvraient continuellement; mais la voie d'eau avait si fort augmenté, que nous imaginions que le vaisseau allait couler à fond dès qu'il cesserait d'être soutenu par le rocher. Cette situation était effrayante, et nous regardions l'instant où le vaisseau serait remis à flot, non pas comme le moment de notre délivrance, mais comme celui de notre destruction. Nous savions bien que nos bateaux ne pourraient pas nous porter tous à terre, et que quand la crise fatale arriverait, comme il n'y aurait plus ni commandement ni subordination, il s'ensuivrait probablement une contestation pour la préférence, qui augmenterait les horreurs du naufrage même, et nous ferait périr par les mains les uns des autres. Cependant nous savions très-bien que si on en laissait quelques-uns à bord, ils auraient vraisemblablement moins à souffrir, en périssant dans les flots, que ceux qui gagneraient terre, sans aucune défense contre les habitants, dans un pays où des filets et des armes à feu suffiraient à peine pour leur procurer la nourriture; et que quand même ceux-ci trouveraient des moyens de subsister, ils seraient condamnés à languir le reste de leurs jours dans un désert horrible, sans espoir de goûter jamais les consolations de la vie domestique, séparés de tout commerce avec les hommes, si on en excepte des sauvages nus, qui passaient leur vie à chercher quelque proie dans cette solitude, et qui étaient peut-être les hommes les plus grossiers et les moins civilisés de la terre.

« La mort ne s'est jamais montrée dans toutes ses horreurs qu'à ceux qui l'ont attendue dans un pareil état; et comme le moment affreux qui devait décider de notre sort approchait, chacun vit ses propres sentiments peints sur le visage de ses compagnons. Cependant tous les hommes qu'on put épargner sur le service des pompes se préparèrent à travailler au cabestan et au vindas, et le vaisseau flottant sur les dix heures et dix minutes, nous fîmes le dernier effort et nous le remîmes en pleine eau. Nous eûmes quelque satisfaction à voir qu'il ne faisait pas alors plus d'eau que quand il était sur le rocher ; et quoiqu'il n'y en eût pas moins de trois pieds neuf pouces dans la cale, parce que la voie d'eau avait gagné sur les pompes, cependant nos gens n'abandonnèrent point leur travail, et ils parvinrent à empêcher l'eau de faire de nouveaux progrès. Mais ayant souffert pendant plus de vingt-quatre heures une fatigue de corps et une agitation d'esprit excessives, et perdant toute espérance, ils commencèrent à tomber dans l'abattement: ils ne pouvaient plus travailler à la pompe plus de cinq ou six minutes de suite; après quoi chacun d'eux, entièrement épuisé, s'étendait sur le tillac, quoique l'eau des pompes l'inondât à trois ou quatre pouces de profondeur. Lorsque ceux qui les remplaçaient avaient un peu travaillé, et qu'ils étaient épuisés à leur tour, ils se jetaient à terre de la même manière que les premiers, qui se relevaient pour recommencer leurs efforts : c'est ainsi qu'ils se soulageaient les uns les autres, jusqu'à ce qu'un nouvel accident fut près de terminer tous leurs maux. Le bordage qui garnit l'intérieur du fond d'un navire est appelé la *carlingue*, et entre celui-ci et le bordage de l'extérieur, il y a un espace d'environ dix-huit pouces : l'homme qui jusqu'alors avait mesuré la hauteur de l'eau, ne l'avait prise que sur la carlingue, et avait fait son rapport en conséquence ; mais celui qui le remplaça pour le même service la mesura sur le bordage extérieur, par où il jugea que l'eau avait gagné en peu de minutes, sur les pompes, dix-huit pouces, différence qui était entre le bordage du dehors et celui de l'intérieur. A cette nouvelle, le plus intrépide fut sur le point de renoncer à son travail ainsi qu'à ses espérances ; ce qui aurait bientôt jeté tout l'équipage dans la confusion du désespoir. Quelque terrible que fût d'abord pour nous cet incident, il devint par occasion la cause de notre salut : l'erreur fut bientôt découverte, et la joie subite que ressentit chacun de nous en trouvant que son état n'était pas aussi dangereux qu'il l'avait craint, fut une espèce d'enchantement qui sembla faire croire à tout l'équipage qu'à peine restait-il encore quelque véritable péril. Cette confiance et cet espoir mal fondés inspirèrent une nouvelle vigueur ; et quoique notre état fût le même que lorsque nos gens ralentirent leur travail par fatigue et par découragement, cependant ils réitérèrent leurs efforts avec tant de courage et d'activité, qu'avant huit heures du matin les pompes avaient gagné considérablement sur la voie d'eau. Chacun parlait alors de conduire le vaisseau dans quelque havre, comme d'un projet sur lequel il n'y avait pas à balancer; et tous ceux qui n'étaient pas occupés aux pompes travaillèrent à relever les ancres. Nous avions pris à bord l'ancre de toue et la seconde ancre; mais il nous fut impossible de sauver la petite ancre d'affourche, et nous fûmes obligés d'en couper le câble : nous perdîmes aussi le câble de l'ancre de toue parmi les rochers; mais dans notre situation ces pertes étaient des bagatelles auxquelles nous ne faisions pas beaucoup d'attention. Nous travaillâmes ensuite à arborer le petit mât de hune et la vergue de misaine, et à remorquer le vaisseau au S. E.; et à onze heures, ayant une brise de mer, nous remîmes enfin à la voile, et nous portâmes vers la terre.

« Il était cependant impossible de continuer longtemps le travail nécessaire pour que les pompes gagnassent sur la voie d'eau; et comme on ne pouvait pas en découvrir exactement la situation, nous n'avions point d'espoir de l'arrêter en dedans : dans cet état M. Monkhouse, un des officiers de poupe, vint à moi et me proposa un expédient dont il s'était servi à bord d'un vaisseau marchand, qui, ayant une voie qui faisait plus de quatre pieds d'eau par heure, fut pourtant ramené sain et sauf de la Virginie à Londres. Le maître du vaisseau avait eu tant de confiance dans cet expédient, qu'il avait remis en mer son bâtiment, quoiqu'il connût son état, ne croyant pas qu'il fût nécessaire de boucher autrement sa voie d'eau. Je n'hésitai point à laisser à M. Monkhouse le soin d'employer le même expédient, qu'on appelle *larder la bonnette;* quatre ou cinq personnes furent nommées pour l'aider, et voici comment il exécuta cette opération : il prit une petite bonnette en étui, et après avoir mêlé ensemble une grande quantité de fil de caret et de laine, hachés très-menu, il les piqua sur la voile aussi légèrement qu'il fut possible, et il étendit par-dessus le fumier de notre bétail et d'autres ordures : si nous avions eu du fumier de cheval, il aurait été meilleur. Lorsque la voile fut ainsi préparée, on la plaça au-dessous de la quille, au moyen de quelques cordes qui la tenaient étendue; la voie, en tirant de l'eau, tira en même temps de la surface de la voile, qui se trouvait au trou, la laine et le fil de caret, que la mer ne pouvait pas entraîner parce qu'elle n'était pas assez agitée pour cela : cet expédient réussit si bien, que notre voie d'eau fut fort diminuée, et qu'au lieu de gagner sur trois pompes, une seule suffit pour l'empêcher de faire des progrès. Cet événement fut pour nous une nouvelle source de confiance et de consolation; les gens de l'équipage témoignèrent presque autant de joie que s'ils eussent déjà été dans un port. Loin de borner dès-lors leurs vues à faire échouer le vaisseau dans quelque havre, ou d'une île ou d'un continent, et à construire de ses débris un petit bâtiment qui pût nous porter aux Indes orientales, ce qui avait été quelques moments auparavant le dernier objet de notre espoir, ils ne pensèrent plus qu'à ranger la côte de la Nouvelle-Hollande, afin de chercher un lieu convenable pour le radouber, et poursuivre ensuite notre voyage comme si rien ne fût arrivé. Je dois, à cette occasion, rendre justice et témoigner ma reconnaissance à l'équipage, ainsi qu'aux personnes qui étaient à bord, de ce qu'au milieu de notre détresse on n'entendit point d'exclamations de fureur, et de ce qu'on ne vit point de gestes de désespoir : quoique tout le monde parût sentir vivement le danger qui nous menaçait, chacun, maître de soi, faisait tous ses efforts avec une patience paisible et constante, également éloignée de la violence tumultueuse de la terreur et de la sombre léthargie du désespoir. »

Note 24, page 297.

Dans un moment où l'on s'occupe tant chez nous de colonisation, il aurait été sans doute très-utile de mettre sous les yeux des lecteurs la collection des règlements sur la concession des terres, actuellement en vigueur à la Nouvelle-Galles du Sud et à Van-Diémen; mais cette collection m'ayant paru trop volumineuse pour entrer dans cet ouvrage, je me suis borné à en extraire les articles qui, tout en prouvant la sollicitude du gouvernement anglais à l'égard des militaires, montrent en même temps quels moyens il emploie pour faire prospérer l'agriculture en Australie.

Les divers règlements dont je donne ici la traduction littérale, sont tirés de l'*Annuaire* de Sidney, année 1833.

AVIS DU GOUVERNEMENT.

BUREAU DU SECRÉTAIRE DE LA COLONIE.

1er juillet 1831.

« Les copies suivantes des conditions auxquelles seront concédées dorénavant les terres de la couronne, à la Nouvelle-Galles du Sud ainsi qu'à Van-Diémen, et des règlements applicables aux officiers de l'armée qui désirent obtenir des terres et s'établir dans ces colonies, ont été envoyées par le très-honorable secrétaire d'état chargé du département des colonies, et sont publiées pour l'instruction générale :

« Il a été décidé, par le gouvernement de S. M., qu'à l'avenir aucune terre de la couronne ne sera concédée autrement qu'en vente publique.

« La totalité du territoire de la colonie sera divisée en comtés, cantons et paroisses, de manière que, lorsque cette division sera achevée, chaque paroisse comprendra une surface de vingt-cinq milles carrés environ.

« Tous les terrains qui jusqu'ici n'ont pas été concédés, ou ne sont pas employés à quelque service public, seront mis en vente. Le prix dépendra de la qualité de la terre et de sa situation; mais, dans aucun cas, il ne pourra être au-dessous de cinq schellings par acre.

« Les personnes se proposant d'acquérir des terres dont la vente n'est pas annoncée, en feront au gouverneur la demande par écrit, dressée suivant un modèle particulier qui leur sera délivré par l'ingénieur en chef moyennant un droit de deux schellings six pences.

« Ces personnes pourront choisir, dans les limites déterminées, la portion du sol qu'elles désirent acheter de cette manière. Alors cette portion sera mise en vente pendant trois mois, puis concédée au plus offrant, pourvu toutefois que le prix offert ne soit pas au-dessous de cinq schellings.

« L'acheteur devra déposer, au moment de la vente, le dixième de la valeur totale de la concession, et payer le reste un mois après, à compter du jour de l'adjudication, à moins qu'il n'ait pas été mis en possession de sa propriété. Dans le cas où le payement n'aurait pas eu lieu au terme fixé, le marché sera déclaré nul et le dépôt confisqué.

« Au payement complet de la concession, un contrat, dressé sous la forme d'un fief absolu à la rente nominale d'un grain de poivre, sera donné à l'acquéreur, qui préalablement aura payé un droit de quarante schellings au secrétaire colonial, pour préparer l'acte, et un autre droit de trois schellings au receveur de l'enregistrement.

« Les terres seront mises généralement en adjudication par lots d'un mille carré, ou six cent quarante acres ; des lots moins considérables pourront cependant être achetés dans certaines circonstances ; mais alors on adressera au gouverneur une demande contenant l'explication bien claire des motifs qui font désirer une aussi petite surface de terrain.

« La couronne se réserve le droit de construire des ponts et des routes partout où l'intérêt général l'exigera, ainsi que de prendre des arbres indigènes, des pierres et d'autres matériaux fournis par le sol, pour l'entretien ou la réparation des ouvrages publics. Elle se réserve encore la propriété de toutes les mines de charbon et de métaux précieux.

« Le gouvernement de S. M. ayant jugé convenable de substituer de nouveaux règlements à ceux en vigueur jusqu'ici, touchant la vente des terres, il est devenu nécessaire de modifier les mesures qui ont rapport aux colons militaires, et dont le commandant en chef a donné connaissance à l'armée par les ordres du jour datés de juin 1826, mai 1827 et août 1827.

« S. M. avait été priée de vouloir bien déclarer que les avantages accordés aux officiers de l'armée par ces ordres du jour, seraient maintenus, et que même, dans le but de faire jouir chaque officier en particulier qui voudrait aller s'établir à la Nouvelle-Galles du Sud et à Van-Diémen, des bénéfices provenant de la concession des terres, les mesures suivantes seraient adoptées.

« Les officiers qui désireront devenir colons ne pourront, de même que tous les autres individus, se procurer des terres qu'aux ventes publiques; mais ils auront droit à une remise sur le prix d'achat, dans les proportions ci-dessous, pourvu toutefois qu'ils présentent un certificat de bonne conduite et d'un caractère sans tache, signé du commandant en chef.

« Les officiers qui ont vingt ans de service et au delà, auront une remise de........................ 300 liv. sterl.
« Quinze ans et au delà.................. 250
« Dix ans et au delà.................... 200
« Sept ans et moins de dix.............. 150

« Chaque officier qui voudra jouir de cette faveur devra donner des garanties que lui et sa famille résideront au moins sept années dans l'établissement, et il devra aussi pourvoir aux frais de son passage et de celui de sa famille, d'Europe dans la colonie.

« Les officiers de la flotte et des troupes de la marine jouiront de ces mêmes avantages et aux mêmes conditions.

SOLDATS CONGÉDIÉS.

« Les sous-officiers et les soldats congédiés du service, *dans l'intention de s'établir dans la colonie*, recevront des *concessions gratuites* dans les proportions suivantes :

« Sergents............................ 200 acres
« Caporaux et soldats.................... 100

AVIS DU GOUVERNEMENT.
BUREAU DU SECRÉTAIRE COLONIAL.

6 mars 1832.

« S. Exc. le gouverneur fait savoir que le gouvernement a modifié le système des concessions de terres dans les colonies britanniques, en Amérique et en Australie, de manière à garantir aux officiers de l'armée, désirant devenir colons, des avantages calculés d'après leur grade et leur temps de service.

« A l'avenir, les officiers militaires qui achèteront des terres conformément aux règlements suivis dans ces colonies, auront droit, suivant leur grade et leurs services, à une remise sur le prix d'achat, d'après l'échelle suivante, en présentant toutefois des certificats du général commandant en chef.

OFFICIERS SUPÉRIEURS.

« Vingt-cinq ans de service et au delà; en tout. 300 liv. sterl.
« Vingt ans............................. 250
« Quinze ans........................... 200

CAPITAINES.

« Vingt ans et au delà; en tout............. 200
« Quinze ans et au delà................... 150

OFFICIERS SUBALTERNES.

« Vingt ans et au delà; en tout............ 150
« Sept ans au moins; en tout.............. 100

« Les officiers de la flotte et des troupes de la marine auront droit à des remises semblables, suivant l'assimilation de leur grade et leur temps de service.

BUREAU DU SECRÉTAIRE COLONIAL.

Sidney, 9 mai 1832.

« Règlements d'après lesquels les sous-officiers et les soldats licenciés des régiments servant à l'E. du cap de Bonne-Espérance recevront des concessions de terres à la Nouvelle-Galles du Sud.

« Les sous-officiers et les soldats désirant de s'établir dans la colonie pourront acheter des terres aux ventes publiques, et recevront une remise sur le prix d'achat dans les proportions suivantes :

« Sergents................................ 50 liv. sterl.
« Caporaux et soldats..................... 25

« Les sous-officiers et les soldats qui se proposeront de s'établir aux conditions ci-dessus, devront s'adresser au bureau du major de brigade, à Sidney, pour une demande imprimée, laquelle étant dûment remplie sera déposée au bureau du secrétaire colonial. »

Note 25, page 300.

En mettant ici sous les yeux des lecteurs un aperçu des dépenses que les colons australiens supportent pour l'entretien de l'administration qui les régit, je ne me permettrai aucun commentaire, et je n'établirai même pas de rapprochements entre la manière si différente dont en Angleterre et en France on traite les employés de l'état. Il n'en a été que trop question peut-être dans le cours de cet ouvrage. Je ferai seulement observer que la plupart des fonctionnaires publics de la Nouvelle-Galles du Sud perçoivent, en sus de leurs appointements, les revenus de fermes appartenant au domaine royal, et reçoivent des magasins publics la majeure partie des provisions journalières qui se consomment dans leurs maisons.

Aperçu des dépenses probables de la Nouvelle-Galles du Sud qui sont à la charge du trésor de la colonie, pour l'année 1833.

LE GOUVERNEUR ET LES JUGES.

	liv. st.	schell.	p.
S. Exc. le gouverneur	5,000	0	0
Le grand juge	2,000	0	0
Les deux juges adjoints, 1,500 liv. chaque	3,000	0	0
	10,000	0	0

ÉTABLISSEMENTS CIVILS.

ÉTABLISSEMENT DE S. EXC. LE GOUVERNEUR.

Secrétaire particulier	300	0	0
Surintendant du domaine de Paramatta, messagers, convicts employés sur les domaines du gouvernement	511	7	1
	811	7	1

CONSEILS EXÉCUTIFS ET LÉGISLATIFS.

Secrétaire des deux conseils	600	0	0
Copistes, garde-magasin, messagers	206	2	6
	806	2	6

	liv. st.	scholl.	p.
SECRÉTAIRE COLONIAL.			
Secrétaire colonial........................	2,000	0	0
Sous-secrétaire colonial...................	450	0	0
Commis, garde-magasin, messagers, etc......	2,469	17	6
	4,919	17	6
DIRECTION DU GÉNIE.			
Ingénieur en chef.........................	1,000	0	0
Sous-ingénieur en chef....................	650	0	0
Quatre ingénieurs et treize sous-ingénieurs....	4,990	0	0
Dessinateurs, commis, artistes, messagers, surveillants, rations de fourrage, vivres, habillements, instruments d'ingénieur, équipements, etc...........................	5,246	12	1
	11,886	12	1
PARTIE DES ROUTES.			
Six sous-ingénieurs, surintendant des ponts et garde-magasin........................	1,655	3	0
Commis, sous-inspecteur et surveillants......	2,201	12	1
Rations de fourrage, attelage de bœufs et poudre à canon...........................	2,934	15	0
	6,791	10	1
CONSEIL POUR LA DESTINATION DES CONVICTS.			
Deux membres à 100 liv. chaque...........	200	0	0
Un commis et messager...................	161	18	9
	361	18	9
TRÉSOR COLONIAL.			
Trésorier..............................	1,000	0	0
Commis, messagers et petites dépenses......	299	12	6
	1,299	12	6

NOTES.

	liv. st.	schell.	p.
DOUANES.			
Receveur.............................	1,000	0	0
Contrôleur............................	600	0	0
Douaniers, commis, gardiens, messagers.....	3,056	10	0
Patron et matelots d'un cotre de douanes et équipage d'un bateau......................	515	11	3
Location de l'hôtel des douanes, nourriture des surveillants sur les bords de la mer, habillement de l'équipage du bateau et réparation des embarcations.....................	906	15	0
	6,078	16	3
RECEVEUR DES DROITS RÉUNIS.			
Receveur.............................	500	0	0
Commis, messagers, commission des crieurs publics................................	741	15	0
	1,241	15	0
ADMINISTRATION DES POSTES.			
Directeur............................	400	0	0
Commis, facteurs, transport des dépêches, commission des facteurs adjoints............	1,434	0	0
	1,834	0	0
INSPECTION DES DISTILLERIES.			
Inspecteur...........................	300	0	0
Sous-inspecteur, loyer des bureaux.........	154	0	0
	454	0	0
INSPECTION DES ABATTOIRS.			
Inspecteur, à Sidney....................	160	0	0
ARCHITECTE COLONIAL.			
Architecte colonial.....................	400	0	0
Commis, surintendant des horloges, surveillants,			
A reporter..........	400	0	0

	liv. st.	schell.	p.
Report..........	400	0	0
portiers, rations de fourrage, vivres et habillement des convicts, instruments, etc.......	646	10	0
	1,046	10	0

INSPECTION DES MINES.

Ingénieur des mines...................	500	0	0
Commis, surveillants, vivres et habillement des hommes employés aux aqueducs..........	1,327	13	9
	1,827	13	9

CAPITAINE DE PORT.

Capitaine et maître de port................	500	0	0
Phare, guetteurs de télégraphes, vivres et habillement de l'équipage d'un bateau.......	460	0	0
	960	0	0

MUSÉUM COLONIAL.

Zoologiste............................	130	0	0
Achat des échantillons..................	70	0	0
	200	0	0

BOTANISTE COLONIAL.

Botaniste en chef.......................	200	0	0
Surintendant, adjoint, agents, surveillants, vivres et habillement des convicts.........	536	1	3
	736	1	3
Dépense estimée de l'établissement civil.....	42,930	11	9

ÉTABLISSEMENT JUDICIAIRE.
COUR SUPRÊME ET PARQUET.

Procureur général......................	1,200	0	0
A reporter.....	1,200	0	0

496 NOTES.

	liv. st.	schell.	p.
Report.......	1,200	0	0
Avocat général......................	800	0	0
Avocats de la couronne, un à 500 livres st., l'autre à 300........................	800	0	0
Greffier de la cour suprême...............	800	0	0
Chef et cinq commis.....................	1,280	0	0
Crieurs, sergents, huissiers, messagers, etc...	311	16	8
	5,191	16	8

COUR DES REQUÊTES.

Commissaire.........................	800	0	0
Greffiers, commis, sergents, frais de voyages..	1,758	0	0
	2,558	0	0

COURS D'ASSISES.

Président...........................	200	0	0
Juge de paix, salaires et allocations.........	315	10	0
Allocations au président, crieurs, huissiers...	238	0	0
	753	10	0

SHÉRIF.

Shérif.............................	1,000	0	0
Sous-shérif, commis, sergents, frais de voyage.	966	18	9
	1,966	18	9

POLICE.

Sept commissaires de police...............	340	0	0
Allocations aux commissaires de police, honoraires, frais de voyages................	377	0	0
	717	0	0
Dépense estimée de l'établissement judiciaire.	11,187	19	7

NOTES.

	liv. st.	schell.	p.

CLERGÉ ÉPISCOPAL ET ENTRETIEN DES ÉCOLES.

	liv. st.	schell.	p.
Le vénérable archidiacre..................	2,000	0	0
Quinze chapelains, trois catéchistes, commis, musiciens et bedeaux..................	5,516	19	4
Allocations, loyer des presbytères............	2,841	5	0
M. Threlkeld, employé à la civilisation des aborigènes............................	186	0	0
Construction des chapelles et réparation des églises.............................	950	0	0
	11,494	4	4

ÉCOLE ROYALE.

Maître d'école........................	100	0	0
Loyer, fournitures, etc...................	105	0	0
Construction de l'école à Paramatta.........	1,200	0	0
	1,405	0	0

ÉCOLE PAROISSIALE.

Salaires des maîtres et maîtresses...........	1,372	9	4
Allocations pour logements et un demi-penny par jour et par chaque enfant; réparations et livres.............................	859	12	0
	2,232	1	4

INSTITUTION DES ORPHELINS.

École des garçons......................	1,700	0	0
École des filles........................	1,300	0	0
Entretien des troupeaux appartenant à l'institution.............................	100	0	0
	3,100	0	0
Frais de direction.....................	840	0	0

498 NOTES.

	liv. st.	schell.	p.
CLERGÉ PRESBYTÉRIEN, CATHOLIQUES ROMAINS ET ÉCOLES.			
Ministre presbytérien (église d'Écosse)......	600	0	0
Curés catholiques.......................	450	0	0
Écoles catholiques......................	350	0	0
	1,400	0	0
Dépenses présumées du clergé et des écoles..	20,471	5	8
MILITAIRES.			
Rations de fourrage pour les gardes du corps du gouverneur, surintendant des munitions d'artillerie................................	535	6	3
Agent colonial à Londres (salaire).........	400	0	0
PENSIONS PAYABLES A LONDRES.			
Mme Macquarie, veuve du gouverneur Macquarie.	400	0	0
Mme Cobb, précédemment Mme Bent, veuve du juge-avocat Bent.......................	200	0	0
Mme Lewin, veuve du procureur du roi Lewin..	50	0	0
Mme Jamison, veuve du chirurgien Jamison...	40	0	0
Mme Thompson, veuve du chirurgien Thompson.	30	0	0
M. John White, dernier chirurgien de la colonie.	91	5	0
	811	5	0
PENSIONS PAYABLES DANS LA COLONIE.			
Mme King, veuve du gouverneur King.......	200	0	0
Mme S. Mileham, veuve du chirurgien Mileham.	100	0	0
M. Wm. Harper, précédent sous-ingénieur....	109	10	0
M. John Redman, précédent geôlier à Sidney..	70	0	0
M. John Tucker, précédent commissaire garde-magasin.............................	50	0	0
M. John Gowen, précédent garde-magasin....	50	0	0
M. Thomas Taber, précédent maître de l'école			
A reporter...........	579	10	0

NOTES.

	liv. st.	schell.	p.
Report............	579	10	0
publique.................................	50	0	0
M. John Pendergrass, précédent crieur de la ville.................................	12	0	0
M. William Eckford, précédent pilote à Newcastle.	13	13	9
	655	3	9
Dépenses présumées pour les pensions.......	1,466	8	9

DIFFÉRENTS SERVICES.

Pension à l'honorable Alexandre M'Leay, pour services rendus, d'après arrangement avec le secrétaire d'état.....................	750	0	0
Le portier des bureaux dans la rue Macquarie, à Sidney.................................	25	0	0
Allocations de 15 schellings par jour aux officiers remplissant les fonctions de jurés......	660	0	0
Frais de voyage des officiers mandés comme jurés.	400	0	0
Frais de voyage des témoins................	2,325	0	0
Allocations aux jurés.....................	65	0	0
Réparations extraordinaires des bâtiments du gouvernement......................	1,800	0	0
Fourniture de papier et de registres pour les différentes administrations de la colonie......	1,200	0	0
Imprimés, gazettes et almanachs pour *idem*...	700	0	0
Fournitures pour l'hôtel du gouvernement et les bureaux...........................	500	0	0
Bois à brûler et luminaire pour les bureaux...	120	0	0
Droits de réexportation payés par les douanes..	600	0	0
Somme payable au commissaire général pour les dépenses de la police, conformément à un acte du conseil......................	6,600	0	0
Réverbères de Sidney, à 3 schel. chacun par nuit.	465	7	6
A reporter......	16,210	7	6

	liv. st.	schell.	p.
Report........16,210	7	6
Pour soutenir les missionnaires envoyés auprès des aborigènes par la Société des missions..	500	0	0
Pour dons de provisions, d'habillement et de couvertures aux indigènes................	300	0	0
Salaire du résident à la Nouvelle-Zélande.....	500	0	0
Dépense présumée pour la construction des ponts...........................	2,283	5	1
Dépense présumée pour la construction d'un marché au blé et au foin à Sidney........	712	13	2
Pour achever la digue à Newcastle..........	500	0	0
Pour se procurer des étalons de poids et mesures........................	254	10	0
Pour les dépenses imprévues...............	2,000	0	0
Dépenses présumées pour les différents services..23,260	15	9
Total présumé des déboursés..110,252	7	9

Note 26, page 301.

Il n'y a jusqu'ici que deux points des côtes occidentales de la Nouvelle-Hollande qu'on ait reconnus propres à recevoir des colons européens, et tous deux sont occupés par les Anglais. Le premier, situé sous le 34ᵉ degré de latitude méridionale, fut appelé la *rivière des Cygnes* (Swan-River) par l'amiral d'Entrecasteaux, qui l'explora en 1792, dans l'intention, probablement, d'en assurer la possession à la France. Mais celle-ci ayant oublié de faire valoir ses droits, nos rivaux profitèrent de notre négligence, et, trente-deux années plus tard, un capitaine de la marine britannique, qui fit de Swan-River une pompeuse description à son gouvernement, obtint facilement les moyens nécessaires pour y fonder une colonie dont il fut nommé gouverneur.

Grâce à la fièvre d'émigration qui agitait si fort, en 1823, la population d'Angleterre, les colons affluèrent au nouvel établissement, croyant y faire une fortune rapide; mais ils furent cruellement désappointés : au lieu du climat doux et sain, des terres fertiles et bien arrosées qu'on leur avait promis, ils ne trouvèrent qu'un sol sablonneux et battu par les terribles vents d'O. Il existait bien, prétendait-on, de l'autre côté des montagnes qui bordent la côte de la Nouvelle-Hollande dans cette partie, de belles plaines couvertes de forêts et de superbes pâturages; mais, pour y parvenir, il fallait franchir des passages difficiles et s'exposer aux attaques de sauvages rusés, méchants et nombreux.

Plus avait été grand l'engouement des colons, plus leur découragement fut profond quand ils virent toutes leurs espérances déçues; aussi, malgré les efforts de leur gouverneur, beaucoup d'entre eux se retirèrent à Sidney ou à Hobart-Town, dont les négociants, peu satisfaits de leurs spéculations avec le nouvel établissement, achevèrent de les décourager en leur persuadant que dans la supposition même où ils parviendraient à fertiliser le territoire de Swan-River, les coups de vent détruiraient toujours les récoltes, que la mauvaise qualité des pâturages engendrerait des maladies mortelles parmi les bestiaux, enfin que les cultivateurs eux-mêmes ne pourraient résister aux brusques variations de l'atmosphère, conséquence naturelle du voisinage d'un Océan sans cesse tourmenté par des ouragans.

Les résultats ont confirmé ces prédictions. La colonie s'est obstinée à cultiver la rivière des Cygnes; mais l'inégalité du climat y empêche souvent les moissons de parvenir à leur maturité, et engendre des épidémies qui déciment les hommes et les animaux. A ces inconvénients il faut en ajouter un autre qui ne paraîtra pas moins fâcheux : c'est que la rade n'étant abritée des lames et des vents du large que par une petite île, n'offre presque aucun abri aux gros bâtiments. D'un autre côté, les partisans de la colonie assurent que la plupart des obstacles qui s'opposent à sa prospérité, disparaîtront quand les habitants auront mis entre eux et la mer les montagnes dont j'ai parlé. Au milieu de tant d'opinions différentes, il est d'autant moins facile de découvrir la vérité, que les colons de la rivière des Cygnes, aussi bien que ceux de l'Australie et de Van-Diémen, cherchent également à la cacher, les uns par intérêt local; et les autres parce qu'ils prévoient que si les établissements situés sur les côtes occidentales de la Nouvelle-Hollande prennent de l'importance, ils attireront, en raison de leur position, les navires destinés pour Sidney ou Hobart-Town, et causeront par conséquent un très-grand dommage au commerce de ces deux ports.

L'autre point dont je voulais parler, est la baie du Roi-George, regardée à son tour, dans ce moment, comme un Eldorado par les émigrants anglais, et qui probablement aura le même sort que la rivière des Cygnes; car, à cela près d'une bonne rade, elle n'offre guère plus d'avantages sous le rapport du climat et de la qualité des terres. Cependant la cour de Londres vient d'y former, à grands frais, une colonie entièrement composée d'hommes libres, et organisée, dit-on, d'après un nouveau plan. Cet essai occupait vivement les habitants de Sidney et d'Hobart-Town lors de mon passage dans ces deux villes, et l'on doutait fort qu'il réussît. Quels que soient, du reste, ses résultats, ce qu'il y a de positif, c'est que la Grande-Bretagne tient à présent en sa puissance tous les points abordables de la Nouvelle-Hollande, et qu'il n'en reste pas un pour la France, dont pourtant les navigateurs ont fait en grande partie l'exploration de ce continent.

Note 27, page 304.

Pendant notre relâche au Port-Jackson, une corvette anglaise, *la Comète*, et trois gros bâtiments marchands, partirent ensemble pour Madras. L'intention de leurs capitaines était de passer par le détroit de Torrès, que les marins qui font les voyages de Sidney à Calcutta, considèrent comme la voie la moins difficile pour aller dans l'Inde, depuis mai jusqu'en septembre, époque la plus favorable de l'année; mais, soit que la saison fût trop avancée, soit que les navires n'eussent pas les qualités nécessaires pour naviguer au milieu des récifs et des bancs de corail, nous vîmes au bout de quelques semaines le convoi revenir en assez mauvais état. Il avait rencontré des vents de N. E. si forts et si constants, que, ne pouvant leur résister, il avait dû changer de route et prendre le détroit de Bass pour se rendre à sa destination.

Le capitaine de la corvette ne se dissimulait pas que le trajet autour de la partie méridionale de la Nouvelle-Hollande serait dangereux et très-pénible ; mais il espérait trouver sous la côte de ce continent de petites brises de terre qui l'aideraient à remonter jusqu'au cap Leuwin, d'où il comptait ensuite atteindre facilement, malgré les brises d'O., les vents généraux de S. E.

Note 28, page 310.

Pendant mon séjour à Sidney, tous les habitants que je consultai m'assurèrent que nos vins et nos eaux-de-vie pouvaient y entrer librement, en payant un droit de 15 p. o/o; mais depuis mon retour en France, j'ai entendu plusieurs personnes, se disant parfaitement informées, affirmer qu'ils n'y étaient pas reçus. C'est ce dernier avis que j'ai adopté dans le cours de mon ouvrage. Cependant, ayant pris des renseignements auprès d'un négociant de Londres, qui est en relation de commerce avec la Nouvelle-Galles du Sud, j'en ai reçu une réponse entièrement conforme à ce que j'ai entendu dire sur les lieux. Je la transcris ici, comme un document puisé à une source certaine et qui pourra être utile à nos armateurs.

Londres, 21 mars 1834.

« Mon cher monsieur,

« J'ai reçu votre lettre il y a trois jours, et ayant rencontré un gentleman arrivé dernièrement de Sidney, je suis parfaitement en mesure de vous fournir les renseignements que vous me demandez. Il m'a dit qu'un droit de 5 p. o/o est prélevé en Australie sur toutes les marchandises de manufactures anglaises sans distinction, et un autre de 15 p. o/o sur celles provenant des autres pays. Il faut ajouter à ce dernier droit 3 p. o/o pour frais d'amarrage au quai et d'emballage, quelle que soit la force du bâtiment. Là se bornent les droits sur les importations sous pavillon étranger. Les vins et les eaux-de-vie de France ne sont pas prohibés ; et quant à ce qui concerne les navires étrangers qui fréquentent Port-Jackson, un seul (un américain), a-t-il ajouté, vient à Sidney, où on le traite comme anglais ; mais ce même gentleman m'a assuré que récemment, d'après une décision du bureau des colonies à Londres, on avait considérablement augmenté les droits sur les cargaisons de bâtiments étrangers. »

Quelque concluante que soit cette réponse, je pense cependant que ceux de nos armateurs qui voudront profiter des avantages notables que leur offre le commerce avec l'Australie, feront bien de prendre de plus amples renseignements; parce qu'il se pourrait que, dans le but de favoriser les distilleries de grain et d'entraver l'introduction des liqueurs fortes dans la colonie, on eût frappé les vins et les eaux-de-vie de France d'un droit excédant 15 p. o/o. Mais nos armateurs, je le répète, ne sauraient trop tôt entamer des relations commerciales avec la Nouvelle-Galles du Sud et Van-Diémen. Ils sont certains d'y faire des bénéfices considérables, s'ils y portent des marchandises de bonne qualité; ils devront plutôt regarder au choix qu'au bas prix des objets dont ils composeront leurs cargaisons, qui d'ailleurs se vendront d'autant plus promptement qu'elles seront plus variées. Il est nécessaire pourtant que notre gouvernement vienne à leur secours, non-seulement en facilitant l'importation en France des principales productions de l'Australie, mais encore en obtenant de la cour de Londres l'admission dans les ports de la Nouvelle-Galles du Sud, et à des conditions moins défavorables que par le passé, des produits de notre sol et de nos manufactures.

Note 29, page 317.

Comme je me flatte que nos bâtiments de commerce finiront par fréquenter Sidney, je ne crois pas inutile d'engager ici les capitaines à prendre garde, quand ils y seront, qu'aucun individu appartenant à la classe des convicts ne se cache à leur bord au moment de l'appareillage; car si cela leur arrivait, et que le fugitif fût découvert, non-seulement ils payeraient une amende considérable et leur départ serait beaucoup retardé, mais encore ils courraient le risque d'essuyer d'autres désagréments quand ils reviendraient en Australie. Les agents de police exercent au Port-Jackson une surveillance très-active sur les navires, dans le but d'empêcher l'évasion des condamnés; et, sous ce rapport, ils sont tellement soutenus par l'opinion publique, qu'un capitaine soupçonné seulement d'avoir favorisé la fuite d'un convict est tout à fait perdu de réputation dans la colonie et devient pour les autorités un objet de défiance et d'aversion.

Note 30, page 335.

Je mettrai ici sous les yeux des lecteurs quelques-uns des règlements que l'administration de Sidney a faits dernièrement en faveur des convicts. On y trouvera la preuve que je ne suis pas tombé dans l'exagération quand j'ai détaillé les soins que le gouvernement anglais prend des déportés à la Nouvelle-Galles du Sud, et quand j'ai parlé de sa propension à diminuer ses dépenses au détriment des colons.

BUREAU DU SECRÉTAIRE COLONIAL.

Sidney, 29 juin 1831.

« Le gouvernement ayant pris en considération l'énorme dépense où il est entraîné, soit par l'entretien et le traitement des convicts malades, envoyés par les habitants aux hôpitaux de la colonie, soit par le gardiennage considérable qu'exigent les voyages continuels des domestiques qui sont renvoyés de Sidney dans les cantons de l'intérieur où résident leurs maîtres, ou rendus par ceux-ci à l'état comme mauvais sujets, a fait les règlements ci-dessous, afin d'obvier à ces graves inconvénients.

« Le maître donnera un schelling par jour pour son domestique soigné à l'hôpital; mais si la maladie se prolonge au delà d'un mois, il ne sera pas obligé de payer le surplus.

« Les personnes qui enverront leurs domestiques aux hôpitaux, désigneront un agent sur les lieux pour les recevoir à l'époque de leur rétablissement; et dans le cas où cette formalité ne serait pas remplie, on assignera aux domestiques une autre destination, afin de ne pas laisser les hôpitaux s'encombrer d'hommes bien portants.

« Tout propriétaire qui aura obtenu des convicts, devra les faire réclamer à Sidney ou dans les autres lieux où ils sont rassemblés. S'il ne les demande pas, ils seront donnés à d'autres habitants; et pour empêcher le retour d'un pareil désordre, le maître ainsi pris en défaut ne sera plus admis à faire valoir ses titres dans les répartitions des condamnés.

« L'administration, voulant rendre ce dernier cas extrêmement rare, a décidé que les colons résidant loin du chef-lieu, et qui auront demandé des convicts, devront désigner, pour les recevoir au moment de leur destination, un fondé de pouvoir dont le nom et la demeure seront spécifiés sur la demande.

« Comme tous les déportés reçoivent, immédiatement après leur arrivée d'Angleterre, un trousseau complet de hardes neuves, et qu'il est juste que le particulier, ayant le bénéfice du travail d'un convict, pourvoie à son entretien, les fondés de pouvoir payeront 20 schellings pour ces hardes, au moment où les hommes leur seront remis. Le gouvernement a, de plus, jugé nécessaire de faire les règlements suivants, dans le but non-seulement de protéger contre les plaintes des gens malintentionnés ou mécontents les propriétaires qui traitent généreusement leurs domestiques, mais encore afin d'assurer à ceux-ci une quantité convenable de nourriture et de hardes.

RATIONS.

« Les rations de la semaine seront à l'avenir composées ainsi qu'il suit :

« Douze livres de blé ou neuf livres de farine de seconde qualité; ou bien encore, suivant la volonté du maître, trois livres et demie de farine de maïs, plus neuf livres de blé qui peuvent être changées contre sept livres de farine de seconde qualité.

« Sept livres de viande, soit de bœuf, soit de mouton, ou quatre livres de porc salé, deux onces de sel et deux onces de savon.

« Tous les articles que le maître fournira en sus des précédents devront être considérés comme une gratification qu'il pourra suspendre quand il le jugera convenable.

HABILLEMENT.

« L'habillement auquel les convicts auront droit chaque année, est ainsi déterminé :

« Deux vareuses ouvertes,
« Trois chemises de forte toile de coton ou de lin,
« Deux paires de pantalons,
« Trois paires de souliers de bon cuir,
« Un chapeau ou un bonnet.

« Ces hardes seront distribuées aux époques ci-après fixées :

Au 1ᵉʳ mai de chaque année.

« Une veste d'étoffe de laine,
« Un pantalon *idem*,
« Une paire de souliers,
« Un bonnet ou chapeau.

Au 1ᵉʳ août.

« Une chemise,
« Une paire de souliers.

Au 1ᵉʳ novembre.

« Une capote courte de laine,
»Une paire de caleçons *idem*,
« Une chemise,
« Une paire de souliers.

« Chaque homme aura *au moins* une *bonne* couverture, avec une paillasse ou un matelas de laine, qui seront considérés comme la propriété du maître.

« Dans le cas où un convict, ayant reçu une destination, aurait été habillé par le gouvernement durant les deux mois qui précèdent la distribution d'effets au 1ᵉʳ mars, il ne lui en sera pas fourni d'autres par son maître jusqu'au 1ᵉʳ août, et alors il ne recevra que les hardes spécifiées pour cette époque. D'après la même mesure, le maître d'un domestique qui aurait été habillé par le gouvernement, en septembre ou octobre, ne devra lui délivrer, au 1ᵉʳ février suivant, qu'une chemise et une paire de souliers; mais, passé ces dates, les différents objets énumérés dans le présent règlement seront délivrés aux époques prescrites.

« Les personnes qui ne se conformeront pas à ce règlement, basé sur les principes de la justice et de l'équité, n'auront plus de droits à la faveur d'obtenir des convicts du gouvernement. »

Note 31, page 347.

J'aurais d'autant plus désiré de faire entrer ici le dernier rapport de sir John Jamison à la Société d'agriculture australienne, dont il est président, que ce rapport, rempli de vues très-profondes, donne une haute idée des connaissances de l'auteur et de l'état actuel des diverses cultures introduites à la Nouvelle-Galles du Sud; mais il était trop étendu pour trouver place dans les notes de cet ouvrage : je me suis donc borné à y puiser une grande partie des renseignements dont je me suis servi pour traiter la partie agricole dans le tableau que j'ai tracé de l'Australie.

Note 32, page 367.

On ne trouve à Sidney, non plus que dans les grandes villes d'Angleterre, aucune de ces associations de charité, si communes chez nous et dont les membres, appartenant pour la plupart aux sommités de la société, vont, avec un dévouement et un zèle admirables, porter aux malheureux des secours et des consolations jusque dans les greniers; mais en récompense, il y a dans la capitale de l'Australie, comme à Londres, force sociétés pour la propagation des idées religieuses et des livres saints. Cependant il existe à Sidney plusieurs institutions qui font honneur aux sentiments philanthropiques des principaux habitants. Je citerai entre autres les caisses d'épargne, et une société dont le but est de diriger les premiers pas des gens pauvres, et principalement des anciens militaires qui viennent d'Europe à la Nouvelle-Galles du Sud. Elle leur indique la marche à suivre pour trouver du travail s'ils sont artisans, ou une place auprès de quelque riche propriétaire s'ils sont laboureurs ; et dans tous les cas, elle veille à ce qu'ils ne soient point dépouillés de leur petit avoir par les fripons dont fourmille la colonie. De son côté, l'administration montre une grande sollicitude pour l'amélioration des mœurs et l'instruction des basses classes. Elle a formé des écoles primaires dans tous les cantons, et elle entretient à ses frais des espèces de pensionnats où sont élevés, loin de leurs parents, un assez grand nombre d'enfants de convicts ou d'émancipés. Les garçons, parvenus à un âge fixé par les règlements, exercent en ville, sous le patronage de l'établissement, le métier qu'ils ont appris ; et les filles entrent comme domestiques chez les habitants, ou bien reçoivent une dot en terre et en bestiaux, pour se marier avec des hommes de leur classe.

Cette sage institution était bien nécessaire dans un pays où les femmes du peuple n'ont aucune moralité et ne peuvent par conséquent donner que de fort mauvais principes aux enfants des maîtres qu'elles servent ; aussi eut-elle, si l'on s'en rapporte à la brillante description qu'en trace Péron, de grands succès dans les premières années de sa fondation ; mais il faut croire qu'elle a perdu de son influence à mesure que la population s'est accrue ; car aujourd'hui, quoique les pensionnats subsistent toujours, la vertu ne paraît pas avoir fait beaucoup de prosélytes parmi les descendants, mâles ou femelles, des convicts. Ce qui semblerait confirmer ce que j'avance, c'est la mesure prise depuis peu par le gouvernement britannique d'envoyer à Sidney des jeunes filles recrutées dans les mauvais lieux des trois royaumes, dans l'espoir peut-être que, devenues des Lucrèces sous le ciel de l'Australie, elles serviraient à convertir les femmes convicts ; mais malheureusement le goût du vice l'a emporté chez elles sur les plus belles résolutions, et les nouvelles débarquées mêlées avec leurs devancières, composent un amalgame qui n'a rien d'édifiant pour les mœurs.

Note 33, page 378.

Malgré les nombreuses distractions qui signalèrent tous les moments de notre relâche à Sidney, j'eus pourtant assez de loisir pour y former des liaisons d'amitié, dont le souvenir embellit encore celui que j'ai conservé de cette belle colonie. Que de témoignages particuliers de bienveillance n'ai-je pas reçus des premiers fonctionnaires de l'état, ainsi que des principaux colons et négociants! Avec quel plaisir je me souviendrai toujours du gouverneur et de la bonne et aimable madame Darling; du colonel Lindezay et des officiers de la garnison; de M. M'Leay, secrétaire général, dont la charmante famille me comblait chaque jour de nouvelles attentions; de M. Redley, commissaire général, sous le toit hospitalier duquel j'ai passé de si doux moments; de MM. Kinchela et Manning, chez qui nous trouvions toujours une si affectueuse réception; et du major Mitchell, ingénieur en chef des ponts et chaussées, dont j'ai reçu tant de preuves d'amitié! Que ne dois-je pas encore à MM. John Jamison, Blaxland et Richard Jones! Puissent-ils lire un jour ces lignes où je consigne l'expression de ma reconnaissance pour eux et pour tous les habitants qui nous ont si généreusement accueillis!

FIN DU TOME TROISIÈME.

TABLE.

		Pages.
CHAPITRE XVI.	Java. Mœurs et coutumes des habitants. Considérations générales sur la puissance des Hollandais, et sur leur commerce dans ces mers...	1
CHAPITRE XVII.	Départ de Sourabaya. Voyage à Soumanap. Description de la partie orientale de Java et des îles qui l'environnent. Traversée jusqu'à la terre de Diémen. Épidémie à bord. Arrivée à Hobart-Town..........................	85
CHAPITRE XVIII.	Considérations générales sur le système de colonisation libre ou pénitentiaire suivi par les Anglais, et sur son application aux besoins de la France. Description des établissements britanniques sur la terre de Diémen. Départ d'Hobart-Town. Arrivée à Sidney, chef-lieu de la Nouvelle-Galles du Sud...............	144
CHAPITRE XIX.	Aperçu de la Nouvelle-Hollande et des peuplades sauvages qui l'habitent. Quelques détails sur les commencements et l'état présent de la colonie fondée par les Anglais dans la partie orientale de ce continent................	252
CHAPITRE XX.	Description de Sidney et de ses environs......	314
NOTES.	....	379

www.ingramcontent.com/pod-product-compliance
Lightning Source LLC
Chambersburg PA
CBHW071705230426

43670CB00008B/917